Arena-Großband

Hermann Schreiber

Weltgeschichte der Seefahrt

Hermann Schreiber

Weltgeschichte der Seefahrt

Vom Handelsschiff der Pharaonen zum modernen Container
Das Abenteuer der Seefahrt in fünf Jahrtausenden

Arena

1. Auflage 1973

Schutzumschlag: Das 25 000-Tonnen-Passagierschiff »Hanseatic« der Deutschen Atlantik-Linie im Hafen von Funchal, Madeira, dpa-Bild Frankfurt/Main
Karte: Dieter C. Schubert
Bildnachweis: Bavaria-Verlag, Gauting vor München (Seite 64 unten, 125 unten, 216); Bildarchiv Schuster, Frankfurt/M. (Seite 50 unten); Deutsche Presse-Agentur, Frankfurt/M. (Seite 126 unten, 291, 292 unten); Historisches Bildarchiv Handke, Bad Berneck (Seite 29, 53, 59); Historia-Photo, Bad Sachsa (Seite 24, 25, 33, 68, 71, 96, 139, 202, 243); Keystone Pressedienst Martin KG, München (Seite 278 unten, 292 oben); Pragher, Willy, Freiburg/Br. (Seite 125 oben, 126 oben, 140 unten, 215 unten); roebild, Frankfurt/M. (Seite 63 unten, 201 unten); Schreiber, Hermann: Verkehr, Darmstadt 1972 (Seite 323, 329); Staatsbibliothek Berlin (Seite 18, 32, 49, 50 oben, 63 oben, 64 oben, 89, 140 oben, 201 oben, 215 oben); Ullstein Bilderdienst, Berlin (Seite 21, 56, 61, 62, 88, 100, 180).
Den Howaldtswerken – Deutsche Werft AG danken wir für die Genehmigung des Abdrucks der Bilder und Texte auf Seite 276, 280, 295, 301, 313, 319, 321, 325, 332, 333 unseres Buches; ebenso danken wir der Hamburger Hafen- und Lagerhaus AG für die Genehmigung des Abdrucks der Bilder auf Seite 277 und 278 oben. – Alle übrigen Bilder stammen aus dem Verlagsarchiv.
Gesamtherstellung: Richterdruck Würzburg
ISBN 3 401 03678 5

Inhalt

Die kleinsten Schiffe und das größte Meer

Am 26. Dezember 1948 fischte ein Mann namens Leonardo Pakarati mit seinen zwei Söhnen und drei Helfern in einem offenen Auslegerboot vor der Oster-Insel, dem einsamsten Eiland der Welt, das 3500 Kilometer westlich der chilenischen Küste und 3500 Kilometer östlich von Tahiti liegt – ein Punkt in einer Wasserwüste.
Im Eifer der Jagd verlor Pakarati die Insel aus der Sicht, und drei Wochen lang versuchten er und seine kleine Mannschaft zur Oster-Insel, die ja nahe sein mußte, zurückzufinden. Es war vergeblich.
Schließlich faßte Pakarati einen auf den ersten Blick selbstmörderischen Entschluß: »Wenn wir die Oster-Insel nicht finden können«, sagte er, »so segeln wir eben nach Nordwesten, bis wir Tahiti sehen!«
Sie versuchten, nachts aus den Sternen und tagsüber aus der Erinnerung Nordwestkurs zu steuern und erreichten am siebenunddreißigsten Tag tatsächlich ohne alle Hilfsmittel Tahiti, eine Insel, die dank ihrer hohen Berge und ihrer Größe ungleich leichter zu finden ist als die kleine Oster-Insel.
Das ist die erste Geschichte von einem kleinen Boot auf einem großen Meer.
Die zweite Geschichte widerfuhr dem Südseereisenden W. W. Gill während einer Kreuzfahrt im Archipel der Cook-Inseln vor etwa hundert Jahren. Er stieß auf offener See, außer Sicht irgendeiner Insel, auf ein Auslegerkanu, in dem nur eine einzige Frau saß, eine alte Frau. Befragt, ob sie an Bord kommen wolle, wehrte sie entrüstet ab: Sie komme aus Aitutaki und habe Verwandte auf Manua, wo sie früher gelebt habe. Seither besuche sie diese Verwandten einmal im Jahr...
Die dritte Geschichte, abermals hundert Jahre weiter von uns weg, ereignete sich zwischen 1769 und 1772 auf Tahiti, der viel besungenen paradiesischen Insel. Sie war erst kurz zuvor von dem englischen Kapitän Wallis genauer in Augenschein genommen worden. Nach allem, was er davon berichtet hatte, schien Tahiti den Gelehrten der British Royal Society der angenehmste Ort, den Venusdurchgang zu beobachten, ein Himmelsereignis von großer Seltenheit. Während die gelehrten Herren aus London sich auf Tahiti der Venus widmeten, hatte der junge Leutnant zur See, James Cook, der sie dorthin gebracht hatte, sehr viel Zeit und machte auf eigene Faust Entdeckungsfahr-

ten von Tahiti aus in alle Himmelsrichtungen, bis ihn eines Tages ein Minister höflich zur Königin der Insel bat. Diese überreichte ihm eine Seekarte, von den Eingeborenen kunstvoll angefertigt, auf der etwa achtzig Inseln mit ihren Eingeborenennamen verzeichnet waren. Der Minister ergänzte die Karte durch Erläuterungen, denn er hatte selbst 21 dieser Inseln aufgesucht...

Diese Geschichten sind keine Anekdoten, zwar mündlich überliefert und im Lauf der Jahrhunderte blumig erweitert oder verändert, aber Fakten, mit denen sich vor zwanzig Jahren eine gelehrte Diskussionsrunde beschäftigte, die Klarheit über die frühe Schiffahrt im Pazifischen Ozean gewinnen wollte, über die Möglichkeiten, welche die kleinsten bekannten Hochseefahrzeuge auf diesem größten aller Meere hatten. Es war eine Runde aus südseerfahrenen Kapitänen, aus Historikern dieser Inselwelt und aus Schiffbausachverständigen. Sie brachten nicht weniger als 215 verbürgte Langstreckenfahrten solch kleiner Boote zusammen, von denen weiße Kapitäne, Reisende, Missionare oder andere urteilsfähige Männer im Zeitraum der letzten hundertfünfzig Jahre berichteten. Da die Boote ganz offensichtlich so gebaut werden wie auch schon vor Jahrhunderten und da sie heute so aussehen wie auf alten Zeichnungen und in den ungefügen Modellbauten der Polynesier, ist zweifellos der Schluß gestattet, daß der Pazifische Ozean auf diese Weise, in offenen Auslegerbooten, seit Jahrhunderten und Jahrtausenden befahren wird.

Der Bau dieser Hochseeboote gilt als eine besondere Kunst, und auf den Fidschi-Inseln gibt es eine Sage, die berichtet, wie der Bootsbau den Menschen gelehrt wurde.

»Es gab eine lange Zeit, da lebten wir armen Leute von den Inseln stumpf dahin und in den Tag hinein und konnten uns nicht einmal von einer Insel zur anderen bewegen, denn Schiffe hatten wir keine und hätten auch gar nicht verstanden, mit ihnen umzugehen. Und zwischen den Inseln wimmelte es von Haien.

Eines Tages dauerten wir den Schlangengott. Klug, wie die Schlangen sind, erdachte er ein Mittel, von einer Insel zur anderen zu kommen, weil er sich sagte, daß dadurch mit einemmal unsere Welt sehr viel größer sein würde, lagen doch hunderte große und kleine Inseln rund um das klobige Viti-Levu herum. Da die Schlangen leise Stimmen haben, konnte der Schlangengott nicht zu allen Bewohnern des Archipels sprechen, sondern erwählte sich einen einzigen Stamm, der unterhalb seines Tempels wohnte. Diesem auserwählten Volk brachte er den Bootsbau bei und unterwies die Männer auch in der Kunst, diese Boote durch die Brandung zu führen, gegen die Seen zu stellen und, wenn sie Schaden nahmen, auszubessern.

Der Bootsbauer-Stamm erlangte durch dieses Wissen und Können bald die Herrschaft über alle Fidschi-Inseln. Der Stamm lebte glücklich und war reich. Wer aber reich und glücklich ist, der wird schläfrig. Der Schlangengott fürchtete für sein auserwähltes Volk und bestellte einen Wächter in Gestalt einer Taube, die sollte so lange von einem zum andern flattern, bis die Faulen erwachten und wieder Boote bauten. Aber der Häuptling der Bootsbauer, ein Mann namens Rokala, liebte es ganz und gar nicht, auf diese Weise bewacht und geweckt zu werden.

›Welchen Sinn hat es, mächtig zu sein und zu herrschen, wenn man dafür mehr arbeiten muß als die Unterworfenen?‹ sagte er böse. Darauf legte er einen Pfeil auf seinen Bogen, tötete die Taube, als sie ihn eben wecken wollte, und legte sich zum Schlafe nieder, obwohl er schon die ganze Nacht geruht hatte.

Als der Schlangengott sah, daß niemand arbeitete, glaubte er, auch die Taube habe verschlafen. Bald aber fand er sie in ihrem Blute liegen, erkannte den Pfeil Rokalas und verfluchte sein auserwähltes Volk. Er schleuderte seine Keule in die Wolken, und der unendliche Regen, der herabströmte, ließ das Meer so ansteigen, daß nur noch die höchsten Inseln aus den Fluten ragten. Rokala und sein Stamm wurden dahin und dorthin gespült, mußten auf fremden Inseln um ihr Leben betteln und konnten es nur retten, indem sie die anderen Völker das Bootbauen lehrten. Als Sklaven fremder Stämme auf fernen Inseln bauten sie ihr Leben lang ein Auslegerkanu nach dem anderen, bis alle Völker auf allen Inseln die Kunst des Schiffbaus erlernt hatten und mit ihren Kanus über das Meer fuhren.«

Die Schlange ist bei so vielen Völkern das Tiersymbol der Klugheit und des geheimen Wissens. Daher brauchen wir uns hier nicht bei der Frage aufzuhalten, wer wohl hinter dem Schlangengott dieser alten und naiven Sage steckt. Ein Malaye, ein Chinese oder ganz einfach ein Melanesier, der auf der Wanderung nach Osten eben auf die Fidschi-Inseln kam, auf denen man die Kunst des Bootsbaues vorübergehend vergessen hatte – auch das gibt es – und zu göttlichen Ehren gelangte, weil er diese Kunst beherrschte und lehrte.

Sicher ist, daß im weiten Raum des Pazifik schon sehr lange vor den Europäern Langstreckenfahrten mit offenen Booten unternommen wurden, ja vermutlich sogar vor der großen Zeit der Wikinger, die in ebenso offenen Booten in einem sehr unwirtlichen Meer erstaunliche Strecken zurücklegten. Die glücklichen Menschen von den Südseeinseln haben in ihrem kindlichen In-den-Tag-Hineinleben leider nicht daran gedacht, geschichtliche Aufzeichnungen vorzunehmen, wenn sich auch bestimmte Ereignisse der Inselgeschichte oft sehr genau von Generation zu Generation weiterüberliefert haben wie etwa der Kampf der zwei Völker von der Oster-Insel gegeneinander.

Aber es gibt Zeugnisse, die sicherer sind als jede Tradition, ja beinahe sicherer als selbst eine schriftliche Aufzeichnung, denn selbst Chroniken werden ja bekanntlich mitunter gefälscht, nachträglich überarbeitet oder durch Einschübe von Abschreibern in ihrem Zeugniswert gemindert. Es gibt steinerne

Denkmäler auf verschiedenen pazifischen Inseln, Denkmäler, die zu den dort lebenden Polynesiern schon vor zweihundert Jahren, als diese Inseln entdeckt wurden, in keiner Beziehung mehr standen, ja Denkmäler, die sich auf unbewohnten Inseln fanden ...

Diese Denkmäler kamen den Menschen entgegen. Die Menschen, das waren die Polynesier, wanderten aus dem südöstlichen Asien in großen Sprüngen, zwischen denen Rastpausen von Jahrhunderten lagen, in den Pazifik hinaus, also nach Osten, immer weiter nach Osten, bis es keine Inseln mehr gab außer der einen winzigen Oster-Insel. Ihre Besiedlungs-Sage sagt es denn auch ganz deutlich und in gewissem Sinn erschütternd: »Ohne zu ruhen, suchten Hotu Matua, der junge König der Maori, und seine treuen Untertanen neues Land zur Besiedlung. Aber alle Inseln, die sie besuchten, waren schon bewohnt...«

Die Zone der Großsteinbauten hingegen reckt sich vom Osten, also von Südamerika aus, nach Westen in den Pazifik hinein, im Süden berührt sie die winzige Meutererinsel Pitcairn, wo Fletcher Christian und seine rauhen Gesellen mit ihren braunen Freunden und Freundinnen aus Tahiti Zuflucht fanden – Zuflucht unter rätselhaften Tempelbauten aus klobigen Steinen, zu denen es kein Volk auf Pitcairn mehr gab. Im Norden wird die Zone der sogenannten Megalithkultur begrenzt durch die Marquesas. Ihr westlichster Punkt aber ist abermals eine der ganz kleinen Inseln, nämlich Raïvavaé, mit neun Kilometern Länge nur halb so groß wie die Oster-Insel, zugleich aber eine der schönsten Inseln des ganzen Bereichs.

Auch Nuku Hiva, bei nur zwanzig Kilometern Länge über 1000 Meter hoch aufsteigend, ist eine vergleichsweise kleine Insel. Sie ist nicht leicht zugänglich, woraus man schließen muß, daß jenes Seefahrervolk, das vor mehr als tausend, vielleicht sogar vor zweitausend Jahren auf so entlegenen Inseln große Bauwerke errichtete, mit kleinen Schiffen große Reisen zurückzulegen verstand und Inseln fand, an denen zum Beispiel die Europäer zweihundert Jahre lang vorbeisegelten.

Nur von der Oster-Insel, dem ersten Ziel, wenn man aus Amerika kommt, haben wir Berichte über dieses Zusammentreffen. Wir wissen aus den Erzählungen der Eingeborenen, daß jene Fremden, welche die Kunst der Steinbauten und der Skulpturen beherrschten, hellhäutig waren und ihre Ohren durchbohrten, um Schmuck in die kleinen Löcher zu hängen. Auf der Oster-Insel wurden diese Langohren in einer gewaltigen Schlacht bis auf einen einzigen Mann getötet, der sich verbergen konnte und erst wieder auftauchen mußte, als die allgemeine Wut verraucht war. Da man ihn kannte (wie die anderen, die man umgebracht hatte), da einer aber keine Gefahr darstellte, durfte er eine Frau des Siegervolkes heiraten und am Inselleben weiter teilnehmen.

Mehr werden wir über die seefahrerische Begegnung mit kleinen Booten auf einem ungeheuren Ozean wohl nie mehr erfahren. Die Inseln waren die Stätte der Begegnung, die Polynesier waren zahlreicher, sie waren auf vielen Inseln fremdenfeindlich und – sie waren zu einem Gutteil Menschenfresser. Statt sich die Religion der Großsteinbauer erklären zu lassen und ihre Tempel zu besuchen, verspeisten sie diese Missionare einer uns unbekannten Religion ebenso, wie sie später viele Missionare uns bekannteren Religionen verspeisten.

Nur aus mündlicher Tradition wissen wir, daß die Fremden, das hellhäutige Volk, auf Balsaflößen kamen. Flöße, wie die Welt sie kennenlernte, als Thor Heyerdahl kurz nach dem Zweiten Weltkrieg seinen sensationellen Versuch unternahm, mit dem Floß Kon-Tiki den Pazifik zu überqueren. Daß die polynesische Inselwelt von Südamerika aus besiedelt worden sei, ist auf diese Weise wohl noch nicht bewiesen worden, sind die polynesichen Sprachen doch allzu deutlich mit den südostasiatischen verwandt. Aber die Möglichkeit der Floßfahrten von Südamerika nach Polynesien bietet immerhin Erklärungen an für die Großsteinbauten auf so vielen Inseln des mittleren und des östlichen Pazifik, aber auch für das unleugbare Vorhandensein südamerikanischer Pflanzen auf polynesischen Inseln, Pflanzen, deren Knollen so wasserempfindlich sind, daß sie nur in Schiffen von Südamerika auf jene Inseln gebracht worden sein können, viele Jahrhunderte vor Magellan, Mendaña, Quiros, Cook und anderen Europäern, die den Pazifik erkundeten.

Mit der Seefahrt sieht es demnach ein wenig aus wie mit dem Rad. Niemand vermag zu sagen, Mr. Soundso hat zu irgendeinem Zeitpunkt das Rad erfunden, und ebensowenig wird man von einer Erfindung des Bootes, des Floßes, der Schiffahrt sprechen können. Ja, es ist nicht ausgeschlossen, daß es tatsächlich eine große Überschwemmung, eine Art Sintflut war, in der bis dahin durchaus zufriedene Dorfbewohner, um sich zu retten, behelfsmäßig Stämme zusammenbanden und aus diesen Rettungsplattformen die Fahrzeuge entstanden, mit denen später ganze Völkerstämme Weltmeere überquerten. Der Zorn der Elemente hätte danach den Anstoß gegeben zu der vielleicht eindrucksvollsten Form, diese Elemente, das Meer und den Wind, zu bezwingen und sich dienstbar zu machen ...

Drehscheibe Mittelmeer

Kein Meer ist schöner und häufiger besungen worden als das in der Mitte der alten Welt gelegene, langgestreckte Meer zwischen den Südküsten Europas und dem Nordrand Afrikas. Es ist gewiß eine Sünde, dieses Meer mit seinen sanften Buchten, den vielen Inseln und einer großen Zahl herrlicher Hafenstädte eine Drehscheibe zu nennen, und dennoch gibt keine andere Bezeichnung die Funktion besser wieder, die das Mittelländische Meer seit mindestens sechstausend Jahren ausübt, besser, als irgendein anderer Verkehrsträger, die lieblichste Ebene, das sanfteste Hügelland es zu tun vermöchten.

Im Unterschied zum Pazifik, dessen Riesenwogen auch über die Atolle hinweggingen und nur an wenigen Punkten des ungeheuren Areals Erinnerungen an frühere Zeiten bestehen ließen, ist das Mittelmeer heute zumindest mit seinen Rändern und Inseln ein einzigartiges Freilichtmuseum, das sich obendrein durch meist günstiges Wetter auszeichnet, so daß es zur Besichtigung geradezu einlädt. Beginnen wir im Westen, so werden wir in der Straße von Gibraltar schon mit Funden bekannt gemacht, die diesen Durchlaß zum Atlantik als einen uralten Merkpunkt der Schiffahrt ausweisen: *Die Säulen des Herkules* hießen schon viele Jahrhunderte vor Christi Geburt diese Meerengen mit ihren Felsen, Steilabstürzen und dem Hintergrund des unendlichen Weltmeeres, vor dem die Mittelmeer-Seefahrer aus gutem Grund einen beträchtlichen Respekt hatten. Hier, wo eine Welt zu Ende war, sollte folgerichtig der Halbgott Herakles die Begegnung mit dem Riesen Atlas gehabt haben, der das Himmelsgewölbe auf seinen Schultern trägt. Das große nordafrikanische Gebirge heißt heute noch Atlas-Gebirge.

Von diesen Säulen, die vielleicht tatsächlich einmal auf dem Felsen von Gibraltar emporragten, gelangte man auf der Ostfahrt über Karthago nach Alexandria, über Malta nach Cypern und Tyrus. Längs der spanischen Küste gelangte man nach Massilia, das heute Marseille heißt, und an die Ligurische Küste.

Überall, an den nordafrikanischen, kleinasiatischen und europäischen Küsten, hat die alte Seefahrt Zeugnisse hinterlassen, und nirgends ist die frühe Verbindung des Menschen mit dem Meer so vielfach und so reich belegt wie in diesem Kulturraum. Dennoch läßt sich auch hier nicht sagen, wo die Seefahrt begann, wer die ersten waren und wie sie zu diesem Wagnis kamen. Hier, im Raum der antiken Kulturen aber, erkennt man wenigstens deutlich, wie müßig diese Frage ist und wie überflüssig die Jagd nach den Rekordziffern früher, frühester und allererster Seefahrten. Dort, wo Lebensnotwendigkeiten so eindeutig eine Entwicklung bestimmen wie in der Seefahrt, gibt es keine Prioritäten, ja vielleicht nicht einmal feststellbare Erfindungen. Selbst wenn nach den neuesten Forschungen die Phöniker manche ihrer Verdienste an die Kreter abgeben müssen, so hat auch das nichts zu sagen. Wer weiß, welches Seefahrervolk die Kreter auf ihre Insel brachte...

Mit den Inseln nämlich beginnt es auch hier, denn zu den Inseln mußte man nun einmal mit Wasserfahrzeugen übersetzen. Wenn Kreta auch die erste Seemacht des Mittelmeers, ja der Geschichte ist, so steht doch auch fest, daß die steinzeitliche Keramik der Kreter enge Beziehungen zu bestimmten kleinasiatischen Funden aufweist. Altsteinzeitliche Funde sind hingegen auf Kreta bisher nicht festgestellt worden. Wir dürfen also annehmen, daß die Insel im fünften vorchristlichen Jahrtausend besiedelt wurde, daß somit vor mehr als sechstausend Jahren bereits Fahrzeuge existierten, mit denen größere Mengen von Menschen das offene Meer überwinden konnten.

Das fünfte Jahrtausend vor Christus war eine Zeit großer Umwälzungen. Es brachte rund um das Mittelmeer einen Übergang zu teilweise seßhafter Lebensweise und damit den Anreiz zu technischen Entwicklungen. Denn der Mensch, der etwas erfinden soll, der sich etwas ergrübelt, etwas versucht, ist ja nicht unterwegs, sondern sitzt still oder ist an einem gewählten Aufenthaltsort mit gewissen Notwendigkeiten konfrontiert, die zu bewältigen er sein technisches Ingenium bemühen muß. In dieser Übergangsphase zur Seßhaftigkeit entstanden – nicht nur im Mittelmeerraum, sondern auch am Persischen Golf, an der Karibischen See, am Chinesischen Meer und an anderen Punkten der Welt – die ersten Wasserfahrzeuge mit einer gewissen Trag- und Manövrierfähigkeit. Das Alter des bekannten Einbaums hingegen läßt sich ebensowenig schätzen wie das einfacher Flöße. Beide sind den weiten altsteinzeitlichen Räumen der Menschheitskulturen zuzurechnen.

Läßt sich auch aus dieser Argumentation kein Stein herausbrechen, da Kreta nun einmal eine Insel ist und zu weit vom Land, um auf Flößen aus aufgeblasenen Tierhäuten erreicht zu werden, wie man sie etwa auf dem Euphrat benützte, so steht doch bis heute der Wissenschaft kein Bild- oder Schriftdokument aus so früher Zeit zur Verfügung, aus dem sich genauere Information über den Schiffbau des fünften Jahrtausends vor Christus gewinnen oder wenigstens erschließen ließe.

Im vierten Jahrtausend können wir dann mit Schlußfolgerungen Fuß fassen, im dritten endlich mit Dokumenten, nämlich mit ägyptischen Tempelinschriften. Diese beweisen uns, daß der Mensch sich zunächst nur unter dem Zwang

Eine ägyptische Schiffswerft an den Ufern des Nil, nach einer Darstellung eines Reliefs aus dem 3. Jahrtausend vor Christus.

gebieterischer Notwendigkeit aufs Meer hinauswagte. Die Polynesier wichen dem Feinddruck, der sie in Südostasien gleichsam ins Meer warf, und fuhren ins Unbekannte, weil das Bekannte eben der Untergang durch stärkere Völker gewesen wäre. Die Ägypter, durch den Nil frühzeitig mit dem Schiffbau vertraut, mußten zumindest ein paar hundert Kilometer Mittelmeerküste entlangfahren, da sie im eigenen Land kein Bauholz hatten. Die Suche nach gutem, langstämmigem Holz brachte die Flußschiffer vom Nil in den für damalige Verhältnisse weit entfernten Libanon.

Was den Ägyptern dabei half, ja die Fahrten vielleicht erst möglich machte, war die günstige Südnord-Meeresströmung, auf der auch primitive Schiffe aus der Nilmündung laufen und den Libanonhafen Byblos erreichen konnten. Für die Rückfahrt mußte man dann allerdings oft sehr lange auf die seltenen Nordwindtage warten. Die Fahrt scheint drei bis fünf Tage gedauert zu haben und ging vielleicht ständig in Landsicht vor sich. Um die Wende vom vierten zum dritten Jahrtausend vor Christus ist die Fahrt einer Holzflotte von vierzig Schiffen bezeugt, die natürlich nicht die ersten waren, so daß wir für die ersten ägyptischen Meerfahrten eine Versuchsspanne annehmen müssen, die um 3500 vor Christus lag.

Diese Annahme hat darum so viel für sich, weil Langholz vom Libanon nach Ägypten keinesfalls auf dem Landweg transportiert werden konnte, so daß wir selbst dann von frühen Flottenfahrten sprechen könnten, wenn wir die Inschriften nicht besäßen oder wenn sich die ägyptischen Schreiber geirrt hätten. Denn Holzfunde lassen sich ja nach der Kohlenstoff-14-Diagnostik in durchaus mitteilsame Dokumente verwandeln.

Weniger sicher sind die Schlüsse, die etwa aus der Tatsache gezogen wurden, daß sich in Gräbern der ersten Ägyptischen Dynastie Gestein von den Liparischen Inseln fand, daß Obsidian aus dem Kaukasus da und dort im Ostmittelmeerraum auftaucht und so weiter. Denn derlei Kleingegenstände können mit kurzen Seefahrten zum nächsten Festland gelangt oder, wie im Fall des Obsidian, ganz auf dem Landweg befördert worden sein, war doch der steinzeitliche Handelsverkehr erstaunlich leistungsfähig. Sicherheit für uns bringt erst das typische Schiffsgut, die bis heute den Schiffen vorbehaltene Massenfracht. Massenfracht setzt aber auch gewisse soziale Organisationsformen voraus. Die Annahme, daß ein Privatmann vierzig Schiffe mit Holz aus dem Libanon kommen ließ, dürfen wir ausschließen zugunsten der sehr viel wahrscheinlicheren These, daß sich schon die ersten Herrscher Ägyptens für den Schiffbau interessierten. Zweifellos ließen schon einige Gaufürsten der sogenannten vordynastischen Periode in Ägypten, also die uns namentlich noch unbekannten Kleinherrscher einzelner Regionen, Schiffe bauen und schickten Frachtflotten aus.

Nächst dem Holz sind Erze bis heute eine typische Massenfracht geblieben, nicht so sehr wegen der Ausmaße als wegen des Gewichts. Wer sich im Altertum Zinn beschaffen wollte, hätte sehr viele Maultierlasten gebraucht, um die an verschiedenen Punkten des Mittelmeerraums blühende Bronzeindustrie speisen zu können. Auch im Fall der Zinnerze und des Zinns müssen wir mit Schiffahrt, und zwar mit Zweck- und Zielbindung bestimmter Schiffe, schon in sehr frühen Zeiten rechnen, wenn auch nicht im vierten, so doch mit Sicherheit im dritten Jahrtausend vor Christus.

Irland und Cornwall im Seeraum südlich der Britischen Inseln boten diese Mineralien, nach denen die junge Metallkultur der Mittelmeervölker von Jahrhundert zu Jahrhundert immer stärker verlangte. In kleinen Mengen kamen Gold wie Zinn, weniger wohl deren Erze, über den kurzen Seeweg nach Westfrankreich und danach auf französischen Flüssen zur Rhône und nach Massilia. Die große Bedeutung dieses Handelsplatzes ergibt sich gewiß nicht nur aus dem Seehandel, sondern aus der Tatsache, daß unweit der Rhônemündung von der Binnenschiffahrt auf die Küstenschiffahrt umgeladen wurde. Umschlagplätze blühen durch diese Notwendigkeit des Umladens und der Neuverteilung der Ware naturgemäß länger und sicherer als bloße Durchfuhrorte.

Der sehr bald wichtigere Transportweg für das südenglische Zinn, von dem ja große Mengen gebraucht wurden, war jedoch der lange Seeweg, das heißt der Seetransport der Zinnerze zu den südspanischen Schmelzöfen, wo am Ort das Kupfer der Sierra Morena zur Verfügung stand und dazu noch das Silber aus verschiedenen spanischen Vorkommen.

Wie im Falle der Holzflotten Ägyptens wurden auch die Zinnerze nicht angeliefert, sondern geholt. Das heißt, es war nicht der Exporteur, der um eines Überschusses willen den Seeweg beschritt, sondern es war der Verbrau-

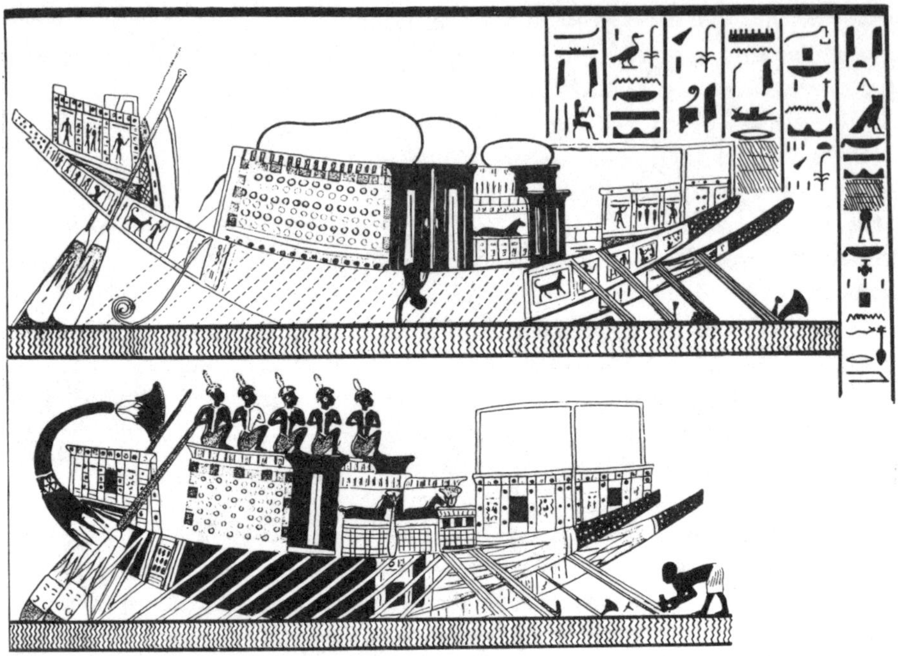

Transportschiffe im Alten Ägypten (Wandgemälde in einem der Privatgräber des westlichen Theben).

cher, der, einer Notwendigkeit gehorchend, Schiffe für die gefährliche Fahrt durch die Biscaya bis zu den Umschlagplätzen in Cornwall ausrüsten mußte, wollte man die Schmelzöfen mit Erzen versorgen. Auch hinsichtlich des Erzhaushalts erscheinen die Kulturnationen des Mittelmeerraumes als die großen Verbraucher, während die primitiveren Völker im nahen und weiten Umkreis willig die Rohmaterialien liefern. Erstens, weil sie nichts anderes anzubieten haben und zweitens, weil ihnen dafür Waffen, Schmuck, Stoffe, Spiegel, Kosmetika als Fertigwaren geboten werden.

Der Umgang mit den Händlern übt übrigens das aus, was ältere deutsche Dichter so hübsch die »sittigende Wirkung« genannt haben. Im südlichen Cornwall, auf der Ile d'Oleron und anderen Treffpunkten mit den Zinnerzlieferanten geraten die recht wilden Bewohner des nordwestlichen Europa, ohne es zu wollen, in den Bannkreis der Mittelmeerkultur. Sie betrachten zuerst widerwillig, dann neugierig und schließlich bewundernd die gepflegten Herren, die von ihren Schiffen an Land steigen und, von Sklaven umgeben, die Verhandlungen führen. Handel und Seefahrt führen eine Berührung einander sehr fremder Sphären herbei, nicht als Hauptzweck, sondern gleichsam als Nebenergebnis. Und das, was die Kaufleute aus den nordwestlichen

Ländern erzählen, dringt schließlich auch zu den Ohren einiger Schriftsteller und Gelehrten, die sich darüber Gedanken machen und, was wichtiger ist, auch einige Notizen.

Im Mündungsgebiet des Guadalquivir entstand als Umschlagplatz für die Erze und als Ausfuhrhafen der eigenen Metallindustrie im zweiten Jahrtausend vor Christus die Stadt Tartessos, in der Bibel Tarschisch, in lateinischen Quellen auch Tartessis genannt. Sie ist vermutlich keine iberische Gründung, sondern von dem unbekannten Megalithvolk erbaut worden, dessen eindrucksvolle architektonische Leistung wir auf Malta heute noch bewundern können. Metalltechniker aus dem Ostmittelmeer begründeten die Industrien, die reiche Viehwirtschaft des Hinterlandes und Vorkommen an Kupfer und Silber schufen eine zusätzliche Basis für die Entstehung dieser Stadt am Westausgang des Mittelmeers, die etwa tausend Jahre lang der bedeutendste Stützpunkt der frühgeschichtlichen Seefahrt im Abendland war.
Nach dem Aufkommen der Phöniker entstand ihr eine Rivalin in der nahegelegenen Stadt Gades, und diese Rivalität scheint Tartessos im sechsten vorchristlichen Jahrhundert den Untergang bereitet zu haben. Nach 500 v. Chr. berichtet keine Quelle mehr von Tartessos. In der Blütezeit der antiken Seefahrt ist die einst so berühmte Stadt schon wieder unbekannt, und die spanischen Archäologen, denen naturgemäß an der Wiederauffindung dieser ersten Weltstadt der iberischen Halbinsel gelegen ist, suchen bis heute vergeblich nach Resten in den brackigen Gewässern und auf den wechselnden Sandbänken an der breiten Mündung des Guadalquivir.
Gades hingegen, die glücklichere Rivalin, besteht heute noch, ist weiß und schön und lebendig als das Cadiz unserer Tage. Die Stadt zeigt den Fremden ein großes Gräberfeld aus der Zeit der karthagischen Oberhoheit über die Stadt zum Beweis, daß hier im Westen, nicht in Jericho oder in Bagdad, eine der ältesten dauernd bewohnten Städte der Welt zu finden ist: Gades-Cadiz, die Siegerin über das reiche Tartessos.
Die Stadt Gades-Cadiz ist nach der Überlieferung auf der dritten einer Reihe von phönikischen See-Expeditionen ins Westmeer, also in den Atlantischen Ozean, gegründet worden, und zwar um 1100 vor Christus.
Um diese Zeit wurde also das Mittelmeer in seiner ganzen Ausdehnung von Ost nach West bereits von Handelsflotten durchmessen, wurde die Straße von Gibraltar passiert und Verbindung mit der anderen Schiffahrtszone aufgenommen, die, an diesen Meerengen beginnend, bis hinauf in die Küstengewässer Südenglands und in den Kanal reichte. Die antiken Autoren erklären zwar, daß es leichter sei, Britannien über das Keltenland, also durch Frankreich zu erreichen, aber die unbestreitbaren Zinnanlieferungen für Südspanien kamen mit großer Sicherheit auf dem Seeweg dorthin.

In der ganzen Schiffahrtsgeschichte stoßen wir immer wieder auf die Tatsache, daß auf gewissen lokalen Strecken beträchtliche seemännische Leistungen vollbracht werden. Hier nämlich schaffen die Gewohnheiten einzelner Küstenstämme eine Meervertrautheit, welche die Gefahren durch Wind und Wetter vermindert. Solche lokale Seeverkehrsstrecken bestanden zwischen Schottland und Skandinavien, zwischen England und Holland und zwischen Südspanien und den verschiedenen Zinn-Inseln (Scilly-Inseln, aber auch Oléron, Ile de Ré, Noirmoutier). Die Phöniker sind nun das erste Volk, das dieser Hilfe durch engste Ortskenntnis offenbar nicht mehr bedarf, wenn wir einmal vom Megalithvolk absehen, das sich geschichtlich und völkerkundlich bis heute nicht sicher einordnen läßt.

Die wortgewaltigen Propheten des Alten Testaments zeigten sich zum Teil außerordentlich beeindruckt vom Umfang und Ertrag der phönikischen Handelsschiffahrt, und das imposante Gemälde des Ezechiel vergleicht die ganze Phönikerstadt Tyros mit einem Schiff, so wie man es später in poetischen Gleichnissen auch von Venedig lesen konnte.

Die Schiffe, auf denen diese Großleistungen vollbracht wurden, kennen wir leider nur aus den etwas ungefügen und vermutlich auch ungenauen Wandzeichnungen assyrischer Kriegsberichter. Danach besaßen die Phöniker einen niedrigen und schnellen Kriegsschiffstyp, der Ruderarbeit und Segel kombinierte, wobei die Ruderer in zwei Reihen übereinander saßen.

Das Handelsschiff hatte dagegen einen erhöhten Bug und ein erhöhtes Heck, also ungefähr die Kastellbauweise, wie sie später das Hanseschiff des Mittelalters zeigen wird, sichere Anzeichen dafür, daß man das Schiff hochseetüchtig machen wollte und mit hohem Wellengang rechnete. Für die Ruderer war nur zwischen den beiden Kastellen Platz, weswegen das Schiff in erster Linie auf Segel angewiesen war.

Kleiner als diese beiden Typen scheint das typische Gades-Schiff gewesen zu sein, das Schiff mit dem Pferdekopf am Bug. Selbst dieses Schiff, mit dem die erste Umfahrung Afrikas vorgenommen wurde, hatte eine Reihe Ruderer. Einer dieser Pferdeköpfe hat sich in Ostafrika gefunden. Dieser Typ eines kleinen, aber seetüchtigen Handelsfahrzeugs war für Flottenfahrten gedacht, weil er Soldaten wenig Raum bot und auf Geleitschutz durch Kriegsfahrzeuge angewiesen war (wenn es sich nicht um eine ausgesprochene Expedition handelte, auf der die Reise selbst der Hauptzweck war).

Diese Schiffe sind keine Erfindung der Phöniker, sondern befuhren das Mittelländische Meer und andere Gewässer bereits mindestens tausend Jahre lang, als die Phöniker zu ihren ersten größeren Unternehmungen ansetzten. Das wissen wir mit Sicherheit aus einem Fund des Jahres 1959, den Hartmut Schmöckel sehr aufschlußreich beschreibt.

Ägyptisches Seeschiff (Relief aus dem 3. Jahrtausend vor Christus).

»Erst seit kurzem hat die Forschung, nun mehr als bisher der Wirtschaftsgeschichte zugewandt, den angedeuteten Tatsachen nachzugehen begonnen. Sie wird durch ganz neue Entdeckungen ständig weiter dazu angeregt. So wurde 1959 eine silberne Schwertklinge aus der Mitte des dritten Jahrtausends bekannt, deren Griff mit Karneolen und goldenen Delphinfigürchen verziert war. Sie zeigte in schöner Gravierung neun hochbugige, zum Teil mit Mast und Vierecksegel und einmal sogar mit einem kajütenartigen Aufbau versehene Hochseeschiffe mit etwa einem Dutzend Ruder an beiden Seiten und zwischen den Schiffen springende Delphine. Die Waffe stammte aus den Königsgräbern von Dorak – unweit des Marmarameeres im nordwesttürkischen Wilajet Brussa – und bezeugte eine frühe ägäische Hochseeschiffahrt, die nach Aussage anderer Funde aus den genannten Bestattungen dem Handelsverkehr mit Ägypten diente.«

Mittelpunkt und vielleicht Ursprungsland dieser ägäischen Hochseeschiffahrt war die große Insel Kreta. Das Marmarameer aber ist die Umgebung von Troja. So zeigen sich zwei Zentren der vorphönikischen Schiffahrt, die durch die Kühnheit der Phöniker zu einer Art Welthandelssystem verbunden werden. Die eine Zone, man kann sie die tartessische nennen, verbindet diese Stadt mit den Küsten Englands und der Bretagne, eine Verbindung, die durch Radiocarbondatierungen, also durch die bekannte Methode, radioaktiven Kohlenstoff in seinen Zerfallszeiten zu messen, nachgewiesen werden konnte. Bretonische Kuppelgräber enthalten demnach aus Spanien stammende Materialien, die aus dem Jahre 4000 vor Christus stammen.

Auf Kreta wiederum fanden sich zahlreiche Gegenstände aus den ersten ägyptischen Dynastien. Die für die Antike sehr ungewöhnliche, nämlich vollkommen ungeschützte Lage der kretischen Städte und Paläste beweist nach Meinung der Fachgelehrten, daß das alte Kreta über eine mächtige Flotte zum Schutz dieser Wohngebiete und Herrschaftszentren verfügt haben muß. Tartessos und Kreta ergänzten einander, und Kreta machte den Vermitt-

ler zwischen Spanien und dem Ostmittelmeer. In Troja II, also der zweitältesten Schicht dieser Burgsiedlung, fanden sich Vasen aus spanischem Silber. Troja II ist aber auch an anderen Schmuck- und Metallfunden sehr reich. Gold, Silber, Elektron (eine Legierung aus diesen beiden Edelmetallen), dazu Kupfer- und Bronzegegenstände, Diademe, Anhänger und Spiralen beweisen, daß diese Stadt, die man um etwa 2500 vor Christus ansetzen muß, regen Seehandelsverkehr hatte (das Troja der von Homer besungenen Waffentaten ist Troja VII und um 1250–1200 anzusetzen).
Die beiden ersten Seemächte des Ostmittelmeers, die Ägypter und die Kreter, haben einander heftige Schlachten geliefert, denen die Palastbauten auf Kreta einmal um 1700 vor Christus und endgültig dann um 1400 vor Christus zum Opfer fielen. Der lachende Dritte waren die Phöniker, die bald nach diesem zweiten mörderischen Seekrieg um Kreta zu den ersten großen Unternehmungen ansetzten. Im homerischen Griechenland, das heißt dem Griechenland der großen Schlacht um Troja, sind die Achaier nicht mehr Seefahrer, sondern Viehzüchter. Sie leben am Meer oder auf Inseln, aber sie beschäftigen sich mit ihren großen Herden, und Troja liegt für sie in weiter Ferne. Solange sie vor Troja liegen, bemühen sie sich nicht, mit ihrer Heimat oder mit den Gebieten, die sie beherrschen, in Verbindung zu bleiben oder in Verbindung zu treten, was darauf hindeutet, daß sie nicht gewöhnt sind, zur See zu fahren und sich regelmäßig der Schiffe zu bedienen. Und als dann bei der Heimfahrt die große Aufspaltung der Flotte in allein fahrende Schiffe eintritt, da ergibt sich, daß selbst kluge Fürsten wie Odysseus meist keine Ahnung haben, wo sie sich eigentlich befinden. Die Fernhändler, die in den homerischen Epen auftreten, sind Phöniker oder Taphier (ihre Nachbarn, die man ihnen zuzählen darf) oder Phäaken, also Leute von der Insel Korfu, einem Mittelpunkt der altillyrischen Schiffahrt.

Die Schiffahrtstechnik der Phöniker und aller anderen zu jenen Zeiten das freie Meer befahrenden Völker war dabei so primitiv, daß man den Wagemut jener Matrosen und Kapitäne, aber auch der Kaufleute nur noch mehr bewundern muß. Um nicht in die Lage des Odysseus zu kommen, der mit seinem Schiff den Göttern auf Gnade und Ungnade ausgeliefert war, hatten die Phöniker vor allem zwei Hilfsmittel: das Sternbild des Kleinen Bären mit dem Polarstern und die Stützpunkte, die das Mittelmeer bot. Segelte man längs der nordafrikanischen Küste hin, so ließ es sich einrichten, die Nachtstunden stets an Land zu verbringen und nachts keine Fahrt machen zu müssen. Literarische Quellen aus römischer Zeit zeigen uns, daß es vor allem die Nacht auf See war, die Schwärze der endlosen Wasserfläche, die den Reisenden der Antike Angst und abergläubische Bedrückung verursachten.

Angesichts dieser für den heutigen Menschen kaum vorstellbaren Beschränkung in den Möglichkeiten der Seefahrt ist es ein Beweis für den unbändigen Expansionswillen dieses kleinen vorderasiatischen Volkes, daß die Phöniker in kleinen Sprüngen sehr große Fahrten absolvierten und, wenn es sein mußte, auch das offene Meer nicht scheuten. Wir sind im Besitz eindeutiger historischer Zeugnisse für Seefahrten nach Norden bis zu den Zinninseln, nach Westen bis zu den Azoren, nach Süden bis zum Kamerunberg. Auf dieser Fahrt rund um Westafrika wurden die ersten Gorillas gesichtet, die – gemäß der abergläubischen Einstellung der meisten antiken Seefahrer – als Waldmenschen aufgefaßt wurden. Als die Gorillaweibchen sich wehrten und nicht mit an Bord kommen wollten, waren die Phöniker gekränkt und töteten sie...

Die größte, schier unglaubliche und doch mehrfach bewiesene Leistung der phönikischen Seefahrt aber ist die Umfahrung Afrikas im Auftrag des Pharao Necho, dem es mißglückt war, einen Kanal durch die Landenge von Suez bauen zu lassen. Er entsandte phönikische Schiffe, die den Seeweg um Afrika herum erkunden sollten, da er die beiden ägyptischen Flotten – die des Roten und die des Mittelmeeres – notfalls vereinigen wollte. Die Gades-Schiffe brauchten für den Weg insgesamt drei Jahre, weil die Phöniker ihrem Grundsatz treu bleiben, sich in der Nähe der Küste zu halten und sehr oft an Land zu gehen. Sie sollen sogar bei einer langen Rast gesät und die Ernte abgewartet haben. Dies alles klingt nur dem modernen Menschen unglaublich, weil wir in der Regel nicht bedenken, daß zum Beispiel Marco Polo noch drei Jahre unterwegs war, als er zur See von China nach Hause zurückkehrte. Noch ging es ja darum, die Reise überhaupt zu bewältigen. Die Zeit, die dafür aufgewendet wurde, spielte im allgemeinen noch keine besondere Rolle.

Seit dieser Afrika-Umfahrung um 600 vor Christus war die Gestalt des Erdteils, der in seinem Nordteil so breit und südlich des Äquators so schmal ist, zumindest den Seefahrern des ägyptischen Raumes bekannt. Die Segelhandbücher der Ptolemäerzeit weisen auf dieses »Zurückweichen des Landes« an der Südspitze des afrikanischen Kontinents ausdrücklich hin. Eine andere Beobachtung der Phöniker bei der Umfahrung Afrikas wurde allerdings nicht geglaubt. Als sie, vom Roten Meer kommend, Afrika in ostwestlicher Richtung umrundeten, hatten sie vor dem Kap der Guten Hoffnung die Sonne zur Rechten, da sie sich ja südlich des Äquators befanden. Fährt man im Mittelmeer von Ost nach West, so hat man die Sonne zur Linken.

Die Mitteilung der Afrika-Umfahrer, daß sie auf der Westfahrt die Sonne zur Rechten gehabt hätten, ist uns durch Herodot erhalten, der dies ebensowenig glaubte wie seine Zeitgenossen, und es nur als Kuriosum dafür anführte, was Seefahrer eben für ungereimte Dinge erzählen. Eben diese Beobachtung aber, bei der sich damals jeder an die Stirn tippte, gilt heute als der sicherste Beweis

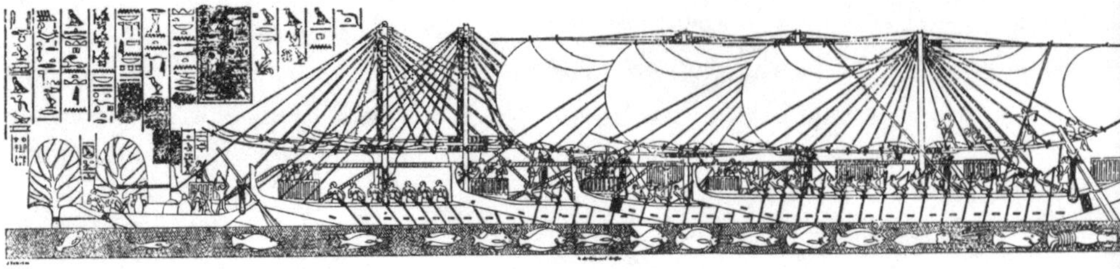

Die Flotte der Pharaonin Hatschepsut.

dafür, daß diese sensationelle Fahrt tatsächlich stattgefunden hatte und daß die Gestalt Afrikas nicht erst durch die arabische Schiffahrt zwischen Berenike, Sokotra und Sofala bekannt wurde.
Necho verpflichtete die Phöniker übrigens nicht von ungefähr zu dieser Expedition, denn einiges wußte man in Ägypten und Vorderasien doch schon über Afrika. Die Pharaonin Hatschepsut hatte eine Expedition ausgerüstet, welche die Verbindungen zum Land Punt wieder aufnehmen sollte, das man sich in Ostafrika denken darf. Über diese Expedition gibt es einen Bericht. Dieses Unternehmen ist mit vielen Einzelheiten gesichert. Ebenso sicher sind die Phönikerfahrten in das Goldland Ophir zur Zeit des jüdischen Großkönigs Salomo (971–931), Fahrten, die auf jeden Fall um das Kap Guardafui herumführten, also diesen Ost-Sporn Afrikas zum Vorgebirge degradierten, südlich dessen das Land nicht weiter nach Osten verlief, sondern wieder zurückwich. Ob Ophir mit Punt gleichzusetzen ist, ob es sich dabei um das heutige Äthiopien oder um den reichen Bergbaubezirk zwischen Sofala und Zimbabwe in Rhodesien handelte, ist eine Frage, die hier nicht zu untersuchen ist. Schiffe, die bis ins Somaliland gelangten, vermochten zweifellos auch bis Sofala weiterzufahren. Erst der Mozambiquestrom zwischen Madagaskar und Angola, der die Nordfahrt und damit die Rückkehr beinahe unmöglich macht, bot der alten Schiffahrt ein gefährliches Hindernis.
Die phönikische Technik der kleinen Schritte führte gegen Ende des zweiten vorchristlichen Jahrtausends zu zahlreichen Stützpunktgründungen der Phöniker im ganzen Raum des südlichen und westlichen Mittelmeers. Die Archäologen haben bis heute noch keinen lückenlosen Überblick über diese Stützpunkte, denn während die griechischen Kolonien eine rege kulturelle Tätigkeit entfalteten und die Verbindung mit den Mutterstädten durch zahlreiche Dokumente wie Aufrufe, Briefe und dergleichen zu belegen ist, waren die Phöniker außerordentlich schreibfaul (obwohl doch angeblich gerade dieses Volk das Alphabet erfunden hat).
In Spanien und in Tunis, aber auch auf Sardinien, Malta und an vielen anderen Punkten kommen die phönikischen und punischen Faktoreien nach und nach zum Vorschein und beweisen, daß die Phönikergründung Karthago energisch

neben die Mutterstadt trat, ja ihr da und dort sogar den Rang ablief. Im Wettrennen zwischen den seetüchtigen Phokäern (kleinasiatischen Griechen) und Karthago entstanden in Spanien die griechische Kolonie Mainake und in Südfrankreich Massilia. In Mainake waren die Karthager zuerst zum Zuge gekommen, doch war die punische Faktorei von Griechen erobert worden. In Massilia konnten die Phokäer ihre später so stolze Stadt erst gründen, nachdem sie die Phöniker in offener Seeschlacht geschlagen hatten. Während Massilia aber heute noch eine blühende Hafenstadt ist, suchen die Gelehrten Mainake bislang beinahe so erfolglos wie Tartessos. Es kann an der Mündung des Rio de Velez gelegen sein, aber auch auf dem Penón oder auf dem Cerro del Mar, also im Raum Malaga. Das Deutsche Archäologische Institut war es, das 1963 bei Almunecar eine altpunische Begräbnisstätte freilegen konnte und 1964 die Faktorei von Toscanos geortet hat, wo bis 1967 dann mächtige Schichten aus dem achten und siebten Jahrhundert vor Christus erfaßt wurden. Die Datierung dieser Funde stützt sich in erster Linie auf die Kultur des Gegners und Rivalen. Angesichts der unsicheren Quellenlage für die phönikische Geschichte besteht die Haupthilfe der Archäologen bei Forschungen in solchen punischen Faktoreien in der griechischen Keramik. Sie ist genau bekannt und datierbar, und sie wurde glücklicherweise von den Phönikern wie von den Karthagern zu beinahe allen Zeiten reichlich eingeführt oder im Seeraub erbeutet...

Die große Auseinandersetzung zwischen der etablierten Seemacht der Phöniker und der aufstrebenden Seemacht der Griechen war unvermeidlich und kulminierte im Jahr 535 vor Christus in einer der ersten großen Seeschlachten, von denen wir überhaupt wissen: Auf Sardinien waren die Phöniker schon seit dem neunten Jahrhundert mit Faktoreien vertreten, deren sie ja sehr viele

Ein Seeschiff aus der Flotte der Pharaonin Hatschepsut.

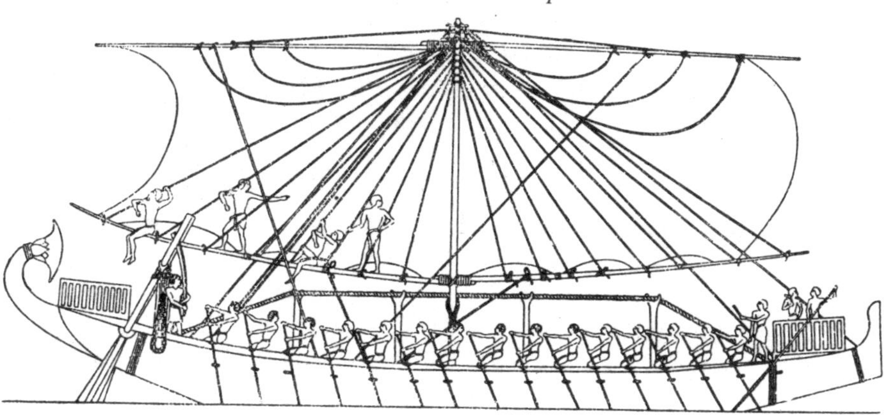

brauchten, weil sie stets in Kurzstrecken segelten. 560 vor Christus gründeten sie dann Alalia an der Ostseite der Insel Korsika, also an der Phokäer-Strecke nach Massilia und gegenüber den etruskischen Hafenorten. Schon ein Vierteljahrhundert darauf, 535, trafen die vereinten Flotten der Etrusker und Phöniker auf die Phokäer und schlugen sie in einer großen Seeschlacht.

Dieser phönikische Seesieg hatte für die Seefahrt der Mittelmeervölker unmittelbar und mittelbar jahrhundertelang nachwirkende Folgen. Angesichts der Überlegenheit der Karthager und Phöniker war nicht daran zu denken, daß griechische Schiffe die Straße von Gibraltar passierten. Die Karthager hatten dort nicht nur Gades-Cadiz als stark ausgebauten Stützpunkt zur Verfügung, sondern auch das uralte Lixus, eine Stadt, deren Tempel älter gewesen sein soll als das Heiligtum von Gades und das marokkanische Mogador. Damit war die Atlantikroute, ja die Seefahrt im Atlantik überhaupt eine Domäne der Phöniker und Karthager, und den Griechen blieb zunächst nichts anderes als der Weg durch Frankreich zum britischen Zinn.

Von dem französischen Atlantikhafen Bordeaux, damals Burdigala geheißen, nahm darum eine der kühnsten seefahrerischen Unternehmungen der Antike ihren Ausgang: Der Versuch des massiliotischen Griechen Pytheas, eine eigene griechische Route zu den Zinninseln und ins nordwestliche Europa überhaupt zu finden. Etwa hundert Jahre nach der Niederlage vor Korsika umschiffte dieser Grieche England, erreichte Westnorwegen nördlich von Bergen und berichtete erstmals über die besonderen Bedingungen der Seefahrt in der Nordsee, vor allem über Gezeiten, Nebel und Polarnacht.

Der Originalbericht des Pytheas über diese Fahrt ist verlorengegangen, was man nicht genug bedauern kann. Er fiel dem Umstand zum Opfer, daß seine Zeitgenossen und nächsten Nachfahren ihm nicht glaubten und daß vor allem der berühmte Strabo immer wieder versuchte, Pytheas als Lügner hinzustellen. Immerhin besitzen wir dank dieser Polemik und dank anderer Zitate so viel vom Text der kurzen Pytheas-Schrift, daß wir den hohen Grad der Kenntnisse dieses Mannes ebenso bewundern müssen wie seinen Wagemut. Hätte er nichts anderes erkannt als die Mondabhängigkeit von Ebbe und Flut, so wäre er schon zu Recht berühmt. Dank seiner eigenen Reise aber erscheint er uns als eine besonders frühe Ausprägung des bis heute seltenen Gelehrtentyps, der bei seinen Experimenten das eigene Leben in die Waagschale wirft.

Für die Gesamtentwicklung der Schiffahrt war damit bewiesen, was die Phöniker auf ihren eigenen Schiffen bis dahin allein geleistet hatten: das Mittelmeerschiff vermochte auch auf anderen Meeren der Welt wochenlange Fernfahrten durchzustehen. An den Schiffen lag es jedenfalls nicht, wenn einzelne mächtige Nationen noch immer eine deutliche Scheu vor dem Meer zeigten, wie zum Beispiel die Assyrer, während andere bereits kühne Expeditionen unternahmen.

Trotz der unleugbaren Tatsache, daß sich die Völker des Zweistromlandes nur ungern in den Persischen Golf vorwagten, ist es auch auf diesem Meer etwa gleichzeitig mit dem Mittelmeer, also im dritten vorchristlichen Jahrtausend, zu den ersten Fernfahrten gekommen. Diesen folgte sehr schnell ein regelmäßiger Handelsverkehr zwischen der Euphratmündung und der Induskultur, aber auch mit Hafenstädten der eigentlichen indischen Halbinsel. Ur, damals dem Meer noch viel näher, als es heute den Anschein hat, war der Haupthafen des Reiches von Sumer und Umschlagplatz zwischen Karawane und Schiff. Hauptpartner war das Indus-Reich von Mohenjo Daro und Harappa, ein vor-arisches Staatswesen, das auf Stadtkulturen begründet war und einen großen Flußhafen in der Stadt Lothal besaß, die etwa 600 Kilometer östlich von Karatschi im Mündungsgebiet zweier heute unbedeutender Flüsse lag. Indische Archäologen fanden dort in den letzten Jahren ein gut ausgebautes Hafenbecken mit einem Beladungskai von 200 Meter Länge, mit einer Schleusenanlage und einem Überlaufkanal.

Im Persischen Golf und im Indischen Ozean waren die Stützpunkte nicht so dicht gesät wie im Mittelmeer. Die Schiffe kamen also um weite Fahrten über die offene See nicht herum, was allerdings durch die beständigen und in ihrer Dauer bekannten Monsunwinde sehr erleichtert, ja damals erst ermöglicht wurde. Dennoch gab es einzelne Inseln, die sich – eben, weil es nur wenige waren – besonderen Zuspruchs seitens der Seeleute erfreuen durften. Die erste dieser Etappeninseln war Failaka vor der Euphratmündung, ein beliebter Umschlagplatz für all jene, die nicht gern in den Hafen eines Großreichs einliefen, sondern neutralen Boden vorzogen. Ausgrabungen, die hier vor etwa 15 Jahren begannen, legten Vorratshäuser frei und eindeutige Beweise für die Verbindung dieser Insel mit der Induskultur schon im Jahr 2400 vor Christus.

Nach weiteren 220 Kilometern konnten die Schiffe auf den Bahrein-Inseln ankern, wasserreichen, gut zugänglichen Inseln, die bei den Assyrern Tilmun, bei Strabo und Plinius Tylos heißen und neben ihren ausgezeichneten Karstquellen auch noch durch Perlenfischerei zu locken verstanden.

Bei dem Dorf Barbar an der Nordküste der Hauptinsel wurde eine alte Großsiedlung mit umfangreichen Tempelanlagen freigelegt, die alle Kennzeichen der assyrisch-indischen Mischkultur aufweist als typisches Ergebnis langwährender, intensiver Handelsbeziehungen.

Von den reichen Funden im Zweistromland selbst geblendet, hat sich die klassische Archäologie erst in den letzten Jahrzehnten diesen kulturgeschichtlich vielleicht nicht so ertragreichen Grabungen zugewendet. Erst seit die Stadtkulturen von Mohenjo Daro und Harappa bekannt sind, läßt sich das Bild des vorderasiatischen Fernhandels abrunden. Sie waren der große Partner im Osten, so wie Ägypten, Kreta und die Phöniker die Partner im Westen waren. Die vergleichsweise geringfügige Landstrecke zwischen dem oberen

Euphrat und den syrischen Häfen ließ sich leicht durch den Karawanenverkehr überbrücken. Die Grundkonzeption dieses Handels lautete: Schiffszufuhr aus dem Reich der Gewürze, aus Indien und Ceylon; Umladen auf Karawanen durch das Zweistromland; Seetransport von syrischen Häfen aus nach Europa. Diese Warenbrücke hat sich bis an die Schwelle unserer Zeit, also mehr als viertausend Jahre hindurch erhalten. Herrschte in Vorderasien Krieg, so gingen die Karawanen nicht nach Syrien, sondern ans Schwarze Meer und umgekehrt.

Im Mittelländischen Meer waren die Verhältnisse nicht so stabil. Hier vollzogen sich um die Mitte des letzten vorchristlichen Jahrtausends entscheidende Umwälzungen. Vom Land her bedrängt, hatten die Phöniker die führende Rolle an ihre Pflanzstadt Karthago abgeben müssen. Karthago hatte die Phokäer vor Alalia noch einmal schlagen können, aber die Zukunft gehörte dennoch nicht den phönikisch-punischen Städten, sondern den griechischen.
Es hatte Jahrhunderte gedauert, bis es unter den verschiedenen griechischen Stämmen zu einem etwa gleichartigen Verhältnis zum Meer gekommen war. Die kleinasiatischen Phokäer und Karer waren den übrigen Stämmen zunächst weit voraus. Unter dem Druck der Übervölkerung in den kargen Tälern und auf den schmalen fruchtbaren Zonen des gebirgigen Landes machten sich nach und nach immer mehr Griechen zu Schiff auf, um neue Heimatorte zu suchen. Aus erhaltenen Aufrufen zur Ausfahrt wissen wir, daß die griechische Kolonisation sehr viel planmäßiger vor sich ging als die phönikische. Die Kolonien hatten die Sicherheit einer dauernden Verbindung zur Mutterstadt. Ja, ältere Kolonisten durften wieder in die Heimat zurückkehren, wenn dafür Söhne in der Fremde blieben.
Die sagenhaften Gründungsjahre dieser Kolonien liegen allesamt früher als der historische Befund. Im ganzen kann gesagt werden, daß zwischen der Gründung von Tarent durch die Spartaner (um 750 vor Christus) und den Gründungen der wichtigen Handelsstädte Massilia und Naukratis, das 570 von dem Pharao Amasis ein Handelsmonopol erhielt, die Blütezeit der Überseekolonisation aus griechischen Heimatorten anzusetzen ist – eine Aktivität, der naturgemäß emsiger Schiffsverkehr zwischen Kolonie- und Mutterstadt folgte. Tarent war damals die wichtigste Handelsstadt Italiens, die griechische Gründung Trapezunt der Haupthafen des Schwarzmeergebietes. Griechenland hat durch diese Gründungen nicht nur seinen Bevölkerungsüberschuß exportiert, sondern auch durch die Gründung von Ackerbaukolonien die Ernährungslage des Mutterlandes verbessert.
Bei den vielen Fahrten der Griechenschiffe kreuz und quer durch das Mittelmeer, aber auch durch das Schwarze Meer und auf den schiffbaren Flüssen Donau und Rhône, ging es nun nicht mehr um Erze und Metalle, sondern

um Güter, die noch mehr Schiffsraum erforderten: Getreide, Wein und Öl.

Vor allem mit dem Korn tritt damit eine Schiffsfracht in Erscheinung, die nun beinahe tausend Jahre lang in den großen Kulturnationen der Antike, in Griechenland und Rom, eine nicht nur wirtschaftliche, sondern auch politische Bedeutung haben wird. Denn so wie die übervölkerten Griechenstädte Athen und Korinth, aber auch Aigina und andere Ballungszentren von den Kornzufuhren abhängig waren, so war es auch die Millionenstadt am Tiber, das kaiserliche Rom. Ob ein Kornschiff im Sturm sank, ob es von den Spartanern oder von Gelegenheitspiraten gekapert wurde, das konnte Revolten auslösen und Regierungskrisen herbeiführen.

Bereits im vierten vorchristlichen Jahrhundert kam es dabei zu ausgesprochen modernen Formen des Überseehandels, wenn etwa der Großkaufmann Kleomenes Getreide durch Agenten aufkaufen ließ, um den drei- bis vierfachen Preis wiederverkaufte und seine Schiffe auf See umdirigierte, wenn im Zielort der Getreidepreis gefallen (oder wenn er in einem anderen erreichbaren Hafen gestiegen) war. Diese rein kapitalistische Methode der Verteilung lebenswichtiger Güter ließen sich die Volksmassen natürlich weder in Athen noch später in Rom gefallen. Hingegen ließ der Perserkönig Xerxes offenbar doch aus Fairneß griechische Kornschiffe aus dem Schwarzen Meer die Meerengen passieren, obwohl seine Kapitäne ihn baten, diese wertvollen Frachten kapern zu dürfen.

Nach und nach erlangten die Kornzufuhren eine so große Bedeutung, daß die Kornschiffe zu den ersten Geleitzügen zusammengefaßt wurden, von denen

Rudersklaven (Relief von der Akropolis, 410 vor Christus).

wir wissen. Vor Hieron am Bosporus sammelten sich die Getreideschiffe und warteten auf den Geleitschutz, den meist attische Kriegsschiffe bildeten, wofür die das Korn beziehenden Städte zu bezahlen hatten. Je nach Wetterlage ergaben sich dabei Wartezeiten bis zu sechs Wochen, ehe das Geleit in See gehen konnte. Die Seeschlacht bei Naxos im Jahr 376 vor Christus entwickelte sich aus dem Angriff auf einen Getreide-Konvoi: Die Spartaner verlegten den Athenern zwischen Keos und Aigina den Weg nach Kap Sunion, aber der athenische Admiral Chabrias kämpfte den Konvoi frei.

Es ist klar, daß Kriegsschiffgeleite für Korn- oder Weinschiffe nicht billig waren und den meist stark umstrittenen Getreide- beziehungsweise Brotpreis in die Höhe trieben. Darum versuchte man zumindest in Friedenszeiten zu sparen und die Schiffahrt durch billigere Einrichtungen zu sichern. Dazu gehörten Festungen auf hervorstechenden Punkten, in deren Schutz sich Schiffe flüchten konnten, wenn sie von Seeräubern verfolgt wurden. Dazu gehörte aber auch das allerdings sehr langsam wachsende System von Leuchtfeuern und Tagmarken, das die wertvollen Frachtschiffe gegen unsichtiges Wetter oder vor Navigationsfehlern bei der Nachtfahrt schützen sollte.

Wundert man sich darüber, wie selten regelmäßig unterhaltene Leuchtfeuer in der Antike waren, so darf man nicht vergessen, daß angesichts der geringen Bevölkerungszahlen der Verkehr von der modernen Intensität weit entfernt blieb. Nur Haupthäfen wie Piräus, Rhodos oder Alexandria mußten praktisch dauernd mit anlaufenden Schiffen rechnen und daher die Einfahrten beleuchten.

Schwierige Gewässer wie die Meerengen des Bosporus hatten Leuchtfeuer, die aber erst für römische Zeiten belegt sind: in Sestos am Hellespont wies ebenso ein Leuchtfeuer den Weg wie auf dem Kap Panium am Eingang des Bosporus. Zum Schutz der Schiffahrt vor Untiefen brannten Leuchtfeuer vor Ostia und vor Ravenna.

Um das Alter dieser Leuchtfeuer ist ein Gelehrtenstreit entbrannt, der um so heftiger ist, als Leuchtfeuer doch ausgesprochene Details sind, an denen Geographen schon einmal vorübergehen können. Dank der Schreibfreudigkeit der Griechen wurde aber das berühmteste aller Leuchtfeuer, nämlich der Leuchtturm auf der Insel Pharos vor dem Hafen von Alexandria, von dem Epigrammatiker Poseidippos um 290 vor Christus bereits bedichtet:

> Flach im ebenen Gefild dehnen sich Reede und Damm
> Drum ragt mächtig der Turm hier auf, den Äther zerteilend,
> Tags ein Zeichen, das weit sichtbar den Hafen verrät,
> Nachts ein helles Fanal, dess' hochauflodherndes Feuer
> Von der Höhe herab weiset dem Schiffer den Pfad.

Dieser Leuchtturm hat also an der Wende vom vierten zum dritten Jahrhundert vor Christus schon existiert, vielleicht sogar schon erheblich früher, und er ist, wenn auch nicht im Deutschen, zu einem Begriff geworden, denn *les phares* sind im Französischen die Autoscheinwerfer in Fernlichtstellung...

Der wunderlichste aller Leuchttürme war jener, den der bekanntlich halbverrückte Kaiser Caligula für eine Expedition an die französische Atlantikküste im Jahre 40 in der Nähe des heutigen Boulogne erbauen ließ, obwohl die Schiffahrt im Ärmelkanal damals noch recht dürftig war. Das Bauwerk stand übrigens vielbestaunt bis ins siebzehnte Jahrhundert.

Caesar, der sich nur für die strategische Bedeutung der Pharos-Insel mit ihrem Turm interessierte, hat allerdings das Leuchtfeuer nicht erwähnt; für seine Pläne im ägyptischen Feldzug des Jahres 47 vor Christus war es schließlich auch gleichgültig.

»Der Pharos ist ein Turm auf einer Insel und hat eine ansehnliche Höhe – ein wunderbares Bauwerk. Den Namen hat er von der Insel. Diese Insel ist Alexandria vorgelagert und bildet den Hafen. Frühere Könige haben Steine im Meer versenkt und eine Mole von 900 Schritt Länge gebaut, so daß die Insel durch eine schmale Straße und eine Brücke mit der Stadt verbunden ist. Auf der Insel befinden sich Wohnhäuser der Ägypter und eine Ortschaft von der Größe einer kleinen Stadt. Schiffe, die aus Unvorsichtigkeit oder durch Stürme dorthin verschlagen werden, plündert man gewöhnlich nach Strandräuberart aus. Gegen den Willen derer, welche die Insel besetzt halten, kann kein Schiff in den Hafen gelangen, denn die Einfahrt ist eng. Caesar, dem diese Umstände Sorge bereiteten, richtete, während die Feinde in Kämpfe verwickelt waren, mit den gelandeten Truppen auf der Insel einen Stützpunkt ein. Dadurch wurde erreicht, daß Verpflegung und Truppennachschub auf Schiffen ungefährdet zu ihm gelangen konnten.«

In seiner Schilderung der Kämpfe um Alexandria geht Caesar noch einmal ausführlich auf die Pharos-Insel und ihre beherrschende Lage ein und erzählt genau den Hergang der Seeschlacht um den Besitz der Insel. Diese Vorgänge und Caesars eigenes Verhältnis zu Flottenbewegungen und zur Seefahrt überhaupt sind charakteristisch für die Einstellung der Römer zum Meer. In jener Seeschlacht bei Pharos zauderte Caesar angesichts einiger Untiefen so deutlich, daß ihm ein erfahrener Schiffsführer aus Rhodos die Entscheidung abnahm und den Sieg auf eigene Faust herbeiführte.

Bei den beiden großen Landungsunternehmen auf England war Caesar einem Debakel seiner Kriegskunst so nahe wie kaum je in seinem Leben oder, positiver ausgedrückt, er mußte sein äußerstes Können aufbieten, um die ihm fremde Ungunst der See- und Windverhältnisse im Ärmelkanal zu besiegen. Trotz militärischer Erfolge in Südengland zog Caesar sich bekanntlich wieder völlig von dieser Insel zurück, »ohne für sich oder den Staat einen anderen Vorteil gewonnen zu haben als den Ruhm eines Feldzugs nach dieser Insel« (Cassius

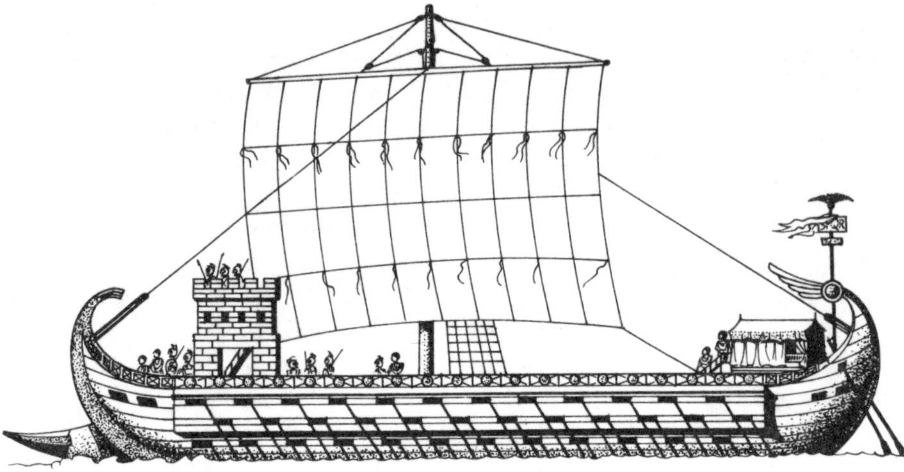

Darstellung eines römischen Schlachtschiffes. Durch Turm, Rammsporn und Enterbrücken, die auf das feindliche Schiff heruntergeklappt werden konnten und sich festkrallten, verstärkten die Römer die Kampfkraft ihrer Schiffe beträchtlich.

Dio). England wurde erst hundert Jahre später, in den Jahren 43–85 erobert, und zwar bis zum Clyde, wo großartige Grenzbefestigungen gegen die nicht unterworfenen keltischen Stämme einen der eindrucksvollsten Beweise dafür bieten, welchen Einsatz die Römer selbst noch in so entlegenen Gebieten ihres Reiches zu leisten imstande waren.

Das spezifische römische Unbehagen gegenüber dem Meer hat man oft darauf zurückgeführt, daß diese hervorragenden Landkämpfer ihren Staat aus der Keimzelle eines kleinen Bauernkönigtums entwickelt hatten, und tatsächlich wirkt ja das bäuerliche Leben in seinen strengen Sittengesetzen und seinem ernsthaften Arbeitsdasein noch bis in die Gesetzgebung der römischen Kaiserzeit hinein. Da man eine Mittelmeerherrschaft aber nicht aufbauen kann, ohne mit Schiffen und ganzen Flotten umgehen zu können, war die Auseinandersetzung der Römer mit der Seefahrt der erfahrenen und tüchtigen, aber kleinen Ufervölker unvermeidlich. Sie hatte Erfolg dank der höheren Organisation des Römischen Reiches, dank der außerordentlichen Tapferkeit des römischen Soldaten, ob er an Land oder an Deck eines Schiffes kämpfte, und dank der politischen Klugheit der Römer, die ihnen wichtige Bundesgenossen sicherte.

In der Geschichtsschreibung erscheinen die Auseinandersetzungen der Römer mit den Dalmatinern, Kilikiern und anderen besonders seetüchtigen Völkern als Seeräuberkriege, aber das sind römische Bezeichnungen. Hätte es dalmatinische Geschichtsschreiber zu jener Zeit schon gegeben, so könnte der erste römische Seeräuberkrieg auch die Bezeichnung »Der große Notwehrversuch unserer Königin Teuta« tragen, oder die Kilikier könnten von einer Abwehr römischer Herrschaftsansprüche sprechen.

Damit soll gesagt werden, daß der Seeraub in der Antike nicht so eindeutig kriminell einzustufen ist wie in späteren Zeiten oder wie heute etwa die Luftpiraterie. Es gab keine internationalen Konventionen über die Freiheit der Meere, deswegen mußten die Römer ja, um sie durchzusetzen, einen Krieg gegen Dutzende von kleinen Zentren führen. Das, was wir heute Seeraub nennen, war weitgehend Ergebnis eines rechtlosen Zustands oder von Verhältnissen, unter denen der Stärkere tun konnte, was er wollte. Die Phöniker zum Beispiel waren Händler. Kamen aber hübsche Frauen an Bord eines Phönikerschiffes, um Stoffe auszusuchen, so konnte es geschehen, daß dieses Schiff plötzlich ablegte, und aus den Käuferinnen war wertvolle Handelsware geworden.

Wer immer von regelmäßigen Zufuhren abhängig war, mußte diese sichern: im Krieg gegen andere Völker, im Frieden gegen die permanenten Unruhestifter, die Seeräubervölker. Das galt für Kreta wie für Korinth auch später für Rom. »Der erste, von dem wir hören, daß er eine Flotte gehabt, ist Minos«, schreibt der griechische Historiker Thukydides. »Seine Herrschaft erstreckte sich über

Fragment der Kommandogaleere des Antonius in der Schlacht bei Actium im Jahr 31 vor Christus (Relief vom Tempel der Fortuna in Präneste).

den größten Teil des Ägäischen Meeres und die Inselgruppe der Kykladen, die er zumeist erst selbst besiedelte ... Gewiß hat er auch den Seeräubern möglichst das Handwerk gelegt, um sich den Bezug seiner Einkünfte zu sichern. Seit der Entstehung der Seemacht des Minos aber konnte sich die Seefahrt ungehindert entwickeln, denn er vertrieb die Räuber von den Inseln und besetzte die meisten von ihnen selbst mit Ansiedlern. Auch die Küstenbevölkerung wurde jetzt wohlhabender, klebte fester an der Scholle und war hie und da schon reich genug, ihre Städte mit Mauern zu umgeben.«

In ihrem ersten Seeräuberkrieg 229/228 vor Christus mußten die Römer sich zum Niederkämpfen der dalmatinischen Seeräuberkönigin Teuta noch erfahrener Hilfsvölker bedienen, nämlich der Piratenstämme von den westgriechischen Inseln. Die eigene römische Flotte war noch zu schwach. Es gelang, die Adria freizukämpfen, aber da sich die Partisanen der Teuta nach Kreta verzogen und von dieser zerklüfteten und großen, bergigen Insel aus weiter operierten, war die endgültige Bereinigung der Seeräuberfrage, das heißt der Kampf um eine ungestörte Vorherrschaft der Römer, nur hinausgeschoben.

Als nach den kostspieligen Flottenrüstungen des Pompeius Rom stark genug für diesen weitausgreifenden Waffengang war, befolgte Pompeius mit erstaunlicher Genauigkeit das Rezept des Minos, wie es ihm und uns Thukydides überliefert hatte. Dem großen Kesseltreiben gingen Unterhandlungen voraus, bei denen die uneinigen Piraten schon einige weniger entschlossene Mitglieder ihres losen Bundes verloren. Dann trieben römische Flotten und Verbündete die Seeräuber wie mit einem gigantischen Kehrbesen vom Westmittelmeer her in der engen Mitte bei Malta zusammen und schließlich noch die Seeräuber der Ägäis bis hin vor die kilikischen Hochburgen des Seeraubs.

Imponierend war die Schnelligkeit, mit der die gewaltige Operation abrollte, jene Schnelligkeit, die so oft als Kunstgriff des militärischen Genies auftritt, hier bei Pompeius, aber auch bei seinem späteren Gegner Caesar, bei dem Asiaten Kublai-Khan ebenso wie bei Napoleon. Nur vierzig Tage brauchte Pompeius, um das ganze große Westbecken des Mittelmeers seeräuberfrei zu machen – vierzig Tage, mit Ruderschiffen! Dann vereinigte er sich mit Terentius Varro, der inzwischen die Adria gesäubert hatte, und trieb die Piraten vor sich her nach Osten. Kreta, wo die Römer bis dahin trotz verlustreicher Kämpfe und härtester Maßnahmen keinen Erfolg gehabt hatten, ergab sich Pompeius. Weitere freiwillige Waffenstreckungen isolierten die Unentwegten von Korakesion, die schließlich in ihrer Felsenburg an der kleinasiatischen Küste keine Chance mehr sahen und aufgaben.

Pompeius feierte den Sieg nicht wie frühere und spätere Piratenvernichter mit endlosen Reihen von Galgen und Massenhinrichtungen, sondern ging wie König Minos dem Übel auf den Grund. Die Piraten wurden umgesiedelt, denn Bauern am Meer werden nicht zu Piraten, und Piraten im Binnenland oder an friedlichen Fischerstränden haben es schwer, wieder zum Seeraub zurückzukehren. Willige Gefangene stellte Pompeius sogleich in seine Flotte und seine Armeen ein, handelte es sich doch um ausgezeichnete und harte Kämpfer, die Rom an allen Ecken und Enden seines Weltreiches brauchen konnte.

Die Seeräuberei war besiegt, die römische Herrschaft ebenso gesichert wie die Handelswege des Imperiums. Pompeius aber war nicht verhaßt bei seinen Gegnern, sondern wurde beinahe scheu verehrt, was seinem Sohn Sextus zugute kam. Als Sextus Pompeius auf eigene Faust gegen das offizielle Rom kämpfte, dessen Führer er zu den Mördern seines Vaters rechnete, konnte er sich auf jene Seeräuber stützen, die sein Vater unterworfen und gezähmt, aber nicht ausgerottet hatte. Die zwei bedeutendsten Admirale des Sextus, Griechen aus Kleinasien mit den Namen Menas und Menokrates, hatte sein Vater wegen ihrer besonderen Fähigkeiten freigelassen, als sie ihm beim Seeräuberfeldzug in die Hände gefallen waren. Sie eroberten für Sextus Korsika und Sardinien. Allerdings ließ sich Menas wiederholt bestechen, auch andere Ex-Piraten erwiesen sich als unsichere Kantonisten und erlagen den Lockungen des Kaisers Augustus.

Im ganzen genommen aber zeigt dieser große Krieg, den Sextus Pompeius, gestützt auf entlaufene Sklaven und auf die nächste Seeräubergeneration, führte, daß das Römische Weltreich nirgends verwundbarer war als zur See. Mit ein paar Dutzend Versprengten hatte Sextus in Spanien seinen einsamen Kampf gegen Rom begonnen. Zu Lande hätte er nicht die geringste Chance gehabt. Zur See aber konnte er schon mit wenigen Schiffen den Römern sehr empfindliche Verluste zufügen, kam es angesichts der unruhigen Großstadtbevölkerung am Tiber doch auf jede einzelne Getreideflotte aus Ägypten an. Die Unterbindung so vieler Zufuhren nach Rom nötigte den stolzen Octavianus Augustus zu dem Frieden mit Sextus in Misenum vor Neapel. Der Friedensschluß zwischen Piratenchef und Kaiser wurde von den Römern mit einem ungeheuren Volksfest begangen, hatten sie doch nun eine gewisse Sicherheit für das tägliche Brot, die ihnen der mächtige Kaiser allein nicht zu geben imstande war. Die Neapolitaner schwammen den Galeeren des Sextus entgegen, es war eine Verbrüderung, wie sie nie hätte stattfinden können, wären die Piraten in den Augen des römischen Volkes lediglich Geächtete, Halsabschneider und Kriminelle gewesen. »Die einen sahen entfernte Verwandte und Freunde unerwartet noch am Leben«, berichtet Cassius Dio, »und wurden von unbeschreiblicher Freude erfaßt. Andere erblickten Totgeglaubte unverhofft, mißtrauten ihren Augen und wünschten doch, ihnen glauben zu dürfen. So feierte man gleichsam ein Auferstehungsfest, und das Übermaß der Freude trieb Tränen in die Augen.«

Sextus, dem Haupt dieses mächtigen Seereiches, wurden die Inseln Korsika, Sardinien und Sizilien zugesprochen, dazu siebzehneinhalb Millionen Drach-

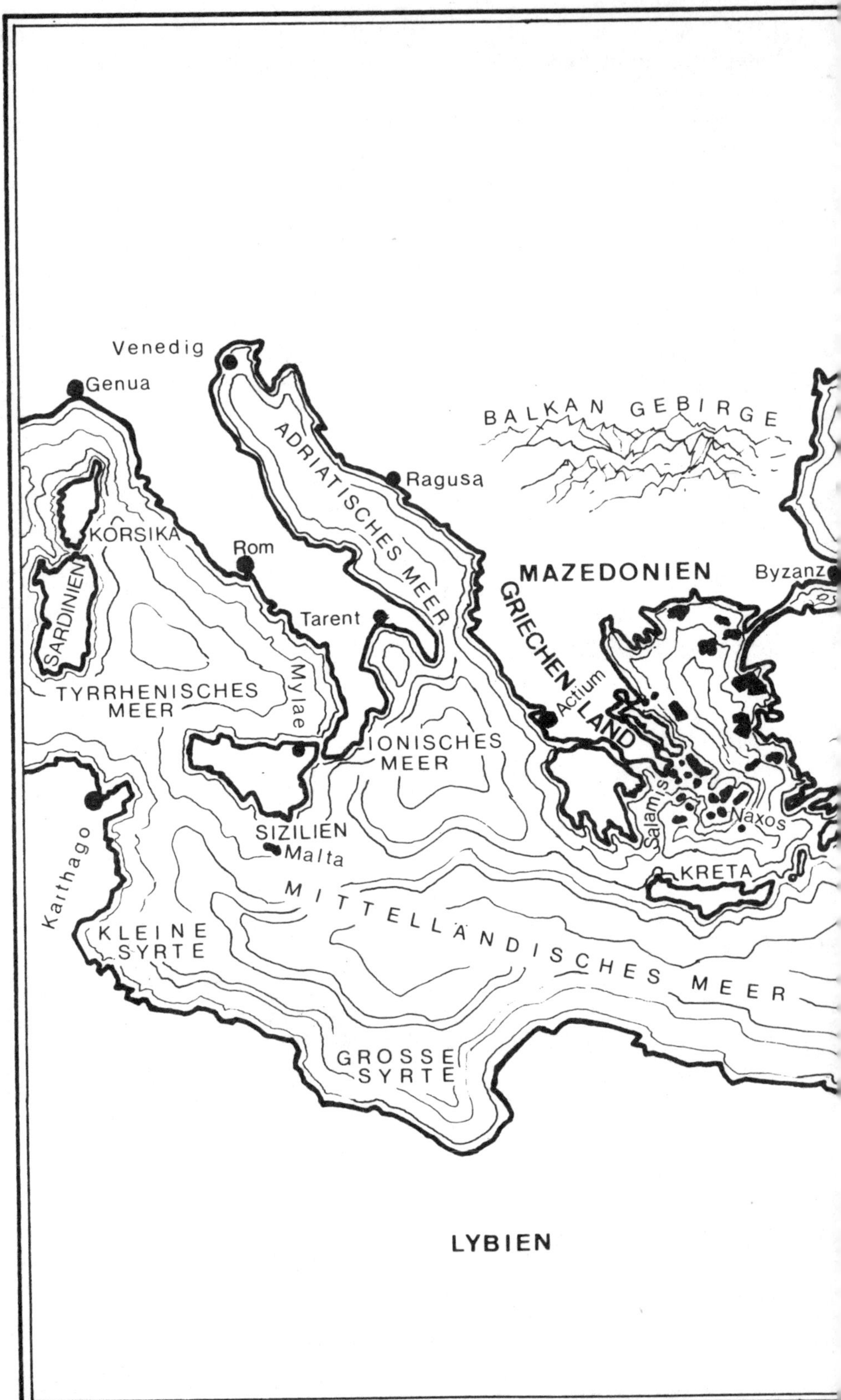
Venedig
Genua
BALKAN GEBIRGE
ADRIATISCHES MEER
Ragusa
KORSIKA
Rom
SARDINIEN
MAZEDONIEN
Byzanz
GRIECHENLAND
Tarent
Mylae
TYRRHENISCHES MEER
Actium
IONISCHES MEER
Salamis
Naxos
SIZILIEN
Malta
Karthago
KRETA
MITTELLÄNDISCHES MEER
KLEINE SYRTE
GROSSE SYRTE
LYBIEN

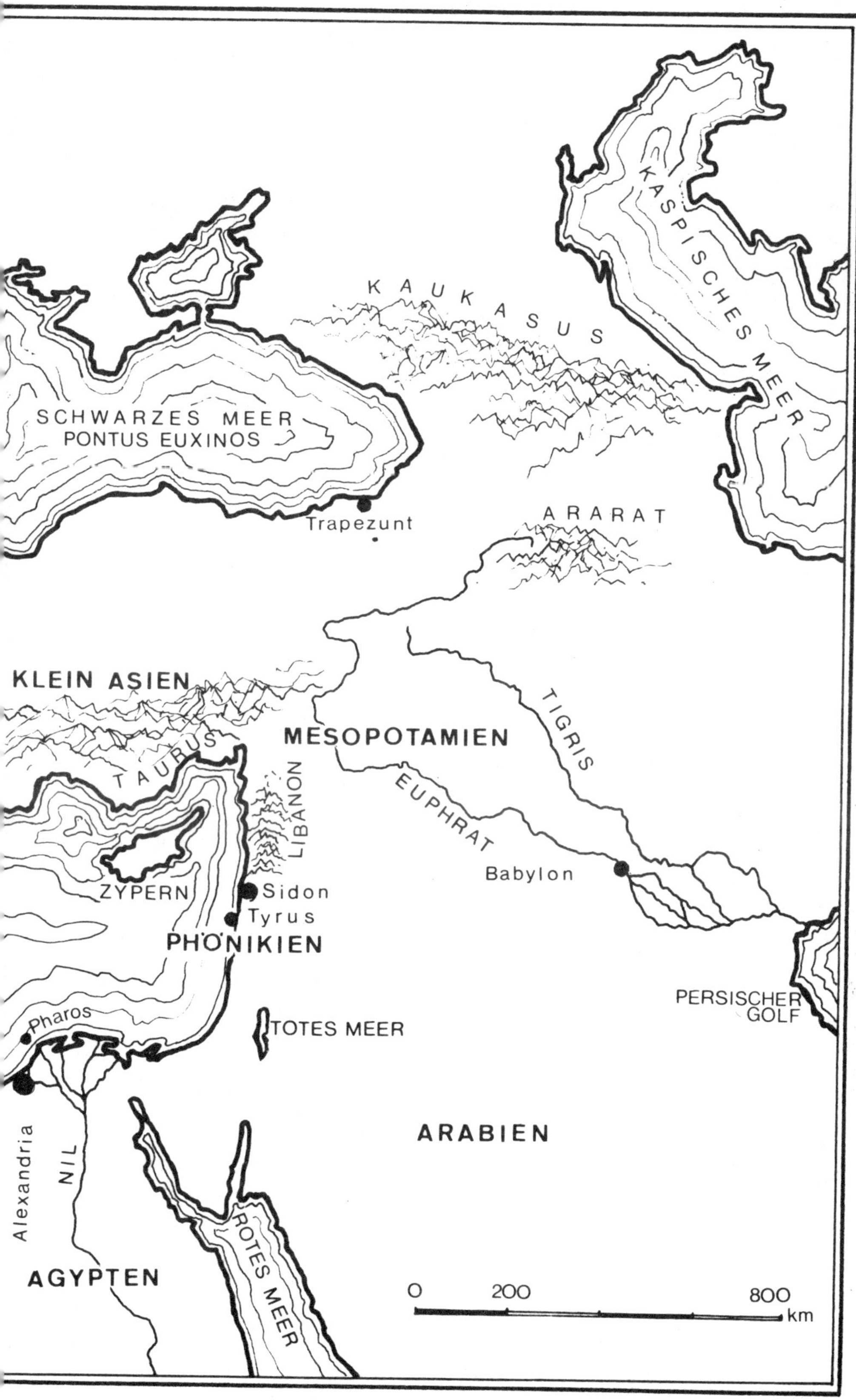
KAUKASUS
KASPISCHES MEER
SCHWARZES MEER
PONTUS EUXINOS
Trapezunt
ARARAT
KLEIN ASIEN
TAURUS
MESOPOTAMIEN
TIGRIS
EUPHRAT
LIBANON
Babylon
ZYPERN
Sidon
Tyrus
PHÖNIKIEN
PERSISCHER
GOLF
Pharos
TOTES MEER
Alexandria
NIL
ARABIEN
ÄGYPTEN
ROTES MEER
0
200
800
km

men als Entschädigung für das Vermögen seines Vaters, das beschlagnahmt worden war, und eine Amnestie für alle Verbündeten und Freunde des Sextus, sofern sie mit der Ermordung Caesars nichts zu tun gehabt hatten.
Was der Vater nicht geschafft hatte, was Cassius und Brutus nicht gelungen war, das gelang zur See: das Remis mit Rom, der ehrenhafte Ausgleich mit Octavian. Hätte Sextus sich daran gehalten, hätte er nicht unentwegten Piraten unter seinen Beratern nachgegeben, die sich von jeder neuen Getreideflotte zu einem Vertragsbruch verleitet fühlten, er hätte als einer der stolzesten Fürsten des Altertums über seine drei Inseln herrschen können. Aber Piraten wollten eben beschäftigt sein, sie ließen sich nicht so einfach in bürgerliche Sizilianer verwandeln, und so mußte Rom abermals gegen Sextus rüsten. Mit einem neuen, hochbordigen und schwer zu enternden Schiffstyp (vgl. Abb. S. 32), der gegen Rammstöße gut gepanzert war, siegte der kaiserliche Admiral Agrippa 36 vor Christus über die Flotte des Sextus vor der Nordostspitze Siziliens. Sextus Pompeius, der mit siebzehn Schiffen der Vernichtung entronnen war, wurde ein Jahr darauf in der Levante ermordet.

Unter den antiken Dokumenten zur Geschichte der Schiffahrt sind naturgemäß die Berichte und Erörterungen über die großen Seeschlachten am zahlreichsten. Da dieses Buch jedoch keine Seekriegsgeschichte geben will, sondern die Seefahrt selbst in den Mittelpunkt stellt, beschränken wir uns auf eine, allerdings ausführliche kriegerische Schilderung, deren Autor Cäsar ist; sie beleuchtet die große Bedeutung der Flotten, der Häfen und der Hafenstädte schon in der antiken Epoche.
Das sensationellste Stück unter unseren Dokumenten ist aber zweifellos der Auszug aus Herodot. Er ist im Text bereits kommentiert, so daß hier nur noch nachgetragen sei, daß diese Reise inzwischen nicht mehr bezweifelt wird. Sie ist nur eine von zahlreichen Mitteilungen des Herodot über ausgedehnte Reisen im ganzen Raum zwischen Indien und Westafrika, die allesamt eine rege nautische Aktivität der alten Völker beweisen.
Zwischen Herodot und Cäsar steht der ausführliche Bericht über eines der nicht eben zahlreichen Riesenschiffe der Antike. Zum Unterschied von der Thalamegos des Pharao Ptolemaios IV., die mehr ein schwimmendes Nil-Hotel denn ein Hochseeschiff genannt werden muß, war das Riesenschiff des Hieron ein bewaffneter Getreidetransporter, und die Beschreibung seiner Einrichtungen, von den Außenbordabtritten mit gelegentlich unwillkommener Wasserspülung bis zu den Wurfmaschinen auf den Mastspitzen beweist uns, daß damals Schiffe als Allzweckfahrzeuge verstanden wurden, die ihre Fracht auch selbst beschützen mußten. Der Bericht über dieses Monsterschiff fand sich – ebenso wie die Beschreibung der Thala-

megos – in dem unschätzbaren Wissens-Sammelsurium des Athenaios aus Naukratis, der ein fünfzehn Bände langes Tischgespräch dazu benützt, Lesefrüchte aller Art zusammenzustellen (wofür man ihm heute sehr dankbar ist, da seine Quellen verlorengegangen sind).

Die Reise der Phöniker um Afrika

Libyen ist, außer wo es an Asien grenzt, vom Meer umflossen, wie Nechos, der König in Ägypten, zuerst, soviel uns bekannt ist, gezeigt hat. Er sah davon ab, einen Kanal aus dem Nil in den Arabischen Meerbusen zu graben, schickte phönikische Männer aus und befahl ihnen, durch die Säulen des Herakles (die Straße von Gibraltar) zurück in das Nördliche Meer (Mittelmeer) zu fahren und so nach Ägypten zurückzukommen.
Die Phöniker fuhren also aus dem Erythräischen Meer (dem Roten Meer) fort in das Südliche. Als es nun Herbst wurde, stiegen sie in einer Gegend von Libyen aus, säten dort und erwarteten die Ernte. Als sie das Korn eingesammelt hatten, fuhren sie weiter. Nach Verlauf zweier Jahre kamen sie im dritten um die Säulen des Herakles herum und nach Ägypten zurück. Sie erzählten, was mir nicht, aber vielleicht anderen glaublich vorkommt, daß sie nämlich bei ihrer Fahrt um Libyen herum die Sonne auf der rechten Seite hatten. Auf solche Weise ist Afrika zuerst bekannt geworden.

Das Riesenschiff des Hieron

Hieron, der König von Syrakus (265–215 v.Chr.), der Freund der Römer, baute nicht nur Tempel und Gymnasien, sondern war auch eifrig für den Schiffbau tätig. Eines seiner Getreideschiffe will ich beschreiben:
Für das Rohmaterial beschaffte er sich einen Holzvorrat vom Ätna, der ausgereicht hätte, sechzig große Vierruderer herzustellen. In demselben Verhältnis wurde das übrige vorbereitet: Holzpflöcke, Bohlen und Rippen, anderes Material teils aus Italien, teils aus Sizilien, für die Stricke Riedgras aus Spanien, Hanf und Teer vom Rhônefluß und aus verschiedenen Ländern, was sonst nötig war. Er berief auch Schiffbaumeister und die andern Ingenieure. Zum Oberingenieur machte er Archias aus Korinth und forderte ihn auf, die Arbeit eifrig zu fördern. Auch war er selbst manchen Tag zugegen. Die Hälfte des Schiffes baute er in sechs Monaten. Mit bleiernen Platten wurde sofort jedes Stück umgeben, das gerade gebaut war. Die Arbeit ging so schnell vonstatten, weil dreihundert Handwerker dabei tätig waren, abgesehen von den Gehilfen.

Als das Schiff soweit fertig war, sollte es ins Meer gezogen werden, damit dort die Arbeit fortgesetzt werde. Da überlegte man eingehend, wie dies zu bewerkstelligen sei; aber der Mechaniker Archimedes hat es allein durch wenige Personen ausgeführt. Denn mit Anwendung einer Hebewinde, die Archimedes erfunden hatte, führte er den gewaltigen Schiffsbauch ins Meer hinab. Der übrige Teil des Schiffes wurde in weiteren sechs Monaten gebaut. Ringsum war es mit ehernen Bolzenköpfen umgeben. Die meisten Bolzen waren neunpfündig, viele aber anderthalbmal so schwer. Löcher waren ausgebohrt und durch diese die Bolzen getrieben, welche die Planken festhielten. Die Bolzen gingen auch durch die Rippen, und unter ihren Köpfen war geteertes Segeltuch, um dicht zu halten. Als so der äußere Bau vollendet war, ging man an die innere Ausrüstung.

Das Schiff war ein Zwanzigruderer und hatte drei Längsgänge und dementsprechend drei Stockwerke. Der unterste Gang war für die Fracht, und man stieg auf festen Treppen hinunter; der mittlere Gang für diejenigen, welche in ihre Kajüten gehen wollten; der oberste Gang für die Wache. Im mittleren Stockwerk waren an jeder Schiffswand Kajüten für die Männer mit je vier Betten, dreißig im ganzen. Die Kajüte des Kapitäns aber hatte fünfzehn Betten und noch drei besondere Schlafräume mit je drei Betten. Hinten befand sich die Küche. All dies hatte als Fußboden ein Mosaik aus bunten Steinen, worauf die ganze Geschichte vom Trojanischen Krieg dargestellt war. Die Wände, die Decken und Türen waren alle wunderbar ausgestattet. Im obersten Stockwerk waren ein Turnplatz und Wandelgänge, die der Größe des Schiffes entsprachen. Darin waren mannigfache Gärten mit wunderbar schönen Pflanzungen. Eine Wasserleitung bewässerte sie, die durch zusammengesetzte und gedichtete Bleiplatten ging. Außerdem gab es Lauben aus hellem Efeu und Weinreben, deren Wurzeln ihre Nahrung in Kübeln voll Erde fanden. Die Bewässerung geschah wie bei den Gärten, und die Lauben beschatteten die Wandelgänge. Daran schloß sich ein Speisezimmer mit drei Sofas. Sein Fußboden bestand aus schönen Steinen, die auf Sizilien gefunden wurden. Wände und Decken waren aus Zypressenholz, die Türen aus Elfenbein und afrikanischem Thujaholz. Das Zimmer war mit Gemälden und Standbildern und Trinkgeschirr reich ausgestattet. Es folgte ein Lesezimmer mit fünf Sofas; die Wände und Türen waren aus Buchsbaum; es enthielt eine Bibliothek. Die Decke war gewölbt, mit einer Darstellung verschiedener Sternbilder. Auch ein Baderaum war da mit drei Sofas. Er hatte drei Badewannen für heißes Wasser und ein Bassin, das zweihundert Hektoliter faßte. Noch zahlreichere Kabinen waren gebaut für die Matrosen und die Arbeiter, welche das sich sammelnde Meerwasser schöpften. Außerdem zehn Pferdeställe an jeder der beiden Schiffswände, neben denen das Futter für die Pferde und das Gerät für die Reiter und die Burschen lag. Am Vorderteil

war ein verschließbarer Wasserbehälter, der achthundert Hektoliter faßte, aus Brettern und geteertem Segeltuch hergestellt. Daneben war mit Blei und Brettern ein verschließbarer Fischbehälter angelegt. Er enthielt Seewasser, in welchem zahlreiche Fische gehalten wurden. An beiden Seiten der Schiffswände ragten in einem zweckentsprechenden Abstand Balken heraus. Darauf waren Holzbehälter, Back- und Bratöfen und Mühlen angebracht, ebenso die Abtritte. Sechs Ellen große Atlasfiguren bildeten außen den architektonischen Abschluß des Schiffskörpers.
Auf dem Schiff waren acht Türme, deren Größe dem Schiffskörper entsprach, zwei vorn, zwei hinten, vier in der Mitte. Auf jedem Turm waren zwei bewegliche Maschinen angebracht mit Vertiefungen für die Steinkugeln, welche man gegen die heranfahrenden Feinde schleuderte. Jeder Turm war bemannt mit vier Schwerbewaffneten und zwei Bogenschützen. Der ganze Raum war gefüllt mit Steinen und Geschossen. Eine Mauer mit Brustwehr und ein Verdeck zogen sich quer über den Rumpf. Dieses ruhte auf Gestellen, und darauf stand ein schweres Geschütz, welches eine achtzig Kilogramm schwere Steinkugel und einen fünf Meter langen Speer schoß. Diese Maschinen hatte Archimedes erbaut. Die Wurfweite für beide Geschosse betrug fast 190 Meter. Außerdem hingen an starken Balken mit ehernen Ketten Netze (um feindliche Geschosse aufzufangen). Es waren drei Masten vorhanden. An jedem waren oben zwei Geschütze befestigt, von denen Stangen mit Widerhaken und Bleikugeln gegen die Angreifer geschleudert wurden. Auch waren eiserne Spitzen rings um das Schiff, damit der Feind nicht heraufsteigen konnte, und eiserne Enterhaken, welche, durch Apparate losgelassen, die feindlichen Schiffe faßten und an die Breitseite zogen. Auf jeder Seite des Schiffes standen sechzig junge Krieger in voller Rüstung und ebenso viele sowohl bei den Masten als auch bei den Geschützen. In den ehernen Mastkörben waren beim ersten Mast drei Männer, beim zweiten zwei, beim dritten ein Mann. Diesen wurden in geflochtenen Körben mittels eines Rollenzugs durch Knaben Steine und Geschosse zugeführt. Vier Anker waren aus Holz, acht aus Eisen. Das Kielwasser wurde trotz der Tiefe von einem einzigen Mann mit Hilfe der Schraube ausgeschöpft, die Archimedes erfunden hatte. Das Schiff hieß *Syrakusia.* Als Hieron es aber aussandte, taufte er es um in *Alexandris.* Als Beischiffe hatte es: zuerst ein Lastschiff, das achtzig Tonnen fassen konnte; die vollständige Ruderausstattung lag darin, außerdem zahlreiche Kähne und Boote, die vierzig Tonnen faßten. Über Vergehen auf dem Schiff saßen der Kapitän, der Steuermann und Vorschiffsoffizier zu Gericht nach den syrakusischen Gesetzen. Die Ladung betrug über dreißigtausend Hektoliter Getreide, zehntausend Töpfe mit sizilischem Pökelfleisch, über fünfhundert Tonnen Wolle und ebensoviel Tonnen andere Waren. Außerdem Proviant für die Bemannung und Passagiere.

Als Hieron hörte, daß alle Häfen teils unfähig seien, das Schiff aufzunehmen, teils gefährlich, da beschloß er, es dem König Ptolemaios nach Alexandria als Geschenk zu schicken, denn es war gerade Getreidemangel in Ägypten. Und so geschah es: Das Schiff fuhr nach Alexandria, wo es aufs Trockene gezogen wurde.

Krieg in Alexandria

Es gab an allen Nilmündungen Wachstationen zur Einhebung des Zolls. Dort befanden sich an versteckten Lagerplätzen Kähne aus früherer Zeit, die man seit Jahren nicht mehr zur Seefahrt verwendet hatte. Von diesen reparierte man die einen an Ort und Stelle, die anderen holte man nach Alexandria zurück. Es fehlte an Rudern: so deckte man Hallen, Gymnasien und öffentliche Gebäude ab, die Latten mußten als Ruder dienen. Zum einen, das man brauchte, verhalf die eigene Findigkeit, zum anderen das, was in der Stadt zur Verfügung stand. Schließlich rüstete man ja auch nicht für eine lange Seefahrt, sondern suchte nur, den dringendsten Bedürfnissen des Augenblicks abzuhelfen, sah man doch, daß sich der Kampf innerhalb des Hafens selbst abspielen werde. Und so stellte man in wenigen Tagen wider Erwarten 22 Vierruderer und fünf Fünfruderer her, abgesehen von einer ganzen Anzahl kleiner und ungedeckter Einheiten. Man ließ sie im Hafen umherrudern, prüfte sie auf ihre Geschwindigkeit, bemannte sie mit einer genügenden Zahl Soldaten und stattete sie mit allen zum Kampf notwendigen Dingen aus. Caesar hingegen besaß neun rhodische Schiffe – von den zehn, die ursprünglich geschickt waren, war eines an der ägyptischen Küste untergegangen –, acht pontische, fünf lykische und zwölf aus Asia. Sechs von ihnen waren Vier-, zwölf Fünfruderer, bei den restlichen handelte es sich um kleine, meist ungedeckte Einheiten. Gleichwohl bereitete auch er sich im Vertrauen auf die Tapferkeit seiner Soldaten zum Kampf vor, nachdem er die Stärke der Feinde erkannt hatte.

Als es soweit war, daß beide Parteien das nötige Selbstvertrauen gewonnen hatten, umsegelte Caesar die Pharosinsel und formierte seine Flotte den Feinden gegenüber. Auf den rechten Flügel stellte er die Rhodier, auf den linken Flügel die Pontier, und zwischen beiden ließ er einen Raum von 400 Fuß Breite frei, der für die Entfaltung der Flottenverbände zu genügen schien. Hinter dieser Reihe verteilte er die anderen Einheiten als Reserve und legte genau fest, wem jedes der einzelnen Schiffe sich anzuschließen oder Hilfe zu bringen habe. Die Alexandriner führten daraufhin sofort ebenfalls ihre Flotte heraus und stellten sie auf, in der ersten Reihe jene 22 Neubauten, die Schiffe zur Unterstützung in der zweiten. Darüber hinaus brachten sie eine Anzahl

kleiner Schiffe und Kähne ins Gefecht, die mit Werg und anderem brennbaren Material angefüllt waren, in der Absicht, schon durch die große Menge, durch Kampfgebrüll und Flammen uns einigen Schrecken einzujagen. Zwischen beiden Flotten nun befanden sich Untiefen mit schmaler Fahrrinne. Sie gehören, so behauptet man, bereits zu Afrika, wie ja auch mitten durch Alexandria die Grenze Afrikas geht. Beide warteten ziemlich lange, wer mit der Durchquerung beginnen wolle, weil ja der, der sich einmal in diesem Bereich befand, nur unter größten Schwierigkeiten in der Lage sein würde, seine Flotte zu entfalten oder wieder zurückzuziehen, falls sich nicht alles nach Wunsch entwickelte.
Führer der rhodischen Schiffe war Euphranor, ein Mann, den man wegen seiner Tapferkeit weniger mit den Griechen als mit römischen Männern in eine Reihe stellen muß. Die Rhodier hatten ihn wegen seines großen seemännischen Könnens und seiner Tapferkeit dazu auserwählt, den Flottenbefehl zu übernehmen. Als dieser nun Caesars Zögern erkannte, meinte er: »Du scheinst zu fürchten, daß du zum Kampf gezwungen wirst, noch ehe du deine Flotte entfalten kannst, wenn du erst einmal mit den Schiffen in die seichten Stellen geraten bist. Diese Aufgabe kannst du ruhig uns überlassen: Wir werden den Vorstoß der Gegner abfangen, bis die anderen uns nachgekommen sind. Du wirst in deiner Wahl nicht enttäuscht werden. Denn daß die drüben sich vor unseren Augen bereits wie Sieger gebärden, das empfinden wir als bittere Schande.« Caesar bestärkte ihn in seiner Absicht, spendete ihm höchstes Lob und gab das Zeichen zum Angriff. Vier rhodische Schiffe durchfuhren die seichten Stellen und wurden von den Alexandrinern umzingelt. Sie hielten jedoch dem feindlichen Druck stand und entfalteten sich mit Umsicht und Geschicklichkeit. Die hervorragende Ausbildung der Rhodier hatte den Erfolg, daß trotz des ungleichen Stärkeverhältnisses nie eines quer vor den Bug eines der feindlichen Schiffe kam oder seine Riemen verlor, sondern man stets nur im Frontalangriff aufeinander zulief. Währenddessen folgten auch die anderen, und da der Platz eng wurde, gab man die Navigationskünste auf. Im Kampf, der nun begann, kam es allein auf die Tapferkeit an. In Alexandria war man inzwischen mit den Bauarbeiten oder mit dem Kampf beschäftigt. Aber es gab keinen, sei es von den Städtern, sei es von den Unsrigen, der nicht auf die höchsten Dächer kletterte, die er erreichen konnte, um von dort, wo sich eine Aussicht bot, das Schauspiel anzusehen. Jeder erbat sich von den Göttern den Sieg für die Seinen.
Das Gefecht wurde unter sehr ungleichen Bedingungen geführt. Für den Fall nämlich, daß die Unseren besiegt wurden, gab es für die Geschlagenen weder an Land noch auf dem Wasser Zuflucht, ja selbst wenn sie siegten, blieb für sie nach wie vor alles zweifelhaft. Die Feinde aber würden im Falle eines Sieges alle Trümpfe in der Hand haben: Erlitten sie aber eine Nieder-

lage, so konnten sie auch weiterhin versuchen, all das auszunutzen, was sich ihnen an Gelegenheiten bot. Sehr belastend schien auch, daß einige wenige um die Entscheidung und das Leben aller zu kämpfen hatten. Wenn von diesen einer den Mut verlor oder nicht tapfer genug kämpfte, dann mußten auch die anderen aufgeben, weil es für sie keine Möglichkeit mehr gab, für sich den Kampf fortzusetzen. Caesar hatte diese Tatsache an den vergangenen Tagen seinen Leuten mehrfach klargemacht, damit sie sich um so mehr anstrengten, wenn sie sähen, daß die Entscheidung über Leben und Tod aller in ihre Hände gelegt sei. Und ein jeder hatte daraufhin seinen Freund, Kameraden oder Bekannten aufgesucht und beschworen, ihn und alle anderen nicht zu enttäuschen, die ihn für gut befunden und ausgewählt hätten, für sie in den Kampf zu gehen. So kämpfte man mit derartigem Elan, daß weder die seemännische Geschicklichkeit den feindlichen Seesoldaten und Matrosen Schutz gewährte, noch die Masse der Schiffe den zahlenmäßig Überlegenen einen Vorteil bot. Die aus einer großen Zahl von Menschen zum Kampf eigens ausgesuchten Gegner waren nicht in der Lage, den Unseren an Tapferkeit Gleichwertiges entgegenzustellen. Gekapert wurde in dem Gefecht ein Fünfruderer sowie ein Zweiruderer, beide mitsamt Soldaten und Matrosen, drei Schiffe wurden versenkt. Unsere Schiffe blieben sämtlich unversehrt. Die anderen Gegner flohen nach der Stadt, wohin sie den kürzeren Weg hatten. Man schützte sie von der Hafenmole und den Gebäuden am Hafenbecken aus und wehrte den Unseren den Zugang.

Damit derartiges künftig nicht mehr möglich sei, glaubte Caesar, mit allen Mitteln darauf hinarbeiten zu müssen, daß er die Insel und die Mole, die diese mit dem Festland verband, in seine Hand brächte. Denn er war der Meinung, jetzt, nachdem die Befestigungsarbeiten zum größten Teil abgeschlossen waren, auch Stadt und Insel Pharos ganz in seine Hand bringen zu können. In dieser Absicht ließ er zehn Kohorten, ausgewählte Leichtbewaffnete und ausgesuchte, geeignet erscheinende gallische Reiter in Nachen und kleinere Fahrzeuge einschiffen, griff dabei aber, um die feinlichen Truppen zu zersplittern, mit den gedeckten Schiffen zugleich den gegenüberliegenden Teil der Insel an. Dem, der als erster die Insel erstürme, versprach er eine hohe Belohnung. Die Gegner hielten zunächst dem Ansturm der Unsrigen stand, während sie von den Dächern der Häuser herabschossen und zugleich im Kampf den Strand zu verteidigen suchten, wo wegen ungünstiger Küstenverhältnisse die Landungsmöglichkeiten für uns äußerst schwierig waren. Mit Kähnen und fünf Kriegsschiffen deckten sie in beweglicher, geschickter Weise die Engstellen der Hafeneinfahrt. Sobald aber unsere Leute die örtlichen Verhältnisse erkannt und herausgefunden hatten, wo die seichten Stellen waren, faßten zuerst einige wenige am Strand Fuß, ihnen folgten die anderen nach, man griff unablässig den Gegner an, der sich auf dem flachen Ufer befand.

Bald wandten sich die Pharosverteidiger ausnahmslos zur Flucht. Nach ihrer Vertreibung ... war auch der Hafen ohne Schutz. Man zog die Schiffe an Land und verließ sie eilends, um die Gebäude zu schützen.
In solchen Befestigungen aber konnten sie sich nicht sehr lange halten, wenn auch die Art der Gebäude sich in nichts von den in Alexandria üblichen unterschied und kleinere neben größeren Häusern standen. In Verbindung mit höheren Türmen bildeten sie eine Mauer, und die Unseren hatten zum Sturm weder Leitern noch das nötige Schanzmaterial mitgebracht. Aber – es ist die Furcht, die die Menschen verzagt macht, ihnen die Hoffnung nimmt und die Willenskraft erschlaffen läßt. So geschah es auch jetzt. Sie, die sich auf ebenem Gelände dem Feind gewachsen gefühlt hatten, waren durch die Flucht ihrer eigenen Leute in Panik geraten. Nachdem sie einige der Ihren verloren hatten, wagten sie es nicht einmal mehr, in Gebäuden von 30 Fuß Höhe ihre Stellung zu halten; sie stürzten sich von der Mole ins Meer und schwammen eine Strecke von 800 Fuß bis zur Stadt. Viele von ihnen wurden trotzdem gefangen oder getötet. Die Gesamtzahl der Gefangenen belief sich auf 6000.

Der Kampf gegen Sextus Pompeius

Mit Pompeius verhielt es sich folgendermaßen. Als der jüngere von Pompeius Magnus' Söhnen wurde er zunächst von Julius Caesar in Spanien nicht beachtet, da er wegen seiner Jugend und seiner Unerfahrenheit doch nichts Großes unternehmen könnte. Er fuhr auf dem Ozean umher, mit wenigen Männern Seeraub treibend und verheimlichend, daß er Pompeius war. Erst als mehr Leute, um Seeraub zu treiben, bei ihm zusammenkamen und der Haufen an Stärke zunahm, gab er sich als Pompeius zu erkennen. Sofort lief ihm alles, was an ehemaligen Soldaten seines Vaters oder Bruders sich herumtrieb, als seinem angestammten Feldherrn zu. Nachdem sich so um ihne eine Menge Leute versammelt hatte, war er bereits zu größeren Unternehmen als nur zu Seeraub in der Lage, und sein Name wurde in ganz Spanien populär, der größten aller Provinzen, das er von Ort zu Ort eilend durchzog, wobei er es jedoch vermied, an die von Julius Caesar ernannten Statthalter zu geraten. Als Caesar hiervon Meldung erhielt, setzte er seinen Anhänger Carrinas mit einem größeren Heer in Marsch, um Pompeius zu vernichten. Der aber beunruhigte seinen Gegner dank seiner leichter beweglichen Streitkräfte, mit denen er plötzlich auftauchte und ebenso schnell wieder verschwunden war, und nahm bereits einige kleinere und größere Städte ein ...
Rom litt unterdessen Hunger, da weder die Kaufleute aus dem Osten aus Furcht vor Pompeius und Sizilien herankamen noch die vom Westen, weil Sardinien und Korsika in Pompeius' Gewalt waren, noch die vom gegenüber-

liegenden Afrika, weil die Feinde beide Küsten beherrschten. Alle Waren stiegen im Preis, und das Volk sah den Grund hierfür in dem Streit zwischen den Führern des Heeres, schimpfte auf sie und forderte eine schnelle Versöhnung mit Pompeius. Aber Caesar gab auch jetzt nicht nach, und so forderte Antonius ihn auf, den Krieg wegen des Mangels doch wenigstens zu beschleunigen. Da es hierfür aber an Geld fehlte, wurde ein Befehl erlassen, daß alle Besitzer von Sklaven für jeden von diesen Drachmen bezahlen sollten, sowie daß alle, die eine Erbschaft gemacht hatten, einen bestimmten Teil davon abgeben sollten. Diesen Befehl riß das Volk in wildem Zorn ab, darüber empört, daß – nachdem der Staatsschatz geleert, die Provinzen ausgeplündert und Italien selbst Kontributionen, Zölle und Konfiskationen aufgebürdet worden seien und das alles weder wegen äußerer Kriege noch zwecks Gebietserweiterung, sondern gegen persönliche Feinde und für private Gewaltherrschaft geschehen wäre, um derentwillen es zu Proskriptionen, Morden und drückender allgemeiner Hungersnot gekommen sei – man ihnen jetzt noch das letzte nehmen wolle. Sie rotteten sich schreiend zusammen, bewarfen alle, die sich ihnen nicht anschließen wollten, mit Steinen und drohten, ihre Häuser zu plündern und anzustecken, solange bis die ganze Volksmasse in Bewegung war.

Die Drachenschiffe und der Halbmond

Sie waren einander keineswegs feindlich gesinnt, die blonden Recken der germanischen Frühzeit und die gewandten Araber, Berber, Syrer und Mauren, im Gegenteil: sie machten jahrhundertelang ausgezeichnete Geschäfte miteinander, und die Wege, auf denen sie zueinander fanden und auf denen sie ihre Waren transportierten, waren Wasserwege.

Im Römischen Reich hatten Schiffstransporte eine große Rolle gespielt, vor allem für den Warenverkehr. Soldaten, Reisende, Boten und fahrendes Volk aber hatten ein in Jahrhunderten errichtetes hervorragendes Straßennetz zur Verfügung, wie es Europa vorher nie und nach den Römern tausend Jahre lang ebensowenig besessen hat.

Nach dem Untergang des Römerreichs verfielen diese Straßen und Brücken zwar nur nach und nach, aber eine Straße ist ja schon dann wertlos, wenn sie nur auf kurzen Strecken benützt werden kann, oder wenn sie auf eine Brücke zuführt, die eingestürzt ist. In dieser Zeit, also etwa vom fünften Jahrhundert an, begann eine neuerliche Vorherrschaft der Wasserfahrzeuge, und diesmal hielt sie eineinhalb Jahrtausende lang an, bis zu den ersten leistungsfähigen Strecken der Eisenbahnen.

Ein Blick auf die Karte unseres kleinen Erdteils zeigt uns, daß er leichter zu umfahren war als zu durchqueren. Einen Riegel zogen die Pyrenäen, einen noch kräftigeren die Alpen, und im Osten schlossen sich noch die Karpaten an. Wie sollte man über diese Berge nennenswerte Warenmengen schaffen? Das, was ein mit Pferden bespannter Wagen über die schmalen und steilen Paßstraßen zu tragen imstande war, konnte den Händler nur reich machen, wenn die ganze Ladung aus Diamanten bestanden hätte, so wenig trug ein Wagen, so lange und mühsam war der Weg.

Völker, denen an einem gut funktionierenden Handel lag, hatten demnach gar keine Wahl. Sie mußten Schiffe bauen und sie mußten auf Meeren, Flüssen und Seen Handelswege suchen. Nordgermanen und Araber stimmten darin überein, den Schiffen den Vorzug zu geben, aber sie kamen aus völlig verschiedenen Voraussetzungen zur Seefahrt.

Die Nordgermanen bewohnten die skandinavische Halbinsel, die vor allem in ihrem westlichen Rand nur sehr wenig Anbauflächen bietet, die auch im

heute schwedischen Teil noch große Binnengewässer aufweist und ausgedehnte Wälder. Von der Landwirtschaft allein zu leben, war nicht nur mühsam, sondern bedeutete angesichts der Ungunst der Witterung und der kleinen Anbaufläche auch ein sehr karges Brot. Die Norweger, die Dänen und die Schweden hatten daher schon früh lernen müssen, im gewissen Sinn vom Meer zu leben, als Fischer und als Händler. Schon als Pytheas, der Grieche aus Massilia-Marseille, nach Nordengland gekommen war, etwa im Jahr 330 vor Christus, hatte man ihm im Hafen Schiffe aus Norwegen gezeigt und ihm angeboten, ihn in jenes Land mitzunehmen. Er hatte die Reise gemacht und festgestellt, daß die Schiffer ihre Etappenhäfen genau kannten, daß sie mit Fremden umzugehen verstanden und daß er nach seinem Besuch in Norwegen ebenso leicht wieder eine Schiffsgelegenheit zurück nach England fand.
Außer Pytheas erzählen uns Hunderte von Felszeichnungen in Südschweden und an anderen Fundorten von einer gut funktionierenden Schiffahrt im Norden mindestens seit dem zweiten vorchristlichen Jahrtausend – eine Schiffahrt überwiegend friedlichen Charakters, denn die Völker waren noch wenig zahlreich, sie übten keinen Druck aus, sie wollten ihre Überschüsse gegen Dinge tauschen, die sie brauchten oder brauchen konnten.
Das alles ist nicht erstaunlich, obwohl es manche bis heute nicht glauben wollen. Erstaunlich ist nur, daß der ganze Verkehr sich mit offenen Schiffen abspielte, was auf einem witterungsmäßig so unerfreulichen Meer wie der Nordsee für die Seefahrer und Kaufleute mitunter recht unangenehm gewesen sein muß. Ganz offensichtlich war es ein Handel für harte Männer, und vielleicht sind die Norweger durch diese zwei Jahrtausende der Nordmeerfahrt so hart geworden, wie sie uns an der Schwelle ihrer geschichtlichen Zeit im sechsten nachchristlichen Jahrhundert dann entgegentreten.
Die Araber saßen zum Unterschied von ihren nordischen Partnern mitten im Reichtum und in vergleichsweise angenehm durchwärmten Ländern, die sich auf Kamelen bequem durchmessen ließen, wenn man den Weg erst einmal kannte. *Arabia felix,* das glückliche Arabien, hatte schon den Römern als die reichste Gegend der Welt gegolten, aus dem einfachen Grund, weil die Römer sehr genau wußten, wieviel sie alljährlich allein für Schmuck, Duftstoffe und andere Kosmetika, für Seide, Damaste, seltene Hölzer und ähnliche Kostbarkeiten an die syrischen Mittelsmänner bezahlten und an einige hundert Juden, die sich in diesen Handel eingeschaltet hatten. Es waren Zahlungen, die in der Jahressumme Millionen von Sesterzen ausmachten, und es waren durchaus einseitige Geschäfte, denn die Araber kauften aus Rom so gut wie nichts. Waffen machten sie besser als die Schmiede von Bergamo, Schiffe bauten ihnen die Libanesen und Yemeniten, und für das Römische Recht hatten sie keine Verwendung.
Sie hatten von den Perlen bis zum Weihrauch, von Schmucksteinen bis zur

Odysseus bei den Sirenen.

Modell eines kunstvoll bemalten Schiffs Tut-ench-Amuns.

Darstellung phönikischer Ruderschiffe.
Diese typischen Rundschiffe waren jahrhundertelang im Mittelmeer vorherrschend.

Seide alles, was die Oberschicht einer Großmacht ständig konsumierte, und sie mußten es an den Mann bringen. Denn welchen Sinn hätte es gehabt, in der Wüste in Samt und Seide und perlenbehängt herumzulaufen? Ebensowenig, wie heute mit dem reichlich sprudelnden Erdöl lediglich den eigenen Harem zu heizen. Die Araber wollten verkaufen, und darum mußten sie sich aufs Meer hinauswagen.

Wagemut gehörte tatsächlich dazu, denn wenn auch die Meere, die auf die Araber warteten, sehr viel zahmer waren als die Nordsee und besseres Wetter hatten, so waren die arabischen Schiffe auch sehr viel schlechter als die Drachenschiffe der Norweger und Dänen. Noch im dreizehnten Jahrhundert standen drei Venezianern, die in Ormuz Araberschiffe betrachteten, die Haare zu Berge angesichts jener Schönwetterbauweise, bei der man ohne Nägel und sogar ohne Dichtungspech auszukommen versuchte. Faserige Seile hielten die Planken zusammen, und ein wenig darübergepinseltes Fischöl sollte das Holz seewasserfest machen.

Aber es half nichts. Davon, daß man im Hafen auf seinen Waren sitzt, wird man nicht reich. Also entwickelten sich die Araber zu Seefahrern, oder vielmehr sie versuchten es. Wirklich gelernt haben sie es nie. Noch als sie im sechzehnten Jahrhundert den Portugiesen gegenüberstanden, stellte sich heraus, daß sie nicht zu kreuzen verstanden, und die größten Halbmondpiraten im Mittelmeer waren dem Christentum abtrünnig gewordene Männer von den dalmatinischen oder griechischen Inseln.

Die Wikinger wurden also aus Fischern und Seefahrern zu einer Handelsnation, die Araber aus einer Handelsnation nolens volens zu Seefahrern. Zeit hatten beide Völker zu diesen Entwicklungen, denn sie hatten keine Konkurrenz zu fürchten. Zwischen ihnen lag zwar das ganze Abendland mit vielen Fürsten, Bischöfen, Städten und Klöstern, aber es war so gut wie unpassierbar. Wer von Speyer nach Augsburg reisen mußte, machte vorher sein Testament, und wer gar genötigt war, die Alpen zu überschreiten, brachte vorher und nachher Räucherkerzen in die Kirchen, da ohne Gotteshilfe die eisigen Einöden der Alpenpässe einfach nicht bezwungen werden konnten. Vor allem aber hatte sich das Abendland zu einer Religion entschlossen, die für den Handel äußerst hinderlich war: Sie verachtete die Andersgläubigen, so daß fremde Kaufleute, waren sie Armenier, Juden, Syrer oder Wikinger, für ihr Leben fürchteten, und sie gestattete zwar das Halten von Sklaven, die Leibeigene genannt wurden, verbot aber den Handel mit ihnen. Und gerade diese Sklaven waren eigentlich das einzige, was die Araber gern aus den westlichen Ländern kauften.

Diese Voraussetzungen waren es, die zwischen dem siebenten und zwölften Jahrhundert ein einzigartiges Karussel des Schiffsverkehrs entstehen ließen, ein Karussel rund um Mitteleuropa herum und vor allem in seinem Rücken.

Denn nirgends ließ sich mit den flachgehenden offenen Schiffen jener Zeit besser fahren als auf den großen russischen Strömen. Die Wikinger taten dies so ausgiebig und mit so vielen Schiffen, daß die Araber in ihrer blumenreichen Sprache Rußland den »Landozean« nannten. Die Wikinger wiederum nannten jenes flache Land, das sie vom Finnischen Meerbusen bis zur Kaspischen See mit ihren Händlerkriegern beherrschten, *Gaardariki*, das Reich der Städte –, denn an den Ufern der Flüsse, auf denen Wikinger und Araber miteinander in Verbindung traten, saßen friedlich arbeitend die slawischen Handwerker in schnell aufblühenden Siedlungen, die dank des intensiven Handels bald prächtige Städte mit Kirchen und Mauern wurden.
Die Araber hatten es nicht schwer, ihre Waren für diesen Handel aufzutreiben. Der dicht bevölkerte Südosten bot des Begehrenswerten genug. Die Wikinger aber mußten in anderer Form aktiv werden als zur Zeit des Pytheas, denn mit ein wenig Honig und Schafwolle ließen sich die Araber nicht bezahlen.
Die ersten Raubzüge der Wikinger galten meernahen Klöstern. Es waren ungleiche Kämpfe: die Mönche, die in Irland, Schottland und Northumberland in emsiger Arbeit die Grundlagen der christlichen Schule, ja eines christlichen Lebens überhaupt erst schaffen mußten, waren fromme Bücherwürmer. Sie hatten gegen die wilden Raubkrieger, die lautlos landeten, wo und wann es ihnen paßte, zunächst keine Chance. Es dauerte hundert Jahre, ehe sich die Abwehr organisierte, ehe die Klöster sich zu schützen verstanden, ehe die Städte Alarmvorkehrungen gegen die Überfälle von See her schufen. Selbst dann gelang es meist nur, den Räubern den Rückweg zum Schiff zu verlegen und ihnen die Beute wieder abzunehmen; der Überfall selbst war wegen der überlegenen Schnelligkeit der Schiffe nicht zu vereiteln.
Statt den Wikingern auf dem Meer entgegenzutreten, das sie nicht entbehren konnten und auf dem sie sich stellen mußten, gab Europa seine Küsten preis und rückte noch mehr zusammen. Bistümer wurden ins Landesinnere verlegt, die Flußmündungen entvölkerten sich, das bißchen Küstenschiffahrt verlor sich vollends. Das Meer gehörte den Wikingern, und diese wurden jahrhundertelang in einem heute unvorstellbaren Maß die Geißel vor allem des westlichen und nordwestlichen Europa. Mit Hunderten von Schiffen fuhren sie Ströme hinauf, den Rhein bis Köln, die Seine bis Paris. Wer mit ihnen paktierte, wie die letzten schwachen Karolinger, ging unter. Wer sie zu besiegen wußte, wie die ersten energischen Kapetinger, stieg auf. Land, das sie erobert hatten, konnte man ihnen nicht mehr wegnehmen. In der Normandie wurden sie Herzöge, in England Könige, in Sizilien und Apulien herrschten sie ebenso wie im Reich der Städte, in Rußland.
Sie schonten niemanden, nicht einmal die eigenen Verbündeten, und brannten slawische Handelsstädte wie Alt-Lübeck, Vineta oder Truso ebenso nieder wie die ehrwürdigen Klöster von Lindisfarne oder Jona. Sie schickten ihre

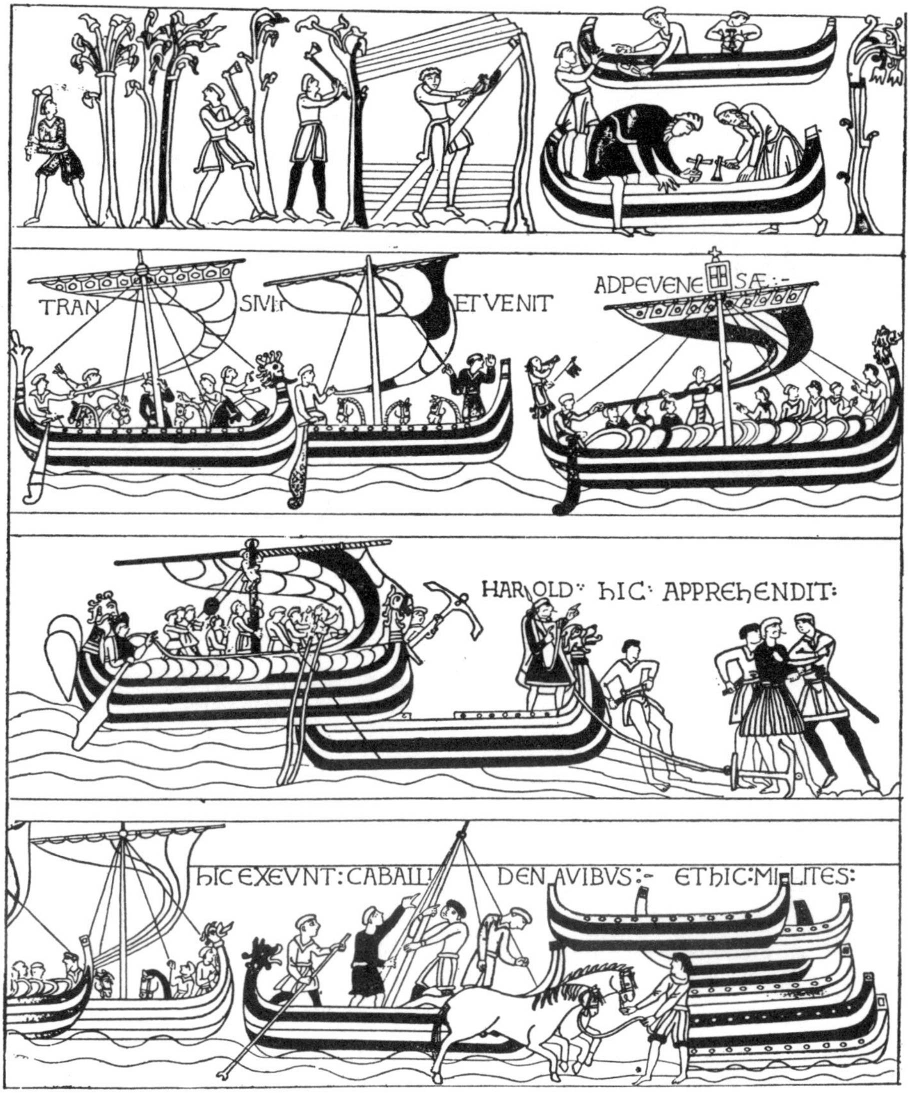

Motive aus dem berühmten Wandteppich von Bayeux: Bau der Invasionsflotte, Szenen von der Überfahrt Wilhelms des Eroberers nach England (1066), Landung in England.

Schiffe bis an die Küsten Marokkos, bis tief hinein ins Mittelmeer. Als ein norwegischer König namens Harald Harfagr diese unbotmäßigen Kraftnaturen in Untertanen zu verwandeln suchte, da besiedelten sie binnen weniger Jahre eine vergletscherte Vulkaninsel weit draußen im Nordatlantik – nämlich Island.
Zum Entsetzen einiger kundiger Beobachter traten alljährlich Hunderte, wenn nicht Tausende Männer, Frauen und Mädchen aus überrumpelten Städten als Sklaven den Weg nach Bagdad an. Es waren viele Ostseeslawen darunter, aber auch Deutsche, Flamen, Briten, und sogar Mädchen aus den Wikingervölkern selbst, die irgendwelche Verfehlungen auf sich geladen hatten.

Was steht diesen in der Geschichte Europas einzig dastehenden Raubzügen, was steht dieser Räuberexistenz eines energischen Volkes an positiver Leistung gegenüber? Sehr viel, was die Aktionen selbst anlangt, wenig, wenn es um das Bleibende geht.
Unbestritten sind ihre Leistungen in der Seefahrt, die nach Reichweite und Kühnheit im Mittelalter ihresgleichen nicht finden. Island wurde entdeckt und in einer Großoperation, bei der Frauen und Kinder, junge und alte Menschen Wochen auf dem Nordmeer zubrachten, besiedelt, verteilt und organisiert. Es wurde aus der Blutrache-Epoche der germanischen Rechtsbegriffe in eine christlich-staatliche Existenz hinübergeführt, ohne jegliche Hilfe von außen.
Grönland wurde durch den aus Island verbannten Blutrachemörder Erik Raudi (= der Rote) entdeckt und mit Islandwikingern besiedelt. Es erhielt zwei große landwirtschaftliche Zentren, Kirchen, Dörfer und ein eigenständig-christliches Gemeindeleben, das ohne jede Hilfe von außen, trotz Klimaverschlechterung und Eskimoangriffen, sich vierhundert Jahre lang halten konnte.
Die amerikanischen Küsten von Labrador und Neufundland wurden entdeckt und auf Neufundland, in der Anse aux Meadows, eine ständige Siedlung errichtet. Professor Helge Ingstad hat sie vor einigen Jahren ausgegraben. Es gibt keine Zweifel mehr an der Aussage der isländischen Sagas über die Entdeckung von Winland.
Alles andere ist zweifelhaft: die Staatsgründung in Rußland, zu der es gewiß die paar hundert bewaffneten Schiffsgeleitmänner nicht gebraucht hat, waren die Städte doch groß, reich und wirtschaftlich gesund; die Erneuerung Englands, wo das angelsächsische Bauernvolk mit außerordentlicher Härte unfrei gemacht und in das Feudalsystem hineingezwungen wurde, um die normannischen Sieger zu ernähren; die Herrschaft auf Sizilien und in Apulien, die schnell verwehte, weil ein paar hundert Wikinger in diesen bereits stark

bevölkerten Gegenden der Mittelmeerwelt ja doch nicht wirklich Fuß fassen und nur eine flüchtige Herrschaft ausüben konnten, der die Verbindung zum Volk fehlte.

Selbst die ein Halbjahrtausend lang so gut funktionierende Handelsverbindung, auf der Tausende arabischer Münzen in den Ostseeraum gelangt waren, und Tausende von Menschen in die Sklaverei, blieb nicht erhalten. Der große Mongolenvorstoß unterbrach die Flußschiffahrt auf dem russischen Landozean, die erstarkende Königsmacht in Norwegen, Dänemark und Schweden trieb die letzten der wilden Wikinger als Söldner in die Welt hinaus, wo sie als Krieger, die nicht anders konnten, Dienste bei kaukasischen Königinnen oder orientalischen Kleinfürsten nahmen und in diesen Völkern auf- oder untergingen.

Was blieb, war eine Reihe von Handelsplätzen, mitunter eingeäschert, so daß es sich wirklich nur noch um Plätze handelte. Dänen und Ostseeslawen hatten einander mit ihren Schiffen und um ihre Städte erbitterte Kämpfe geliefert. Bei diesen Kämpfen hatten die Slawen eben die Oberhand errungen, als sie von der Landseite her von den binnendeutschen Ritterheeren angegriffen wurden. Aus diesem Kampf um die Ostsee ging der zuletzt gekommene, der deutsche Ritter, als Sieger hervor. In die niedergebrannten Wikinger- und Slawenstädte hielten die deutschen Fernkaufleute Einzug, nachdem sie sie aus Stein wieder aufgebaut hatten. Aus Liubice wurde Lübeck, aus Truso wurde Elbing, und die dazwischen liegenden Städte Wismar, Rostock und Stralsund galten ihren neuen Geschwistern noch lange Zeit als »die Wendenstädte«.

Auch der deutsche Kaufmann war wehrhaft, wenn er auch bei weitem keine so aggressive Mischung darstellte wie die Wikinger. Diesen kämpferischen Elan, die Landnahme und das Schwertschwingen, überließ er den Rittern. Der Kaufmann ging mit so viel Bedacht zu Werk, als habe er sich geduldig auf diesen Augenblick der Machtübernahme im Ostseeraum vorbereitet.

Da Wikinger und Slawen einander offensichtlich aufgerieben hatten, galt es nur noch, sich gegen den Adel abzusichern. Dazu reichten die Stadtmauern nicht, dazu brauchte der Kaufmann auch das Stadtrecht, eine kleine, aber gesicherte Zone gewisser Freiheiten und mit einer Verwaltung, in der Kaufleute den Ton angaben (erst viel später ließ man die Handwerker mitreden). Solche Rechte ließen sich am besten ertrotzen, solange die Fürsten vor den rauchenden Trümmern standen, denn der Wiederaufbau kostete Geld.

Woher die Kaufleute damals das Geld schon hatten, um zum Beispiel Lübeck aufzubauen, da sie bis dahin doch nirgends ans Meer konnten, ist eine Preisfrage, die der Beantwortung harrt. Vielleicht hatte ein wenig Binnenhandel auf der Elbe, über Bardowieck, über die Friesenstädte hinaus in die Nordsee gereicht, das Startkapital zur Eroberung der Ostsee zusammenzubringen.

Und dann zeigten die deutschen Kaufleute auf einem neuen, vorne und hinten durch Kastelle erhöhten und geräumigen Frachtschiff, was für eine prächtige Handelsstraße solch ein Binnenmeer sein kann. Sie schlossen Verträge mit jenen russischen Fürsten, die von den Mongolen am Leben gelassen worden waren, pachteten die Fischmärkte der Wikingernachfahren in Südschweden und bauten die halbverfallenen Stützpunkte der Wikinger zu prächtigen Seestädten aus. In verblüffend kurzer Zeit, binnen Jahrzehnten, sah die Ostsee ein völlig neues Handelssystem. Es stützte sich nicht auf den Orienthandel, sondern auf die landwirtschaftlichen Produkte Rußlands, des Baltikums und der vom Deutschen Orden eroberten slawischen und pruzzischen Gebiete. Es lieferte als Gegengabe nicht Sklaven, sondern die Fertigwaren aus dem bereits industrialisierten Westen, aus den Webereien vor allem der Niederlande und des nördlichen Frankreich, aber auch aus England. Dazu kam, was zu allen Zeiten gehandelt wurde, seit Schiffe die Meere befahren: Öl, Wein, Waffen, Kosmetika.

Das seetüchtige Plankenschiff mit großem Fassungsraum, wie es die Wikinger schon als ein wenig ungefüges Frachtschiff eingesetzt hatten, löste mit seiner Besegelung das Ruderschiff der Nordmänner ab, das allerdings auch schon ein großes Segel geführt und einen guten Kiel gehabt hatte. Die Hanseaten machten aus ihren Handelsschiffen jene Vielzweckfahrzeuge, die in den nächsten Jahrhunderten die Meere beherrschen sollten. Es waren Schiffe, die bei erstaunlich geringem Fassungsraum und Abmessungen, die jede moderne

Das Totenschiff der Wikinger, Darstellung auf einem Runenstein.

Dieser Ausschnitt aus dem Wandteppich von Bayeux veranschaulicht das Typische des normannischen Schiffes, eines offenen Kielboots zum Rudern und Segeln, meist aus Eichenholz, 21–24 Meter lang, 3–5 Meter breit, für etwa 50 Mann. Vorder- und Achtersteven waren meist hochgezogen. – Die Heckfigur stellt eine bedeutende Persönlichkeit dar, wahrscheinlich Wilhelm den Eroberer.

Hochseeyacht übertrifft, nicht nur Waren aufnehmen konnten, sondern auch eine starke Besatzung und bald auch noch Kanonen und Geschützbedienungen. Es waren Schiffe, die nur wenig abgewandelt dann als Karavellen über die Ozeane fuhren und die großen kriegerischen Auseinandersetzungen mit den Schwärmen arabischer und malayischer Segler siegreich bestanden. Sie bezeugen, daß es nach wie vor der Handel war und nicht der Krieg, für den man Schiffe baute. Aber sie zeigen auch, daß es noch keinen Frieden auf See gab und noch keine Sicherheit. Auch wer den Kampf nicht suchte, mußte imstande sein, sich zu wehren: Wildwest in der Ostsee...

Der Zeitraum dieser Auseinandersetzungen zwischen Kaufleuten und Friedensbrechern verschiedener Art – Konkurrenten, Seeräubern, Raubrittern mit Seeinteressen – ist mit etwa 250 Jahren für ein kleines Meer wie die Ostsee verhältnismäßig lang. Sein Beginn wird etwa bezeichnet durch den Überfall des slawischen Piraten Race auf Liubice im Jahr 1138, wobei die im wesentlichen aus Holzhäusern bestehende und von Wenden bewohnte Stadt in Flammen aufging, sein Ende durch die Vernichtung der Vitalienbrüder, einer ebenfalls vom wendischen Seeräubererbe lebenden Piratengenossenschaft, durch die vereinten Kräfte der Hansestädte in der großen Seeschlacht von Helgoland im Jahr 1400.

Damit war das letzte Aufflackern der wendischen Ranenherrlichkeit erloschen, jener hartnäckig heidnisch gebliebenen Ostseeslawen, die sich auf ihrer Burg auf Kap Arcona gegen den Dänenkönig und alle anderen Ordnungsmächte herzhaft zur Wehr gesetzt hatten. Das Kap und die Insel Rügen lagen eben allzu schön an dem großen Seeweg durch die Ostsee bis in den Finnischen Meerbusen, und solch einen Fangplatz gibt man freiwillig nicht auf.
Zweifellos wären die hansischen Kaufleute mit all diesen wehrhaften, aber doch wenig zahlreichen Piratengruppen schneller fertig geworden, hätten nicht die alten Gegner des Kaufmanns, die Ritter, als Hehler und Zufluchtgeber den Herren Störtebecker und Konsorten jahrelang die Stange gehalten. Erst, als die friesischen Herren den Krieg sehr nahe an ihre Besitzungen herankommen sahen, gaben sie klein bei, was soviel heißt wie: sie gaben die Männer preis, welche jahrelang für sie geraubt, gemordet und geplündert hatten. Sie lieferten sie den hansischen Henkern aus und behielten dafür ihren eigenen Anteil am Gewinn aus all diesen Raubzügen.
Somit bedeutete, nun im großen gesprochen, das Wirken des Hansebundes trotz vereinzelter Übergriffe, Pressionen und Rauheiten vor allem im Ausland doch die Einkehr einer zivilen und im ganzen friedlich-sachlichen Atmosphäre in den Ostsee- und bald auch in den Nordseehandel. Gewiß, diese Übergänge vom Mittelalter zur frühen Neuzeit waren auch auf dem wirtschaftlichen Sektor harte Zeiten, und Konkurrenten wurden oft mit sehr direkten Methoden ausgeschaltet. Bedenkt man aber, daß derlei auch heute noch nicht selten ist, daß sich nur die Mittel und Möglichkeiten verfeinert haben, so darf man im Wirken des Hansebundes den Anbruch einer neuen Ära für den Fernhandel und für die Schiffahrt erblicken, nicht nur, weil Verträge und Gesetze nun auch zur See eine Rolle zu spielen begannen, sondern auch, weil das bis dahin stiefmütterlich behandelte nördliche Europa endlich eine wirtschaftliche Macht wurde.
Hatten die Wikinger so gut wie keine anderen Waren als Raubgüter zur Verfügung, so hatten die energischen Eroberungen des Deutschen Ordens im Slawengebiet zwar sehr viel Elend über die unterworfenen Pruzzen und die Ostseeslawen gebracht, aber die Lebensgebiete dieser Stämme doch wirtschaftlich in ungleich höherem Maß genutzt, als dies vorher der Fall gewesen war. Unter der straffen, auf Gewinn gerichteten Bewirtschaftung durch den Orden wurden die eroberten Ostsee-Randgebiete die Kornkammer Europas, lieferten aber mit Holz, Wachs und Honig noch andere Ausfuhrgüter, die in West- und Südeuropa gerne abgenommen wurden.
Während der Blütezeit der Hanse gingen diese Güter in einem relativ schnellen Austausch nach England und Flandern, gelegentlich auch nach Spanien. Als die Briten und die Holländer jedoch begannen, den Zwischenhandel der Deutschen auszuschalten und mit eigenen Schiffen und Handelshäusern in den

Hansekogge, das vorherrschende Seeschiff im 13. und 14. Jahrhundert. Das ein- bis dreimastige, hochbordige Schiff faßte 140–300 t oder bis zu 400 Personen. Die Besatzung betrug etwa 40 Mann.

Ostseestädten auf den Plan traten, revanchierten sich die Hansestädte dadurch, daß sie ihre Exportgüter selbst nach Portugal, ja sogar ins Mittelmeer brachten. Dieser seefahrerisch sehr interessante Versuch einer direkten hansischen Mittelmeerfahrt fällt in die Spätzeit des Hansebundes, in seine Niedergangsphase, nützt aber geschickt politische Situationen: Durch die Entdeckungen jenseits des Atlantik waren Portugal und Spanien in Amerika engagiert und das Mittelmeer im ganzen ein wenig aus dem Mittelpunkt des Interesses gerückt. Briten wie Holländer führten gegeneinander mit Unterbrechungen immer wieder Krieg, so daß sie dem deutschen Vorstoß ins Mittelmeer nicht sofort mit Konkurrenzmanövern begegnen konnten.

Der deutsche Mittelmeerhandel war bis dahin meist von süddeutschen und italienischen Handelshäusern betrieben worden und hatte sich der schwierigen Alpenwege bedient. Nun aber kam das Getreide in ganzen Flotten aus den Ostseehäfen auf dem weiten Weg durch die Straße von Gibraltar nach Genua, Livorno und Venedig, seltener in sizilianische und griechische Hafenorte.

Hauptpartner der deutschen Reeder und Exporteure war kein geringerer als der Großherzog Francesco von Toscana selbst. Die Medici waren ja bekanntlich aus dem Kaufmannsstand zu Großbankiers und schließlich zu fürstlichen Würden aufgestiegen. Sie hatten aber auch als Landesherren immer weiter Handel betrieben und ihr Bankgeschäft geführt. Francescos Vater Cosimo war zudem noch Reeder gewesen und hatte mit Seide, Getreide, Edelsteinen und anderem gehandelt. Sein Bruder Ferdinand hatte Livorno zu einem Handelszentrum ersten Ranges ausgebaut, und Francesco (1574–1587) hatte sich bemüht, fremde Seefahrer nach Livorno zu ziehen und ihnen dafür gewisse Erleichterungen versprochen. Diese betrafen zunächst in erster Linie die Engländer, wurden aber im Juni 1593 auf alle seefahrenden Nationen ausgedehnt. Alle Zölle wurden gestrichen, volle Handels- und Gewerbefreiheit gewährt. Neben Genua, das die Deutschen schon 1421 durch Sonderverträge angelockt hatte, bestand nun in Livorno ein zweiter günstiger Entladeplatz.

Die Geschäfte müssen beträchtlichen Umfang gehabt haben, denn die Hamburger Zwischenhändler, die einen Großteil der ostdeutschen Exporte finanzierten, legten bis zu 30 000 und 40 000 Dukaten an Vorschüssen für den Großherzog aus. Der Herzog allein erhielt zum Beispiel im Winter 1591/92 siebzehn Schiffsladungen Korn, wozu noch Schiffe für die anderen, allerdings kleineren Importeure kamen. Der größte Händler neben dem Großherzog war der Florentiner Niccolo Capponi, der im gleichen Zeitraum 450 Last Getreide bezog, das sind etwa fünf Schiffsladungen, da im Mittelmeerverkehr der Hanse meist Schiffe unter 100 Last Tragfähigkeit eingesetzt waren (eine Last Getreide entsprach nicht ganz 30 Hektolitern).

Weniger Glück als die norddeutschen Kaufleute hatte in diesem neuen Handelsgebiet ein großes Augsburger Haus, von dem man doch annehmen sollte, daß

Alte Ansicht von Danzig.

es den Mittelmeerhandel kannte. Offenbar stand es schon schlecht um die Firma Manlich, als man »in solchen heimlichen Angsten (= Geldnöten) eine Navigation (Seefahrt) nach Marsilien (Marseille), in die Türkei, nach Tripoli, Alexandria und Cypern angefangen. Es hat der Söhne einer, Anthoni Manlich, zu Marsilia ein Schiff bauen lassen«, berichtet der Rechtsanwalt der bald darauf in Bankrott gegangenen Firma in seiner Hauschronik zu den Jahren um 1570.

Im allgemeinen aber funktionierte die neue Verbindung zwischen Ostsee und Mittelmeer, und zwar aus einem sehr einfachen Grund: beide Partner waren in der gleichen heiklen Lage, einen drohenden Niedergang abwenden zu müssen – die Hansestädte wegen der britisch-holländischen Konkurrenz, die Mittelmeerhäfen wegen der beginnenden Verlagerung des Welthandels auf den Atlantischen Ozean.

Am besten verstanden sich in dieser Situation die Städte Danzig und Venedig. Danzig, die Stadt mit dem weltoffenen Patriziat und der alten Handelstradition, entsprach in manchem der Handelsrepublik am Nordrand der Adria, die seit Jahrhunderten von ihren Patrizierfamilien weise und im ganzen glücklich geführt wurde. Venedig unterhielt nicht nur einen eigenen Gesandten in der Stadt Danzig (die in loser Verbindung zum Königreich Polen stand), sondern befreite sämtliche Danziger Getreideschiffe von den Liegegebühren, 1597 dann alle Schiffe, die aus Danzig kamen. Auch wurden Danziger Waren zu dem besonders niedrigen Zolltarif des sogenannten *Fondaco dei Tedeschi*, des heute noch in Venedig zu sehenden Stützpunkts der deutschen Kaufleute in dieser Stadt, verzollt. Hingegen mußten die Hamburger und die Lübecker den vollen Zoll an der bekannten und ebenfalls heute noch zu sehenden

Die Stadt Lübeck wirkte führend bei der Gründung deutscher Ostseestädte mit und war seit Ende des 13. Jahrhunderts das unbestrittene Haupt der Hanse.

Dogana di Mare bei Santa Maria della Salute entrichten. So kompliziert und nach Städten unterschieden waren die Bräuche des Seehandels damals.

Neben dem Getreide waren Schnitt- und Balkenholz für den Schiffbau, Masten, Teer und Takelwerk im ganzen Mittelmeerraum besonders gefragt und in steigendem Maß auch Metalle. Blei vor allem, aber auch Kupfer gingen über Hamburg, Lübeck und Danzig nach Livorno, Genua und anderen Zielhäfen.

Das Schrumpfen und schließliche Eingehen dieses zunächst so ertragreichen und emsigen Schiffsverkehrs zwischen Ostsee und Mittelmeer hatte eine technische und eine politische Ursache.

Die technische lieferten wieder einmal die findigen Holländer, die sich überhaupt, trotz schwierigster politisch-militärischer Lage, in der gesamten frühen Neuzeit als das wirtschaftlich expansivste europäische Volk immer stärker durchsetzten. Sie hatten einen neuen Schiffstyp entwickelt, das Fluyteschiff, das bei schmaler Bauart schneller lief und mit kleineren, aber zahlreicheren Segeln weniger Besatzung brauchte als die Hanseschiffe, so daß es im Betrieb in jeder Hinsicht wirtschaftlicher war. Die schließlich marktentscheidende Überlegenheit der Fluyteschiffe beweist, daß die Umlaufzeiten von Waren

Dieses bekannte Relief zeigt ein römisches Weinschiff aus vorchristlicher Zeit.

Das Alter des Einbaums, der heute noch in manchen Gegenden zum Fischfang benutzt wird, ist schwer zu schätzen. Mit Sicherheit ist er jedoch den weiten altsteinzeitlichen Räumen der Menschheitskulturen zuzurechnen.

Der Ausschnitt aus dem Gemälde eines unbekannten Meisters zeigt eine Szene aus der Seeschlacht von Lepanto im Jahre 1571.

Diese Hansekogge, die eine große Menge an Fracht befördern konnte, war gleichzeitig auch schwer bewaffnet. Auf den weiten Reisen drohten viele Gefahren, häufig auch Überfälle durch Piraten.

Der Stalhof der Hanse in London, direkt am Themseufer.

und Schiffsraum schon im siebzehnten Jahrhundert eine Rolle spielten – in unserer Zeit haben sie bekanntlich dazu geführt, Containerschiffe den Stückgutfrachtern vorzuziehen. Der Übergang vom Hanseschiff auf die Fluyteschiffe ist also ein rechnerischer Vorgang, eine Folge der größeren Rentabilität eines Schiffes, das im Jahr einen bestimmten Handelsweg häufiger zurücklegen kann als ein langsames Schiff und dabei wegen der geringeren Besatzung obendrein geringere laufende Kosten verursacht. Als mit beträchtlicher Verspätung auch die hansischen Werften begannen, Fluyteschiffe zu bauen, war der Markt nicht mehr zurückzugewinnen. Die Holländer hatten günstigere Frachtsätze und kürzere Transportzeiten angeboten und die Aufträge der genau kalkulierenden Italiener an sich gezogen.

Die politische Ursache war, vordergründig gesehen, der starke Seeraub durch die Piratenstädte Tunis und Algier, faktisch aber waren natürlich auch die Übergriffe dieser sogenannten Barbareskenstädte nur eine Folge der schwindenden Hanse-Macht. Der mächtige Bund, der einst Dänemark in die Knie gezwungen und Königen wie Fürsten seine Bedingungen diktiert hatte, war in diesem Spätstadium seiner Existenz eine kleinlich rechnende, durch Eifersüchteleien aufgespaltene Vereinigung geworden, die ganz einfach nicht mehr mithalten konnte, wenn es um Probleme ging, die nur Staaten und staatlicher Machteinsatz lösen konnten.

Tunis und Algier, aber auch andere nordafrikanische Hafenorte, waren stets, auch schon in vorislamischer Zeit, Stützpunkte für den Seeraub im Mittelmeer gewesen. Die sogenannten Sarazenen waren im Mittelalter sogar in der Tibermündung gelandet und hatten Rom bedroht, sie hatten Festungen in Südfrankreich gebaut und hielten zeitweise einige wichtige Alpenpässe (!) besetzt. Sie hatten gemeinsam mit den Flotten des Sultans, von dem sie mehr nominell als tatsächlich abhingen, der christlichen Seefahrt immer Schaden zugefügt, so daß es schließlich zu der großen Seeschlacht von Lepanto im Jahr 1571 gekommen war, einem schwer erkämpften, aber eindrucksvollen Sieg der Christen unter Don Juan d'Austria über die vereinten Piraten oder, wenn man höflich sein will, die Korsaren des Propheten.

Bei Lepanto hatten noch Galeeren gegeneinander gekämpft, Ruderschiffe, wie sie Venedig, Genua und die Malteserritter vor allem als Kriegsschiffe einsetzten, der größeren Beweglichkeit und Wetterunabhängigkeit wegen. Die gut besegelten Handelsschiffe der Hansestädte, der Holländer und der Briten waren vor und nach Lepanto den Ruderschiffen der Piraten meist auf und davon gefahren und waren ihnen oft auch dadurch überlegen, daß sie ihre Geschütze an den Breitseiten anordnen konnten, wo die Galeeren den Raum für die Ruderer brauchten. Eine einzige gut sitzende Breitseite hatte – obwohl es noch keine Sprengmunition gab – im allgemeinen genügt, einen angreifenden Piraten zur Räson zu bringen, der nur auf dem Bug und auf dem Heck Artillerie stehen hatte.

Was die Lage zuungunsten der christlichen Seemächte veränderte, waren die Renegaten, die zu Beginn dieses Kapitels schon erwähnten Überläufer zu den Beys von Tunis oder Algier. Die ersten Abenteurer dieser Art hatten – wie zum Beispiel der kühne Grieche Chaireddin Barbarossa – ihre Triumphe mit den herkömmlichen Schiffstypen der Barbaresken errungen. Nun aber, als die West- und Nordeuropäer im Mittelmeer auftauchten, ließen sich immer mehr gute holländische und britische Kapitäne »umdrehen«. Unter den 55 (!) führenden Renegaten, die ein Bericht des Jahres 1625 aus Tunis und Algier meldet, waren übrigens auch Deutsche.

Die gefährlichsten jener Überläufer waren der Oxford-Absolvent Sir Francis Verney mit seinem Schiff *Fortuna* und die nicht so kühnen, aber organisatorisch höher begabten Kapitäne Ward aus England und Simon Danser aus Holland. Diese und andere brachten den Mohammedanern den Umgang mit Segeln bei und berieten sie bei der Ausrüstung und Bewaffnung ihrer Schiffe, und mit Tausenden von Sklaven lassen sich schnell neue Schiffe bauen, waren doch gerade unter diesen Sklaven nicht wenige Schiffszimmerleute, Segelmacher und andere Spezialisten. Um 1615 hatten die Barbareskenstädte etwa dreißig wohlbestückte Segler, mit denen sie nicht nur im Mittelmeer, sondern nun auch bis zum Ärmelkanal, ja bis hinauf ins Nordmeer auf Jagd gingen.

Bevorzugte Jagdobjekte aber waren die Hanseschiffe, die man ziemlich gefahrlos kapern konnte, während Briten und Holländer wütend und schlagkräftig Vergeltung übten.

Man wäre geneigt, als die Ursache dieser tausend Jahre hindurch bestehenden Piratenherrlichkeit in dem doch übersichtlichen und nicht sehr großen Becken des Mittelmeeres den alten Gegensatz der Religionen anzusehen, der zu den blutigen Kreuzzügen, zu den Kriegen in Spanien, zu Jahrhunderten namenloser und durchaus überflüssiger Leiden geführt hat, weil man im Jahr 1830 wieder etwa so dastand wie zu den Zeiten Karls des Großen. Aber das war es wohl nicht, oder doch nicht in erster Linie. Denn die Sarazenen hatten schon geraubt, als an den Meerengen des Bosporus noch lateinische und griechische Kaiser christlichen Glaubens die Macht hatten, und die schlimmsten Räuber waren Männer, denen der Glaube, den sie angenommen hatten, ebenso gleichgültig war wie der andere, den sie zu diesem Zweck hatten aufgeben müssen. Der uralte Anreiz, die Einsamkeit des Meeres zu Gewaltakten zu nützen, ließ sich im Mittelmeer darum nicht bändigen, weil in den Städten Algier und Tunis uneinnehmbare Schlupfwinkel zur Verfügung standen. Der Sultan und seine Soldaten in der fernen Millionenstadt am Bosporus hatten mit dem Seeraub bei weitem nicht so viel zu tun wie die Barbareskenstädte selbst mit jenem praktisch moralfreien Leben, das die Großen der Seeräuberei und ihre Handlanger auf Kosten der christlichen Seefahrt und Tausender von Gefangenen führen konnten. So wie sich die antike Zivilisation ohne die Armeen der

Galeere des ausgehenden 16. Jahrhunderts, wie sie von den Venetianern und den Spaniern in der Seeschlacht bei Lepanto eingesetzt wurde.

Seeschiff zu Beginn des 17. Jahrhunderts, wie es Joseph Furttenbach, der als Kapitän einer Galeere bei Lepanto kämpfte, in seinem berühmten Buch »Architectura Navalis« (1626) darstellte. Dieses Buch ist das erste große Werk, das über den Schiffbau geschrieben worden ist. Es wurde vor allem dadurch wichtig, da Joseph Furttenbach zum erstenmal viele der bis dahin von den Werften und Schiffbauerfamilien streng gehüteten Geheimnisse schriftlich niederlegte und veröffentlichte.

Sklaven nicht denken läßt, so funktionierten die Barbareskenstaaten mit ihrem Unrechtsprinzip nur so lange, wie auf dem Meer immer neue Beute an Menschen und Waren heranschwamm. Und kamen einmal weniger Schiffe, so konnte man immerhin schutzlose Küstenstriche plündern. Grundsätze, Methoden und Mechanismen der Piratenstaaten hatten sich seit den Drachenschiffen nicht nennenswert verändert, und Allah wie Mohammed hinderten die Piraten an Rechtsbrüchen oder Grausamkeiten ebensowenig, wie Odin und Thor es im Falle der Wikinger und viele andere Piraten es im Laufe der Jahrhunderte getan hatten.

Wie sehr Tunis und Algier von der Seeräuberei lebten, ja durch sie überhaupt erst existieren konnten, zeigt das Beispiel Chaireddin Barbarossas. Jakub, sein Vater, war als christlicher Töpfer auf der griechischen Insel Lesbos eingewandert, aus irgendeinem Nest zwischen Bosnien und Makedonien. Khizr, wie Chaireddin als Christ hieß, und Uruk, sein Bruder, wurden mit winzigen Booten, in denen sie Töpferwaren auf den Markt gebracht hatten, ebenso Seeräuber wie die jüngeren Söhne Elias und Ishak. Zwei von den vieren wurden berühmt, Uruk, der sich Horuk nannte, und Khizr, aus dem Chaired-

din wurde. Aber mit Chaireddin meinte es das Schicksal besser als mit Uruk, der zunächst einige Jahre auf einer Galeere der Malteserritter ruderte – und das war ein sehr hartes Los –, danach bei einem Angriff auf ein großes spanisches Schiff einen Arm verlor – denn die Spanier wußten sich zu wehren –, und schließlich von Wüstenräubern ermordet wurde.
Chaireddin, dessen Leben oft geschildert worden ist, stieg aus der Piratenlaufbahn so hoch hinauf, daß ihn die Geschichte eigentlich ebensogut einen Admiral nennen könnte. Aber sie beließ das Zwielicht ja auch dem großen Francis Drake, der als britischer Vizeadmiral auf ein Piratenleben zurückblicken durfte. Chaireddin wurde Großadmiral des Sultans, und er wurde der Diktator von Algier. Die Stadt brauchte ihn so sehr, daß er, wenn er sie sich unterwerfen wollte, nichts anderes zu tun brauchte, als ein paar Jahre auf See zu verbringen. Kehrte er dann zurück, so schrie alles wieder nach seiner starken Hand.
Chaireddin Barbarossa (gestorben 1546) herrschte, wie schon sein Bruder Horuk, über Algier, zeitweise aber auch über Tunis, ganz einfach, weil es keine andere Macht gab als die der großen Piraten. Horuk hatte den Emir Selim Eutemi von Algier, der ihn zu Hilfe gerufen hatte, zwar von den Spaniern befreit, danach aber erdrosselt und 1515–1518 Algier beherrscht. Chaireddin hatte 1533 Mulei Hassan aus Tunis vertrieben. Gemeinsam hatten die Brüder in einem Einsatz von Hunderten, wenn nicht Tausenden von Piratenschiffen die letzten Mauren aus Spanien gerettet. Dies waren Zehntausende von Religionsflüchtlingen, denen die siegreichen Spanier den Tod androhten, wenn sie versuchen sollten, im Land zu bleiben.
Zwei christliche Renegaten retteten die Mauren aus Spanien für Algier und für Tunis, wo diese tüchtigen, handwerklich fleißigen und kunstsinnigen Menschen mit ihren Familien ein wertvolles Bevölkerungselement zwischen Soldaten und Sklaven bildeten.

Solange es in Europa eine kaiserliche Macht tatsächlich gab, solange Genua, Venedig und die Malteserritter große und schlagkräftige Flotten unterhielten, kam es hin und wieder zu Strafexpeditionen gegen Tunis oder gegen Algier. Sie zählen insgesamt nach Dutzenden, Erfolg oder Dauerwirkungen hatten sie jedoch keine, es blieb alles beim alten bis zur Eroberung von Algier durch die Franzosen im Jahr 1830.
Die einzelnen Begegnungen zwischen kaiserlichen Flotten und den Schiffen der Barbareskenstaaten zu verfolgen, hat wenig Sinn. Zwischen einigen wenigen großen Konfrontationen stehen lange Phasen, in denen die Seehelden um die Seeräuber herumschlichen und umgekehrt, und sich beide darin einig zu sein schienen, daß man einander nicht wirklich wehtun sollte. Die Leidtragenden dieser gegenseitigen Schonung waren natürlich die Handelsfahrer, und

Ludwig Beutin weist in seiner grundlegenden Untersuchung über den deutschen Seehandel im Mittelmeergebiet mit Recht darauf hin, daß die tapferen Besatzungen deutscher, holländischer, britischer und anderer Kauffahrteischiffe Tag für Tag Beweise ihres Mutes gegeben haben, die nirgends verzeichnet wurden und die dennoch unerläßlich waren, sollte ein Minimum an Seehandel aufrechterhalten werden.
Es waren ja immer nur wenige Männer. Die Getreideschiffe hatten Besatzungen zwischen zehn und dreißig Mann. Was bedeutete das schon gegen ein Piratenschiff mit wohltrainierten Halsabschneidern, das an Mannschaft überquoll, weil man ja keine Ladung mitführte, sondern eben nur Kampfkraft!
Abermals, wie in der Antike und wie später im Weltkrieg, mußten Kriegsschiffe als Geleitschutz aufgeboten werden, ein Geleitschutz von Hamburg bis Genua – also keine geringe Strecke. Denn die deutschen Seestädte hatten nicht, wie England oder Frankreich, ständige Flotten im Mittelmeer stehen, sie mußten ihre Schiffe von Hamburg aus losschicken.
Im letzten Drittel des siebzehnten Jahrhunderts machte ein hamburgisches Kriegsschiff mit dem schönen Namen *Prophet Daniel* diese Konvoifahrt viele Male, hatte dabei aber stets neben seinen 150 Mann und 54 Kanonen noch eine Menge Ladung an Bord, damit die Sache nicht zu teuer komme. Ein zweiter Konvoyer, wie man diese Schiffe nannte, war die *Wappen von Hamburg*. In kritischen Zeiten waren drei hamburgische Kriegsschiffe gleichzeitig im Mittelmeer, was eine nicht geringe Kostenlast für eine einzelne Stadt bedeutete.
Unabhängig davon hatten die deutschen Seestädte eigene Spendenkassen eingerichtet, aus denen der Freikauf gefangener Landsleute mitfinanziert werden sollte. Denn die Barbareskenstädte ließen für gutes Geld durchaus mit sich reden – ein weiterer Beweis dafür, daß es nicht so sehr der Religionshaß oder der Handelsneid waren, als eben ganz simpler Erwerbssinn mit barbarischen Methoden.
Die Börse, an der man ganz bestimmte Gefangene freikaufen konnte (was eine Art Suchdienst im ganzen Mittelmeerraum voraussetzte, auf dessen Existenz somit geschlossen werden darf) lag in Livorno. Vertreter der Piratenstaaten hatten ihre Preislisten, auf denen die Sklaven, sofern sie noch am Leben waren, mit der gewünschten Lösesumme figurierten. Natürlich gab es manche, vor allem junge Damen aus dem Feindstaat Spanien, die auch für sehr viel Geld aus der Gewalt der Beys nicht befreit werden konnten.
Im allgemeinen aber hatten die Verhandlungen Erfolg, denn dieser Freikauf gegen Lösegeld war ein nicht unwichtiger Teil der wirtschaftlichen Gesamtoperation Piraterie. Die Deutschen waren als Unterhändler den Algeriern meist nicht gewachsen, aber es gab einen Rabbiner namens Joseph, der in Livorno und Konstantinopel erfolgreich für Hamburger Familien verhandelte.

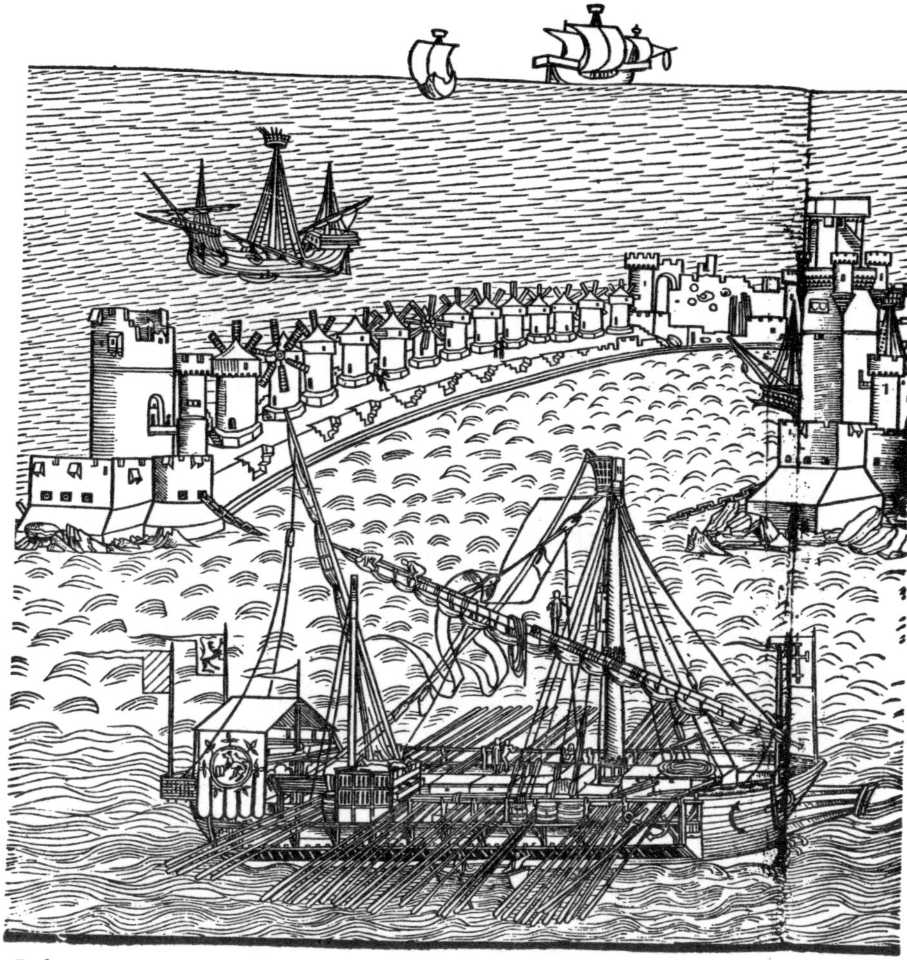

Galeere vor einem befestigten Hafen (Holzschnitt von Breidenbach).

Auch ein niederländischer Konsul namens ten Broeck in Livorno war außerordentlich tüchtig, hatte allerdings auch beträchtliche Geldmittel zur Verfügung. In den elf Jahren zwischen 1718 und 1729 mußte die hamburgische Admiralität nicht weniger als 189 670 Mark, bei damaliger Kaufkraft eine ungeheure Summe, an Lösegeldern für Seeleute bezahlen, und man braucht sich nicht zu wundern, daß all diese Belastungen die hansische Mittelmeerfahrt schließlich unrentabel machten und eingehen ließen.

Dort, wo die Kaufleute aufgeben mußten, bewiesen die Ritter eines eigenartigen Ordens neben Mut und Härte auch bemerkenswerte Ausdauer, Konsequenz und Sachkenntnis. Malta, die Ferieninsel unseres Jahrhunderts, wurde die Heimat der Johanniter, als diese nach dem Fall von Akkon aus dem

Heiligen Land vertriebenen Ordensritter im Dezember 1522 auch die so lange und so heldenhaft verteidigte Insel Rhodos räumen mußten.
Seit im Jahre 1530 der Kaiser ihnen Malta und seine Nebeninseln als Lehen überlassen hatte, wurden die Johanniter, die man später Rhodiser genannt hatte, zu Malteserrittern und unter diesem Namen der Schrecken der Seeräuber. Aber die Barbareskenstaaten verstanden auch, zurückzuschlagen. Sie nahmen die tripolitanischen Besitzungen des Ordens weg und erschienen am 28. Mai 1565 mit großer Übermacht vor Malta. Ordensgroßmeister Jean de la Valette Parisot wehrte sich mit seinem Ritterhäuflein so heldenhaft, daß am 8. September die ganze Halbmond-Armada wieder abzog. Die monatelange Verteidigung Maltas gegen diese kombinierte Flotten- und Heeresmacht ist nicht nur eine ähnlich brillante Waffentat wie etwa Schulenburgs Verteidigung von Korfu gegen die Türken, sie ist auch eine der echt heldenhaften Episoden aus der Seegeschichte des sechzehnten Jahrhunderts. Man muß sich deshalb wundern, daß außer einigen Gemälden und einem Schillerschen Fragment keine bedeutende künstlerische Leistung diese zehn Wochen des Sieurs de la Valette feiert. Sein Name lebt indes in der Hauptstadt der Insel weiter und in den vielen großartigen Anlagen, die auf die Ritter zurückgehen. Das wehrhafte Eiland aber hat noch im Zweiten Weltkrieg bewiesen, wie wichtig es für jeden ist, der das Mittelmeer befahren will, und sei es auch nur auf der kurzen Strecke von Tarent nach Tobruk...
Es scheint allerdings, als habe der tüchtige Orden nicht nur für seine Aufgabe gelebt, sondern auch durch sie, denn mit zunehmender Flottenmacht der Briten und Franzosen und abnehmender Aktivität der Piraten schwand auch die Bedeutung der Malteser und schwand auch der Ruf ihrer Wehrhaftigkeit. Was weder den Deutschen noch gar den Italienern 1939–1945 gelang, die Eroberung der Inselfestung Malta, schaffte Napoleon im Juni 1798 auf seinem Feldzug nach Ägypten ohne Schwierigkeit.
Da die Geschichte hin und wieder doch schon für ein wenig irdische Gerechtigkeit sorgt, ging es auch den großen Gegnern der Malteser und den schlimmsten Renegaten nicht immer so gut, wie sie es gern gehabt hätten. Der gefährliche Simon Danser aus Dordrecht, der als gelernter Schiffbauer den Algeriern so wichtige Dinge beigebracht hatte, konnte zehn Jesuitenpatres gefangennehmen, die auf dem Weg nach Abessinien waren. Die Jesuiten waren ihm gleichgültig, aber sie zu retten bot eine Chance: die der Rückkehr nach Europa. Dank des mächtigen Jesuitenordens schaffte es der Mann, auf den tausend christliche Galgen warteten, in Marseille das Leben eines Großpiraten im Ruhestand zu führen, mit einer Leibwache im Mafia-Stil und reich, unermeßlich reich.
Was ihn dennoch wieder auf das Meer hinaustrieb, weiß niemand. Die Seefahrt ist ja eine jener Drogen, die manche ein Leben lang einnehmen, ohne

daran zugrunde zu gehen, während andere schon früh scheitern. Danser jedenfalls bestieg die Planken nur, um seinem Ende entgegenzufahren. Seine alten Kumpane kaperten ihn, und als sie den Doppelrenegaten in Algier hatten, da machten sie ihn gnadenlos um einen Kopf kürzer.

So wie Horuk, der seine Schätze unter die Verfolger streute und dennoch ermordet wurde, oder Simon Danser, endeten vermutlich nicht wenige, ja vielleicht sogar die Mehrzahl der Seeräuber aller Nationen und aller Weltgegenden. Aber das Beispiel Mittelmeer, dieses freundlichen Meeres vor den Toren Europas, zeigt doch, daß Piratenschlupfwinkel erst dann aufhören, Piratenschlupfwinkel zu sein, wenn die Seeräuberei im ganzen keine Chance mehr hat. Das war im Mittelmeer einmal der Fall, als Pompeius mit römischer Organisation und seinem persönlichen diplomatischen Geschick für einige Jahre das ganze Becken in seiner Gewalt hatte und kontrollierte. Und das war zum zweitenmal der Fall, als die stählernen, von Maschinen bewegten Kriegsschiffe der europäischen Mächte mit jenen tückischen Strömungen vor Algier fertig wurden, die den alten Segelflotten der kaiserlichen Admirale so zugesetzt hatten.

Noch im Jahr 1816, also nach den Napoleonischen Kriegen, nach dem Wiener Kongreß, metzelten die Algerier die Mannschaften von 359 italienischen Korallen- und Schwammfischerbooten nieder. Noch 1817 trieben die Algerier Seeraub bis in die Nordsee hinauf. Noch 1829 zahlten das Königreich beider Sizilien, aber auch Portugal, Sardinien, Toskana, Schweden, Dänemark, Hannover und Bremen Tribut an Algier. Erst im Frühjahr 1830 kam es nach Einzelaktionen der amerikanischen, der niederländischen und der britischen Flotte zu der großen französischen Aktion, die mit 75 Kriegsschiffen und 40000 Mann Landungstruppen die Kapitulation des Beys von Algier erzwang und die Befreiung der letzten Christensklaven mit sich brachte.

Die Dokumente der hier folgenden Zusammenstellung beleuchten den Kampf um die Freiheit der Meere, der in den Zeiten erstarkenden Handels notwendig wurde und der jene Epoche ablöste, in der – wie in der Antike – praktisch jedes Schiff auf sich allein gestellt und immerzu gefährdet war. In der Darstellung wurde ausgeführt, daß dieser Kampf bis ins neunzehnte Jahrhundert herauf nur bescheidene Erfolge zu verzeichnen hatte.

Die erste große Auseinandersetzung spielte sich zwischen den Städten und dem Adel ab, der sich der kämpferisch hervorragenden Reste des Ostseeslawentums bediente, um der Deutschen Hanse das Leben schwer zu machen. Die Vitalienbrüder, über die uns Auszüge aus Stadtgeschichten und andere hansische Dokumente berichten, stammten in erster Linie aus

den pommerschen und mecklenburgischen Seestädten mit ihrer bis zum Ausgang des Mittelalters noch starken wendischen Stammbevölkerung. Die Namen, unter denen die Anführer wie zum Beispiel Störtebecker in den Chroniken erscheinen, sind Spitznamen, wie sie im Mittelalter, aber auch später, für prominente Verbrecher üblich waren. Störtebeckers wichtigster Leutnant führt noch seinen slawischen Namen Witold, in verschiedenen Schreibweisen.
Im Anschluß an diese Dokumentengruppe informiert uns ein Briefwechsel zwischen Sultan Selim II. und Don Juan d'Austria, einem natürlichen Sohn Karls V., über den Weltherrschaftsanspruch des Türken, der in der Seeschlacht von Lepanto im Jahr 1571 gebrochen wurde.
Das längste und düsterste Dokument schildert in den Worten des Zürchers Jakob Maler (in modernisierter Schreibweise) die Leiden eines zur Galeerenstrafe verurteilten jungen Schweizers. Ein aus Frankreich emigrierter hugenottischer Graf hatte den jungen Mann gegen die Zusage der Adoption dazu gebracht, die zurückgebliebene Gräfin nachzuholen. Das Unternehmen wurde entdeckt und der Fluchthelfer zur Galeerenstrafe verurteilt – denn nur mit Sträflingen konnten die nach Tausenden zählenden Ruder der Mittelmeer-Kriegsschiffe besetzt werden. Erst nach vierzehn Jahren kam Maler nach zahlreichen Interventionen seiner Regierung frei.

Die Vitalienbrüder und die Hanse um 1400

Im Jahr 1392 tat sich ein rechtloses Volk aus allerlei Gegenden zusammen, Adlige, Bürger aus vielen Städten, Handwerker und Bauern, sie nannten sich Vitalienbrüder und sagten, sie wollten dem gefangenen König von Schweden gegen die Königin von Dänemark zu Hilfe kommen, ihn frei machen und niemanden fangen oder berauben, nur den, der die Königin mit Gut oder mit Hilfe stärken wollte. So bedrohten sie leider die ganze See und beraubten Freund und Feind, daß die Fahrt nach Schonen wohl drei Jahre darniederlag, darum war in diesen Jahren der Hering sehr teuer. Die Vitalienbrüder gewannen Bergen in Norwegen und verwüsteten viel Land in Dänemark.
Gott gab in seiner Güte der Stadt Stralsund großes Heil. Im Jahr 1395 zogen die Stralsunder einträchtigen Mutes gegen die Vitalienbrüder auf See, die ihre Bürger und andere Kaufleute oft beraubt hatten. Gott gab ihnen überall seinen Segen, sie übersegelten etliche, schlugen viele der Seeräuber tot und fingen dreißig, sechzig und hundert. Sie setzten sie alle auf den Pferdestall, gaben ihnen Brot zu essen und Dünnbier zu trinken oder Wasser, so lange, bis sie starben oder an den Beinen erlahmten. Auch hieben sie vielen die Köpfe ab. Deswegen kamen die Stralsunder mit dem Adel in große Fehde.

Am 11. Juni 1395 sandten die von Lübeck zwanzig große Hauptschiffe mit anderen Schiffen und vielen wehrhaften Leuten aus. An ihrer Spitze standen vier Hauptleute aus dem Rat. Sie blieben bis nach Sankt Michaelis (29. September) in See und sorgten, daß die Vitalienbrüder keinen Schaden anrichteten. Als im Jahr 1395 nach der Freilassung des Königs von Schweden die Vitalienbrüder vernahmen, daß sie auf See nicht mehr rauben durften, da warfen sich vierhundert von ihnen in die Schiffe und segelten nach Rußland in den Fluß, der Ny heißt und setzten dort ihren Raub fort. Als sie auf einem anderen Weg wieder zurückfahren wollten, verirrten sie sich auf dem Meer und kamen in fremdes Gebiet, wo sie die Sprache der Leute nicht verstanden. Sie schlugen viele tot, nahmen ihnen ihre Speise und ihr Vieh und ernährten sich damit. Sie segelten weiter, bis sie zu den Gebirgen von Kaspien unter dem Heiligen Land kamen, dort sahen sie unmäßig viel Volkes und vermuteten, daß dies die roten Juden wären. Sie erschlugen viele von ihnen am Ufer, aber sie wagten nicht, zu ihnen auf das Land zu springen, denn ihrer waren zu viele. Nicht fern von dieser Gegend fanden sie wilde Leute, die überall mit Haaren bewachsen waren. So segelten sie lange in der Welt umher, bis sie einen Deutschen fanden, der von Räubern entführt worden war. Er unterwies sie, den Weg nach der Sonne zu richten. So kam die Hälfte nach Jahresfrist wieder hierher, die andere Hälfte war in Streit und Hunger gestorben.

Im Jahre Christi 1397 lebte in Friesland ein guter Mann (Witold), der hatte vier Schlösser, tom Broke, Witmunde, Aurikhofen und Marienhofen. Dieser Friese sammelte gegen die Holländer wohl sechshundert Vitalienbrüder. Diese richteten mit ihren Schiffen großen Schaden an und beraubten alle Kaufleute, die nach Flandern, England oder Norwegen segelten. Vor allem nahmen sie ein Schiff mit Pelzwerk und Wachs. Um dieses auszulösen, gab man ihnen achttausend Nobel, aber man sagte, es wäre wohl zehnmal soviel wert.

Am Sankt Johannes des Täufers Tag 1398 hatte Herzog (Barnim von Wolgast) von Stralsund viel Volk in Schiffen an der See versammelt. Er sagte, er wolle in Dänemark der Königin gegen ihre Feinde zu Hilfe kommen. Daß er anderes im Sinne hatte, bewies er wohl, denn er zog in den Sund und beraubte die Kaufleute, die dort segelten, und bereitete großen Schaden. Aber Gott gab, daß es nicht lange währte, denn eine Schar Schiffe kam den Herzoglichen entgegen und zerstreute sie. Ein Teil der Seeräuber kam nach Friesland, wohl achtzig ließ die Königin in Dänemark aufgreifen, und alle köpfen. Der Herzog entwich mit einer kleinen Schar, kam wieder nach Stralsund und hatte keine Ehre von der Fahrt.

Um den Peter-und-Pauls-Tag (6. Juli 1398) war eine große Versammlung der Seeräuber bei Friesland, wo ein mächtiger Friese (Ede Wümmeken) sie schützte. Sie belagerten viele gute Gewappnete, die von Herren und Städten ausgesandt waren, auch von den Lübeckern. Die Belagerten konnten die Räuber nicht bekämpfen, noch ihrer Herr werden, denn ihrer waren zu viele. Auch beschirmte sie ihr Herr, der Friese, der sie gegen seine Feinde, die Holländer, geladen und geleitet hatte. Dann wurde verhandelt, daß die Räuber ihre Schiffe und Waffen verlassen und zu Lande frei hinziehen sollten, wohin sie wollten. Auch sollten sie nicht mehr rauben, täten sie es doch, so sollte man es an ihnen wie an anderen rächen.

Hermann von Halle an die preußischen Städte, 18. Mai 1396:

Lasset uns auch wissen, wie wir es mit den Vitalienbrüdern halten sollen, die dem Kaufmann vor dem Frieden Schaden getan haben. Sollen wir denen Geleit geben, wie wir es mit einem Teil von ihnen getan haben, oder nicht? Die Vitalienbrüder, die den Winter über hier Geleit gehabt haben, sind mit acht Karassen und Schüttebooten wohl hundert Mann stark ausgefahren und wollen in den Norden gegen die Russen. Sie haben acht Hauptleute bei sich, die haben uns verbrieft bei Treu und Ehren, daß sie unseren Ordensherren von Livland nicht schaden wollen, auch nicht den Städten und dem Kaufmann. Daraufhin haben wir sie fahren lassen, denn wir hatten keinerlei Recht, sie zurückzuhalten, da sie hierher Geleit bekommen hatten.

Die Kaufmannschaft zu Brügge berichtete am 24. Mai 1398 an den Lübecker Hansetag unter anderem, daß die von Witold von dem Broke geschützten Vitalienbrüder wieder viele Schiffe beraubt hätten. Einer der beraubten Schiffer meldete:

Die Vitalienbrüder hätten ihm befohlen, der Brügger Kaufmannschaft auszurichten, die Vitalienbrüder wären Gottes Freunde und aller Welt Feinde, nur denen von Hamburg und von Bremen wollten sie keinerlei Schaden tun, denn dorthin könnten sie hin- und zurückfahren, wann sie wollten. Auch hatte jener Schiffer einen Bremer Kaufmann bei sich. Was dieser mit einem Eid als ihm gehörig auswies, das gaben ihm die Seeräuber zurück. Ferner ließen sie uns bestellen, wenn ihnen die Städte freies Geleit gäben, ferner in die Hansestädte zu kommen und zu gehen, so wollten sie gerne die See räumen und das Rauben bleiben lassen. Wollte man ihnen aber kein Geleit geben, so würden sie den Kaufmann so müde machen wie dieser sie.

Am 23. Juni 1398 schrieb Bremen, daß es gehört habe, in Flandern ginge die Rede, einer ihrer Bürger hielte es mit den Seeräubern, man könne aber niemanden feststellen.

Auf dem Hansetag zu Lübeck am 2. Februar 1400 sprach man zunächst über die Vitalienbrüder, die Keno von dem Broke in Friesland bei sich habe. Während man noch darüber sprach, daß man gegen den Keno vorgehen wolle, um den Schaden der Kaufleute zu verhindern und die Vitalienbrüder zu vertreiben, kam ein Geistlicher, Herr Almer, mit einem Beglaubigungsschreiben Kenos. Er legte den Städten dar, wie Keno um die Freundschaft der Städte werbe. Er wünschte, daß die Städte ihm sein Zusammenhalten mit den Vitalienbrüdern nicht übel auslegen möchten, er hätte es nur in der Not getan, in der Furcht vor dem Verlust seines Landes und seines Gutes. Von dem, was die Vitalienbrüder geraubt haben, habe er keinerlei Vorteile gehabt. Er hätte nur in seiner Not besiegeln müssen, daß jene die eingebrachten Schiffe und Waren nach ihrem Willen verwenden dürften, aber er brauchte die Schiffe nicht wieder zum Schaden des Kaufmanns seewärts zu lassen. Wolle man ihm alles, was geschehen, nicht verübeln, so wäre er gerne bereit, die Vitalienbrüder sofort zu Lande und nicht zu Wasser von sich zu lassen, sie niemals wieder zu sich zu nehmen oder Verhandlungen mit ihnen anzuknüpfen. Wenn jemand von seiner oder einer anderen Partei in Friesland solches täte, so wolle er gegen diesen den Städten mit aller Macht helfen. Die Städte besprachen sich darüber, daß das Angebot leicht ein Betrug sein könne, um sie von ihrer Wachsamkeit abzubringen (doch war Keno bereit, alle Sicherheiten für die Aufrichtigkeit seiner Sache zu stellen, so daß eine Urkunde über den Vertrag entworfen wurde).

Ferner wurde von den Städten beschlossen, daß man im Bedarfsfall auf der Nordsee zur Wehr gegen die Vitalienbrüder aussenden solle: Lübeck zwei Koggen mit zweihundert Gewappneten, Hamburg eine Kogge mit hundert Gewappneten, Bremen eine Kogge mit fünfzig Gewappneten, Rostock eine Kogge mit fünfzig Gewappneten, Stralsund eine Kogge mit hundert Gewappneten, Wismar eine Kogge mit fünfzig Gewappneten, die preußischen Städte drei Koggen mit dreihundert Gewappneten, die von Kampen, Deventer, Zütphen, Harderwyk und Elburg eine Kogge mit hundert Gewappneten. Zu jeder Kogge sollen so viele kleine Schiffe gestellt werden wie nötig sind, und unter je hundert Gewappneten sollen dreißig Schützen mit guten starken Armbrüsten und vollem Harnisch sein. Jedes Schiff soll überdies zehn Armbrüste haben.

Herzog Albrechts von Holland Vertrag mit den Vitalienbrüdern. – Am 15. August 1400 schloß Herzog Albrecht mit einer Reihe von Seeräuberhäuptlingen, darunter Johann Störtebecker, einen Vertrag: Wir nehmen sie zu unseren Freunden und geben ihren Leuten ein freies, gutes, festes und sicheres Geleit. Sie sollen allen Feinden unseres Landes feind sein ... Was sie an Gefangenen, Schiffen oder Waren einbringen, darüber sollen sie freie Verfügung haben und es unter unserem Schutz bringen können, wohin sie wollen, wenn sie es unseren Feinden genommen haben. Ferner sollen sie weder von uns noch von unseren Untertanen verfolgt oder geschädigt werden, erst auf See sollen sie auf freien Wegen sein. (Dieser Vertrag soll bis vierzehn Tage, nachdem der Herzog ihn aufgesagt hat, Gültigkeit haben.)

Störtebecker und Gödeke Michel. – Im Jahr 1402 fochten die England-Fahrer der Stadt Hamburg auf See mit den Seeräubern, die sich Vitalienbrüder nannten, und behielten den Sieg. Sie schlugen an die vierzig tot und fingen an die

siebzig bei Helgoland. Sie brachten die Gefangenen alle mit nach Hamburg und ließen ihnen die Köpfe abschlagen. Diese steckten sie an der Elbe auf eine Wiese zum Zeichen, daß die Gerichteten die See beraubt hatten. Die Hauptleute dieser Vitalienbrüder hießen Wichmann und Klaus Störtebecker.
Nicht lange danach kamen die England-Fahrer auf einen anderen Haufen Seeräuber und schlugen sich mit ihnen. Gott gab den guten Helden den Sieg über die Räuber, von denen viele gemordet und an die achtzig gefangen wurden. Diese wurden nach Hamburg gebracht und enthauptet und die Köpfe zu denen ihrer Genossen auf die Wiese gesteckt. Ihre Hauptleute hießen Gödeke Michel und Wigbold, ein Magister der sieben freien Künste.

Sultan Selim II. an Don Juan d'Austria

Selim, Sohn des höchsten, unbesiegbarsten und ruhmreichsten Suleiman, der dreizehnte Kaiser der Türken, der König der Könige, der Besieger der Länder, der Vernichter der Heerscharen, furchtbar zu Land und zu Wasser, an Juan d'Austria, den Heerführer von ausgezeichneter Tapferkeit.
Ich halte es nicht unter meiner Würde, ihm unter meinen hohen Gedanken einen Platz einzuräumen und ihn mit meinem goldenen Siegel zu besuchen, welches alle beglückt, die es zu Gesicht bekommen. Deine Tapferkeit, edelster Juan, dem es beschieden war, nach so langer Zeit der einzige zu sein, welcher angefangen hat, dem souveränen, stets glücklichen und erlauchten osmanischen Haus von seiten der Christen Schaden zuzufügen, veranlaßt mich, obgleich ich beleidigt bin, Dir die beifolgenden Geschenke (sie bestanden aus kostbarem Pelzwerk, Teppichen und Decken, Waffen und Reitzeug aller Art und anderen Dingen) zu machen, die Du höher achten mußt, als irgendein Glück, welches Dir zuteil werden könnte. Denn sie kommen von dem, welcher, obgleich er der größte aller Sterblichen ist, sich durch diese seine Freigebigkeit mit Dir fast auf gleichen Fuß stellt, indem er Dich für würdig hält, von Seiner Hoheit beachtet zu werden.

Don Juan d'Austria an den Sultan Selim II.

Deinen Brief und Dein Geschenk habe ich zum guten Zeichen erhalten. Das eine ist Deiner Freigebigkeit, das andere der Tapferkeit würdig.
Gott hat es gefallen, mir solche Tapferkeit zur Verteidigung seiner Gläubigen und zur Bekämpfung des osmanischen Hauses zu verleihen, welchem dieser unerfahrene Knabe, wie Du mich genannt hast, allein angefangen hat, den Schaden zuzufügen, den Deine Heerscharen erlitten haben. Du kannst Dir

denken, welches Ende dies nehmen wird, da Du jetzt zugibst, daß ich ein Heerführer von ausgezeichneter Tapferkeit bin.
Für alles danke ich Dir, und zum Zeichen meiner Erkenntlichkeit schicke ich Dir den Griechen zurück, welcher auf Deinen Befehl hierher gekommen ist, um die Rüstungen der Christen zu untersuchen (sicherlich als Spion). Obgleich ich ihn des Lebens hätte berauben können, habe ich es ihm nicht nur geschenkt, sondern ihn auch alle meine Vorbereitungen und meine Pläne sehen lassen, welche nur darauf ausgehen, Dich ohne Unterlaß zu bekämpfen. Übrigens wirst Du es nicht verschmähen, es zur höchsten und größten Auszeichnung zu rechnen, welche Deiner Größe widerfahren kann, daß Juan d'Austria, der Christ, die Geschenke Selims, des türkischen Kaisers, angenommen und seinen Brief beantwortet hat.

Auf den Galeeren 1686 bis 1700

Sie schleppten mich von einer Stadt in die andere, bis sie mich schließlich nach Paris brachten. Zuvor war ich in 42 scheußlichen Gefängnissen. Hier in Paris fällten sie nun das endgültige und unmenschliche Urteil: Auf Lebenszeit Strafgefangener auf französischen Galeeren! Zu diesem Zeitpunkt war ich erst 16 Jahre alt.
Sie packten mich und schmiedeten mich mit anderen Gefangenen zusammen. Dies waren 225 Menschen, darunter 25 Katholiken, alle übrigen aber waren Reformierte. Sie schmiedeten jeweils zwei von uns wie die Ochsen am Hals zusammen, auch vier Pfarrer unserer Religion waren darunter. Diese behandelten sie jedoch noch viel schlimmer als uns, denn sie sagten, diese wären unsere Verführer.
Die Kette, an die sie uns so zu zweit aneinander geschmiedet hatten, war fünf Schuh lang und hatte in der Mitte einen großen Ring. Durch diesen Ring zogen sie eine weitere lange und schwere Kette, so daß wir alle 225 an einer Kette hingen. Wenn wir am Abend in einen Stall gebracht wurden, mußten wir uns alle auf einmal niedersetzen und später alle wieder auf einmal aufstehen, denn sonst verursachten die Ketten am Hals zu großen Schmerz. Jeden Tag mußten wir drei bis vier Stunden gehen. Dabei bereiteten uns die Ketten besonders qualvolle Schmerzen ...
In Lyon setzte man uns auf der Rhône in ein großes Schiff, mit dem wir bis Avignon fuhren. Von hier aus ging es auf zwei Galeeren weiter bis nach Marseille, wo wir auf die *Grand Royale* (eine Galeere, auf der eine Art Visitation stattfand) geführt wurden. Hier waren 1500 Gefangene, alles Leute, die nicht mehr für die Ruderbank taugten, wogegen wir als sehr geeignet dafür erschienen.

Sie lösten uns die Ketten vom Hals und schmiedeten uns an den Füßen zusammen. Türken kamen und scherten uns das Haar. Mit dem Haar schnitten sie auch sehr viel Haut weg. Dann kamen die Feldärzte, zogen uns aus und untersuchten uns. Nach dieser Visitation kamen auch Hauptleute und nahmen sich so viele von uns, wie sie brauchten. Auch mich nahm einer mit und führte mich auf die Galeere mit Namen *La Souveraine*. Hier sah ich 420 Gefangene in Ketten, darunter sieben unserer Religion.

Diese Gefangenen trennte man voneinander, indem immer einer zwischen zwei Türken kam, denn sie sollten nicht miteinander reden. Auch mich sperrten sie zwischen zwei Türken. Dann kamen Geistliche, setzten sich zu mir, hießen mich willkommen und sagten, sie wollten einen Engel aus mir machen. Ich fragte, was ich dabei tun müsse. Sie sagten, ich müsse den katholischen Glauben annehmen und meinem abschwören. Da sagte ich ihnen, wenn sich das so verhielte, würden sie niemals einen Engel aus mir machen, denn meinem Glauben würde ich nie und nimmer abschwören. Darauf sagten sie, sie wollten später noch mit mir reden.

Auch die Frau des Hauptmanns der Galeere kam zu mir und sagte, daß sie früher auch meiner Religion angehörte. Nun aber hätte sie die katholische Religion angenommen, denn das wäre die richtige. Wenn ich in den Himmel wollte, müßte ich dies auch tun. Auf dieses Wort hin blickte ich zum Himmel auf und dachte: Ach Gott, welch ein schwaches Weib – und gab ihr keine Antwort. Sie fragte mich, ob es in einem Kloster nicht besser wäre als auf einer Galeere. Darauf sagte ich, sie wolle mir von einer kleinen Galeere hinweghelfen, mich aber auf eine große bringen, wo ich dann ewige Pein leiden müßte. Sie sagte, ihre Geistlichen würden noch sehr viel mit mir reden und ich mit ihnen.

Dann setzten sie mich ans Ruder, mein Oberkörper war nackt, ich hatte weder Strümpfe noch Schuhe, nur Hosen bis fast an die Knie.

Die großen Galeeren haben 60 Ruder und die kleinen 50, wobei sieben Mann an einem Ruder, und zwar je zwei Türken und fünf Christen an einer Bank sitzen. Sie nahmen auch ein Seil und banden es mir um den Hals, ebenso an das vordere und hintere Ruder. Nun mußte ich immer im richtigen Rhythmus rudern, sonst hätte mich das Seil elendig am Hals gewürgt, denn die 50 Ruder mußten alle zugleich im Schlag sein. Neben mir stand einer mit der Peitsche, die mich mit vielen Schlägen traf. Dabei schrie der Aufseher: Du kalvinischer Hund, ich will dich an Gott glauben lehren. Dies aber war nur der Anfang ...

Unser nächstes Ziel war Amerika, denn wir mußten vier Kriegsschiffe dorthin begleiten. Auf den Schiffen befanden sich 4000 reformierte Frauen, die dort verkauft werden sollten. Das war im Jahre 1688, und wir hatten einen Weg von drei Monaten bis dorthin. Auf der Reise starben von den Frauen 400. Wir kamen nachts auf St. Christoffel (eine der kleinen Antillen) an, und am

Morgen wurden die Leute an Land gebracht. Wir konnten hierbei alles beobachten, und das war schrecklich genug: Da kamen Kaufleute von weither und zogen die Frauen aus, um sie zu visitieren, ob sie nicht krank wären. Ich habe dies gesehen und weinte darüber sehr. Die jungen Frauen waren bald verkauft, aber nicht die alten. Auch die Frau eines Pfarrers mit vier Töchtern war darunter. Ihre Töchter waren bald verkauft, aber die Mutter blieb allein, denn sie war eine alte Frau. Vier Stunden danach kam ein Jude und kaufte die alte Frau auch und sagte, sie wäre gut genug, unter einem Kessel Feuer zu machen. – Die Soldaten unserer Galeere haben dies erzählt, denn sie erlebten diese Grausamkeiten. Was weiter mit diesen Frauen geschehen ist, habe ich niemals erfahren.

Von Amerika aus kamen wir nach Malta, wo wir drei Wochen lang blieben. Von da kamen wir nach Menorca, von Menorca nach Maillorca, von Maillorca nach Sardinien, von Sardinien nach Sizilien, von Sizilien nach Korsika, von Korsika nach Genua und schließlich von Genua nach Toulon, wo 80 Kriegsschiffe lagen.

Auf der Ruderbank haben sie uns oft den Rücken blutig geschlagen, aber ich gedachte der Leiden unseres Herrn und Heilandes Jesu Christi und fand dabei Trost.

Von Toulon kamen wir oft nach Marseille, wo ich des Hauptmanns Frau und die Geistlichen wiedersah. Die Herren waren zunächst freundlich, so, als ob sie mir etwas Gutes tun wollten, was aber nur den Anschein hatte, denn es sollte ganz anders kommen.

Sie sagten, die Frau Hauptmann hätte ihnen gesagt, daß ich mich bekehren wollte und den rechten Glauben annähme. Ich sagte ihnen, den rechten Glauben hätte ich schon, denn ich glaubte an einen Gott, den allmächtigen Vater, Schöpfer des Himmels und der Erde, und an Jesus Christus seinen eingeborenen Sohn, unseren Herrn. Sie aber sagten, das wäre nicht genug, man müßte viel mehr glauben, wenn man in den Himmel kommen wollte.

Nun wollten sie wissen, ob denn der katholische Glaube nicht gut wäre. Ich sagte ihnen, ich verdammte ihn nicht. Die Katholiken wüßten, wie die zehn Gebote lauteten, aber ein Gebot hätten sie mißachtet. Wenn sie es nicht mißachtet hätten, so würden sie keine Götzen und Bilder mehr haben.

Ich redete viel, denn es war gleichgültig, ob man antwortete oder nicht. Ich wurde daraufhin wieder sehr geschlagen.

Nun kamen Offiziere mit vier Türken, nahmen mich und führten mich über die Ruderbank hinweg. Zuvor nahmen mich zwei Türken an den Armen und an den Beinen und hoben mich über die Ruderbank hoch. Einer war da, der hatte eine Schüssel mit Essig und Salz angerichtet. Sie verbanden mir das Gesicht mit einem alten Segeltuch, damit man mich nicht schreien hörte. Je einer der Türken stand auf der rechten, der andere auf der linken Seite. Sie

hatten ein Seil in den Händen, das mit Pech beschmiert war. Hinter den Türken standen wiederum zwei Offiziere, die ebenfalls ein Seil in den Händen hielten. Sobald die Türken Mitleid empfanden, schlugen die Offiziere auch auf sie ein, denn sie waren ja auch Gefangene. Sie gaben mir 30 Streiche auf den bloßen Rücken, aber ich empfand nicht mehr als 10 oder 12 Streiche. Dann rieben sie mir den Rücken mit Essig und Salz ein.
Die Geistlichen kamen alle Tage zu mir und den anderen sieben Gefangenen, die auch meines Glaubens waren. Gott gab uns die Gnade, so stark zu sein, um zu wissen, daß sie uns nicht ewig quälen könnten.
Es gab aber auch Leute, die von ihrem Glauben abfielen. Diese befreiten sie von ihrer Qual und brachten sie auf verschiedene Inseln, denn sie brauchten dringend Soldaten.
Später mußten wir mit 30 Galeeren und 12 Kriegsschiffen nach Konstantinopel, denn hier hielt sich der französische Gesandte auf. Wir fuhren von Marseille weg nach Toulon, von Toulon nach Nizza und von dort nach Genua und Neapel. Überhaupt fuhren wir von einer Stadt in die andere, und wenn ich einer jeden Stadt einen Namen geben wollte, hätte ich viel zu schreiben.
In Konstantinopel blieben wir drei Monate lang, aber wir mußten alle Tage auf das Meer hinausfahren, denn wir suchten hier berberische Galeeren. Wir hatten Krieg mit den Berbern und Frieden mit den Türken.
Wir waren mit 15 Galeeren, 12 Kriegsschiffen und 11 Bombardier-Galioten (feste Kriegsschiffe, aus deren Mörsern Bomben geworfen wurden) ausgefahren und beschossen die Stadt elf Tage und Nächte mit Bomben, so daß sie in allen Teilen in Brand war. Auch in der Stadt gab es sehr viele Krieger, die Tag und Nacht auf uns feuerten. Außerdem waren in Algier 10000 Christensklaven aller Nationen.
Als die Berber 40 Franzosen gefangennahmen, sie fesselten und erschossen, befahl der Kommandant der *Comte d'Estrée*, 40 der vornehmsten Türken von unseren Galeeren zu holen, sie ebenfalls zu fesseln und zu erschießen. Darüber hinaus nahmen sie einen alten Mann unserer Galeere, hauten ihm beide Hände ab, verbanden ihm die Arme, damit er nicht verblutete und legten ihn daraufhin gefesselt in ein Boot.
In der Nacht mußten wir das Boot samt den Toten und dem Alten darauf an Land stoßen, damit der Alte an Land sagen konnte, wenn sie nicht aufhören wollten, auf die Christen zu schießen, so würden noch mehr Türken auf diese Weise umkommen, denn es wären genug auf den Galeeren.
Als es Tag wurde, fanden die Berber das Boot in der Stadt mit den Toten und dem Alten darauf und stellten daraufhin das Feuer ein.
Als wir diese Stadt verlassen hatten, kamen wir nach Sizilien, wo wir bei Messina kreuzten und berberischen Schiffen auflauerten. Nach einem Kampf fuhren wir wieder nach Marseille zurück, wo die Galeeren repariert werden

mußten, denn sie waren übel zugerichtet. In Marseille gab es auch frisches Wasser und etwas Brot.
Unterdessen kamen die katholischen Geistlichen wieder zu mir, verdammten die Geistlichen meiner Religion und forderten mich auf, ihnen zu antworten. Ich sagte ihnen, es sei keinem Menschen erlaubt, andere Menschen zu verdammen. Auf diese Worte hin ließen sie mich übel foltern, aber ich war durch Gott getröstet und geduldig. Die Geistlichen sagten mir, meine Geistlichen könnten nicht in den Himmel kommen, denn sie wären nicht die richtigen, da sie den Freuden dieser Welt frönten. Sie hätten Weib und Kind, außerdem würden sie gut essen, trinken, keine Fasten halten, musizieren, spielen und tanzen. Darüber hinaus wären sie unsere Verführer, die mit ihren Worten den bösen Geist auf uns lenkten. Sie hingegen seien die *richtigen* Geistlichen, sagten sie mir, sie hätten weder Weib noch Kind und genössen keine irdischen Freuden. Damit hätten sie den Himmel verdient. Ich sollte mich dazu äußern.
Ich besann mich lange, doch dann faßte ich Mut und verteidigte meinen Glauben. Zwei Stunden später schickten sie den Major unserer Galeere. Dieser redete auf mich ein und drohte mir bis an mein Lebensende die härtesten Strafen an, wenn ich mich nicht bekehrte. Darauf antwortete ich ihm, daß ich schon bekehrt wäre. – Jetzt nahmen mich die Türken und gaben mir 125 Streiche auf meinen bloßen Rücken, rieben mich wieder mit Essig und Salz ein, aber das empfand ich nicht mehr, denn ich war längst ohnmächtig.

Segel auf allen Meeren

Es klingt absurd, aber es ist eine Tatsache: Hätte ein Genie der Renaissancezeit das Dampfschiff erfunden, hätten Dampfschiffe das fünfzehnte und sechzehnte Jahrhundert beherrscht, so wäre die Entdeckung Nord- und Südamerikas vermutlich bis ins achtzehnte, vielleicht sogar ins neunzehnte Jahrhundert hinausgezögert worden. Denn selbst heute noch ist die Brennstoffversorgung moderner Hochseefahrzeuge entscheidend für ihren Aktionsradius. Noch 1914/18 bestand eines der Hauptprobleme im Kreuzerkrieg darin, die in fernen Meeren operierenden Einheiten mit Kohle zu versorgen, und ab 1943 lag die deutsche Schlachtschiffflotte praktisch still, weil nicht mehr genug Treibstoff zur Verfügung stand. Wie hätten solche Schiffe es wagen dürfen, ins Ungewisse hinauszufahren? Sie wären nach wenigen Wochen ein Spielball der Wellen geworden. Und selbst wenn sie fremde Küsten entdeckt hätten – wer durfte annehmen, daß dort Kohlen- oder Dieselöldepots auf sie warteten?
Während unsere moderne Seefahrt, von einigen wenigen atomgetriebenen Schiffen abgesehen, auf Etappenhäfen angewiesen ist, konnte das Segelschiff Langstreckenfahrten über das offene Meer auf sich nehmen und kann dies bis heute, wie zahlreiche Beispiele aus unseren Tagen beweisen. Der gesamte Schiffsraum eines Segelfahrzeugs kann für die Unterbringung von Vorräten und Mannschaften verwendet werden, und diese Vorräte lassen sich im allgemeinen in allen bewohnten Gegenden ergänzen, ja oft sogar auf unbewohnten Inseln, sofern es dort nur genießbares Wasser gibt. Zufallsfahrten von auf See verschlagenen Kleinfahrzeugen des Küsten- oder Badebetriebs beweisen bis heute, daß der Mensch auf dem Meer größere Überlebenschancen hat, als man gemeinhin annimmt, weil so gut wie immer Fischfang möglich ist und weil sich selbst Trinkwasser aus dem Nachttau, aus Regenböen oder durch Vermischung von Meerwasser mit schwindenden Trinkwasservorräten gewinnen läßt.
Diese Möglichkeiten, die allerdings Meervertrautheit, Härte und Ausdauer bei den Mannschaften voraussetzten, boten die Möglichkeiten für die weiten und im allgemeinen ins Ungewisse gerichteten Fahrten einzelner Schiffe und kleiner Flotten im fünfzehnten und sechzehnten Jahrhundert. Und diese Jahr-

Darstellung einer Karavelle. Dieser Schiffstyp verdrängte im 15. Jahrhundert die lange Zeit vorherrschende Kogge.

hunderte wurden zu großen Zeiten der Weltschiffahrt und des menschlichen Wagemuts, weil die erwähnten Voraussetzungen bis an die Grenze des Ertragbaren und der Leistungsfähigkeit ausgenützt wurden. Ein Gutteil der Entdeckerleistungen wäre freiwillig kaum erbracht worden. Aber auf jeder dieser großen Reisen kam der Punkt, wo der Rückweg bereits länger sein mußte, und damit gefahrvoller als die Weiterfahrt. Es kam der Punkt, an dem der Schiffsführer ganz offen sagen mußte, daß die Umkehr das sichere Verschmachten bedeute, weil die Vorräte nicht mehr reichten, während auf der Weiterfahrt vielleicht schon in drei, vier Tagen alle Nöte ein Ende hatten.

Um dies richtig ermessen zu können, muß man sich darüber klarwerden, wie klein die Schiffe waren, auf denen die großen Entdeckungsleistungen vollbracht wurden. Wer gelesen hat, daß um die Wende des neunzehnten zum zwanzigsten Jahrhundert zum Beispiel bei Polarexpeditionen viele Kapitäne die Überwinterung mit einkalkulierten und für sieben, acht oder neun Monate im Packeis wohlgerüstet waren, wird sich fragen, warum Magellan oder Columbus nicht das gleiche taten. Nun – die Schiffe jener großen Männer waren lächerlich klein:

Die *Marigalante*, von Columbus hartnäckig *Santa Maria* genannt, maß im ganzen 39 Meter in der Länge, wovon aber nur 22 Meter auf den eigentlichen Schiffskörper kamen. Dieses Schiff war ein sogenanntes Nao, also eines der geräumigen Handelsfahrzeuge und weniger wendig als die meisten Karavellen, was ihm in den gefährlichen und damals noch völlig unbekannten Gewässern der Karibischen See schließlich auch zum Verhängnis werden sollte. Die beiden anderen Schiffe der kleinen Columbus-Flotte, die *Pinta* und die *Niña*, waren sogar nur siebzehn Meter lang und hatten nicht zwei Aufbauten wie die *Marigalante*, sondern nur je ein Kastell am Heck. Neben Vorräten, Waffen, Munition und dem nötigen Handwerkszeug für Reparaturen lebten so die Besatzungen in fürchterlichster Enge.

Die Verpflegung war unter diesen Umständen spartanisch genug. Ein Fachmann der Zeit berechnet für Fernfahrten »pro Mann und Tag einen Zwieback und einen Schoppen Wein. An Fleisch und Fisch nur zwei Pfund auf drei Mann, denn an ihrer Stelle kann man manchmal Käse, Trockengemüse und Zwiebeln essen, wovon die Schiffe stets einen guten Vorrat mit sich führen sollen. Auch Essig und Öl sind nicht zu vergessen, denn beides sind Dinge, die auf der Seefahrt sehr not tun«.

Vor allem Zwiebeln gegen den Skorbut und Essig als Beimischung zu altem Vorratswasser zeigen, daß dieser Rat des Spaniers Diego de Valera auf Erfahrung fußt. Tatsächlich kamen die Kontinentaleuropäer dank ihrer Gewohnheit, kräftig gewürzt zu kochen, Zwiebeln, Oliven, Salate und ähnliches zu sich zu nehmen, auf See weit besser durch als zum Beispiel die Briten, die ausgezeichnete Schiffe, mutige Seeleute, aber eine elende Küche hatten. Auf diese

Weise gingen ganze Geschwader von Schiffen verloren, weil sich keine Hand mehr regte, Steuer oder Segel zu bedienen: die Schiffe schwammen noch, aber Hunderte von Seeleuten lagen krank an der schweren Mangelkrankheit des Scharbock oder Skorbut.

Die Schiffe waren also klein, die Mannschaft notgedrungen wenig zahlreich und die Vorräte waren äußerst dürftig. Hinsichtlich der Seetüchtigkeit nahmen es aber diese neuen Schiffe vom Karavellentypus mit manchem modernen Fahrzeug auf, ja es gibt Enthusiasten der alten Seefahrt, die noch heute Fahrzeuge vom Karavellentyp mit kleinen Abwandlungen in Südostasien entdecken, weil die Karavelle eben ein ideales Kleinschiff für große Aufgaben war.

Gegenüber den ungefügen Hanseschiffen unterschieden sich die Karavellen dadurch, daß die Planken nicht mehr teilweise übereinanderlagen, was zwar beträchtliche Stabilität gab, aber auch eine gewisse Klobigkeit, Langsamkeit, Unhandlichkeit mit sich brachte. Die Kravel (deutsch) oder Karavellbauweise setzte die Planken des Schiffsrumpfes sauber gefügt aneinander, dichtete sie ab und stabilisierte den Rumpf innen durch Spanten, Deckbalken und Innenbeplankung.

Das erste Schiff dieser Art, das die Deutschen zu sehen bekamen, war der in La Rochelle gebaute *Peter von Danzig.* Aber die Portugiesen und die Spanier bauten diese Art Schiffe ebenfalls seit einigen Jahren und gewiß nicht schlechter, ja man kann sagen, daß für die Karavellbauweise beinahe jede der bekannteren Werften ein paar eigene Geheimnisse oder Tricks entwickelt hatte, um diesen kleinen Schiffen große Chancen zu geben. Denn das wußte jeder Seemann, der einmal eine Karavelle gebaut hatte: diese leichten Dinger schwammen immer oben. Sie hoben sich mit jeder See, denn sie lagen *auf* dem Wasser, nicht in ihm. Sie segelten darüber hin, ohne es zu durchschneiden, und sie konnten tagelange Stürme erleben, ohne daß eine einzige Sturzsee über Deck kam, wenn nicht irgendein Sonntagsseemann zu viel Segel gesetzt hatte, so daß der Wind das Fahrzeug unter Wasser drückte.

Neben diesen technischen Möglichkeiten bedurfte es zum Beginn und zum Gelingen der Entdeckungsfahrten noch jener geistigen Voraussetzungen, von denen in manchen dicken Entdeckungsgeschichten mehr die Rede ist als von den Fahrten selbst. Da sie unser Thema nur berühren und nicht zentral treffen und da manche der größten Seefahrer des Entdeckungszeitalters gerade die geistigen Voraussetzungen völlig ignorierten und dennoch ans Ziel kamen, fassen wir uns hier sehr kurz.

Natürlich hat es im Altertum und im Mittelalter eine Menge Seeleute gegeben, die tatsächlich glaubten, daß die Erde eine Scheibe sei, an deren Rändern das Weltmeer ins Bodenlose hinabrinne wie ein zu dünner Pudding von der Schüssel. Tatsächlich aber dürfte dieser Un- oder Aberglaube, der die Kugelgestalt

Ein Handelsschiff des ausgehenden Mittelalters auf dem Landeplatz.

der Erde ignorierte, nicht eine einzige Entdeckungsfahrt verhindert haben. Denn für einen guten Seemann war diese Kugelgestalt der Erde längst offenkundig und ungleich wichtiger als zum Beispiel die Diskussion darüber, ob die Sonne um die Erde kreise oder, was noch heftigere Diskussionen auslöste, ob sich die Erde um die Sonne bewege.

Daß die Erde eine Kugel sei, wußte bekanntlich schon Ptolemäus, der große griechische Geograph der Antike, auf den das sogenannte geozentrische, die Erde in den Mittelpunkt des Alls stellende Weltbild zurückgeht. Es bedurfte also weder eines Kopernikus noch eines Kepler, um die Amerikafahrer zur Ausreise zu ermuntern, ja im Gegenteil: Ptolemäus hatte nämlich den Erdumfang falsch und um etwa zwei Siebentel zu gering berechnet. Das ließ alle Westfahrten besonders aussichtsreich erscheinen, überschätzte man doch die Ausdehnung der Landmasse im Osten, weil die Reiseberichte, die aus China und Indien vorlagen, von endlosen Karawanenstrecken sprachen, von der ungeheuren Ausdehnung des chinesischen Reiches und von einer sehr großen Insel namens Zipangu, die dem Chinesischen Reich noch weiter im Osten vorgelagert sei.

Es war in erster Linie der unschätzbare und an Einzelheiten sehr reiche Bericht des Venezianers Marco Polo, Ende des dreizehnten Jahrhunderts in einem genuesischen Gefängnis diktiert und – wie feststeht – Christoph Columbus in einem der ersten Drucke bekannt geworden, der die Annahme begründete, daß der Westweg nach China und Zipangu kürzer sein müsse als der traditionelle Weg über Persien und Zentralasien. Und da naturgemäß ein Seeweg ganz andere Möglichkeiten für den Handel eröffnete als endlose, verlustreiche und kostspielige Karawanenreisen, war dieser Westweg auch keineswegs eine phantastische Annahme, sondern jenes Ziel, nach dem am Ausgang des Mittelalters sehr viele Menschen suchten, einfache Seeleute und Abenteurer, aber auch Gelehrte und Fürsten.

Die geistigen Voraussetzungen der Entdeckungsfahrten in den Westen waren also teils Irrtümer wie die Täuschung über den wahren Erdumfang, teils Tatsachen, die schon einem großen Kreis von Menschen bekannt waren. Am größten war die Zahl der Interessierten naturgemäß am Westrand Europas, wo in kleinen Hafenorten tüchtige Seeleute beisammen lebten und von den seit gut einem Halbjahrhundert unternommenen portugiesischen Versuchen zur Umfahrung Afrikas angeregt, aber auch immer ungeduldiger wurden. Wer immer sein Leben in Huelva, Moguer oder Palos zubrachte, wer vom Westrand der Iberischen Halbinsel aus den Atlantik befuhr, und sei es auch nur als Fischer oder Küstenfahrer, der mußte den Eindruck gewinnen, daß dieser Ozean zwar groß sei, aber nicht unendlich. Denn das andere Ufer meldete sich mit angespülten fremden Hölzern, mit unbekannten Gegenständen, mit Schnitzereien auf Stäben, einmal sogar mit einem Kanu und vielem anderen Treibgut, das ebenso auf die Begrenzung des Ozeans hinwies.

Navigationsschiff aus dem 16. Jahrhundert mit Instrumenten zur Ortsbestimmung

Unabhängig davon gab es aber auch eine Fama, gab es das Gerücht unter Seeleuten, das Weiterwandern von Nachrichten, die man eigentlich geheimhalten will und die dann ein Maat oder ein Schiffsjunge oder ein davongejagter Koch in einen anderen Hafen bringen. Diese Gerüchte um Länder jenseits des Atlantik stützten sich natürlich in erster Linie auf die bereits bekannte Literatur von Rubruk über Carpini bis zu dem weitverbreiteten Buch des Marco Polo. Aber es hatten schließlich auch die Fischer einiger westeuropäischer Häfen ihre eigenen Entdeckungen gemacht, und zwar nicht erst im fünfzehnten, sondern schon im vierzehnten, ja vielleicht sogar im dreizehnten Jahrhundert. Die Bretonen fuhren aus ihrem kargen Land seit Menschengedenken aufs Meer hinaus, um zu fischen. Sie waren harte, mutige Burschen, viele hatten durch Generationen vom Strandraub gelebt, andere waren Piraten im Ärmelkanal gewesen. Sie waren stets Europas beste Seeleute gewesen und rochen alles, was das Meer an Geheimnissen zu bieten hatte, auch wenn sie nicht lesen konnten wie Columbus.

Die Fangflotten der Bretagne waren es gewöhnt, monatelang auf See zu bleiben. Sie folgten den Fischen weit hinaus in den Atlantik. Sie fischten seit dem Mittelalter auf der Doggerbank und kannten die reichen Fischgründe des Rockall-Felsens 400 Kilometer weiter draußen im Atlantik als Irland – ein Gebiet, das sich nachweislich gesenkt hat und vor sieben- oder achthundert Jahren vielleicht besser zu erkennen war und mehr Landfläche zeigte als heute. Die große Stunde für die Fischer der kleinen Nester von Finisterre und Cornouaille aber schlug, als sie bis zu den Inseln vorgestoßen waren, die heute Saint Pierre und Miquelon heißen, Inseln hart vor Neufundland, dem Stockfischland, *la terre de morue*, den reichsten Fanggebieten, die bis dahin je entdeckt worden waren. Daß diese Entdeckungen geheimbleiben mußten, das war jedem Fischer aus der Bretagne klar, waren doch die Basken ebenso kühne Seefahrer und ebenso verschlossen, wenn es darum ging, Fanggründe für sich zu behalten.

Columbus hat sich im Kloster de la Rabida und im Kreis der Reederfamilie Pinzon geraume Zeit intensiv mit allen Gerüchten beschäftigt, die an der Atlantikküste Portugals und Spaniens umliefen, denn mit verbürgten Nachrichten kann ein Entdecker ja nie rechnen, er muß sich Gerüchten gegenüber offen zeigen, er muß auch sie in den Kreis seiner Informationen einbeziehen. Zu dem, was die alten Griechen und was Marco Polo ihm schwarz auf weiß berichtet hatten, kamen für Christoph Columbus also – als geistige Grundlagen seiner großen Fahrt – auch noch Erzählungen, die man als Seemannsgarn abtun konnte, wenn man skeptisch war. Columbus aber brauchte viele kleine Steinchen für sein Gedankengebäude, wenn es die zurückhaltenden Majestäten Aragons und Kastiliens überzeugen sollte.

Die stärksten Argumente allerdings, mit denen Christoph Columbus vor den Fürstlichkeiten paradieren und ihre Berater beeindrucken konnte, kamen aus der wirtschaftlichen Sphäre. Columbus war, wie trotz der großen Biographie von Madariaga und anderen einschlägigen Schriften noch verhältnismäßig wenig bekannt ist, selbst Jude und im Grunde seines Herzens von den wirtschaftlichen Möglichkeiten seiner Entdeckungen stärker fasziniert als vom Abenteuer der Seefahrt. Aber man brauchte nicht das Blut dieses rührigsten Händlervolkes des ganzen Mittelalters in sich zu haben, um zu verstehen, worauf es in dieser Weltstunde am Ausgang des Mittelalters ankam:

Daß Europa eine kleine Halbinsel entwicklungsmäßig zurückgebliebener Staaten sei, verglichen mit dem Großkontinent Asien, das hatte Marco Polo so deutlich wie er es wagen durfte, in seinem Buch dargelegt. Daß daran etwas Wahres war, konnte man nicht nur als die Schuld der ewig hadernden europäischen Kleinstaaten ansehen, deren Adel sich eifersüchtig jeglicher Neuordnung widersetzte. Mindestens ebensoviel Schuld an diesem Vor-der-Tür-Stehen Europas hatten die Mohammedaner, die – so sehr sie einander auch bekriegten – in einem doch einig waren: der christliche Kaufmann habe im Orient nichts zu suchen, in einem Orient, der bereits in Alexandria und Beirut begann.

Nur die geschickten Venezianer und ihre ewigen Konkurrenten in Genua hatten den einen oder anderen Schleichweg hinter diese Mauer gefunden, die sich, von bewaffneten Galeeren geschützt, unsichtbar durch das östliche Mittelmeer zog. Spanien und Portugal aber waren von diesem Handel, der gleichsam vor ihrer Tür stattfand, ebenso ausgeschlossen wie die Holländer, Briten, Franzosen und die Deutschen.

Während aber die mittel- und nordeuropäischen Staaten, auf ein arbeitsames Bürgertum gestützt, einen Teil ihrer wirtschaftlichen Probleme untereinander, durch den Landhandel nach Süden, Südosten und Osten und durch den hansischen Seehandel zu lösen versuchten, war Spanien in diesem entscheidenden fünfzehnten Jahrhundert durch Mut, Glaubenseifer und Adelsstolz in eine verzweifelte Lage geraten.

Die christlichen Königreiche der Halbinsel hatten einen langen und entsagungsvollen Kampf gegen die maurischen Fürstentümer auf dem Boden des heutigen Spanien begonnen und beinahe zu Ende gebracht. Sie hatten aber auch in ihrem Glaubenseifer die in Spanien noch lebenden friedlich-ansässigen maurischen Handwerker und Händler unter der Androhung schwerer Strafen ausgewiesen. Und, nicht genug damit, auch den Juden Spaniens hatten sie enge Fristen gesetzt, das Land zu verlassen. Mit Mauren und Juden aber hatte Spanien, von der rein bäuerlichen Bevölkerung abgesehen, so gut wie alle Bevölkerungsgruppen verloren, die zu produktiver Arbeit fähig und bereit waren. Denn der Adel hielt Arbeit, und sei es auch im Handel, bekanntlich unter seiner Würde und lebte lieber in Armut, und das spanische

Volk in seiner untersten Schicht hatte sich in seiner Unbildung und frommen Trägheit schon längst damit abgefunden, daß Handwerker, Kaufleute, Ärzte, Advokaten und ähnliche Berufe Analphabeten eben unzugänglich seien.
Dieses Land, in Kriegen ausgeblutet, in Siegen zu einem hohen Sendungsbewußtsein gelangt, war in seinen Grenzen nicht mehr lebensfähig. Es mußte seine einzigen Aktiva, nämlich die Kampfkraft des christlichen Soldaten und den unbändigen Bekehrer-Ehrgeiz des christlichen Adels, zur Eroberung weiterer Länder einsetzen, um eines Tages von diesen eroberten Ländern leben zu können.
Da sich nur noch Granada mühsam gegen den christlichen Ansturm hielt, da im Heiligen Land ein zu starker Feind stand und im Pruzzenland die deutschen Ritter den Rahm abgeschöpft hatten, gab es für den christlichen Furor der Spanier in Europa keine Ziele mehr, das heißt, es gab keine Heiden mehr, die Land besaßen, das man ihnen wegnehmen konnte. Und da kam nun ein Genuese, der das Kastilische leidlich sprach und verhieß dem bankrotten und demnächst beschäftigungslosen spanischen Adel neues Land in Fülle und dazu so viele Heidensklaven, daß kein Hidalgo künftig würde einen Finger rühren müssen.
Es ist sehr bezeichnend, daß diese Situation offenbar stärker drängte und überzeugte, als die rein wirtschaftlichen Überlegungen der Portugiesen. Dort, in Lissabon, waren seit dem seefahrenden Prinzen Heinrich die gesamte Kraft der Nation und der ganze Wagemut von Adel und Marine in ein einziges Großunternehmen geflossen – in die Auffindung eines Seeweges nach Indien, der die Mohammedanerschranke des östlichen Mittelmeeres umgehen sollte. Den Weg um einen Kontinent herum zu suchen, ist langwierig. Selbst die Phöniker des Pharaos Necho hatten dazu drei Jahre gebraucht, und sie hatten die leichtere Ost-West-Fahrt gewählt. Prinz Heinrich (1394 bis 1460) hatte zunächst nur nach christlichen Herrschern in Afrika, im Rücken der Mauren von Ceuta gesucht, dann aber die Erforschung der afrikanischen Küsten mit dem gesamten geistigen Rüstzeug der Zeit betrieben und sich nicht gescheut, auch die gelehrten Araber und Juden und die großen jüdischen Kartographen in seine Entdeckerschule von Sagres (Algarve) zu berufen.
Noch zu Lebzeiten des Prinzen waren die Kapverdischen Inseln und die Azoren wiederentdeckt worden (sie waren schon den Phönikern bekannt), und noch ehe Columbus in Spanien Schiffe erhalten konnte, hatte Bartolomeu Diaz für Portugal das Kap der Guten Hoffnung entdeckt und sogar ein Stück nach Osten zu passiert.
Columbus, der wie alle Abenteurer seine Dienste verschiedenen Monarchen angeboten hatte, war in Portugal aus einem Grund abgelehnt worden, den er nicht kennen konnte: Man war im Süden und Osten schon so weit, daß man sich auf vage Chancen, die in der Gegenrichtung lagen, gar nicht mehr ein-

lassen konnte. Was hätte es für einen Sinn gehabt, nach beinahe einem Jahrhundert angestrengter und kostspieliger Expeditionen das Kap der Guten Hoffnung zu entdecken, um dann Ostasien auf dem Atlantikweg anzusteuern!

Natürlich sagte man das Christoph Columbus nicht, denn die portugiesischen Könige hielten ihre Entdeckungsfahrten und alles, was damit zusammenhing, so streng geheim, daß man lieber Unterlagen und Berichte vernichtete, als sie fremden Augen auszusetzen. Und daß die Hauptgefahr jene überall herumsuchenden und zu allem bereiten Abenteurer waren, das verstanden die Fürsten aller seefahrenden Nationen sehr gut.

Diese Geheimnistuerei nötigte die Gelehrten der Kosmographen-Schule von Sagres, Columbus mit fadenscheinigen Gründen abzufertigen. Sie ist aber auch der Beweis dafür, daß es bei den Entdeckungsfahrten, vor allem, wie Portugal sie betrieb, in erster Linie um neue Handelswege und um die Einschaltung in den blühenden arabisch-asiatischen Handel ging. Wer zuerst inmitten der arabischen Handelsdomäne auftauchte, der machte das große Geschäft mit den noch hohen Preisen. Waren erst einmal alle da, dann

Darstellung einer Kogge in der bekannten Weltchronik des Hartmann Schedel aus dem Jahre 1493.

begann das Unterbieten, dann war die Zeit der großen Gewinne schneller verronnen, als sie gekommen war. Der Gewürzhandel vor allem, so dachten die Portugiesen, mußte all die Investitionen des Prinzen Heinrich möglichst hereinbringen, ehe eine Konkurrenznation ebenfalls auf ihn verfiel...

Es gab aber noch einen Grund für die Portugiesen, dem Senhor Christobal Colon, genannt Columbus, abzusagen, und dieser Grund hätte auf den künftigen Admiral des Weltmeeres wie eine eiskalte Dusche gewirkt: Die Portugiesen wußten durch eine insgeheim ausgerüstete und durchgeführte Expedition, daß im Westen, jenseits des Atlantischen Ozeans, zwar in nicht allzugroßer Entfernung Land lag, aber sie wußten auch, daß in diesem Land nichts anderes zu holen sei als Holz und Fische, keinesfalls aber Gold, Gewürze und Paradiesvögel.

Diese Geheimexpedition hatte im Jahr 1473 stattgefunden und ist aus verschiedenen Gründen sehr interessant. Sie ist der einzige bekanntgewordene Versuch der Portugiesen, einen westlichen Schiffahrtsweg zu erkunden, was auf gewisse Zweifel an der damals noch nicht gefundenen Südspitze von Afrika schließen läßt. Vielleicht war ihnen der Afrikaweg nach Indien doch zu weit. Wenige Jahre vor dem Großerfolg des Bartolomeu Diaz jedenfalls rüstete die Krone von Portugal eine Suchexpedition ins Nordmeer aus und bediente sich dazu – nicht nur aus Gründen der Geheimhaltung – dänischer Hilfe.

Die Könige von Dänemark und Norwegen waren arm. Die besten Handelspositionen vor allem Norwegens waren in den Händen der deutschen Hanse, die sich in Bergen einer starken Niederlassung und beträchtlicher Privilegien erfreute. Der alte skandinavische Unternehmungsgeist war seit Jahrhunderten nicht gerade erstorben, aber doch in fruchtlosen und kräfteverzehrenden Reibereien mit der Hanse geschwächt worden. Dänemarks eigene Kraft reichte kaum noch aus, Island die nötigsten Zufuhren zu senden. Die christlichen Siedlungen auf Grönland, denen ebenfalls zumindest ein Schiffsbesuch jährlich zugesichert worden war, mußten aufgegeben werden, weil so kleine Länder für den Unterhalt so ferner Kolonien einfach nicht genug wirtschaftliches Potential hatten.

Längst war das dänisch-norwegische Monopol des Handels mit Island durchbrochen, und wenn im fünfzehnten Jahrhundert in der südlichen Grönlandsiedlung (die andere hatte im Südwesten gelegen) noch ein paar hundert Menschen am Leben waren, so verdankten sie dies unter anderem auch dem Umstand, daß Deutsche und Briten sich herzlich wenig an die erlassenen Handelsbeschränkungen hielten, da die Dänen ohnedies nicht die Macht hatten, ihr Handelsmonopol zu überwachen.

Aber eines hatte Dänemark noch: gute Schiffer. Die kleine, tüchtige Flotte mit ihren meervertrauten Besatzungen, dazu einige besonders gute Piloten

(wie man die Pfadfinder des Meeres, die Steuerleute mit kosmographischen Kenntnissen nannte) und erfahrene Kapitäne, das war damals ein sehr wertvoller Besitz. War der Atlantik tatsächlich das Meer der Zukunft, so konnte man sich, soweit man mit eigenen Kräften nicht auskam, eigentlich nur an die Dänen halten, denn die kühnen Franzosen oder Briten hätten etwaige Entdeckungen dann ja doch an sich gerissen.
König Alfons V. von Portugal hatte also sehr klug und gewiß nach langen Überlegungen gehandelt, als er sich an König Christian I. von Dänemark und Norwegen wandte und eine gemeinsame portugiesisch-dänische Expedition in westlicher Richtung anregte. Nach Lage der Dinge und Möglichkeiten sollte Portugal neben einigen kundigen Männern aus der Kosmographen-Schule des verewigten Prinzen Heinrich lediglich Geldmittel zur Verfügung stellen, Dänemark hingegen Schiffe, Mannschaften und Kapitäne.
König Christian I. hatte ganz andere Sorgen und Wünsche als die Entdeckung neuer Länder jenseits des Atlantik, die nach allem, was er über Grönland und Island von Vinland und Helluland gehört hatte, ja doch nur wieder Zuschußkolonien sein würden. Aber er hatte eben die Schlacht am Brunkeberg verloren und damit ganz Schweden. Er brauchte Geld und war nicht in der Lage, eine Chance von sich zu weisen, die Chance einer Fahrt, bei der er Bargeld für brachliegende Schiffe erhalten konnte und die Möglichkeit erhielt, die wegen Geldmangels immer wieder verschobene und längst überfällige Grönlandfahrt endlich durchzuführen, die der Papst und seine eigene Verantwortung für die Christengemeinden auf Grönland ihm aufgetragen hatten.
Und für den sparsamen Alfons V. war es viel wirtschaftlicher, diese Expedition in Dänemark ausrüsten zu lassen, als seine eigenen, an die warmen Meere gewöhnten Seeleute mit ihren für das Nordmeer weniger geeigneten Karavellen in die eisigen Einöden der Islandgewässer zu entsenden – ganz abgesehen davon, daß Lissabon, aber auch Porto von Spionen umlagert waren, und die Ausrüstung einer Expedition mit unbekanntem Ziel niemals geheim geblieben wäre.
Der Oberkommandierende des kühnen Unternehmens war Joao Vaz Cortereal (nach anderen Quellen war sein Vorname Gaspar), ein noch junger, aber gebildeter Mann aus einer der großen Familien des Landes. Dennoch konnte man ihm drei Dänenschiffe nicht unmittelbar unterstellen, und so schlug König Christian I. auch einen Geschwaderführer vor, und dieser Mann, er hieß Diedrik Pining, interessiert uns besonders.
Obwohl es auch in Norwegen Familien namens Pining gibt, steht heute fest, daß Diedrik Pining um 1430 in Hildesheim geboren wurde und Deutscher war. Sein Vater Tileke Pining machte der Familie wie der Stadt allerdings keine Ehre. Er mußte wiederholt wegen verbotenen Würfelspiels Bußen entrichten, war händelsüchtig, rechthaberisch und oft betrunken und galt als

Der im Bau begriffene Rumpf eines großen Seeschiffes vom Ende des 15. Jahrhunderts.

Rebell gegen die kleinstädtische Ordnung. Nachdem er zuletzt wegen Hausfriedensbruchs und Körperverletzung ins Gefängnis mußte, ging auch sein geringer Besitz dahin, und der unruhige Geist starb 1452 in der sogenannten Steinbäuerschaft, einer Armeleutegegend von Hildesheim.

So oft wir die Söhne reicher Leute auf die schiefe Bahn geraten sehen, so oft finden wir Söhne bankrotter oder krimineller Väter bemüht, das Andenken ihres Erzeugers durch eigene Leistung auszulöschen, meist im guten, gelegentlich auch im bösen. Um etwas zu werden, mußte der junge Diedrik freilich zunächst fortgehen, denn die deutsche Kleinstadt verzeiht den Kindern die Sünden der Väter nicht. In der Fremde hingegen war der Mann das wert, was er leistete, und sehr viele Bürgersöhne versuchten damals auf diese Weise ihr Glück in dem großen hansischen Wirtschaftsraum, der alles bot, was die engen Verhältnisse des Zunftwesens in der Heimat ihnen verwehrten. Bevorzugte Wanderwege waren die Handelslinien über die Ostsee, denn im ganzen Baltikum, ja auch in Rußland waren die Deutschen willkommen. Diedrik ging nicht nach Osten, sondern nach Norden und fuhr zwei Jahrzehnte lang in dänischen Diensten zur See.

Im dänisch-englischen Krieg von 1469, der sich naturgemäß vorwiegend auf dem Meer abspielte, erwies sich der Hildesheimer als mutiger Führer eines Kapergeschwaders. Er war aber auch Vogt auf Island gewesen, hatte die Gewässer um Island von Schmuggelschiffen befreit und dem Dänenkönig so treu gedient wie die besten seiner eigenen Untertanen. Daß man Pining wie seinen Gefährten, den Deutschen Pothorst, gelegentlich als böse Seeräuber bezeichnete, konnte für einen Mann im königlichen Dienst nur bedeuten, daß er sich eben mit Kühnheit und Freimut aller Methoden bediente, die bei den Auseinandersetzungen zur See damals üblich waren. Solch ein Mann, der sich stets zu helfen wußte und Erfahrung besaß, war der richtige Partner für den portugiesischen Kosmographen Cortereal.

Der geheimnisvollste Teilnehmer dieser geheimgehaltenen Expedition ist aber weder Cortereal noch Pining oder gar der vermutlich aus Hamburg stammende Pothorst, sondern der Pilot. Auf alten Karten, die das Expeditionsergebnis nützen und verzeichnen, erscheint er mit dem latinisierten Namen Scolvus, und einzelne Gelehrte schreiben ihm ein so großes Verdienst zu, daß sie die ganze Fahrt die Johannes-Scolvus-Expedition nennen. Offensichtlich war er der beste Pilot, den König Christian I. zur Verfügung hatte, und stammte vermutlich aus dem polnischen Raum. Waren die Polen auch keine seefahrende Nation, so hatten sie doch Hochschulen, die allem überlegen waren, was damals an Bildungsstätten im Ostseeraum existierte, und ein Pilot mußte eben eine Menge Dinge wissen, die man damals in Krakau besser lernen konnte als in Kopenhagen.

Zunächst hatte die Expedition große Schwierigkeiten mit den Eskimos, die inzwischen die Wikingersiedlungen auf Grönland erobert hatten. Die Skrälinger (wie die Dänen die Eskimos, aber auch die nordamerikanischen Indianer nannten), griffen mit ihren winzigen Booten unerschrocken die drei großen dänischen Kriegsschiffe an, versuchten, ihnen unter der Wasserlinie Beschädigungen beizubringen und mußten durch Artilleriefeuer vertrieben werden.

Auf einer Insel westlich von Grönland wurden jedoch friedliche Eskimos entdeckt – das heißt Eskimos, die vorher keine Kampfberührung mit den Wikingern gehabt hatten und erst durch die Cortereal-Expedition mit Weißen in Berührung kamen. Mit ihnen wurde ein gewisser Tauschhandel aufgenommen, der jedoch ohne Folgen blieb, denn erst hundertfünfzig Jahre nach Pining kamen wieder Schiffe aus Europa in diese Zonen.

Nach diesen Ergebnissen in einigermaßen bekannten Gewässern kam die große Stunde des Johannes Scolvus oder Jan Skolp. Pining hatte in diesem zweiten Teil der Fahrt nur noch seemännische und militärische Aufgaben. Scolvus führte die drei Schiffe in eine Meerenge, die von den zeitgenössischen Karten ziemlich sibyllinisch *Fretum Arcticum*, also Polarpassage genannt wird, und deren gibt es zwischen Grönland und dem nordkanadischen Festland bekanntlich eine ganze Reihe. Da aber die Vereinbarungen mit Portugal offensichtlich einen Ost-West-Kurs zum Gegenstand hatten, ist anzunehmen, daß die Schiffe die Hudson-Straße erreichten, den Meeresarm, welcher die Labrador-See mit der Hudson-Bay verbindet.

Nach dem Bericht der nordischen Sagas, aber auch nach Waffenfunden in

Nordkanada dürfte es ziemlich sicher sein, daß die Grönlandwikinger diesen Meeresarm bereits kannten. Daß Jan Skolp in ihn einlief und nicht die Küsten nach Süden verfolgte, hat zu der sehr interessanten Hypothese Anlaß gegeben, die Expedition Cortereals habe nicht das amerikanische Festland gesucht, sondern die Durchfahrt nördlich von Amerika, auf die es ja tatsächlich viel mehr ankam, wenn man nach Ostasien wollte. Nordamerika selbst bot seinen Entdeckern, von den Iren angefangen über die Wikinger bis zu den Bretonen und Basken, auf dem Lande ja nichts als sehr arme, dafür aber besonders kriegerische Indianerstämme.

Wieviel also wußten die Kosmographen von Sagres, wieviel wußte König Alfons V. von Portugal, wenn er nicht Nordamerika suchte, sondern den Weg um Nordamerika herum? Jedenfalls sehr viel mehr als Christoph Columbus, der geradewegs auf die Sümpfe von Florida zugefahren wäre, hätte ihm nicht der Reeder Pinzon in einer bis heute nicht geklärten Eingebung dringend geraten, den Westkurs aufzugeben und nach Südwest zu steuern ...

Nun, man kann von einer Expedition des fünfzehnten Jahrhunderts nicht einen Erfolg erwarten, der sich bekanntlich erst im zwanzigsten einstellte. Cortereal und Pining sichteten an der Hudson-Straße zahlreiche Hütten von Eskimos, nahmen vielleicht auch Verbindung mit ihnen auf, brachen dann aber die Westfahrt ab und wandten sich nach Süden, »dem Stockfischland« zu – einer Weltgegend, die also schon damals, zwanzig Jahre vor Cabot und Columbus, einen bekannten Namen hatte und heute Neufundland heißt. Stockfischland nannten sie Bretonen, Basken und Portugiesen als Fischernationen, und sie wußten sehr gut, warum. Der portugiesische Chronist Cordeyro, der über diese Expedition berichtete, brauchte daher nur von einer *Tierra de Bacalhaos* sprechen, um das erreichte Ziel zu bezeichnen.

Cortereal und Pining hatten, unterstützt durch Jan Skolp, immerhin eine gefährliche Kundfahrt in die Polargewässer gut hinter sich gebracht und waren mit allen Schiffen wohlbehalten heimgekehrt. Der erleichterte Christian I. zeichnete seinen Geschwaderführer mit dem Admiralstitel aus und verlieh ihm das Amt eines Vogts über den Großteil von Island (auf Island amtierten immer zwei Vögte, da das unwegsame Landesinnere die Insel teilte), Cortereal aber wurde Gouverneur auf einer der atlantischen Inseln Portugals.

Gaspar de Cortereal hätte einen friedlichen Lebensabend haben können, wäre ihn nicht nach den Entdeckungen der Cabot und Columbus wieder die Versuchung angekommen, die polaren Breiten noch einmal aufzusuchen. Denn nun, da man Amerikas Ausdehnung einigermaßen kannte, war die Durchfahrt, nach der – vielleicht – schon 1473 gesucht worden war, noch deutlicher in ihrer ungeheuren Wichtigkeit zu erkennen. Von dieser Reise in den Jahren 1500/1501 ist Cortereal nicht zurückgekehrt. Zwei seiner drei Schiffe sandte er nach Portugal zurück, er selbst aber blieb irgendwo im nördlichsten Kanada. Sein Bruder Miguel, der ihn begleitet hatte, aber heil heimgekehrt war, rüstete eine Rettungsexpedition aus und ging im Jahr 1502 ebenfalls im Nordmeer zugrunde. Das Schicksal zweier mutiger Brüder aus dem Süden erfüllte sich in Nebel, Treibeis und unbekannten Meeresstraßen zu jenem Ozean, den bald darauf ein Spanier den Pazifischen nennen sollte.

Diedrik Pining erbrachte in seinen letzten Lebensjahren auf Island den eindeutigen Beweis dafür, daß er nicht nur ein guter Seefahrer und kühner Kaperkapitän sei, sondern auch ein Mann von hoher Intelligenz und Rechtschaffenheit. Obwohl Statthalter auf Island, fuhr er immer wieder auf See, und die den Dänen abgeneigten Schweden nennen ihn und seinen Freund Pothorst weiterhin abscheuliche Piraten. Wann aber hätte je ein Pirat, und noch gar ein abscheulicher, ein bedeutendes Rechtsbuch zustande gebracht?

Der *Pinings-Domur* wurde auf dem großen Thing vom 1. Juli 1490 auf Island verkündet, einer zwar christianisierten Insel, die aber immer noch nach den altgermanischen Blutrachegrundsätzen lebte. Weitere Unsicherheit und Gewalttaten brachten die unerwünschten und darum oft heimlichen Besuche der britischen und hamburgischen Schmuggelschiffe. All diese Fragen, den Handel mit Ausländern, das Verhalten ihnen gegenüber, ihren Aufenthalt und ihre Tätigkeit auf Island, das Warenangebot im Sommer und im Winter (wo die Preise höher waren) und vieles andere mehr regelte der Pinings-Domur in vorbildlicher Weise für Jahrhunderte. Vor 1492 muß Pining dann gestorben sein, denn am 21. Februar dieses Jahres wandte sich der Stadtrat von Hildesheim an König Johann von Dänemark, Norwegen und Schweden mit der Bitte, die Hinterlassenschaft des Seehelden nach Hildesheim auszuliefern.

Was immer die Herren Cortereal, Pining und Pothorst auf ihrer hoch im Norden angesetzten Westfahrt gesehen und erlebt hatten, war dem König von Portugal wichtig genug und als Information hinreichend, die Suche nach dem Indienweg auf der Südroute fortzusetzen, Aktionen, denen durch Diaz und Vasco da Gama schließlich auch die gewünschten Erfolge beschieden waren. Die Ergebnisse der Corterealschen Expedition mögen auch noch Gewicht erlangt haben, als es zu der berühmt gewordenen Teilung der Welt zwischen Spanien und Portugal kam, andernfalls wäre es undenkbar gewesen, daß Portugal auf Amerika so gut wie ganz verzichtete. Erst eine spätere Korrektur dieser von Alexander VI., Papst aus dem Hause Borgia, gezogenen Linie brachte Portugal dann wenigstens in den Besitz Brasiliens. – Hier obwaltete ein Irrtum über die Landesnatur und den Wert Amerikas, offensichtlich als Folge jener Informationen, die eben zu weit im Norden gesammelt worden waren. So entschied eine Nordmeerfahrt zwanzig Jahre vor der großen Tat des Columbus in gewissem Sinn schon über deren Folgen: Portugal hatte sich entschieden, weil es alles zu wissen glaubte; Spanien aber hatte sich zum

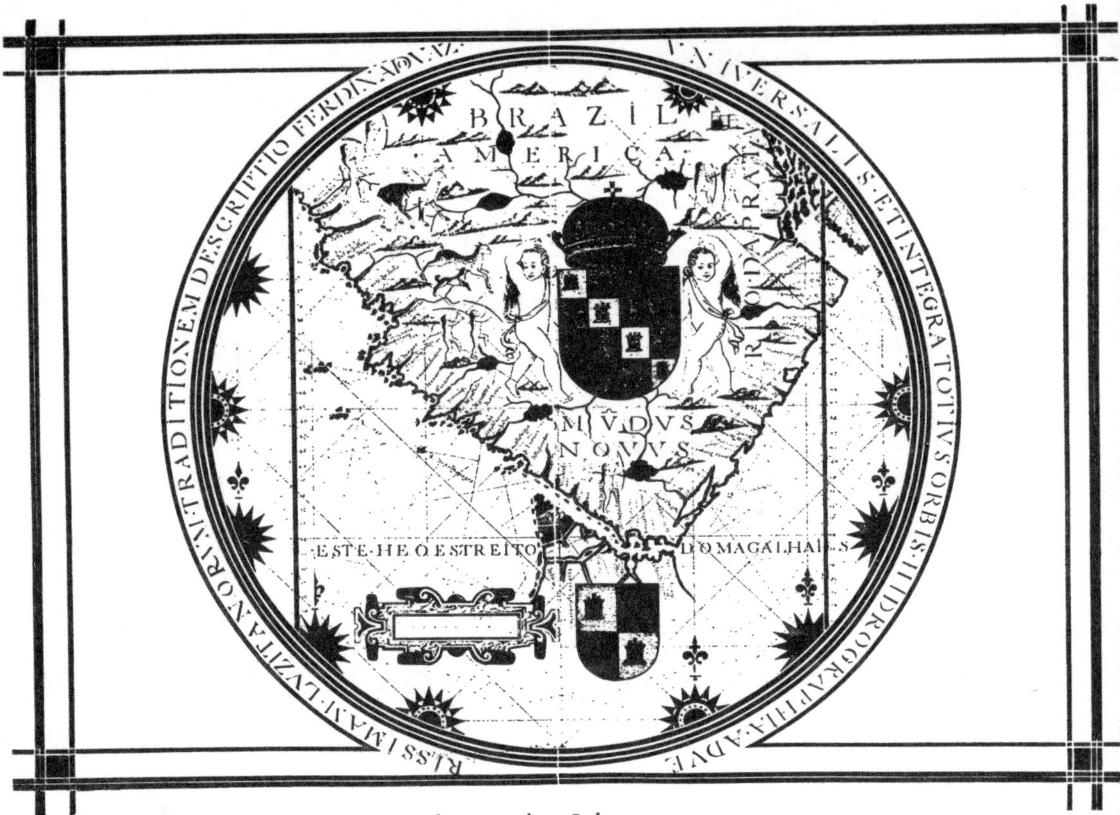

Karte der Südspitze Amerikas aus dem Jahre 1571.

Wagnis entschlossen, weil seine Könige eben keine Kosmographenschule besaßen ...

Trotz aller königlichen Entscheidungen, allen geheimen und offenbaren Kosmographenwissens, aller echten und erfundenen Welt- und Seekarten sprachen das letzte Wort allerdings die Seefahrer selbst. Die nun anbrechenden zweihundertfünfzig Jahre zwischen Bartolomeu Diaz und James Cook, zwischen Christoph Columbus und dem Grafen Lapérouse sind nicht nur ein heroisches Vierteljahrtausend der Menschheit, sondern auch eine grandiose Bestätigung für die Weltbedeutung der Seefahrt, die weit über die heimatliche Bewährung hinausreichende Tüchtigkeit der kleinen und schwachen Fahrzeuge, und niemand wird sagen können, welcher Mann, welches Land und welches Schiff in dieser Phase nun die größte Leistung vollbrachten.

Das Entdeckungsfieber der iberischen Nationen wird nur verständlich, wenn man sich klarmacht, daß ein kurzer Seeweg nach dem reichen Ostasien gesucht wurde, nicht nach dem unbekannten – und wie sich herausstellen sollte, zunächst auch sehr unergiebigen – Amerika. Unsere Dokumenten-Zitate bieten in den sogenannten Toscanelli-Briefen zunächst das Wissen Westeuropas über die Voraussetzungen und Chancen der Westfahrt und im Anschluß daran Auszüge aus dem Bordtagebuch des Columbus.
Die Briefe des Physikers und Kosmographen Paolo Toscanelli dal Pozzo (1397–1482) aus Florenz sind nach jahrzehntelangem Gelehrtenstreit von Angel de Altolaguirre y Duvale aufgrund scharfsinniger Vergleiche italienischer und lateinischer Fassungen dieser Briefe als Fälschungen entlarvt worden. Madariaga sagt dazu: »Altolaguirre war es schon aufgefallen, daß der Kopist die wichtigsten Angaben, die einen Seefahrer interessieren, und die unentbehrliche Zahl, nämlich die zu durchmessende Entfernung auf dem Meer, nicht eingetragen hat. Das kann nur in wohlüberlegter Absicht geschehen sein. Die Analyse Altolaguirres ist in diesem Punkt ein Meisterwerk; sie allein würde genügen, um zu beweisen, daß Colon (= Columbus) der Fälscher war.«
Columbus war zu diesen Fälschungen genötigt, weil auch die spätmittelalterliche Welt noch in hohem Maß autoritätsgläubig war und man unverständlicherweise Gelehrten-Gutachten über etwas verlangte, was nur durch eine Seefahrt bewiesen werden konnte.
In seinem Tagebuch bekennt sich dann Columbus mit der gleichen Nonchalance, wie er sie bei der Verfertigung der Toscanellibriefe bewiesen hat, zur laufenden Fälschung von Entfernungen. Wir setzen Briefe und Tagebuchstellen aber nicht nur hierher, um ein Charakterportrait des großen Entdeckers zu geben, sondern auch um zu umreißen, wieviel oder wie wenig er selbst über sein Wagnis wußte ...

Toscanelli an Martinz, 25. Juni 1474

Dem Stiftsherrn Ferdinand Martinz zu Lissabon sendet der Physiker Paul (Toscanelli) seinen Gruß.
Von Deinem vertrauten Umgang mit Seiner Majestät dem König ist es mir um so angenehmer gewesen, Kenntnis zu erhalten, als ich mit Dir schon früher gesprochen habe über einen kürzeren Seeweg zu den Gewürzländern, als derjenige ist, welcher über Guinea führt.
Der König wünscht nun von mir eine noch mehr durch den Augenschein überzeugende Erläuterung, so daß auch der minder Bewanderte diesen Weg begreifen und verstehen kann. Obgleich ich nun weiß, daß man dies an einer

Kugel, welche die Erde vorstellt, zeigen könnte, so habe ich mich doch des leichtern Verständnisses und der geringen Mühe wegen entschlossen, diesen Weg auf einer Seekarte zu erläutern.
Ich sende also Seiner Majestät eine eigenhändig entworfene Karte, auf welcher Eure Küsten und Inseln eingezeichnet sind, von denen der Weg, immer gegen Abend, beginnt, und die Orte, zu denen man gelangen muß, und wie weit man vom Pol oder vom Äquator abzuweichen hat, und durch einen wie großen Abstand, das heißt nach wieviel Meilen man zu jenen Orten kommen muß, welche die größte Fülle von allen Gewürzen und Edelsteinen besitzen.
Wundert Euch nicht darüber, daß ich das westliche Gebiet nenne, wo die Gewürze sind, während es gewöhnlich als östliches bezeichnet wird, weil durch Seefahrten immer nach Westen jene Gegenden durch unterirdische Fahrten gefunden werden, während sie zu Lande und auf dem oberen Weg immer nach Osten aufgesucht werden. Demnach zeigen die geraden in der Länge der Karte eingetragenen Linien den Abstand von Osten nach Westen, dagegen die Querlinien die Abstände von Süden nach Norden. Ich habe aber in der Karte verschiedene Orte eingetragen, zu denen Ihr nach den genauen Nachrichten der Schiffahrten kommen könntet, sei es nun, daß man durch widrige Winde oder durch irgendeinen andern Umstand anderswo hingelangte, als man erwartete, teils aber auch, um den Einwohnern zu zeigen, daß die Seefahrer bereits eine Kenntnis jenes Landes haben, was um so angenehmer sein muß.
Es wohnen aber auf den Inseln nur Kaufleute. Es wird nämlich behauptet, daß dort eine so große Menge von Kauffahrteischiffen, wie sie auf der ganzen übrigen Welt nicht sind, sich in dem einen berühmtesten Hafen, namens Zeiton (an der chinesischen Küste), finden. Man behauptet nämlich, daß in jenem Hafen jährlich hundert große Schiffe mit Pfeffer abgehen, abgesehen von den anderen Schiffen, die andere Gewürze laden. Jenes Land ist sehr volkreich und sehr reich an Provinzen, Staaten und zahllosen Städten und steht unter einem Fürsten, welcher der Großkhan genannt wird, was soviel wie der König der Könige bedeutet. Sein Sitz und seine Residenz ist meistens in der Provinz Katay. Seine Vorfahren wünschten mit den Christen in Verkehr zu treten. Schon vor zweihundert Jahren schickten sie zum Papst und baten um mehrere Gelehrte, damit sie im Glauben unterrichtet würden. Diese stießen aber unterwegs auf Hindernisse und kehrten wieder um. Auch zur Zeit des Papstes Eugen kam einer zu Eugen (Eugen IV., 1431 bis 1447) und bestätigte das große Wohlwollen gegen die Christen.
Ich habe selbst ein langes Gespräch mit ihm gehabt über vielerlei, über die Größe der königlichen Paläste und über die Größe der Flüsse in der Breite und wunderbaren Länge und über die Menge der Städte an den Ufern der Flüsse, daß an einem Fluß gegen zweihundert Städte erbaut sind und marmorne Brücken von großer Breite und Länge, welche allenthalben mit Säulen

geziert sind. Dieses Land ist wert, von den Lateinern aufgesucht zu werden, nicht allein, weil ungeheure Schätze von Gold, Silber und Edelsteinen aller Art und von Gewürz, welches nie zu uns gebracht wird, von dort gewonnen werden können, sondern auch wegen der gelehrten Männer, Philosophen und erfahrenen Astronomen.

Florenz, 25. Juni 1474

Toscanelli an Columbus um 1480

... Ich lobe Eure Absicht, nach Westen zu fahren, und ich bin überzeugt, wie Ihr auf meiner Karte bereits gesehen habt, daß der Weg, den Ihr nehmen wollt, nicht so schwierig ist, wie man denkt.

Im Gegenteil, der Weg nach jenen Gegenden, die ich eingezeichnet habe, ist ganz sicher. Ihr würdet keine Bedenken haben, wenn Ihr, wie ich, mit vielen Personen verkehrt hättet, die in jenen Ländern gewesen sind. Und seid gewiß, mächtige Könige anzutreffen, viele volkreiche wohlhabende Städte und Provinzen zu finden, welche an jeder Art von Edelsteinen Überfluß haben. Und es wird Könige und Fürsten, welche in jenen entfernten Ländern herrschen, hoch erfreuen, wenn man ihnen einen Weg bahnt, um mit den Christen in Verbindung zu treten und sich von ihnen in der katholischen Religion und in allen Wissenschaften, die wir besitzen, unterrichten zu lassen. Deshalb und aus viel andern Gründen wundere ich mich nicht, daß Ihr soviel Mut zeigt, wie auch die ganze portugiesische Nation (Toscanelli hält den Italiener Columbus versehentlich für einen Portugiesen), in welcher es immer Männer gegeben hat, die sich in allen Unternehmungen auszeichnen, und damit auch ihren Herren große Dienste erweisen.

Aus dem Schiffstagebuch des Columbus

Sonntag, den 9. September

Wir kamen um 60 Seemeilen weiter. Ich beschloß, weniger einzutragen, als wir tatsächlich zurückgelegt hatten, damit meine Leute nicht den Mut verloren, falls die Reise zu lange dauern sollte. Im Laufe der Nacht brachten wir 120 Seemeilen hinter uns, bei einer Stundengeschwindigkeit von 10 Seemeilen. Die Steuerleute hielten den Kurs schlecht ein, indem sie um einen oder um einen halben Strich nach Nordwesten abschwenkten, was ich ihnen des öfteren vorhielt.

Freitag, den 14. September

Wir setzten unsere Fahrt in westlicher Richtung fort und brachten in 24 Stunden 80 Seemeilen hinter uns; ich berechnete wieder einige Meilen weniger. Die Leute der *Niña* meldeten, einen Reiher und einen anderen Vogel gesichtet zu haben. Nun sind dies Vögel, die sich nie mehr als etwa 100 Seemeilen vom Lande entfernen.

Sonntag, den 16. September

Stets auf der Fahrt nach Westen begriffen, kamen wir um weitere 156 Seemeilen vorwärts, allein ich schrieb nur 144 davon auf. Der Himmel umwölkte sich, und es ging etwas Regen nieder.
Von diesem Tage an werden wir immer ein mildes Klima antreffen. Mit wahrem Genuß erlebte ich die Schönheit eines jeden Morgens, denen fast nichts anderes zu ihrem vollen Zauber fehlte als der Sang der Nachtigallen.
Es war wie ein heiteres Aprilwetter in Andalusien. Und hier war es auch, wo wir zum erstenmal große Mengen grünen frischen Grases sichteten, das sich erst vor kurzem von der Erde losgerissen zu haben schien, weshalb alle der Meinung waren, daß man sich in der Nähe irgendeiner Insel, nicht aber des Festlandes befinden müsse. Ich bin nämlich der Ansicht, daß das Festland noch weiter vor uns liegt.

Dienstag, den 18. September

Diesen Tag und die darauffolgende Nacht legten wir mehr als 220 Seemeilen zurück, doch vermerkte ich nur 192. Die ganze Zeit über blieb die See ganz still und ruhig, wie der Fluß von Sevilla.
An diesem Tag fuhr Martin Alonso mit der *Pinta* vor, die geschwind dahinsegelte, nicht ohne mich vorher von seiner Karavelle aus verständigt zu haben, daß er einen großen Schwarm Vögel gegen Westen habe fliegen sehen und daß er also hoffe, im Laufe der Nacht Land zu sichten, weshalb er seine Karavelle mit vollen Segeln laufen ließ. Gegen Norden zu dehnte sich eine trübe Dunstschicht aus, was das Anzeichen nahen Landes ist.

Dienstag, den 25. September

Wir hatten viel unter Windstille zu leiden; dann kam Wind auf. Bis zum Einbruch der Nacht fuhren wir mit westlichem Kurs.
Ich hatte mit Martin Alonso Pinzón, dem Kapitän der *Pinta*, eine längere Beratung, deren Gegenstand eine Karte (gemeint ist die Toscanelli-Karte) bildete, die ich ihm drei Tage zuvor an Bord geschickt hatte und auf welcher gewisse Inseln jener Gewässer verzeichnet erschienen, die sich nach dem Dafürhalten Martin Alonsos in dieser Gegend befinden mußten. Ich sagte, dies auch zu glauben. Die Tatsache aber, daß wir bislang noch nicht auf jene Inseln gestoßen sind, muß dem Umstand zugeschrieben werden, daß die Meeresströmungen die Schiffe unausgesetzt in nordöstlicher Richtung abtrieben und sie daher nicht so weit vorwärtsgekommen waren, als die Kapitäne es wahrhaben wollten.

Während wir uns darüber unterhielten, ersuchte ich Martin Alonso, mir die genannte Karte herüberzusenden. Als Pinzón sie mir dann an einer Leine zugeworfen hatte, machte ich mich sofort daran, gemeinsam mit dem Kapitän und meinen Matrosen die Karte zu studieren.
Bei Sonnenuntergang erschien Martin Alonso am Heck seines Schiffes, rief mit freudig bewegter Stimme nach mir und forderte eine Belohnung, da er Land entdeckt habe. Als ich vernahm, daß Pinzón hartnäckig bei seiner Behauptung blieb, warf ich mich auf die Knie, um Gott Dank zu sagen, während Martin Alonso mit seiner Mannschaft das *Gloria in excelsis Deo* zu beten anhub. Ein gleiches tat auch die Mannschaft der *Santa Maria.* Die Leute der *Niña* kletterten auf die Masten und Wanten und behaupteten samt und sonders, Land vor sich zu sehen. Auch mir wollte es so vorkommen, als müßte Land da liegen, und zwar in einer Entfernung von 100 Seemeilen. Bis in die Nacht hinein wiederholten alle einstimmig, daß dies Land sein müsse.
Da ordnete ich an, von der bisher eingehaltenen westlichen Fahrtrichtung abzuweichen und Kurs nach Südwesten zu nehmen, in welcher Richtung das Land allem Anschein nach gesichtet worden war. So fuhren wir an jenem Tag 18 Seemeilen nach Westen, während der Nacht aber 68 Seemeilen nach Südwesten, also insgesamt 86 Seemeilen. Meinen Leuten gegenüber sprach ich aber nur von 52 Seemeilen, um ihnen die Reise kürzer erscheinen zu lassen. Auf diese Weise führte ich eine doppelte Rechnung: die zahlenmäßig geringere war nur eine vorgetäuschte, während die höhere der Wahrheit entsprach.
Die See blieb ruhig und glatt, so daß viele Matrosen ins Wasser sprangen und schwammen. Sie sahen viele *Dorados* (Goldbrassen) und andere Fische.

Mittwoch, den 26. September

Wir setzten unsere Fahrt in westlicher Richtung bis nach 12 Uhr mittags fort. Dann nahmen wir so lange Kurs nach Südwesten, bis wir erkannten, daß das, was wir für Land gehalten hatten, nur ein Stück des Himmels war.

Montag, den 1. Oktober

Auf unserer Fahrt nach Westen legten wir weitere 100 Seemeilen zurück. Meinen Leuten vermeldete ich nur 80. Ein großer Regenguß ging nieder. Den Berechnungen des Kapitäns an Bord meines Schiffes zufolge, bei Anbruch des Morgens, hatten wir von der Insel Ferro bis hierher 2312 Seemeilen in westlicher Richtung zurückgelegt. Meine verminderte Berechnung, die für meine Mannschaft bestimmt war, ergab 2336 Seemeilen, während die genaue Berechnung, die ich geheimhielt, 2828 Seemeilen ausmachte.

Mittwoch, den 10. Oktober

Ich blieb weiterhin auf west-südwestlichem Kurs. Wir fuhren mit einer Stundengeschwindigkeit von 10 Seemeilen, stellenweise mit 12, dann wieder mit nur 7 Seemeilen. In Tag- und Nachtfahrt legten wir 236 Seemeilen zurück, allein ich verrechnete nur 176 Seemeilen.

Zu diesem Zeitpunkt beklagten sich meine Leute über die lange Reisedauer, die ihnen unerträglich zu sein schien. Ich wußte sie jedoch aufzumuntern, so gut ich eben konnte, und stellte ihnen den Verdienst, den sie sich auf diese Weise verschaffen konnten, in nahe Aussicht. Dem fügte ich hinzu, daß es zwecklos wäre, darüber in Streit zu geraten, da ich nun einmal entschlossen sei, nach Indien zu gelangen und die Reise so lange fortzusetzen, bis ich mit Gottes Hilfe dahin gelangt sein werde.

Donnerstag–Freitag, den 11.–12. Oktober

Ich blieb weiterhin auf west-südwestlichem Kurs. Wir hatten stark unter hohem Seegang zu leiden, mehr als jemals auf unserer ganzen Fahrt. Wir erblickten einige Sturmvögel und ein grünes Schilfrohr, das an der Bordwand des Schiffes vorbeistrich.

Die Leute der Karavelle *Pinta* erspähten ein Rohr und einen Stock, fischten dann noch einen zweiten Stock heraus, der anscheinend mit einem scharfen Eisen bearbeitet worden war; sie griffen noch ein Rohrstück auf und sahen ein kleines Brett und eine Grasart, die von der üblichen verschieden war und auf dem Land wuchs. Auch die Mannschaft der *Niña* sichtete Anzeichen nahen Landes und den Ast eines Dornbusches, der rote Früchte trug. Diese Vorboten versetzten alle in gehobene, freudvolle Stimmung.

An diesem Tage legten wir bis zum Sonnenuntergang 108 Seemeilen zurück.

Nach Sonnenuntergang kehrte ich wieder zur Westrichtung zurück. Wir kamen mit einer Stundengeschwindigkeit von 12 Seemeilen vorwärts, und bis 2 Uhr morgens hatten wir 90 Seemeilen durchlaufen. Da die Karavelle *Pinta* schneller war als die anderen beiden Schiffe und mir vorgefahren war, so entdeckte man an Bord der *Pinta* zuerst das Land und gab auch die angeordneten *Signale*.

Als erster erspähte dieses Land ein Matrose, der *Rodrigo da Triana* hieß, wiewohl ich um 10 Uhr nachts vom Aufbau des Hinterschiffs aus ein Licht bemerkt hatte.

Obzwar das schimmernde Licht so undeutlich war, daß ich es nicht wagte, es als Land zu bezeichnen, so rief ich dennoch Pietro Gutiérrez, den Truchseß des Königs, um ihm zu sagen, daß ich ein Licht zu sehen glaubte, und bat ihn, es sich anzusehen, was jener auch tat und es tatsächlich auch sah. Desgleichen benachrichtigte ich Rodrigo Sánchez von Segovia, den der König und die Königin als Beobachter der Armada zugeteilt hatten. Dieser vermochte aber nichts zu erblicken, da er von seinem Standpunkt aus nichts sehen konnte.

Nachdem ich meine Beobachtung gemeldet hatte, sah man das Licht ein-, zweimal aufscheinen. Es sah so aus, als würde man eine kleine Wachskerze auf und nieder bewegen, was wohl in den Augen der wenigsten als Anzeichen nahen Landes gegolten hätte – allein ich war fest davon überzeugt, mich in der Nähe des Landes zu befinden.

Als dann die ganze Mannschaft das *Salve Regina* betete, das alle Seeleute auf ihre Art und Weise zu singen pflegen, und dann schweigend verharrte, gab ich meinen Leuten den guten Rat, auf dem Vorschiff gute Wache zu halten und auf das Insichtkommen des Landes wohl achtzugeben. Derjenige unter ihnen, der als erster melden würde, Land zu sehen, bekäme sofort eine seidene Jacke zum Geschenk, außer all den Belohnungen, die das Herrscherpaar versprochen hatte, nämlich die Auszahlung eines lebenslänglichen Ruhegehaltes von 10000 Maravedis.

Um zwei Uhr morgens kam das Land in Sicht, von dem wir etwa 8 Seemeilen entfernt waren. Wir holten alle Segel ein und fuhren nur mit einem Großsegel, ohne Nebensegel. Dann legten wir bei und warteten bis zum Anbruch des Tages, der ein Freitag war, an welchem wir zu einer Insel gelangten, die in der Indianersprache Guanahani (sehr wahrscheinlich die Watlinginsel in der Bahamagruppe) hieß.

Dort erblickten wir allsogleich nackte Eingeborene. Ich begab mich, begleitet von Martin Alonso Pinzón und dessen Bruder Vicente Yánez, dem Kapitän der *Niña*, an Bord eines mit Waffen versehenen Bootes an Land. Dort entfaltete ich die königliche Flagge, während die beiden Schiffskapitäne zwei Fahnen mit einem grünen Kreuz im Felde schwangen, das an Bord aller Schiffe geführt wurde und welches rechts und links von den je mit einer Krone verzierten Buchstaben *F* und *Y* umgeben war (die Anfangsbuchstaben des Königs und der Königin, *F*ernando und *Y*sabel). Unseren Blicken bot sich eine Landschaft dar, die mit grün leuchtenden Bäumen bepflanzt und reich an Gewässern und allerhand Früchten war.

Ich rief die beiden Kapitäne und auch all die anderen, die an Land gegangen waren, ferner Rodrigo d'Escobedo, den Notar der Armada, und Rodrigo Sánchez von Segovia, zu mir und sagte ihnen, durch ihre persönliche Gegenwart als Augenzeugen davon Kenntnis zu nehmen, daß ich im Namen des Königs und der Königin, meiner Herren, von der genannten Insel Besitz ergreife, um die rechtlichen Unterlagen zu schaffen, wie es sich aus den Urkunden ergibt, die dort schriftlich niedergelegt wurden.

Menschen, Schiffe und die große Einsamkeit

Die Siege der Seefahrt sind Geschichte geworden. Die vielen Niederlagen des Menschen im Kampf gegen das Meer sind zum größten Teil vergessen.
Eine jener nicht eben zahlreichen Geschichten, die auf uns gekommen sind, obwohl sie tragische Ereignisse festhalten und nicht Triumphe, spielt in Europas meistbefahrener Meeresstraße, im Ärmelkanal, von dem man annehmen sollte, daß er für die Anrainer keine Geheimnisse mehr hat: die Geschichte des weißen Schiffes, *La Blanche Nef.*
Im zwölften Jahrhundert, als in England König Heinrich I. regierte, mußten die Könige der Insel den Kanal noch häufig überqueren, denn sie hatten Familienbindungen nach Frankreich zu pflegen und sich um ausgedehnte Besitzungen auf dem Festland zu kümmern. Heinrich I. hatte eben wieder einmal die ungebärdigen Barone der Normandie zur Vernunft gebracht und wollte sich zu Barfleur auf seinem gewohnten Schiff auf See begeben, als ein alter Schiffer, grauhaarig, doch noch rüstig, auf ihn zutrat, sich verneigte und etwa sagte: »Wenn Ihr gestattet, Herr, ich bin Thomas le Marinier. Mein Vater hatte die Ehre, den Euren von Dives nach Saint-Valéry-sur-Somme zu fahren und danach über den Kanal nach Pevensey in Sussex, zur Eroberung seines Königreichs. Darum erbitte ich heute von Euch, Herr, die gleiche Ehre. Seht Euch mein Schiff an. Es ist neu kalfatert (die hölzernen Schiffswände sind mit geteertem Werg in den Fugen abgedichtet), es ist weiß gestrichen von den Masten bis zum Kiel, jeder kennt es hier, la blanche Nef. Ich habe es für Euch so schön gemacht, es leckt nirgends, kein Tau fehlt, und auf der Mastspitze flattert schon Eure königliche Fahne.«
Heinrich wollte weder den Mann kränken, der seine Verdienste hatte, noch seine eigene Mannschaft vor den Kopf stoßen, die ihn treu und kundig schon so oft über den Kanal gebracht hatte. Aber da sein Gefolge in Frankreich beträchtlich angewachsen war, bot sich ein Ausweg, der allen diente: die Söhne des Königs, darunter der achtzehnjährige Kronprinz Wilhelm, und zahlreiche Damen des Hofes, insgesamt etwa dreihundert Personen, gingen mit ihrem Gepäck an Bord des weißen Schiffes.
Der Bischof von Coutances segnete die Schiffe und die Menschen an Bord, dann stach man in bester Laune in See. Die vielen Flaschen ausgesuchten fran-

zösischen Weines schienen die Überfahrt zu einer ausgesprochenen Lustreise zu machen, war es auch schon spät im Jahr. Das weniger beladene und besser gebaute königliche Schiff gewann schneller die offene See und lief vor einem kräftigen Nordost in den Kanal hinaus.

Die schon tüchtig zechende Gesellschaft auf dem weißen Schiff überhäufte Thomas, den Eigner, mit Spott und Vorwürfen: sein Kahn sei eine lahme Ente, er solle sich etwas einfallen lassen, um den König einzuholen.

Thomas, auch nicht mehr nüchtern, tat all den hochgeborenen Herrschaften den Gefallen, der Comtesse Mathilde de la Champagne, dem Grafen Richard von Chester, und jenem Herrn Dietrich, von dem man Thomas zugeflüstert hatte, er sei ein Neffe des deutschen Königs. Wider besseres Wissen ließ sich Thomas auf ein Wettrennen ein, obwohl Vollmond war, eine Zeit besonders starker Flut und heftiger Strömungen, und obwohl Gefahr bestand, daß der Nordost das weiße Schiff in die Klippen treiben konnte. Jene Klippen, die Thomas nur zu gut kannte: den sogenannten grünen Felsen, den Felsen der Engländer, die Ohren und schließlich Quilleboeuf...

Bei dem Versuch, dem Schiff des Königs, das vorsichtig einen weiten Haken schlug, auf einer kürzeren Strecke wieder nahe zu kommen, lief Thomas hart an den Klippen hin. Die sich brechenden Wellen der starken Strömung gaben doch dem einen oder anderen zu denken, der noch nicht ganz betrunken war, und vor allem, als der Mond aufging und in seinem bleichen Licht das Wasser zwischen den Riffen schäumte, verflog die Feststimmung vollends, und man warnte Thomas.

Der aber wollte von keiner Gefahr wissen, lege er doch seit mehr als zwei Jahrzehnten hier seine Netze aus, fange Hummer hier draußen und kenne jeden Winkel der Seine-Bucht. Und dann, als der Mond am höchsten stand und die abströmende Flut mit ungeheurer Gewalt an den Planken zerrte, da ging auf einmal ein fürchterliches Krachen durch das weiße Schiff. Es erzitterte vom Kiel bis zum Mast, legte sich ein wenig auf die Seite und rührte sich nicht mehr. Nur die schwarzen Wellen, auf denen ein wenig Schaum im Mondlicht glitzerte, leckten immer höher an den weißen Planken empor, denn das Schiff, das gegen jeden Tropfen Meerwasser abgedichtet war, sank langsam immer tiefer auf den Sporn hinab, der sich ihm in den Leib gebohrt hatte.

Als das Wasser das Deck erreichte, stieg noch einmal ein großer Schrei aus dreihundert Kehlen in den nächtlichen Novemberhimmel, dann wurde es still.

Vom Schiff Heinrichs I. aus hatte man verfolgt, wie das weiße, auch im Dunkel gut zu sehende Schiff den Kurs änderte, nicht mehr hinter dem Königsschiff herlief, sondern quer über die Bucht Raum zu gewinnen suchte. Im Mondlicht gleißend, flog das Schiff, das die Prinzen trug, über die dunklen Wogen, bis es dann mit einemmal stillstand, bis sich Mast und Segel nicht mehr rührten und der weiße Rumpf verschwand.

Europa und das Mittelmeer (nach einem Kupferstich aus dem 17. Jahrhundert).

PONTUS EUXINUS
ASIA MINOR
Constantinopolis
Nicomedia
PRO PONTIS
Tomi
Marcianopolis
Nicopolis
Philipopolis
THRA CI A
Adrianopolis
Maronea
Scopia
Theßalonica
MARE AGE UM
Achris
Dyrrachium
Larißa
Athenae
I Cyclades
PELO PO NE SUS
I. CRETA
HU N GA RI A
Zarmigeroda
Taurunum
Sirmium
Savus Fl.
Draurus Fl.
Danubius Fl.
IL LY RI CUM
GR
MARE IONIUM
MARE SI CULUM
Melita
MEDI TERRA NEUM PARS
Tripolis
Fl. Borysthenes
Vistula Fl.
Chersonesus TAURICA
MAEOTIS

In dem Augenblick, da die Wogen über das Schiff hinspülten, erhob sich noch einmal ein weißer Schimmer, wie eine große, weiße Woge. Das waren die Spitzen und Schleier und Tüllgewänder der Damen, die fortgespült wurden. Schreie des Schreckens und der Todesnot kamen verweht über das Wasser.
König Heinrich war ein harter Herr und hatte viele Schlachten geschlagen. In dieser Nacht aber krampfte sich sein Herz zusammen. Er befahl zu wenden und auf die Stelle des Unglücks zuzulaufen. Menschen trieben im Meer, man konnte versuchen, einige aufzufischen. Aber sein treuer Kapitän schüttelte traurig den Kopf: der Wind stehe von Osten, und vor allem der fürchterliche Ebbstrom mit seiner außerordentlichen Schnelligkeit lasse gar keine Chance. In sechs Stunden könne man es versuchen, dann sei man aber selbst sehr weit abgetrieben.
Vom nahen Land aus gewahrte man zwei dunkle Punkte in den mondübergossenen Wellen, zwei Schwimmer, die versuchten, den rettenden Strand zu erreichen. Aber nur einer von ihnen schaffte es, ein Fleischer aus Rouen. Dieser einzige Überlebende der Tragödie erzählte später, als er sich erholt hatte, was an Bord des weißen Schiffes vor sich gegangen war und wie das Verhängnis sich eingestellt hatte.
Mit einem Ruderschiff, wie es damals im Mittelmeer noch gang und gäbe war, hätte Heinrich seinen Söhnen zu Hilfe eilen können. Mit einer Galeone, die wenigstens zusätzlich zu den Segeln Ruder führte, wäre Thomas vielleicht noch im letzten Augenblick von den Quilleboeuf-Klippen freigekommen und dem tückischen Strom nicht so hilflos ausgeliefert gewesen. König Heinrich soll nach diesem Tag, dem 25. November 1120, nie mehr gelacht haben. William Aethering, der Kronprinz, war tot, Tochter und Schwiegersohn mußten das Königsgeschlecht der Plantagenet fortführen, eines weißen Schiffes wegen.
In den Strömungen des Kanals sind noch Jahrhunderte nach dieser Unglücksnacht ganze Flotten wie treibende Kisten in die Klippen geraten, oder sie mußten, wenn dies vermieden werden sollte, auf Strand gesetzt werden. Das Nur-Segel-Schiff war gefährdeter als die Galeere, und ist es geblieben, bis der Hilfsmotor in solchen Fällen als Rettungskraft dienen konnte.
Die Schiffe, die über die Weltmeere fuhren, um fremde Länder zu entdecken, waren auf See selbst verhältnismäßig sicher. In den Küstengewässern jedoch, vor allem in unbekannten, lauerten die Gefahren. Selbst Columbus verlor sein Flaggschiff, und von vielen anderen Entdeckerflotten kehrten nur einzelne Fahrzeuge zurück, weil sie keine sichere Antriebskraft zur Verfügung hatten und weil sie in schwierigem Fahrwasser nur unzureichend gesteuert werden konnten. Die moderne Steuerung mit dem übersetzten Steuerrad (Ruder) gab es nämlich noch lange nicht. Das Steuer ragte aus dem Wasser herauf in das Schiffsheck hinein, und dort, wo man so gut wie keine Sicht hatte, hielten und bewegten Matrosen den Steuerbalken.

Zu diesem Halten und Bewegen gehörte viel Kraft, denn die Wogen schlugen ja gegen das Steuer, und jeder Wasserdruck wurde direkt nach oben, an den Steuerbalken weitergegeben. Keine Übersetzung, kein Zahnrad, kein Seilzug fing die gewaltigen Kräfte auf, die hier wirkten. Der Pilot an Deck und seine Helfer im Mastkorb oder am Bug gaben die Direktiven, riefen den Männern am Ruderbalken zu, wie sie das Steuer bewegen sollten. Daß auf diese Weise Feinarbeit mit Augenmaß nicht geleistet werden konnte, ist klar und ebenso, daß die Männer am Ruder den Sternenhimmel nicht sehen konnten, jene Haupthilfe zur Orientierung des Seefahrers. Unter diesen Umständen erlangte der Kompaß besondere Bedeutung. Man richtete sich nach der Nadel, die nach Norden weist, praktisch vom Morgen bis zum Abend, wenn man nicht in unmittelbarer Landnähe war. Für die Bestimmung der Position eines Schiffes auf See bedienten sich die Piloten bis weit ins achtzehnte Jahrhundert herauf des Astrolabiums, eines Instruments, mit dem die Sternhöhe und die Positionswinkel gemessen wurden, woraus sich, wenn auch nicht mit moderner Genauigkeit, die Stelle des Ozeans ermitteln ließ, auf der das Schiff sich befand.
Selbstverständlich gesellten sich zu diesen komplizierteren Hilfen die Knotenschnur, mit der man die Geschwindigkeit des Schiffes maß, und das Lot, das vor allem in unbekannten Küstengewässern oft von entscheidender Bedeutung war. Strömungen und Driften zu messen, fiel dem Seefahrer der Entdeckungszeit noch schwer, weil genauere Positionsmessungen nicht möglich waren, die erst erkennen lassen, wie stark eine Abdrift ist. Darum kam es wegen unbekannter oder plötzlich einsetzender Strömungen oft zu unerwarteten Strandungen, nicht selten, wenn das Schiff vor Anker lag.

Unter diesen Umständen war es neben der Erstentdeckung eines Landes besonders wichtig, einen gut befahrbaren Weg dorthin ausfindig zu machen, denn auf die Entdeckung folgten ja in der Regel Besiedlung, Erschließung, Ausbeutung und laufende Entsendung oder Rückkehr von starken Flotten. Sie bestanden nicht mehr aus besonders ausgerüsteten Entdeckungsschiffen mit hervorragenden Piloten, sondern setzten sich meist aus größeren, viel Fracht tragenden und von Zufallskapitänen oder gar vom Eigner kommandierten Fahrzeugen zusammen, die jenen Weg, den erstmals ein Genie der Seefahrt befahren hatte, nun in regelmäßiger Nutzfahrt zurücklegen mußten.

In der von Zeit zu Zeit aufflackernden Diskussion über das Verdienst des Columbus angesichts so vieler anderer Amerikaentdecker wurde daher auch betont, daß trotz Cortereal und Cabot eben Christoph Columbus der Mann gewesen sei, der den navigablen Weg, das heißt die günstigste und schnellste Transatlantikroute gefunden habe. Denn schnell war sie mit einer Reisezeit vom 3. August 1492 bis zum 12. Oktober desselben Jahres, und sie läuft nach einer kurzen Unsicherheit auf halbem Weg so zielstrebig auf die Bahamas zu, als habe Columbus seinen Kurs nach einer modernen Seekarte legen können.

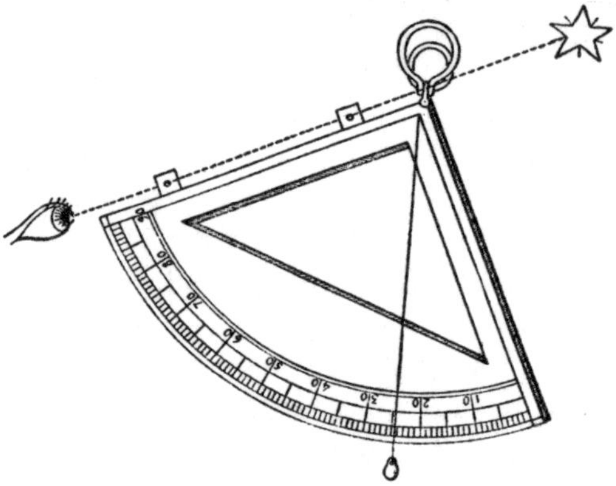

Abbildung eines Astrolabiums. Dieses Instrument diente zur Ermittlung der Sternenhöhe und der Positionswinkel. Damit konnte die Stelle ermittelt werden, auf der das Schiff sich befand.

In diesem kurzen und verhältnismäßig schnellen Weg – denn was bedeuteten schon zehn Wochen für die Seefahrt jener Jahre – lag einer der Hauptvorzüge der neuen Kolonien des westindischen Raums gegenüber dem alten Indien im Osten, das Vasco da Gama in einer verlustreichen Reise von zehn Monaten erreicht hatte, einer Reise, die nur 55 von 147 ausgefahrenen Seeleuten überlebten.

Und das bringt uns zu der Frage, warum es so sehr auf die Fahrzeiten ankam, da doch die Schiffe keinen Treibstoff brauchten und, wie das Beispiel Vasco da Gamas zeigt, auf ihren Langstrecken doch immer wieder anlegen und die Lebensmittel- und Wasservorräte ergänzen konnten. Die Antwort ließe sich etwas überspitzt mit der Feststellung geben, daß das, was den Vorzug der Schiffe ausmachte: ihre robuste Einfachheit, ihre kleinen Abmessungen, der Mannschaft das Leben auf See sehr erschwerte und manchen tapferen Seemann das Leben kostete.

Die Plätze im Hinterkastell oder in den keineswegs von allen Schiffen geführten beiden Kastellen waren sehr rar, nicht nur, weil Eigner und Schiffsführer sie sich vorbehielten, sondern auch, weil man sie tatsächlich für Navigation und eine eventuelle Gefechtsleitung brauchte und weil nur zu oft eine nicht geringe Anzahl von sogenannten Standespersonen die Fahrten mitmachten, die man natürlich nicht mit der Mannschaft unterbrachte.

Die Mannschaften hatten kein eigentliches Logis, wie heute, sondern schliefen bei Nordmeerfahrten im Laderaum, bei Fahrten in wärmeren Zonen auf der Ladung oder auf Deck. Die Laderäume waren so gut wie ungelüftet, bei Sonneneinstrahlung wahre Brutkästen und darum eine Folter für jeden, der – etwa als Gefangener, als gefesselter Meuterer – die Reise auf diese Weise absolvieren mußte. Mancher Seemann, der eine halbe Welt umsegelt hatte und dabei gesund geblieben war, verschmachtete dann, wenn er oder sein Schiff einem Gegner in die Hände fielen, in solch einer niedrigen und stickigen Kammer unter Deck, nicht selten sogar im Kielraum, *unter* der Ladung! Was an Unmenschlichkeiten dieser Art zwischen den ersten Entdeckungen und der Dampferzeit allen seefahrenden Nationen zur Last gelegt werden muß, ist nur vereinzelt und durch Zufall bekannt geworden: der Tod des deutschen Geschützmeisters Hans Barge zum Beispiel, der mit Magellan durch den Pazifik gefahren war und auf Tidore von Portugiesen gefangengenommen wurde. Auch gegen eigene Landsleute war man so hart, wie das Beispiel der Holländisch-Ostindischen Kompanie zeigt. Diese Gesellschaft hatte das Monopol der Fahrt durch die Magellanstraße beansprucht und erhalten. Als die dem Kaufmann Isaac Le Maire gehörende *Eendracht* unter dem Kapitän William Schouten die gefährliche Fahrt um das Kap Hoorn riskierte, war das Monopol, das ja nur für eine bestimmte Route galt, rechtlich einwandfrei umgangen, und die *Eendracht* lief guten Gewissens in Batavia ein. Die Herren von der mächtigen Kompanie glaubten aber den eigenen Landsleuten nicht, warfen Le Maire, Schouten und zehn andere ins Gefängnis und brachten sie, monatelang unter dem Laderaum angekettet, von Batavia nach Holland. Solche Strapazen überlebte Le Maire nicht. Sein Vater erreichte nach drei Jahren des Prozessierens die Herausgabe seines beschlagnahmten Vermögens. Den Sohn und Erben konnte ihm jedoch niemand mehr lebendig machen.

Fragt man sich, warum dieses unsagbar harte Leben auf See immer wieder Menschen anzog, so muß man zunächst antworten, daß jene Jahrhunderte, in denen es keine Industrie gab, und die Landwirtschaft im allgemeinen mit den Leibeigenen oder den Familien der Pächter auskam, dem Mann, der frei zu bleiben wünschte, eigentlich nur den Beruf des Landsknechts, also des besoldeten Kriegers bot, oder eben den eines Seemanns. Die wandernden Handwerker waren wiederum Handwerkersöhne, sie mußten, um in ihrem Beruf

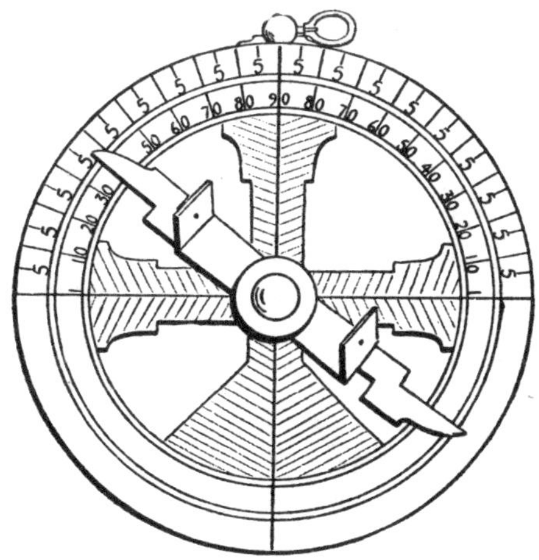

Abbildung eines Quadranten. Der Quadrant ist eine Art verbessertes Astrolabium, da er leichter und genauer zu handhaben ist. Er dient zur Bestimmung der Sonnenhöhe zur Mittagszeit und des Polarsterns zur Nachtzeit.

aufsteigen zu können, eine Reihe von Voraussetzungen erfüllen, die nicht jedem gegeben waren. Darum fuhr alles, was von der Fischerei nicht leben konnte oder was aus irgendwelchem Gründen von zu Hause fort wollte, trotz großer Entbehrungen und Gefahren zur See.

Der einfache Mann, der weder lesen noch schreiben konnte, war in diesem Beruf dennoch nicht rechtlos und damit wesentlich besser gestellt als der leibeigene Landarbeiter und der Landsknecht, der stets unter Kriegsrecht stand. Eine Anzahl von Vorschriften, zusammengefaßt und aufeinander abgestimmt, regelten im hansischen Bereich, für die holländische Seefahrt, für die Franzosen und andere Völker seit dem elften Jahrhundert (!) Arbeitsbedingungen, Strafen, persönliche und dienstliche Rechte. Die *Rôles d'Oléron* reichen zum Beispiel mit ihren ersten 24 Artikeln ins Ende des elften Jahrhunderts zurück, das katalanische Gegenstück dazu wurde in seinem Hauptteil 1267 niedergeschrieben, andere Versionen sind plattdeutsch abgefaßt und galten für Flandern und für Wisby.

Diese Regeln oder Gesetze gehören somit zu den ältesten arbeitsrechtlichen Dokumenten des Mittelalters und zeigen uns den Seemann selbst der frühesten Zeiten bereits als standesbewußt, aber auch als besonders schutzbedürftig. Die Tatsache, daß viele Bestimmungen dieser Dokumente miteinander übereinstimmen, auch wenn sie aus einem fremden Sprachbereich übernommen wurden, beweist eine gewisse Internationalität der Seefahrt und des Seerechts, die darauf schließen läßt, daß schon damals Seeleute auch auf Schiffen fremder Nationen anheuerten.

Die Lektüre dieser alten Seemannsbrauch festhaltenden Gesetzes- und Vorschriftensammlungen wird dadurch erleichtert, daß sie seit dem sechzehnten Jahrhundert nach und nach alle gedruckt wurden. Nun auf einmal gewinnt der stumme Seemann, der ja keine Aufzeichnungen machen und höchstens mündlich seine Sache vertreten konnte, für uns ein wenig Gestalt, nun gestattet er uns einen Blick in sein Leben, von dem wir nur die Stationen und das Ende kennen, kaum aber die näheren Umstände.

Das Schiff gehörte bis in die frühe Neuzeit herauf meistens mehreren Personen, weil es das Risiko verteilte, zum Beispiel an sechs Schiffen je ein Sechstel zu haben. Man konnte dann schwerlich durch einen einzigen Sturm zugrunde gerichtet werden. Da es auch Achtel-, Zwölftel-, ja Vierundzwanzigstel-Anteile gab, hatten über jedes dieser kleinen Schiffe ganze Konsortien zu bestimmen, und das sah so aus: Kein Schiffseigner durfte in See stechen, ohne die Zustimmung seiner Miteigner eingeholt zu haben. Gefiel einem der zwölf oder vierundzwanzig das Wetter nicht, so brachte das noch keinen Aufschub, denn die Mehrheit entschied. Hatte aber ein Dickkopf den Hafen gegen den Willen der Mehrheit verlassen, so haftete er für alle etwa entstehenden Verluste mit seinem ganzen Vermögen.

Da der Schiffseigner im Mittelalter im allgemeinen die Befugnisse des Kapitäns ausübte und dieser eigentlich mehr ein kundiger Angestellter als selbstverantwortlich war, wurde das Dienstverhältnis auch zwischen Eigner und Mannschaften geregelt und die Disziplinargewalt lag beim Eigner. Verging sich ein Matrose gegen die Ordnung, verweigerte er einen Befehl, oder begehrte er auf, so bestand die erste Strafe darin, ihm dreimal die Mahlzeit zu entziehen. Das sollte allerdings auch dazu dienen, den Eigner zum Nachdenken zu zwingen und Urteile im ersten Zorn zu verhindern. Bat der Matrose dann um Verzeihung und gelobte Besserung, so war der Zwischenfall beigelegt, auch wenn der Eigner es nicht wollte, denn die Mannschaft entschied dann, ob der Eigner ›grausam‹, d. h. zu hart gewesen sei oder ob der Matrose unzureichend gesühnt habe.

Vertrugen die beiden sich gar nicht mehr, so durfte der Matrose auf einem anderen Schiff oder zu Lande den Entladeort (Zielhafen) des Schiffes zu erreichen trachten und hatte dort Anspruch auf seine Löhnung und einen etwaigen Gewinnanteil.

Diese Vorschrift läßt erkennen, daß sie aus der Zeit überwiegender Küstenfahrt stammt, aus der hansischen Phase etwa der Baienfahrt, als zum Beispiel große Salzladungen regelmäßig von Brouage nach Danzig gingen oder große Kornladungen ebenso regelmäßig von Pommern nach Italien.

Mittelmeerische Seerechtsbücher bestimmten, daß der Matrose erst beim fünften Verstoß davongejagt werden konnte und daß, wenn der Eigner seinen Matrosen *in flagranti* zum Beispiel bei einem Lebensmitteldiebstahl ertappte, zwei Zeugen aus dem Matrosenstand der gleichen Meinung sein mußten wie der Dienstgeber. Der Patron durfte auch keinen Matrosen entlassen, um einen anderen mit geringerem Sold für die gleiche Arbeit einzustellen (!) oder um den Platz einem seiner Verwandten zu geben. Und der Patron oder Eigner durfte nur Arbeiten befehligen, die er selbst kannte und verstand, eine Grundregel, die nach und nach die Disziplinargewalt an die Kapitäne übergehen ließ.

Auch der höchste an Bord, und sei er »Admiral des Atlantischen Ozeans«, wie sich Christoph Columbus vom Augenblick der Landentdeckung an nennen durfte, mußte Wache schieben, das heißt, er war für eine bestimmte Anzahl von Stunden oder für ein Tagesviertel Wachhabender und verantwortlich, selbst wenn das Schiff vor Anker lag, wenn Flaute herrschte und so weiter. Das geht unter anderem aus dem berühmten Streit über den Verlust der *Marigalante* vor Haiti hervor, bei dem Juan de la Cosa und Columbus einander die Schuld zuschoben. Columbus hat in seinem Bericht an die Krone, um seine Unachtsamkeit zu beschönigen, den Verlust des Schiffes später als einen Segen bezeichnet, weil er indirekt zur Gründung der ersten Niederlassung Spaniens in der Neuen Welt führte – die beiden verbliebenen Schiffchen reichten nämlich bei weitem nicht aus, die Mannschaften über den Ozean wieder nach Europa zu schaffen ...

»Tatsächlich hatte ich in jenem Augenblick weder von seichten Stellen noch von Klippen etwas zu befürchten«, schreibt Columbus über jene Nacht. »Unserem Herrn gefiel es, daß um Mitternacht, als ich zu Bett gegangen war, völlige Windstille herrschte, und das Meer glatt wie Öl dalag, alle sich zur Ruhe niederlegten und das Steuerruder einem Schiffsjungen anvertrauten.

So geschah es, daß die Strömung das Schiff in aller Ruhe auf eine Untiefe auffahren ließ, die trotz der nächtlichen Stunde schon meilenweit vorher hörbar und sichtbar war. Da begann der Schiffsjunge, der das Aufstoßen des Steuers auf Grund spürte und das Krachen vernahm, ein lautes Geschrei zu erheben. Ich hörte sein Rufen und war sofort zur Stelle, noch ehe jemand anders es bemerkt hatte, daß wir auf Grund gefahren waren. Alsbald erschien auch der Besitzer des Schiffes, Juan de la Cosa, *der eben die Wache anzutreten hatte*, auf Deck ...«

Ob nun Juan de la Cosa Allein- oder Miteigentümer der *Marigalante* war, die Columbus in *Santa Maria* umgetauft hatte, er war zur Wache ebenso verpflichtet gewesen wie der Admiral und war dieser Verpflichtung auch nachgekommen. Er kam an Deck, sagt Columbus. Das Mißgeschick passierte in der Wache des Columbus, weil der Herr Admiral sich aufs Ohr gelegt hatte und wohl auch, weil dieser große Seefahrer eben kein Seemann war, sondern ein Theoretiker. Eine Strömung konnte man in jenen Tagen und in jenen fremden Gewässern nur spüren. Dazu mußte man viel eigene Erfahrung besitzen und – auf dem Posten sein.

In dieser Erfahrung und allem, was aus ihr an Augenmaß, Ahnungsvermögen, »Riechen« folgte, bestanden im Entdeckungszeitalter noch die Hauptfähigkeiten des Piloten, und sie waren sein bestes Rüstzeug. Zwar gab es bereits Schulen, die zum Piloten ausbildeten oder einen Seemann zum Piloten aufsteigen ließen. Die berühmteste in Sagres wurde bereits erwähnt. Ausgezeichnete Piloten kamen auch aus der Schule von Bristol in England und von der Kosmographenschule des Herzogs René d'Anjou (1409–1480), der – weil er nominell auch König von Sizilien war – von seinen Untertanen dankbar *le bon roi René* genannt wurde. Dieser Herzog, der über die schönsten Teile Frankreichs gebot, stützte sich bei der Verfolgung seiner eigenen künstlerischen und literarischen Neigungen auf das uralte geistige Potential des provenzalischen Raumes, wo blühende Römerstädte wie Nîmes, Arles, Aix oder Orange eine besondere Tradition begründet hatten. Später waren dann große und aktive Judengemeinden hervorragend an diesem Geistesleben beteiligt (man denke nur an die Sippe des Nostradamus mit Ärzten, Philosophen und Schriftstellern).

René d'Anjou sicherte seinen Ländern nicht nur friedliche Zeiten des Wohl-

Die Galeone, wie sie vor allem bei den Spaniern und Portugiesen vom 16. bis ins 18. Jahrhundert als Seekriegsschiff in Gebrauch war.

stands, sondern erkannte, wie Prinz Heinrich der Seefahrer, auch die Bedeutung der geographischen Wissenschaften. Ihm verdanken die baskischen und katalanischen Piloten sehr viel. Die Basken, die nicht nur kühne Seefahrer waren, sondern auch solide Geistesgaben besaßen, wurden wahre Magier in jenem Grenzgebiet des Wissens und des Ahnens, in dem sich die großen Piloten auf Fernfahrten stets bewegen mußten. Der katalano-französische Admiral Coulon, mit dem Columbus bekannt gewesen war, ehe er seine erste Reise antrat, scheint einiges von diesem Wissen an den Genuesen weitergegeben zu haben.

Das unstreitig bedeutendste Ausbildungszentrum für Piloten neben der

Schule von Sagres auf dem Kap Sao Vicente war aber eine private Institution und schon darum erstaunlich genug. Der reiche Reeder Jehan Ango (1480–1571) hatte in Dieppe den einzigartigen Erfahrungsschatz, wie er in dieser normannischen Seefahrermetropole zur Verfügung stand, mit dem theoretischen Wissen der Zeit gekoppelt und ein Forum für die Ausbildung von Piloten und Kartographen geschaffen, das seinesgleichen suchte und der Stadt Dieppe den Ehrennamen »Cité sainte de la Géographie«, also gleichsam »Mekka der Erdkunde« eintrug.

An dieser Schule wirkten Pierre Crignon, der 1534 seine »Perlen der Kosmographie« herausbrachte, ferner Nicolas Desliens, Verfasser berühmter Segelanweisungen und Atlanten, und der Meereskundler Jean Roze, der Heinrich VIII. von England ebenso beriet wie Heinrich II. von Frankreich. Der berühmteste dieser Lehrer war jedoch Pierre Desceliers aus Arques, auf den die ersten Seekarten der französischen Küsten zurückgehen und der 1543 seinen berühmten Globus herausbrachte.

Diese Schule wäre durchaus imstande gewesen, Frankreichs Königen bei einigem Interesse an der Sache eine Hauptrolle auf der weltweiten Bühne der Entdeckungen zu gestatten, aber das große und reiche Land war ja nicht so ausschließlich auf Meerfahrt angewiesen wie Portugal oder Spanien, und darum blieben die Männer von Dieppe in ihren Bemühungen allein, wie schon seit zweihundert Jahren: schon im November 1364 hatten sie an der westafrikanischen Atlantik-Küste eine Niederlassung gegründet und Petit-Dieppe genannt. Von dieser Fahrt waren sie mit Elfenbein, Pfeffer und anderen Handelswaren heimgekehrt.

1365 und 1366 folgten, diesmal in Gemeinschaft mit Reedern aus Rouen, weitere Gründungen von afrikanischen Faktoreien und die glückliche Heimkehr einer ganzen Flotte von Schiffen, die mit Gewürzen, Elfenbein, aber auch Sklaven, Papageien und seltenen Hölzern beladen waren. Die Niederlassungen, die man gegründet hatte, erhielten so vielversprechende Namen wie Mine d'Or (Goldgrube), Petit Paris oder hießen offenbar nach Negerdörfern Acara u. ä.

1402 brach Jean de Bethencourt gemeinsam mit Piloten aus Dieppe und Edelleuten aus der Umgebung von La Rochelle nach den Kanarischen Inseln auf und schuf sich dort eine Art kleines Königreich als Lehen Heinrichs III. von Kastilien. Für seine Bemühungen um die Christianisierung dieser Inseln wurde Bethencourt von Papst Innozenz VII. zum Erzbischof ernannt, gab jedoch schließlich auf und überließ die Herrschaft über die Inseln seinem Neffen Maciot de Bethencourt. Er selbst starb in seinem Heimatort Grainville, die Inseln wurden 1424 an Prinz Heinrich den Seefahrer abgetreten.

Um 1488 gelang den Seefahrern aus Dieppe der größte Coup: Jean Cousin entdeckte die Mündung des Amazonas in Brasilien auf der Fahrt zum Kap

der Guten Hoffnung, das er nur sichtete – es war schon zwei Jahre zuvor von Bartolomeu Diaz erreicht worden. Cousin segelte demnach auf der zwölf Jahre später von Cabral gewählten, weit nach Westen ausbiegenden Route, mit der die Flauten des Guinea-Golfs vermieden werden sollten, und gelangte ebenso zufällig wie Cabral, nur eben früher, an die Küste des heutigen Brasilien.
1508 war es dann der Pilot Théo Aubert, der im Dienst des älteren Jehan Ango (des Vaters) den Sankt-Lorenz-Strom hinauffuhr und an den Ufern dieses Wasserwegs die ersten Kolonisten aus der Normandie absetzte – die ersten Franzosen auf kanadischem Boden. Danach erkundete er die Küsten von Neufundland, das bald darauf französische Kolonie wurde.
1521, als sich klar erkennen ließ, daß die Portugiesen und die Spanier den Seefahrern der normannischen Küsten Frankreichs zuvorgekommen seien, begann jene Aktivität, mit der Jehan Ango der Ältere seine Familie erst wirklich reich machte. Seine Schiffe bekämpften unter kühnen Korsarenkapitänen wie etwa Jean Fleury aus Honfleur die spanischen und portugiesischen Flotten, wo immer sie diese trafen. Dieser Privatkrieg eines Reeders gegen zwei Seemächte machte die Ango reich und legte den Grund für die später so berühmte Kosmographenschule. Ihre Erfolge entschädigten die Ango für manches Mißgeschick, das ihnen die Versuche zur Koloniengründung brachten. Ohne Unterstützung der Krone waren sie zwar stark genug für den Korsarenkrieg, aber zu schwach zum Unterhalt überseeischer Besitzungen. Der für Ango fahrende Italiener Giovanni Verazzano wurde nach erfolgreichen Erkundungsfahrten im Hudson und an den nordostamerikanischen Küsten 1528 auf den Antillen von Kannibalen gefangengenommen und vor den Augen seiner entsetzten Mannschaft verspeist, und 1564 oder 1565 wurde Jean Ribault aus Dieppe, der in Florida ein Fort gegründet hatte, auf einer neuen Expedition von Eingeborenen getötet.
Nach großen Ausgaben und Anstrengungen erhielt die Stadt Dieppe keinen anderen Lohn als das königliche Patent vom 17. August 1668, in dem Ludwig XIV. ihre Verdienste »als die erfahrensten Kapitäne und Piloten« anerkennt, die »in den fernsten Ländern als erste wichtige Entdeckungen gemacht hätten« – Entdeckungen allerdings, die heute im Schatten jener Leistungen stehen, die glücklichere Folgen hatten.

Erfahrene Piloten durften ihrem Augenmaß mehr vertrauen als den damals noch keineswegs unfehlbaren Messungen. Es ist bekannt, daß Columbus, um Mannschaften und Mitunternehmer zu täuschen, laufend falsche Eintragungen in sein Bordbuch machte. Er gab fast stets kleinere Entfernungen an, als er tatsächlich zurückgelegt hatte. Geeichte Hochseefahrer wie die Brüder Pinzón freilich konnte er nicht täuschen. Sie sagten ihm den Betrug auf den Kopf zu und nannten bei der Erreichung des Ziels eine Distanz, die sich –

ohne Instrumente ermittelt – von der heutigen exakten Kilometerangabe nur um ein paar Stunden Seefahrt unterscheidet. Sie hatten sich dabei auf die alte Sanduhr verlassen, wie sie für die Ablösung der Wachen auf jedem Schiff benützt wurde, und auf die Einschätzung der Schiffsgeschwindigkeit, wie sie der erfahrene Pilot mit einem Blick ins Fahrwasser feststellen konnte.

Columbus hatte zweifellos nicht die Absicht gehabt, seine königlichen Auftraggeber zu täuschen. Ja, er hat sich vielleicht sogar Juan de la Cosa anvertraut, den man schließlich ebensowenig hinters Licht führen konnte wie die Pinzóns. Worum es ging, das waren die Mannschaften, die nach dem Brauch vor allem auf solchen Fahrten ein gewisses Mitspracherecht hatten und denen gegenüber Columbus vom ersten Augenblick an außerordentlich unsicher war, wie alle Intellektuellen. Schon zwanzig Tage nach der Abfahrt von den Kanarischen Inseln waren die Leute auf der *Marigalante* (nicht aber das Schiffsvolk der Pinzóns) unruhig geworden und hatten Aufklärung über die Lage verlangt. Columbus wurde sofort nervös und wandte sich an Martin Alonzo Pinzón um Hilfe – eine Hilfe, die vielleicht entscheidend wurde für die ganze Fahrt:

»Herr«, schrieb Martin Alonzo in dem Brief, mit dem er auf den Hilferuf des Genuesen antwortete, »hänge Euer Gnaden ein Halbdutzend dieser Kerle auf

Diese Darstellung aus dem 16. Jahrhundert gibt ein Bild vom Leben und Treiben an einem Schiffslandeplatz.

oder werfe sie ins Meer! Und wenn Ihr Euch dazu nicht entschließen könnt, so werden mein Bruder und ich längsseits gehen und Euch die Arbeit abnehmen. Eine Flotte, die auf Geheiß so edler Fürsten ausgezogen ist, darf ohne gute Kunde nicht umkehren!«

Aus diesem kurzen, oft kommentierten Schriftwechsel, der so viel über Columbus aussagt und über die Rolle Martin Alonzos auf der großen Entdeckungsfahrt, wird aber auch sehr deutlich, wie wichtig das Vertrauensverhältnis zwischen Mannschaften und Schiffsführung in einer Zeit war, in der es auf den Mann an der Spitze eben besonders ankam. Die Matrosen wußten – nicht nur auf diesen Schiffen, sondern überhaupt in der alten Seefahrt – immerhin so viel, daß die Instrumente noch höchst mangelhaft waren. Glück und Unglück, Heimkehr oder Untergang waren in einem zweifellos höheren Maß als heute von persönlichen Entscheidungen abhängig, und vielleicht hatte auch darum die Mannschaft nach den Gewohnheitsrechten der Seefahrt ein höheres Mitspracherecht, als ihr heute eingeräumt wird.

Die vielen Meutereien, die in der Geschichte der Entdeckungsfahrten auffallen, haben zum Teil gewiß ihre Ursache in der langen Dauer der Fahrt, der Fülle der Entbehrungen, der Ungewißheit über Ziel und Schicksal. Zum Teil aber fußen sie auch auf der Gewohnheit vor allem erfahrener Matrosen, gelegentlich gehört zu werden. Wo dieser Austausch von Erfahrungen auf jahrelanger Zusammenarbeit und gegenseitigem Vertrauen basiert wie an Bord der Pinzóns, geht alles glatt. Die Leute wissen, daß sie Martin Alonzo vertrauen können, er wird sie sicher heimbringen. Columbus hingegen kennen sie nicht, ihn halten sie bestenfalls für einen Schwarzkünstler oder undurchsichtigen Scharlatan.

Beim Anheuern in Palos hatten die Pinzóns keine Schwierigkeiten, mit ihrem guten Stamm an Seeleuten ein paar Dutzend weitere Matrosen anzulocken, während Columbus sich dadurch alle Chancen genommen hatte, daß er bereit gewesen war, notfalls mit Strafgefangenen auszusegeln. Pinzon hatte ihn zwar im letzten Augenblick davon überzeugen können, daß dies das sichere Scheitern der Expedition bedeuten würde, aber das Gerücht hatte in Palos die Runde gemacht, und mancher glaubte, in Gesellschaft von Schwerverbrechern fahren zu müssen, wenn er bei Columbus anheuerte. Das Mannschaftsproblem des Magellan, das in Feuerland zu einer gefährlichen Meuterei und zum Ausbrechen eines Schiffes aus dem Verband führt, liegt ähnlich.

Magellan, ein verdienter und erfahrener, von seiner Heimat Portugal jedoch ungerecht behandelter Kolonialoffizier, hatte fünf Schiffe mit insgesamt über zweihundertfünfzig Mann zu besetzen. Für die Portugiesen war er der in Unehren verabschiedete Abtrünnige. Für die Spanier war er ein Portugiese. Für die Abenteurer und Glücksritter unter den Mannschaften aber war er erst recht verdächtig, weil er sein Ziel, die Weltumsegelung, aus naheliegenden

Gründen streng geheimhalten mußte. Und daß er Lebensmittel für zwei Jahre geladen hatte – was in Sevilla jedes Kind wußte – stärkte nicht das Vertrauen in seine Reise, sondern ließ eher auf eine besonders lange Dauer schließen.
Unter diesen Umständen mußte er viel unverläßliches Schiffsvolk an Bord nehmen, Matrosen jenes Schlages, die auf anderen Schiffen keine feste Heuer, sondern erst beim Abmustern eine Prämie je nach Leistung erhielten (das gab es im Mittelmeerraum). Dazu kam, daß die einzelnen Schiffe von spanischen Adeligen geführt wurden, unter ihnen ein Vizeadmiral namens Cartagena aus uralter Familie, der – stolz wie die Spanier schon damals waren – nicht begreifen konnte, warum der Kaiser gerade diesen Magellan so hoch ausgezeichnet und ihm dieses Kommando anvertraut hatte.
Tatsächlich scheinen Karl V. und der portugiesische Offizier wesensmäßig manches gemein gehabt zu haben. Magellan war ein Mann von kühler Energie, nach außen hin gelegentlich schroff, unbedingt rechtschaffen und – zum Unterschied von Columbus – weniger an Geld als an der Rückgewinnung verlorener Ehre interessiert.
Nach den Kanaren war Magellan scharf nach Süden gelaufen, um portugiesische Späher glauben zu machen, es gelte eine Afrikafahrt. Erst im Südatlantik bog er nach Westen mit Kurs auf die La Plata-Mündung und geriet in eine Sturmzone, die seinen fünf Schiffen arg zusetzte. Es erwies sich, daß sie im Seegang schlecht lagen und daß die Mannschaften – wie könnte es anders sein – aufeinander nicht eingespielt waren und zu wenig Hochsee-Erfahrung mitbrachten.
Nach langen Flauten und jenen Regenzeiten, die wegen der ungenügenden Mannschaftsunterkünfte besonders gefährlich waren, kam im Dezember 1519, nach siebzig Fahrtagen, endlich Land in Sicht. Cartagena, der bei einer Offiziersbesprechung gegen Magellan blank gezogen hatte, lag bereits in Eisen wegen Meuterei, wurde allerdings bald in ritterliche Haft auf der *Trinidad* übernommen.
Das Land erweist sich als die brasilianische, nicht die La-Plata-Küste, aber die Leute sind's zufrieden. In der Hochstimmung, in die sie geraten, zeigt sich die ganze Haltlosigkeit dieser zusammengewürfelten Crew. Ein Teil der Seeleute stürzt sich auf die braunen Mädchen von der Küste, und gegen jene, die dies nicht tun, muß Magellan eine Untersuchung wegen Homosexualität einleiten, die zum ersten Todesurteil führt.
Das alles scheint schon böses Blut gegen den unbeugsamen Führer der Expedition gemacht zu haben, der offensichtlich die läßlichen Sünden des Segelschiffs-Zeitalters nicht dulden und besonders harte Zucht durchsetzen will. Murrend verlassen die Leute die freundliche Küste und schiffen sich ein zur Südfahrt ins Ungewisse.
Wie ermüdend und entnervend solch eine Fahrt sein muß, wenn jede Fluß-

Eine der Sehenswürdigkeiten im Hafen von Barcelona ist die naturgetreue Nachbildung der »Santa Maria« des Christoph Columbus.

Darstellung eines kaiserlichen Flaggschiffs mit dem Wappen Karls V.

Hochseeboot von den Santa-Cruz-Inseln.

Das Passagierschiff »Kungsholm« beim Einlaufen in den Hafen von New York.

mündung, jede Bucht erforscht werden, ob sie nicht vielleicht die ersehnte Passage in den Pazifik eröffnen, läßt sich denken. Sechs- bis siebentausend Kilometer fahren, loten, Wasser heraufholen, Geschmack prüfen, suchen, umkehren, weitersuchen. Es ist ein Wunder, daß eine Mannschaft wie diese das alles monatelang mitmacht. Vermutlich nur, weil man stets in Landnähe bleibt, so daß es an Frischwasser und Nahrungsmitteln nicht fehlt.

Und so kommt es denn auch in dem Augenblick zur Meuterei, da diese günstige Situation sich ändert, weil Magellan in Patagonien überwintern will und in dieser unwirtlichen, keine Nahrung bietenden Region die Rationen herabsetzen muß: Die *Trinidad* und die kleine *Santiago* mit nur vierzig Mann Besatzung stehen zu ihm, die drei anderen Schiffe begehren die Umkehr: die *Antonio*, die *Concepcion* und die *Victoria*, von spanischen Adeligen kommandiert, die entschlossen sind, Magellan keinen Augenblick länger zu gehorchen. Magellan handelt in seiner Erbitterung so rücksichtslos und verschlagen, wie ein Drake, ein Pizarro gehandelt hätten. Er vertraut sich einem Bravo an, modern gesprochen einem Killer. An diesen wenigstens fehlt es nicht in dem verzweifelten Haufen. Der Mann wird in einem großen, stark besetzten Beiboot mit einer Botschaft Magellans zu der etwas abseits liegenden *Victoria* gerudert. Während der kommandierende Grande höflich die Nachricht des Admirals liest, schneidet ihm der Bravo von hinten die Kehle durch. Zugleich entert die Besatzung des Beiboots, und die *Victoria* gehört Magellan.

Nun hat Magellan drei Schiffe gegen zwei, verlegt den Meuterern die Ausfahrt und zerschießt zuerst die *Antonio*, die den Ausbruch mit Gewalt versucht, danach die *Concepcion*, wo sich die natürlich von Cartagena angeführten Meuterer ergeben. Einer der Verschwörer, er heißt Gaspar de Quesada, stirbt unter dem Beil, obwohl man weiß, daß er ein Schützling des Erzbischofs von Sevilla ist. Cartagena und einen Kaplan namens de la Reina wagt Magellan nicht hinzurichten, sie werden – was einem Todesurteil gleichkommt – an der öden Küste Patagoniens ausgesetzt.

Monatelang treibt sich das Geschwader dann noch an der Südspitze Südamerikas herum, die letzten zwei Monate nur noch zwei Segeltage von der Durchfahrt entfernt (!): Magellan ahnt sie nicht, fühlt nicht die Nähe des Pazifischen Ozeans, den er so gut kennt. Am 18. Oktober erst, beinahe sieben Monate nach der ersten Landung in Patagonien, wird die Durchfahrt gefunden, die Meeresstraße, die noch heute nach dem unbeugsamen Portugiesen heißt. Aber selbst in diesem Augenblick des Triumphes schließt sich die Mannschaft nicht um ihren Führer zusammen: die *Antonio* nützt den Freudentaumel, um in der engen und unübersichtlichen Durchfahrt zu wenden und zurück nach Osten, nach Spanien zu laufen, mit sehr viel Vorräten, die man bitter benötigen wird auf der langen landlosen Strecke quer durch den Pazifik. »Auf diesem Meer segelten wir drei Monate und zwanzig Tage«, schreibt

Antonio Pigafetta, der junge italienische Chronist dieser ersten Weltumsegelung. »Der Zwieback, den wir aßen, war kein Brot mehr, sondern bloß noch Staub, der mit Würmern vermischt und überdies durch den Unrat der Ratten von einem unerträglichen Gestank durchdrungen war. Das Wasser war ebenfalls faulig und übelriechend. Um nicht Hungers zu sterben, waren wir sogar gezwungen, die Rindsleder zu essen, mit denen die große Rahe zum Schutz der Taue umwunden war. Diese Lederstücke waren so hart, daß wir sie erst vier bis fünf Tage lang in Meerwasser einweichen mußten, damit sie ein wenig zarter wurden. Dann brieten wir sie auf Kohlen, um sie verzehren zu können. Oft kamen wir in die Lage, Sägespäne essen zu müssen, und selbst Ratten, so widrig sie den Menschen sind, waren eine so gesuchte Speise geworden, daß man bis zu einem halben Dukaten für das Stück bezahlte.«

Magellan hat die unwirtlichste Zone des Weltmeers durchquert, jene Gegend südlich und westlich von Kap Hoorn, wo beinahe das ganze Jahr hindurch eisige Stürme wehen, und die Wogen alles kurz und klein schlagen; wo das Wasser an den Tauen friert, und die Mannschaften praktisch keine freie Minute haben, weil die wachfreien Männer pumpen müssen. Hier hat der stolze Admiral Anson mit einer ganzen Flotte der Royal Navy noch 1740, also mehr als zweihundert Jahre später, Hunderte von Soldaten und Seeleuten durch den Skorbut verloren und wäre mit allen Schiffen zugrunde gegangen, hätte die Robinson-Insel Juan Fernandez nicht im letzten Augenblick Frischwasser, Früchte und Erholung von den Sturmfahrten geboten.

Magellan aber sieht sich der vierten Meuterei seiner Fahrt gegenüber, als er die endlich entdeckten Inseln – die Marianen – wieder verlassen will, ohne Wasser oder Vorräte einzunehmen, lediglich, weil die Eingeborenen so diebisch sind und alles von den Schiffen stehlen, was nicht niet- und nagelfest ist.

Auf die Bitten und Drohungen seiner Leute hin entschließt sich Magellan zu einer Strafexpedition, fegt den Strand mit Geschützfeuer leer und kommt so wenigstens zu dem dringend nötigen erneuerten Stock von Vorräten ...

Erst die halbe Reise ist bewältigt, und viermal haben Offiziere und Mannschaften Front gegen den Oberkommandierenden gemacht. Das ist gewiß ein extremes Beispiel, aber kein vereinzeltes. Mancher brave Kapitän, der seiner Krone und seinem Auftrag zuliebe mehr verlangte, als seine Leute zu leisten bereit waren, bezahlte dies mit dem Leben. Aussetzungen waren dabei häufiger als glatter Mord.

Wie schnell jedoch auch eine Aussetzung zum Tod führen konnte, beweist uns der Fall Cartagena. Als sich die *Antonio* davongemacht hatte, fand der tüchtige Pilot dieses Schiffes, ein Mann namens Gomez, nicht nur allein den Rückweg aus dem Felsengewirr der Magellanstraße; er fand auch den Liegeplatz, wo Cartagena und La Reina ausgesetzt worden waren. Sie waren als Zeugen für die Seegerichtsverhandlung in Spanien für alle Männer von der *Antonio* lebens-

Im Jahre 1546 wurde die »Anne Gallant« in Dienst gestellt, ein mit 45 Kanonen bestücktes Kriegsschiff, das wegweisend wurde für die neue Schiffsbauweise.

wichtig. Aber die beiden Ausgesetzten waren nicht mehr aufzufinden, die Einöde hatte sie verschluckt, kein Kanonenschuß, kein Rauchzeichen konnte sie zurückrufen.

Ebensoschnell fand auch Henry Hudson den Tod, den im Juni 1611 die Meuterer in einer Schaluppe aussetzten, ihn, seinen Sohn und sieben Mann, die zu ihm gehalten hatten.

Einer der wenigen, die dieses Aussetzen überlebt hatten, war der unbeugsame William Bligh (1753–1817), den die Meuterer auf der *Bounty* mit achtzehn Mann, die zu ihm gehalten hatten, in der Barkasse aussetzten. Sie gaben ihm einen Kompaß, einen Quadranten, Waffen, Ausrüstung und Vorräte mit und damit eine echte Chance, da die letzte Insel erst sechsunddreißig Stunden zuvor passiert worden war. Bligh aber dachte nicht daran, auf einem verlassenen Eiland der Tonga-Gruppe lediglich sein Leben zu retten. Was er wollte, war Rache, und dazu brauchte er Verbindung mit London. Von diesem unfrommen Wunsch beseelt, ließ er seine Leute 41 Tage lang rudern und mit dem Behelfssegel die Fahrt soweit unterstützen, daß man schließlich tatsächlich, über Tausende von Seemeilen offenen Ozeans hinweg, das Dreimeterboot nach Timor brachte …

Verpflegung und Gesundheitszustand waren entscheidend für die Stimmung der Mannschaft und für das Gelingen der Entdeckungsfahrten oder ähnlich großer seemännischer Unternehmungen. Daran hat sich vom Mittelalter bis in die Dampferzeit nichts geändert, denn schon Marco Polo berichtet, daß er auf der durchaus luxuriös ausgestatteten Flottenfahrt von China über Sumatra nach dem persischen Hafen Ormuz zu Ende des dreizehnten Jahrhunderts sechshundert Mann verlor. Auch von den mitgereisten Gesandten des Großkhans habe nur ein einziger diese Reise überlebt, obwohl wiederholt lange Pausen gemacht wurden: in Indochina, auf Sumatra, auf Ceylon und auf Sokotra.

Daran ist besonders interessant, daß Marco Polo berichtet, von den zahlreichen mitreisenden Damen aus dem Hofstaat jener Prinzessin, die er zu ihrem künftigen Gemahl nach Persien bringen sollte, sei nur eine einzige ums Leben gekommen. Zweifellos haben die Gesandten des Großkhans an Bord denselben Komfort genossen wie jene Damen und die gleiche bevorzugte Verpflegung. Aber Frauen scheinen auch schon in jenen fernen Zeiten und auch unter den beschränkten Verhältnissen einer Schiffsreise mehr von Hygiene gehalten zu haben als die Männer.

Die Seeleute, die – wie beschrieben – nur in den seltensten Fällen taugliche Unterkünfte hatten, schliefen in den Kleidern. Sie lagen auf engstem Raum beisammen, hatten auch gar keine Möglichkeit, sich zu distanzieren, und bekamen jedes Fieber, das der Nachbar im Hafen erwischt hatte, jeden Ausschlag und, in den kühleren Zonen, reihenweise Lungenentzündung. Der Korsar Jean Bart, ein Schiffsführer, der genau wußte, wie wichtig jeder Mann für ihn war, brachte von einer Ausfahrt einmal nicht weniger als zweihundert Mann heim, die an verschiedenen Stadien von Bronchialkrankheiten, vom schmerzhaften Husten bis zur Rippenfellentzündung litten, und ähnlich erging es allen Ruderschiffen, die sich in die Nordsee wagten, und die Ruderer nicht rechtzeitig losbanden, sondern an Deck ließen wie im Mittelmeer, so daß sich Krankheiten sehr häuften.

Die verbreitetste Schiffskrankheit freilich, die oder der Skorbut, war entgegen der allgemeinen Annahme nicht ansteckend, sondern eine Mangelkrankheit. Die Seeleute blieben von ihr noch eher verschont als die Soldaten, die an Bord waren, denn die Seeleute bewegten sich in der frischen Luft und hatten sich wohl schon ein wenig auf jenen Vitaminmangel eingestellt, während die Soldaten frische und an Mangel nicht gewöhnte Landkinder waren, die nun plötzlich keine Luft mehr hatten, weil sie unter Deck herumlagen und Karten spielten. Das wiederum brachte manchen Seemann zu der Vermutung, Skorbut komme vom Faulenzen.

Aus diesen Vermutungen sieht man übrigens, daß die Matrosen es ganz und gar nicht schätzten, Soldaten an Bord zu haben. Es sei denn, man segelte gerade durch piratenverseuchte Gewässer. Aber mit dem Aufkommen der

Geschütze mußten geübte Bedienungen für diese Hauptwaffe der Schiffe an Bord genommen und durchgefüttert werden. Das machte bei Korsarenschiffen wie etwa Drakes *Golden Hind* wenig aus: auf so einem Schiff tat jeder alles, was an ihn herankam, kaum daß man den Bordgeistlichen vom Halsabschneiden dispensierte.

In einer richtigen Marine jedoch, wo jeder Soldat seinen vorbestimmten Platz am Geschütz und seinen heiliggehaltenen Griff zur Lunte oder nach der Munition zu verrichten hatte, da gab es keine Gemeinschaft und sehr viel Disput, wenn auch keine Meuterei – aus leicht verständlichen Gründen.

Mit dem Wachsen der Schiffe wurde manches besser: die Unterbringung, die Verpflegung, die Ordnung. Was blieb, war die Härte der Strafen, ja hierin war die frühe Neuzeit gewiß schlimmer als das hohe Mittelalter, zur See wie auf dem Land. Die Verrohung der Rechtspflege griff auch in das alte Vertrauensverhältnis zwischen Mannschaft und Kapitän ein und störte es überall dort, wo es keinen väterlichen Reeder und Brotgeber mehr gab, sondern nur den fernen, uninteressierten und oft ahnungslosen Minister. Das Erstarken der staatlichen Gewalt in allen seefahrenden Nationen hat das Los der Seeleute jedenfalls nicht verbessert und die Leistungen der einzelnen Einheit nur sehr langsam gesteigert. Neue Ziele, neue Aufgaben und damit höhere Leistung erbrachte erst die Befreiung der Seefahrt aus der allzu engen Bevormundung durch den Absolutismus, denn der Seemann wollte immer frei sein, zum Guten wie zum Bösen.

Die Schwierigkeiten, die Schiffsführer mit ihren Mannschaften hatten, waren angesichts der in der Darstellung angeführten Härten des Seemannslebens und der langen Dauer der Reisen durchaus verständlich; vor allem darum gelang es durch viele Jahrhunderte nicht, das große Unsicherheitsmoment der Meuterei zur See und der Machtkämpfe auf den Schiffen selbst auszuschalten.

Unsere Dokumente liegen zeitlich weit auseinander und beweisen damit die Fortdauer dieses Zustandes bis an die Schwelle des Dampferzeitalters. Die Briefe, die 1520 in der Magellanstraße geschrieben wurden, hat Andres de S. Martin, der Astronom der Magellan-Expedition, in seinem Tagebuch aufgezeichnet. Es ist leider verlorengegangen und hat sich in Elementen lediglich in den »Decadas« des portugiesischen Gelehrten João de Barros erhalten. (Darum ist die zweite Darstellung der Magellan-Reise aus der Feder des jungen italienischen Kaufmanns Antonio Pigafetta, obwohl sachlich nicht so wichtig wie der Astronomenbericht, heute die Hauptquelle über Magellans Weltumseglung.)

Der Bericht, den William Bligh, Kapitän der »Bounty«, der Britischen Admi-

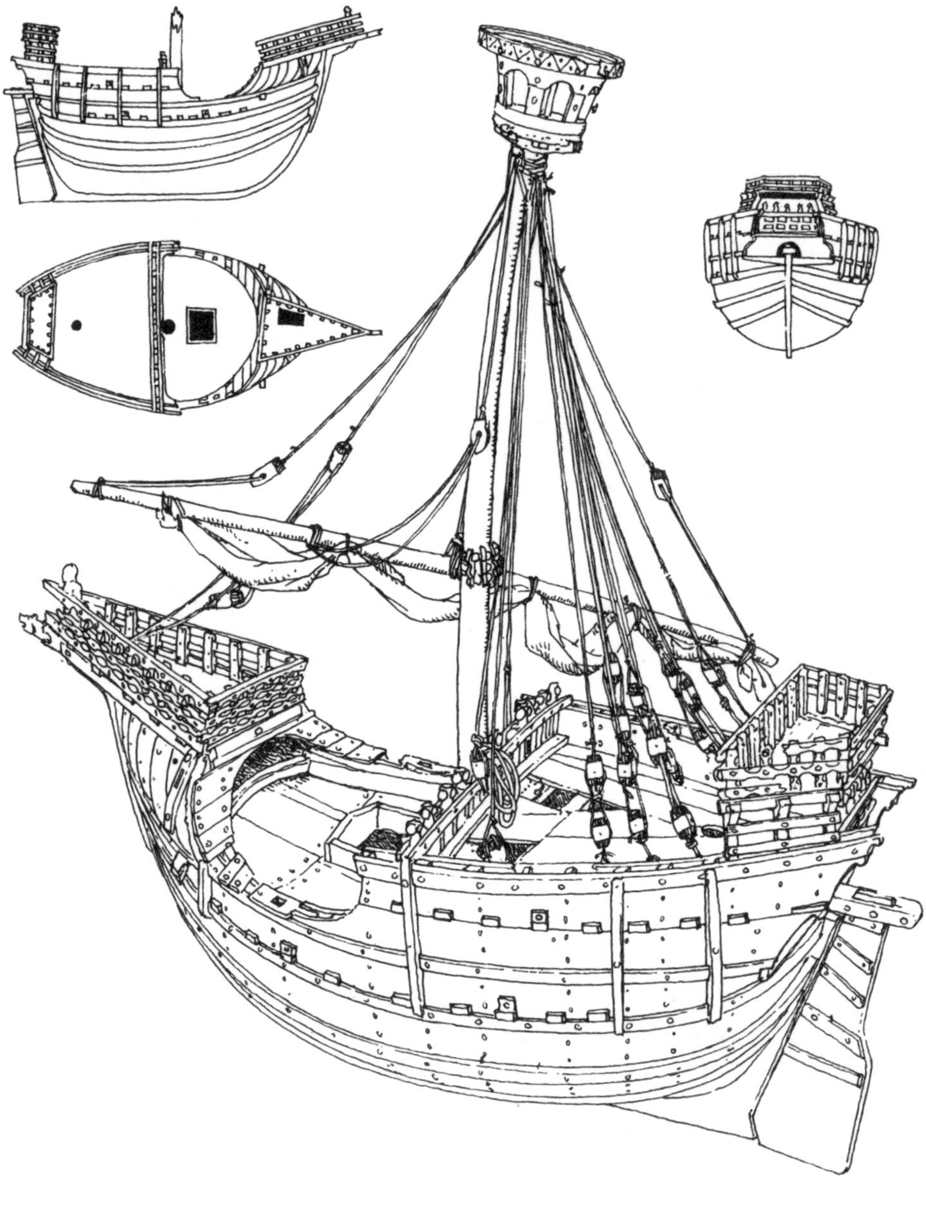

Modell eines Vollschiffes aus dem Maritiem-Museum Prins Hendrik in Rotterdam, das um die Mitte des 15. Jahrhunderts entstand. Es ist – wie bei vielen Modellen – unrichtig in den Proportionen, aber exakt und daher aufschlußreich in den Details gearbeitet.

ralität von der berühmt gewordenen Meuterei an Bord seines Schiffes gibt, spricht natürlich nicht von den vorangehenden Ereignissen an Bord des Schiffes, das Brotfruchtpflanzen von Tahiti nach Mittelamerika bringen sollte und von dem tüchtigen Bligh mit außerordentlicher Härte geführt wurde. Die näheren Umstände der Fahrt und der Meuterei sind durch die romanhafte Beschreibung von Nordhoff und Hall, durch ergänzende dokumentarische Veröffentlichungen und schließlich durch Verfilmungen sehr bekannt geworden. Bligh (1753–1817) wurde 1806 Gouverneur des australischen Teilstaates Neusüdwales und machte sich auch dort durch seine Härte verhaßt. Die Meutererschicksale auf der Insel Pitcairn beschäftigen mit Umsiedlungsaktionen und Rückführungen die Behörden des Britischen Commonwealth bis heute.

In der Magellanstraße 21./22. November 1520

Ferdinand Magellan, Ritter des Ordens vom heiligen Jakob, Generalkapitän der von Seiner Majestät zur Entdeckung der Gewürzinseln ausgeschickten Flotte usw. an Duarte Barbosa, Kapitän des Schiffes Viktoria und seine Steuermänner, Schiffsmeister und Bootsmänner.

Ich bemerke, daß mein Entschluß, unser Unternehmen zu verfolgen, Euch befürchten läßt, ohne Hoffnung auf Erfolg den größten Gefahren ausgesetzt zu werden. Es scheint Euch, es bleibe uns zu wenig Zeit zur gänzlichen Ausführung dieser Reise übrig. Ich habe keine Meinung jemals unbedingt verworfen, keinen Rat jemals verachtet; die Angelegenheiten sind immer öffentlich besprochen worden, und bei allen Beratungen hat ein jeder frei seine Meinung aussprechen können. Aber nach dem im Hafen S. Julian (an der Ostküste Patagoniens) Vorgefallenen, wo ich mich gezwungen sah, Luis de Mendoza und Gaspar de Quesada mit dem Tode und Juan de Cartagena und den Priester Pedro Sanchez de Reina mit Aussetzung zu bestrafen, habe ich es für geraten gehalten, Eure Meinungen jede einzeln zu hören.

Ich verlange also von Euch, mir schriftlich alles anzugeben, was Euch nützlich für den Dienst Seiner Majestät und die Sicherheit der Flotte erscheint. Ich verpflichte Euch hauptsächlich, mir nichts zu raten, was gegen den Dienst des Kaisers verstößt, unseres Herrn, und den Eid, den Ihr mir geschworen habt. Ich befehle Euch im Namen des Kaisers und als Euer Oberbefehlshaber, mich alles wissen zu lassen, war Ihr zu unserer Reise glaubt raten zu müssen, mir Eure Gründe schriftlich mitzuteilen, ohne etwas zu verheimlichen.

Im Kanal Allerheiligen, in 53°, Dienstag, 21. November 1520.

Auf Befehl des Generalkapitäns Ferdinand Magellan:

L. de Espeleta, Schreiber.

Die Antwort des Astronomen Martin von der »Viktoria« lautete:
Ich habe den Befehl erhalten, welchen Eure Exzellenz an mich durch L. de Espeleta, Schreiber des Schiffes Viktoria, gerichtet hat. Ihr befehlt mir, Euch frei meine Meinung herauszusagen, und Euch meine Gedanken über das, was ich als nützlich für diese Reise halte, nicht zu verhehlen, sei es nun über die Ausführung des Unternehmens oder über die Rückkehr.
Ich antworte, daß, ungeachtet des Zweifels, welchen ich hege, durch diesen Kanal den Weg nach den Molukken finden zu können, nichts entgegensteht, daß wir nicht den Frühling benützen sollten, um diese Entdeckung weiter zu verfolgen. Eure Exzellenz wird daher gut tun, diese Jahreszeit zur Erforschung dieses Kanals zu verwenden. Aber zweckmäßig würde es wohl sein, mit nächstem Januar an die Rückkehr nach Spanien zu denken. Die Tage nehmen alsdann ab, und die Schiffahrt wird immer gefährlicher. Jetzt, wo die Tage 17 Stunden dauern, die Zeit der Dämmerung nicht mitgerechnet, haben wir heftige Winde und häufige Ungewitter. Was für ein Wetter haben wir für den Winter zu erwarten? Die Klugheit verlangt also, daß wir im Januar diese Meerenge verlassen und, nachdem wir uns mit Wasser und Holz versehen haben, den Weg nach Cadix oder S. Lucar (an der Mündung des Guadalquivir), von wo wir ausgesegelt, zurücknehmen.
Aber ich gestehe, daß es mir nicht möglich erscheint, nach den Befehlen, welche Eure Exzellenz den Kapitänen im Fluß Santa Cruz (an der Ostküste Patagoniens) gegeben, weiter nach Süden vordringen zu können. Wenn wir schon unter diesem Breitegrad täglich Sturm und Ungewitter ausgesetzt sind, wie wird es kommen, wenn wir zu 60° oder gar 75° so nahe zum Pol gelangen, wie Eure Exzellenz sich vorgenommen, oder wenn wir den Weg nach den Molukken durch O und ONO durch Umseglung des Kaps der guten Hoffnung suchen müßten? Ich halte es nicht für ausführbar. Wir würden niemals vor dem Winter dahin kommen, und die schon so sehr erschöpfte Mannschaft würde den Beschwerden unterliegen. Unsere Lebensmittel sind weder in hinreichender Menge vorhanden, noch auch geeignet, der Mannschaft neue Kräfte zu verleihen. Ich habe bemerkt, daß die Kranken nur schwer wieder gesund werden.
Es ist wahr, unsere Schiffe sind in gutem Zustand und wohl gerüstet. Aber allen und vornehmlich der Viktoria fehlt das Tauwerk. Ferner habe ich Eurer Exzellenz schon wissen lassen, daß unsere Matrosen von den Beschwerden ganz erschöpft sind und daß unsere Vorräte nicht hinreichen werden, wenn wir auf diesem Weg nach den Molukken und von dort nach Spanien segeln wollen. Auch würde es sehr gut sein, wenn Eure Exzellenz nicht des Nachts an diesen Küsten schiffen wollte, sowohl wegen der Sicherheit der Schiffe, als auch, um der Mannschaft einige Ruhe zu gönnen. Nach 19 Stunden Tagesarbeit könnt Ihr wohl befehlen, daß man vier oder fünf Stunden sich vor Anker lege. Man

müßte den Anker nach Sonnenuntergang auswerfen, und wäre es nur, um die Klippen zu vermeiden, zwischen denen man selbst am Tage nur mit den größten Gefahren hindurchschiffen kann.
Ich habe dargelegt, wie ich über die Schwierigkeiten der Reise denke. Pflicht und Ehre haben mir nicht erlaubt, etwas zu verheimlichen. Eurer Exzellenz steht es zu, unsere Gründe zu erwägen und dann zu tun, was Ihr für klug haltet. Ich bitte Gott um die Erhaltung Eurer Tage.
Kanal Allerheiligen, 22. November 1520.

Andres de S. Martin

Aus dem Bericht über die Meuterei an Bord Seiner Majestät Schiff »Bounty« von William Bligh, London 1790

Dienstag, den 28.: Kurz vor Sonnenaufgang, als ich noch schlief, kamen Mr. Christian, der Schiffsprofos, der Stückmeister und ein Seemann mit Namen Thomas Burkitt in meine Kajüte und ergriffen mich mit Gewalt. Sie fesselten mir die Hände mit einem Strick auf dem Rücken und bedrohten mich mit dem Tod, wenn ich ein Wort sprechen oder den geringsten Laut von mir geben würde. Ich kehrte mich nicht daran und rief trotzdem, so laut ich konnte, in der Hoffnung, daß mir jemand zu Hilfe eilen würde. Aber sie hatten schon Vorsorge getroffen und die Offiziere, die nicht auf ihrer Seite standen, in ihren Kajüten eingesperrt und Posten vor ihre Türen gestellt. Vor meiner Tür standen außer denen, die mich gefangennahmen, noch drei Männer. Christian war mit einem Entermesser bewaffnet, die anderen mit Gewehren und Bajonetten. Ich wurde aus dem Bett gezerrt und wie ein Hund an Deck getrieben. Dabei verursachten mir die festgeschnürten Fesseln große Schmerzen.
Ich forderte sie auf, mir den Grund dieses gewalttätigen Vorgehens zu sagen, erhielt aber als einzige Antwort Beschimpfungen und die Weisung, den Mund zu halten. Der erste Steuermann, der Kanonier, der Schiffsarzt, Mr. Elphinstone, der Bootsmannsmaat und Nelson wurden in den Kajüten festgehalten, und an der Treppe zum Vorschiff standen bewaffnete Posten. Der Bootsmann, der Schiffszimmermann und später auch der Zahlmeister Mr. Samuel erhielten Erlaubnis, an Deck zu gehen. Dort sahen sie mich hinter dem Hauptmast stehen, die Hände auf dem Rücken gefesselt und von einem Trupp unter Führung von Christian bewacht. Der Bootsmann erhielt Befehl, das Beiboot auszusetzen und wurde bedroht, wenn er sich weigere.
Als das Boot zu Wasser gebracht war, erhielten Mr. Hayward und Mr. Hallet, die zwei Kadetten, und Mr. Samuel Befehl, einzusteigen. Ich forderte zu wissen, was dies solle und versuchte, die Leute in meiner Nähe zu überreden, von ihren Gewalttaten abzulassen, aber es machte keinen Eindruck auf sie.

»Halten Sie den Mund, Sir, Sie sind sonst ein toter Mann«, war die regelmäßige Antwort.

Der Steuermann hatte inzwischen um Erlaubnis gebeten, an Deck kommen zu dürfen und sie auch erhalten, aber er wurde bald wieder in seine Kajüte zurückgeschickt.

Ich setzte meine Bemühungen fort, die Männer zu überreden und auf meine Seite zu ziehen, als Christian sein Entermesser mit einem Bajonett vertauschte und den Strick, mit dem meine Hände gefesselt waren, mit festem Griff packte. Indem er sein Bajonett hob, drohte er mir unter vielen Eiden, mich zu töten, wenn ich nicht sogleich still wäre. Die Schufte um mich herum hatten ihre Gewehre gespannt und ihre Bajonette gezückt. Einige Leute erhielten Befehl, in das Boot zu steigen und wurden über die Reling gejagt. Ich schloß daraus, daß ich mit ihnen ausgesetzt werden sollte. Ich machte darum eine neue Anstrengung, das Blatt zu unseren Gunsten zu wenden, aber ich vernahm als Antwort nur die Drohung, daß man mir mein Lebenslicht ausblasen würde.

Der Bootsmann und die Seeleute, die in das Boot befohlen wurden, erhielten Erlaubnis, Bändsel, Segel, Tauwerk und ein Faß mit 28 Gallonen Wasser im Boot zu verstauen. Mr. Samuel durfte 150 Pfund Brot und eine kleine Menge Rum und Wein mitnehmen, außerdem einen Quadranten und einen Kompaß. Aber es wurde ihm unter Androhung des Todes verboten, irgendeine Karte, eine astronomische Tabelle, einen Sextanten oder Chronometer oder irgend etwas anderes von meinen Instrumenten, Berechnungen und Aufzeichnungen anzurühren.

Die Meuterer zwangen alle Männer der Besatzung, die ihnen unzuverlässig erschienen, in das Boot, und als dies geschehen war, befahl Christian, seiner Mannschaft einen ordentlichen Schluck Rum zu verabreichen. Ich sah jetzt, daß keine Hoffnung mehr bestand, das Schiff zu retten. Es war niemand da, der mir zur Seite trat, und alle meine Bemühungen wurden nur mit wilden Drohungen beantwortet.

Alsdann wurden die Offiziere an Deck geholt und gezwungen, über die Reling ins Boot zu steigen. Während der ganzen Zeit wurde ich von allen anderen getrennt hinter dem Hauptmast festgehalten. Christian hatte ein Bajonett in der Hand und den Strick fest gepackt, mit dem ich gefesselt war. Die anderen hatten die Gewehre gespannt, aber auf meine Aufforderung, auf die undankbaren Schufte zu schießen, entspannten sie ihre Büchsen wieder.

Es ist hier überflüssig, alle meine Bemühungen aufzuzählen, die Aufrührer wieder zu ihrer Pflicht zurückzurufen. Alles, was ich tun konnte, war, im allgemeinen zu ihnen zu sprechen, aber es machte keinen Eindruck, denn ich war festgebunden und niemand außer der Wache hörte mich. Sie ließen keinen in meine Nähe.

Unter den Meuterern selbst herrschte keine Einigkeit, und sie stritten sich heftig über unser weiteres Schicksal. Einer schwor und viele stimmten ihm zu: »Ich will verdammt sein, wenn er nicht nach Hause findet, wenn ihr ihm irgend etwas mitgebt!« (Damit war ich gemeint.) Und als die Zimmermannskiste vorübergetragen wurde, sagte jemand: »Kratz mir die Augen aus, aber er wird in einem Monat ein neues Schiff gebastelt haben.« Andere dagegen lachten und spotteten über die Hilflosigkeit des Bootes, das viel zu tief lag und die Insassen kaum faßte. Was Christian anbetrifft, so schien er seinen eigenen Untergang und den Untergang aller anderen nur zu wünschen.
Ich bat um Waffen, aber sie lachten mich aus und sagten, ich sei unter den Leuten, mit denen ich fahren würde, ganz gut bekannt und brauchte darum keine Angst zu haben. Als das Boot nach achtern verholt worden war, warfen sie jedoch noch vier Entermesser hinab. Die Offiziere und Seeleute im Boot warteten nur noch auf mich. Der Stückmeister meldete es Christian. Dieser wandte sich daraufhin an mich und sagte: »Kommen Sie, Kapitän Bligh, Ihre Offiziere und Seeleute sind im Boot und Sie müssen jetzt mit ihnen fahren. Wenn Sie zuletzt noch Widerstand leisten, werde ich Sie vom Leben zum Tod befördern müssen.« Dann wurde ich ohne weitere Zeremonien von einer Meute bewaffneter Lumpen über die Reling gehoben, wo mir die Fesseln gelöst wurden. Als ich im Boot saß, wurden wir nach achtern verholt. Dort warfen sie noch ein paar Flinten und einige Kleidungsstücke und auch die Entermesser zu uns herab, von denen schon die Rede war. Es war bei dieser Gelegenheit, daß der Stückmeister und der Zimmermann mir zuriefen, ich möchte mich daran erinnern, daß sie an der Sache nicht beteiligt gewesen seien. Dann mußten wir noch reichlichen Spott über uns ergehen lassen. Nachdem wir zur Belustigung dieser gefühllosen Schufte noch eine Weile festgehalten worden waren, warfen sie uns schließlich los und ließen uns auf das offene Meer treiben.
Trotz der Grobheit, mit der ich behandelt wurde, zeigte Christian Reue, als ich ihn an die Freundlichkeiten erinnerte, die ich ihm hatte zuteil werden lassen. Als ich vom Schiff gejagt wurde, fragte ich ihn, ob dies der Dank für die zahlreichen Beweise der Freundschaft sei, die er von mir empfangen habe. Er schien von meiner Frage verstört zu sein und rief leidenschaftlich: »Das – Kapitän Bligh – das ist es ja! Ich lebe in einer Hölle! Ich lebe in einer Hölle!«

Drake und Genossen

Es war vor ziemlich genau vierhundert Jahren an einem Flüßchen namens Pisagua im Norden von Chile. Ein junger Spanier hatte sich in dieser einsamen Gegend im Schatten eines Baumes niedergelegt, um sein Mittagsschläfchen zu halten, und seine schwere Last – sechzehn Barren Silber – achtlos ins Gras fallen lassen. Wer sollte sie ihm auch hier wegnehmen?
Der junge Mann hatte einen so tiefen Schlaf, daß er es nicht hörte, wie eine ganze Bootsbesatzung den Fluß heraufruderte, dort, wo das Wasser nicht mehr brackig schmeckte, die mitgebrachten Fässer füllte und dann neugierig den Schläfer beäugte. Das Silber, beim Fall aus der Tragtasche geglitten, glitzerte verräterisch. Die fremden Matrosen sahen einander an, sagten nichts, nur ihre Augen lachten.
Als der Spanier erwachte, lag die Tasche noch neben ihm, aber sie war leer. Mehr war ihm nicht geschehen, und darum glaubte er seither an Geister, die sich für Silber interessierten.
Ein paar Tage später trieb ein anderer Spanier acht schwer beladene Lamas dem Meer zu. Er schlief nicht, wie sein Landsmann, als ihm unversehens ein Wasserholtrupp in den Weg trat. Aber er war allein und machtlos. Auch ihm geschah nichts, nur seine acht Lamas mußten fortan auf englische Kommandos hören, mit all dem Silber, das sie auf dem Rücken trugen.
Die Spanier an der pazifischen Küste Südamerikas, die so friedlich gewesen war, wie sie es ihrem Namen schuldete, begannen tatsächlich an Geister zu glauben, als nach Silbertransporten ganze Schiffe verschwanden, als mitten in den stillen, kleinen Hafenorten urplötzlich ein unbekanntes Schiff mit großen Kanonen auftauchte, während die Spanier sich hier, wo sie keinen Feind hatten, doch gar nicht mit Geschützen abschleppten. Und aus der Kirche von Valparaiso war sogar die Altardecke verschwunden und mit ihr das ganze Silbergerät...
Der Urheber dieses Spuks war jedoch nicht, wie die Spanier glaubten, ein rachsüchtiger Indianergeist oder gar der Teufel in eigener Person, sondern El Draque, wie die geschröpften Kolonialherren sich den Namen des Francis Drake für ihre spanischen Zungen zurechtgemacht hatten: Francis Drake, mit dem Ihre Britische Majestät Königin Elisabeth I. den Spaniern zu zeigen gedachte,

Das Segelschulschiff »Gorch Fock« beim Auslaufen unter vollen Segeln.

Darstellung der »Sovereign of the Seas«, die unter Karl I. in England gebaut wurde.

Überseefrachtschiff im Nord-Ostsee-Kanal.

daß sie für ihr Volk und ihr Land die Aufteilung der Neuen Welt zwischen Spaniern und Portugiesen nicht anerkenne.
Seit Bartolomëu Dias, der ersten Fahrt des Columbus und der großen Indienreise des Vasco da Gama, war nun bald ein Jahrhundert ins Land gegangen, und noch immer taten die Majestäten in Lissabon und Madrid ganz so, als gehöre die Welt ihnen und sonst niemand. Daß Italiener und Holländer, Briten und Franzosen ebenso tüchtige Seefahrer waren, daß Männer dieser Völker, aber auch Deutsche, in nicht geringer Zahl an den West- und Ostindienfahrten teilgenommen hatten, das schien gar nichts zu gelten gegenüber jener Linie, die ein Papst durch die Ozeane gezogen hatte, um die Hemisphären zwischen den iberischen Mächten zu teilen.
Hätten die Zuspätgekommenen sich miteinander verbündet, so wären französische und deutsche Soldaten gemeinsam mit britischen und holländischen Flotten zweifellos imstande gewesen, dem spanisch-portugiesischen Kolonialreich in der Neuen Welt einen neuen Herrn zu geben. Aber welchen? Schon bei dieser Neuverteilung dessen, was Columbus und andere entdeckt hatten, wäre es zu den schwersten und zweifellos kriegerischen Auseinandersetzungen gekommen. Zudem stand Spanien ja nicht allein, sondern war dank der Heiratspolitik der Habsburger und deren Hausmacht mit dem kontinentalen Europa recht solide verklammert. So blieb also nichts übrig, als sich heimlich, gleichsam privat, doch noch einen Anteil an dieser allzu großen Beute zu sichern, und tatsächlich nannten die Briten das dazu angewandte Verfahren *Privateering* und die Männer, die es am besten verstanden, *Privateers*.
Die Tätigkeit dieser Männer war so privat, daß Großbritannien und Spanien dennoch in Frieden miteinander leben und diplomatische Beziehungen unterhalten konnten; ganz so privat konnte sie allerdings auch nicht sein, sonst hätte nicht Königin Elisabeth I. so wohlwollend von ihr Notiz genommen.
»Dieser Tage«, berichtete der spanische Botschafter in London in einem Geheimschreiben an seinen König, an Philipp II., »ist der Kapitän Cavendish aus Peru zurückgekehrt. Er gab der Königin ein Bankett auf seinem Schiff und erzählte des langen und breiten von seinen Heldentaten. Seine Beute ist zweifellos beträchtlich, denn der Speisesaal war mit gold- und silberdurchwirkten Stoffen dekoriert. Jeder der Matrosen trug eine goldene Kette um den Hals, die Segel waren aus blauem Damast (!) und die Standarten verschwenderisch bestickt. So mußte eine Kleopatra gereist sein! Es fehlten nur noch die Taue aus Seidengarn... Die Königin jedoch soll in ihrer Tischrede gesagt haben: Der König von Spanien ist ein Hund, der nur bellt, aber nicht beißt. Ich kümmere mich nicht um sein Gejaule, solange er seine Schiffe für mich mit Gold und Silber belädt!«
Jede Politik hat ihre Gegner, und darum gab es auch am britischen Hof Lords, die für eine Verständigung mit Spanien und gegen diese Politik der Nadel-

stiche waren. Elisabeth aber war eine sparsame Frau und dachte nicht daran, auf das viele Silber zu verzichten, das ihrem mit Glücksgütern keineswegs gesegneten Inselreich auf diese Weise zufloß – nach Abzug eines recht ansehnlichen Prämienanteils für die Herren Privateers natürlich ...

Dazu kam zweierlei, was mit Herkunft und Jugend dieser großen Königin zu tun hat und für ihre Einstellung gegenüber Spanien Gewicht erlangte. Ihr Vater, Heinrich VIII., hatte schon sehr viel von der britischen Flotte gehalten und mehr als die meisten seiner Vorgänger dafür getan, eine britische Seemacht zu schaffen, die es mit den Großmächten jener Jahre aufnehmen könne; das war das eine. Das andere war eine düstere, ja bedrohte Jugend, die Elisabeth unter dem ständigen Druck ihrer Halbschwester, der Königin Mary zubrachte, die man nicht umsonst *the bloody Mary* nannte und die jeden Tag auf den Gedanken kommen konnte, zu den 277 Morden, die man ihr zur Last legt, noch einen 278. an der unbequemen Rivalin zu begehen. Diese Queen Mary aber war die Gemahlin Philipps II. von Spanien gewesen.

Diese und die wirtschaftlichen Gründe drängten Elisabeth I. und England zu einer Auseinandersetzung mit dem meerbeherrschenden Spanien, das auch auf dem Kontinent so große Macht entfaltete. Und Seekrieg zu führen, und sei es auch mit einzelnen, kleinen Flottenverbänden oder einsam kämpfenden Schiffen, das lag einem Inselvolk am Westrand Europas immer noch näher als die Entsendung britischer Truppen in kontinentale Kriege.

Was aus dieser Politik für die Geschichte der Seefahrt folgte, ist eine Fülle des Verzeichnens werter Ereignisse, kühne *Privateering-Voyages*, Überfälle auf spanische Festlandsbesitzungen an der Karibischen See und am Pazifik, Raubzüge gegen Land- und Seetransporte, insgesamt also Aktionen, die nach Charakter und geschichtlicher wie wirtschaftlicher Bedeutung weit über die eigentliche Seeräuberei hinausgehen. Dennoch hat man Hawkins, Drake, Cavendish und andere Helden dieses Kaperkrieges ebenso wie ihre großen französischen Konkurrenten Jean Bart, Surcouf oder Fleury Piraten genannt, weil man auch die Freibeuter der nordafrikanischen Barbareskenstaaten Piraten nennt, die schließlich ebenfalls für einen Bey oder Sultan zur See fuhren und die Schiffe mit den Halbmondflaggen verschonten, wie Drake etwa die britischen.

Die Frage ist knifflig, einwandfrei nicht zu lösen und vielleicht damit zu beantworten, daß man erstens auch diese Freibeutereien mit sehr verschiedenen Methoden betreiben konnte. Es macht nämlich einen Unterschied, ob Gefangene versklavt, verkauft und an Ruderbänke geschmiedet werden, oder ob man sie nach Kriegsrecht behandelt. Zweitens kann man nicht verlangen, daß ein Mann seine Taten als etwas Unrechtmäßiges ansieht, wenn am Ende solch einer Fahrt die Queen höchstselbst an Bord kommt, mit ihm tafelt, ihn belobt oder ihn – wie Francis Drake – zum Ritter schlägt. Solange einem dieser Korsaren keine überflüssige Grausamkeit gegen eigene Leute oder Gegner vorgeworfen werden kann, bleibt er für sein Volk und dessen Herrscher ein Ehrenmann, und es wäre ein sehr unnützes Unterfangen, diese Männer zu etwas stempeln zu wollen, was es leider zu allen Zeiten gegeben hat – zu Verbrechern auf See.

Francis Drake hatte denn auch, als er im Dezember 1577 den Hafen von Plymouth verließ, keineswegs nur Halsabschneider oder Desperados an Bord seiner drei bewaffneten und zwei zusätzlichen Versorgungsschiffe, sondern Ärzte, einen Feldkaplan und eine kleine Gruppe hochadeliger Herren, die im Schutze des königlichen Segens mit diesem zwar bürgerlichen, aber tüchtigen Kapitän einmal schnell um die Welt zu segeln gedachten.
Die nicht unbeträchtlichen Ausrüstungskosten für das Geschwader waren nach altem hansischen Brauch von mehreren Geldgebern gemeinsam aufgebracht worden, die damit Anteile am finanziellen Ergebnis des ganzen Unternehmens erworben hatten. Brachte es nichts, weil die Schiffe sanken oder den Spaniern unterlagen, so hatten die Herren, unter denen höchster Adel und die Krone selbst waren, eben mit Zitronen gehandelt. Auch dieses Verfahren, das ganz ähnlich in Frankreich gehandhabt wurde, läßt erkennen, daß die Privateers so wenig als Seeräuber angesehen wurden wie die französischen Korsaren, unter deren Geldgebern Grafen und Bischöfe waren.
Ähnlich wie Magellan hatte auch Drake seinen Leuten zunächst nicht reinen Wein eingeschenkt, sondern im Hafen verbreiten lassen, das Ziel der Kaperfahrt sei Alexandria im angenehmen Mittelmeer, wohin man aus dem englischen Winter nur zu gerne fuhr.
Erst auf dem Atlantik, als sie bereits wochenlang gesegelt waren und eine erste portugiesische Prise genommen hatten, weil es sich um ein besonders seetüchtiges Schiff handelte, erst in diesem Augenblick, da Umkehr schon mit Niederlage gleichzusetzen war, gab Drake seinen Leuten bekannt, daß Kaperkrieg an der pazifischen Küste Südamerikas geplant sei. Die Matrosen, die diese Mitteilung mangels geographischer Bildung nicht zu würdigen wußten, erfuhren bald von ihren Kameraden, daß dies nichts anderes bedeute als eine Fahrt durch die mörderische Magellan-Straße, die seit einem halben Jahrhundert kein Schiff unbeschadet passiert habe – eine Fahrt von vielen Monaten, ja wohl einigen Jahren, mit einer Rückkehr, von der in dieser Weltstunde und nach dem Stand der geographischen Kenntnisse niemand sagen konnte, auf welchem Weg sie erfolgen sollte: quer durch die alarmierten Spanier wieder um Südamerika herum, oder um die ganze Welt, durch das Inselgewirr der Molukken mit seinen zahllosen Riffen.
Und dennoch, trotz dieser düsteren Aussichten, die eigentlich überhaupt keine Aussichten waren, sondern nur die Gewißheit endloser Mühen und Gefahren, opponierte die Mannschaft offenbar weit weniger als – abermals wie im Fall

Magellans – der nach Drake höchste Teilnehmer der Expedition: Drakes einstiger Freund und Vertrauter, der Hofmann Thomas Doughty, der mit seinem jüngeren Bruder an Bord gekommen war.

Im öden Port St. Julian, wo Magellan seine Hinrichtungen vorgenommen und Cartagena ausgesetzt hatte, hielt auch Drake den Augenblick für gekommen, reinen Tisch zu machen. Er wollte nicht mit einem Aufrührer im Rücken in die Kämpfe gegen die Spanier gehen. Er schien auch den Verlauf der Magellan-Fahrt sehr genau studiert zu haben und mußte wissen, daß in der engen Magellan-Straße eine Verfolgung etwa fliehender Schiffe, die auf eigene Faust zurückkehren wollten, so gut wie ausgeschlossen war.

Doughty scheint noch keinen Gewaltakt begangen zu haben. Die Meuterei schwelte noch, aber Drake bildete aus vierzig Seeleuten und mitreisenden Adeligen eine Art Tribunal, vor dem Doughty sich sehr offen verantwortete und mehr zugab, als für seine Lage gut war. Er gestand, das geheime Ziel der Fahrt schon in England an die Gegner der Auseinandersetzung mit Spanien verraten zu haben und andere Untreueakte, und Drakes Gericht kam einstimmig zum Todesurteil.

Sicher bezeugt ist das makabre letzte Essen Doughtys, das er und Drake gemeinsam einnahmen und bei dem es hoch herging. Tags darauf ließ Drake dem früheren Freund den Kopf vor die Füße legen. Ein geschickter Schiffszimmermann hatte den Galgen gefunden, an dem fünfzig Jahre zuvor Magellan die Meuterer hatte aufhängen lassen. Die abergläubischen Seeleute bezahlten Gold für die Becher aus Galgenholz, die der Zimmermann ihnen drechselte.

Unter so düsteren Vorzeichen fuhr Drakes *Pelican*, hier in *Golden Hind* umgetauft, in die Magellanstraße ein und brachte sie auch gut hinter sich. Erst am Westausgang der Enge, auf der pazifischen Seite, packten die fürchterlichen Kap-Hoorn-Stürme das kleine Schiff, und Drake mußte trachten, die hohe See zu gewinnen, um nicht in die Klippen geschmettert zu werden.

Da die kleineren Schiffe vor dieser neuen, schwierigen Phase der Fahrt zerstört worden waren, hatte Drake außer seinem Schiff nur noch die *Marigold* unter Kapitän John Thomas und die *Elisabeth* unter Kapitän Winter. Thomas wurde auf eine Klippe geworfen und ging mit der ganzen Mannschaft zugrunde. Das Wrack fand einige Jahre darauf der Weltumsegler Cavendish.

Winter hingegen hatte sich in die Magellanstraße geflüchtet, die mit ihren hohen Felswänden einigermaßen ruhiges Fahrwasser bot, und dort das Wüten der Stürme abgewartet. Als er sich wieder in den Pazifik hinauswagte, war von der *Golden Hind* jedoch nicht einmal die Mastspitze zu sehen. Das kleine Schiff hatte das einzige getan, was man in diesem Fall tun konnte, es hatte sich vom Sturm treiben lassen, war der gefährlichen Küste entronnen, aber weit nach Süden zurückgeworfen worden. Auf diese Weise sichtete Francis Drake, nachdem er schon die Magellanstraße passiert hatte, jene Felseninsel, die später den Namen Kap Hoorn erhielt. Drake stellte auch fest, daß Südamerika nicht bis zum Pol reichte, sondern daß zwischen Antarktis und Feuerland eine breite Meeresstraße offen sei – eine Straße allerdings, in der die fürchterlichsten Stürme tobten und mörderische Seen die Schifffahrt beinahe unmöglich erscheinen ließen.

Wochenlang kämpften Drake und seine Männer in ihrer Nußschale gegen das übelste Wetter und die heftigsten Stürme, welche die Erde überhaupt zu bieten hat. Dann endlich ließ die Gewalt der Elemente ein wenig nach, und die *Golden Hind* konnte mit Nordkurs in ihren eigentlichen Aktionsbereich laufen. Um zu beurteilen, was bis dahin geleistet werden mußte, braucht man sich nur zu vergegenwärtigen, daß zweihundert Jahre später die *Bounty* unter ihrem harten, aber tüchtigen Kapitän Bligh trotz Sonderausrüstung und ausgezeichnet ausgebildeter Besatzung vor dem Kap umkehrte und Tahiti auf einer umgekehrten Weltreise über das Kap der Guten Hoffnung ansteuerte!

Nun allerdings kam für Drake und sein Schiff eine bessere Zeit. Ein paar Tage kreuzte er noch, um Winter und Thomas zu finden, aber es war zu spät. Der eine lebte nicht mehr, der andere hatte nach langem, vergeblichem Warten, nach vielen Tagen, in denen hohe Rauchsäulen Drake Zeichen geben sollten, den Rückweg angetreten, nicht als Meuterer, sondern weil er allen Grund zu der Annahme hatte, die *Golden Hind* sei mit Mann und Maus ein Opfer des fürchterlichen Sturms geworden.

An der friedlichen chilenischen Küste, an der sich außer spanischen Schiffen nur hin und wieder Kauffahrteiflotten wie etwa die der Welser gezeigt hatten, erschien Drake wie der Wolf in der Schafherde. Ahnungslos im Hafen liegende Besatzungen wurden überwältigt, als sie die vermeintlichen Landsleute zu einem Glas Wein und einem Schwätzchen über die ferne Heimat an Bord baten. Andere Schiffe wurden sehr einfach dadurch seeuntüchtig, daß ein Beiboot der *Golden Hind* die Runde im Hafen machte und alle Ankertaue durchschnitt.

Und dann kam, nachdem man längs der Küste wertvolle Informationen gesammelt hatte, die Jagd nach der vermutlich wertvollsten Prise, die je von einem Korsaren aufgebracht worden ist, nach dem spanischen Großschiff *Nuestra Señora de la Concepción*, wegen seiner vielen Geschütze kurz und ehrfurchtslos auch *Cacafuego*, der Feuerkacker, genannt.

Ein anderer hätte um so einen Gegner einen weiten Bogen gemacht. Drake hingegen setzte eine Belohnung für den Matrosen aus, der das wertvolle Schiff zuerst sichtete. Es war eine ungleiche Jagd, da das Wild nicht wußte, daß es einen Jäger gab in diesen Gewässern. Schließlich kam die *Cacafuego* in Sicht. Drake lief langsam hinter ihm her, bis es zu dunkel für wirksamen Geschützeinsatz wurde und ging dann nahe heran.

Das war nicht verwunderlich. Solange die spanische Besetzung Südamerikas auch schon währte, die Schiffe aus der Heimat waren doch sehr selten an der pazifischen Küste, brachte man doch die Waren viel lieber auf dem Landweg über den Isthmus von Panama. Die Leute auf der *Nuestra Señora* waren darum vor allem neugierig, drehten vor dem kleineren Artgenossen höflich bei und hatten Minuten später die unangenehme Gewißheit, in eine Falle gegangen zu sein. Denn hinter Drakes Kanonen standen die Feuerwerker mit der brennenden Lunte, die Geschütze des *Cacafuego* aber waren allesamt unbesetzt.

Dennoch weigerte sich der mutige spanische Kapitän, das Schiff zu übergeben. Eine britische Breitseite, die aus dieser Nähe mit fürchterlichem Krachen in die Geschützpforten des Spaniers fuhr, trieb die gesamte Besatzung des großen Schiffes unter Deck. Nur der Kapitän wich und wankte nicht und blieb an Deck, bis ihm Drake väterlich die Hand auf die Schulter legte und ihm riet, doch nicht sinnlos sein Leben zu opfern. Er werde Schiff und Freiheit wiederbekommen und sogar wesentlich schneller segeln können als bisher, denn die Ladung werde dann auf der *Golden Hind* die Ballasträume füllen.

Auch die Drake-Forschung hat bis heute nicht befriedigend zu beantworten vermocht, was die Beute wert war, die in den nun folgenden Tagen sorgfältig und bei bester Laune von der Prise auf die *Golden Hind* umgeladen wurde. Es sollen 40 Kilo Barrengold, sechsundzwanzig Tonnen Silber, dazu Edelsteine, Perlen und allerlei Becher, Teller und andere Gegenstände aus Gold und Silber gewesen sein, indianische Handarbeit für die Tafel Philipps II. von Spanien. Wenn die zeitgenössische Schätzung aus spanischer Quelle stimmt, daß es 800 000 Goldpesos gewesen seien, so könnte man nach heutiger Kaufkraft etwa 24 Millionen DM als Gegenwert annehmen …

Drake war so guter Stimmung, daß auch weiterhin nur das Minimum an Gewalt angewendet wurde. Ja der scheidende Kapitän des *Cacafuego* erhielt sogar einen gravierten Goldbecher als Andenken an Francisco Draque. Auch die später aufgebrachten Spanier hatten sich nicht zu beklagen. Drake sorgte so bedachtsam dafür, daß sie heil Land erreichten, als lebe man nicht in einer Zeit, in der Gefangene auf See mit Vorliebe einfach ins Meer gekippt wurden, da man weder Platz noch Verpflegung für unnütze Esser an Bord hatte.

Einer der bezwungenen Kapitäne fand dieses Verhalten darum auch so bemerkenswert, daß er in seinem Bericht an seinen König ein ganzes, für uns sehr wertvolles Porträt des britischen Korsaren zeichnete. Wir verdanken es Don Francisco de Zarate, der mit Seide und Porzellan aus China Drake in die Hände gefallen war.

»Dieser Drake ist ein Verwandter von John Hawkins und mit jenem Piraten identisch, der vor etwa fünf Jahren unsere Stadt Nombre de Dios plünderte. Vom Aussehen her dürfte er etwa fünfunddreißig Jahre zählen (Drakes Ge-

Der zeitgenössische Stich schildert das Gefecht zwischen Drakes »Golden Hind« und dem spanischen Schatzschiff »Cacafuego«.

burtsdatum ist unbekannt. Er dürfte um 1540 und zwar in Tavistock, Devonshire, geboren worden sein und starb 1596, war 1579, als er den Spanier gefangennahm, also etwa vierzig Jahre alt) und trägt einen nicht sehr dichten rötlichen Bart. Er ist kräftig, aber nicht sehr groß und meines Erachtens einer der bedeutendsten Seefahrer aller Zeiten, nicht nur wegen seiner Kenntnisse und Fähigkeiten, sondern auch, weil er die ihm unterstehenden hundert Menschen so vollkommen zu führen versteht. Die *Golden Hind*, sein Schiff, trägt etwa 400 Tonnen, segelt sehr schnell und verfügt über eine junge, gut ausgebildete Mannschaft. Drake behandelt seine Leute gut, ja beinahe liebevoll, und sie bringen ihm Respekt und Verehrung entgegen.
Dazu hat er noch neun oder zehn vornehme Engländer an Bord, die seine Berater sind. Bei jedem Anlaß, mag er noch so unbedeutend sein, wird dieser Rat zusammengerufen. Francis Drake hört sich dann alles an, was die Herren zu sagen haben, und kehrt sich schließlich doch nicht daran, denn in Wirklichkeit interessiert ihn ausschließlich seine eigene Meinung. Unter den Räten wird keiner vorgezogen, auch nicht der portugiesische Pilot Nuño da Silva, den Drake schon im Atlantik von einem Prisenschiff an Bord genommen hat.

Dieser Mann hat übrigens, solange ich an Bord der *Golden Hind* gefangen war, in meiner Gegenwart kein Wort gesprochen.
Das Essen wird Francis Drake auf silbernem Geschirr aufgetragen, dessen Teile alle sein Wappen tragen. Auf den Tisch kommen erlesene Speisen und Getränke, sogar Duftwässer, von denen Drake behauptet, einige von ihnen seien ein Geschenk der Königin an ihn persönlich ...«
Wir wollen nicht hoffen, daß Elisabeth I. damit andeutete, ihr mutiger Kapitän möge mehr für seine Körperpflege tun. Jedenfalls aber scheinen die auf dem kleinen Schiff zusammengepferchten hundert Mann gewisse Ausdünstungen verbreitet zu haben, die eine so feine Tischrunde eben mit Parfüms bekämpfen mußte.
Bald nach Don Francisco de Zarate ging Drake ein weiterer spanischer Handelsfahrer ins Netz, der ebenfalls über den Pazifik gekommen war und streng

Dieses Bild (nach einem zeitgenössischen Kupferstich) zeigt die Küste Virginias um 1590. Sir Walter Raleigh gründete Virginia als englische Kolonie.

geheime Seekarten dieses Riesenozeans an Bord hatte – soweit die Lage der Inseln und Küsten damals eben bekannt war. Für Drake, der ja keinen Zugang zu den spanischen Archiven gehabt hatte, war dieser Fang von lebensentscheidender Bedeutung, denn wenige Wochen später stellte sich heraus, daß die Rückkehr in den Atlantik rund um Nordamerika herum(!) unmöglich sei. Schon auf der Höhe des heutigen Vancouver-Island geriet Drake in schwere Schneestürme, und seine nun verwöhnte Mannschaft, die den Reichtum unter den Planken wußte, verlangte stürmisch nach einer weniger gewagten Heimkehrroute.

Für uns ist Drakes Versuch, längs der kalifornischen und kanadischen Küste nordwärts vorzustoßen und eine Durchfahrt zu suchen, ein Beweis für die unbändige, buchstäblich vor nichts zurückschreckende Kühnheit dieses Mannes. Nur Gerüchte konnten ihm diese Möglichkeit angedeutet haben, niemand hatte festgestellt, ob es überhaupt eine Durchfahrt gebe. Sir Martin Frobisher, der wenige Jahre vor Drakes Auslaufen aus Plymouth allerdings einen Versuch unternommen hatte, solch eine Durchfahrt von Labrador aus zu finden, glaubte fest an die Existenz eines nördlichen Seeweges um Amerika herum und scheint Drake zu einem Versuch von der pazifischen Küste aus ermuntert zu haben.

Als Francis Drake mit der dringend der Überholung bedürftigen *Golden Hind* nach Süden wendete, landete der Privateer Ihrer Majestät in einer Bucht nördlich des heutigen San Francisco, die noch jetzt Drakes Bay heißt, und brachte dort zum Zeichen der Besitzergreifung für Elisabeth I. eine Metalltafel mit dem Wappen der Königin an einem Felsen an. Das durch Jahrhunderte verschollene einzigartige Dokument wurde 1937 aufgefunden und zunächst natürlich für eine Fälschung gehalten. Nach einer genauen Analyse der Messinglegierung, aus der die Tafel besteht, gilt sie heute jedoch als echt und ihre Inschrift als authentisch:

> Jedermann wird hierdurch kundgetan,
> daß ich am 17. Juni 1579 dank der Gnade
> Gottes und im Namen Ihrer Majestät
> Königin Elizabeth von England und ihrer
> Nachfolger für alle Zeiten von diesem
> Reich Besitz ergreife. König und
> Volk dieses Landes haben ihre Rechte
> freiwillig an mich abgetreten, als an
> den Vertreter Ihrer Majestät, weswegen
> ich dem Land den Namen Nova Albion gebe.
> FRANCIS DRAKE

Das Einverständnis von König und Volk war übrigens nicht erdichtet oder erschlichen, wie so oft etwa bei Columbus. Die Indianer an der Bucht hatten

Drake und die Seinen voll Freundlichkeit und Verehrung aufgenommen, denn bis zu ihnen waren die Spanier noch nicht vorgedrungen, sie hielten also noch etwas von den Weißen, und zwar sehr viel. Die meiste Mühe kostete es Drake, dem Häuptling klarzumachen, die Weißen seien keine Götter und das Schiff mit Segeln und Kanonen, so imposant es aussah, doch nur Menschenwerk. Drake mußte den Häuptlingsschmuck aufsetzen, und alle Riten einer Unterwerfung wurden vollzogen, so daß Drake sich unversehens in der Rolle eines Walter Raleigh fand.

Drake, der auf der Mocha-Insel im Südatlantik beinahe das Leben verloren hätte, weil die Insulaner ihn und seine Leute für Spanier hielten, erlebte hier, wie Naturvölker sein können, bevor sie den Kolonialismus am eigenen Leib verspürt hatten. Er nützte diese günstige Situation zu der großen, vor der Überquerung des Pazifik unbedingt nötigen Überholung des ganzen Schiffes. Es wurde an Land gezogen, die über den Rumpf genagelten Schutzplanken der zweiten Haut wurden von Muscheln und Algenbefall gereinigt, die Takelung ausgebessert, die Vorräte so weit ergänzt, als die ohnedies schon schwere Ladung des Schiffes es zuließ.

Dann lief Drake, der nun keine Schwierigkeiten mit seinen Leuten mehr hatte, in den Pazifik hinaus. Er hatte – da er sich gern mit ihnen aussprach – allen versichert, daß der Zweck der Reise erreicht sei und künftig Kämpfe vermieden würden. Es gelte nur noch, all die Schätze im Laderaum gut heimzubringen, um sich ihrer auch tatsächlich erfreuen zu können. Und das sahen sie alle um so eher ein, als kein Mann ihnen eine sicherere Rückkehr mit besseren Chancen bieten konnte als eben Francis Drake.

Die Fahrt durch die Weiten des Pazifik verlief trotz Langeweile in guter Stimmung. Man scheint zwischen dem vielen Silber noch Platz für etliche Tönnchen chilenischen Rotweins gefunden zu haben. Inseln wurden ebensowenig entdeckt wie von Magellan oder Mendaña. Sie liefen alle zwischen ganzen Inselschwärmen hindurch, bis sie bereits im australischen Raum auf Küsten stießen. Magellan auf die Marianen, Mendaña auf die Salomonen, Drake auf die Palau-Gruppe, wo er erst nach Artilleriesalven zu Frischwasser und Früchten kam.

Daß die *Golden Hind* die klippenreiche Sunda-See ohne Seekarte ungefährdet durchqueren könnte, nahm Drake wohl nur an, weil er diese tückischen Gewässer nicht kannte und auch keine Berichte darüber hatte. Mit einheimischen Lotsen von den Philippinen kam er immerhin bis Ternate, wo er auf das Silber noch sechs Zentner Gewürznelken packte. Bald darauf aber lief die ganze duftende Herrlichkeit auf ein unterseeisches Riff unweit von Celebes, und die Strömung schob die *Golden Hind* nur immer höher und höher auf den Felsen.

Im allgemeinen waren solche Zwischenfälle für die Nußschalen der Kravellenzeit nicht so gefährlich wie für einen eisernen Rumpf von Tausenden von Tonnen, aber verzweifelt war die Lage doch, denn wer wollte sich schon von den vielen Tonnen Silber trennen, die den Bauch der goldenen Hindin so schwer machten, daß sie sich nicht mehr rührte! Drake war in der Lage des Cortez in der *Noche triste*, als die aus Mexiko fliehenden Spanier, von den Azteken bedrängt, alles von sich warfen, was sie Montezuma und dessen Untertanen abgenommen hatten, um das nackte Leben zu retten. Aber Drake war nicht Cortez, er war Privateer, kein Edelmann, und seine Leute waren keine Spanier. Drei Zentner Gewürznelken, die Hälfte der Duftladung, das war alles, was geopfert wurde, kein Gramm Silber. Eine gnädige Flut schaukelte die *Golden Hind* frei, das Schiffchen schwamm wieder, so gut wie unbeschädigt, und fortan hütete sich Drake vor allen Küsten wie der Teufel vor dem Weihwasser: Auf der ganzen langen Atlantikstrecke zwischen dem Kap der Guten Hoffnung und der britischen Küste legte die *Golden Hind* nur ein einziges Mal an, nämlich auf der Höhe des heutigen Sierra Leone, um Frischwasser und Verpflegung einzunehmen. Dann wurde geradewegs Plymouth angesteuert. Von Sierra Leone nach Plymouth segelte das Schiff, das immerhin eine Weltreise hinter sich und beinahe drei Jahre keinen Heimathafen gesehen hatte, nur acht Wochen. Die Monsterstrecke von Java um das Kap nach Sierra Leone hatte drei Monate beansprucht. Wenn jemand segeln konnte, dann war es Drake!

Die Galeone »Golden Hind«, mit der Drake die zweite Weltumsegelung durchführte.

Trotz einiger Bravourstücke späterer Klipper, die mit ihrer Teefracht besonders schnell von China nach England gelangten und unter günstigen Verhältnissen auf einer Strecke, die sie gleichsam im Pendelverkehr befuhren, gelegentlich erstaunliche Geschwindigkeiten erzielten, bleibt die Weltumseglung der *Golden Hind* unter einem Kapitän und mit einer Mannschaft die wohl imponierendste Leistung des eigentlichen Segelschiffzeitalters, ein verblüffendes Ereignis auch für die Zeitgenossen und trotz Magellan wohl die erste jener Seefahrten, aus denen man ableiten durfte, die Erde sei nun endlich ein Ganzes auch im Sinne des Weltverkehrs geworden.
Francis Drake freilich hatte den Weltverkehr noch nicht im Sinn, eher dessen Gefährdung, denn die Welt gehörte den Spaniern und den Portugiesen. Das mußte Drake auch verspüren, als er in London eintraf und zwar diskret beglückwünscht, nicht aber laut gefeiert wurde. Die hohen Herrschaften, die auf ihn gesetzt hatten, strichen sehr gerne die mehr als 4000 Prozent Gewinn ein, die seine Fahrt erbracht hatte. Im übrigen aber bedeutete man ihm, sich still zu verhalten, denn Philipp II., Drakes großer Gegner, schicke sich eben an, Portugal zu verschlucken und werde danach so mächtig sein, daß England keinesfalls einen Krieg mit ihm brauchen könne.
Natürlich fand die geschickte Königin dennoch einen Weg, ihren treuen Drake zu empfangen. Sie ließ ihn wissen, daß er durchaus die Ehre haben könne, ihr ein paar besonders hübsche Souvenirs von seiner Weltreise zu Füßen zu legen. Sie dürfe Raubgut zwar nicht behalten, aber aus rein weiblicher Neugierde wolle sie die hübschen Dinge doch betrachten.
Drake wäre nicht Drake gewesen, hätte er solche Worte mißverstanden. Er belud eine malerische Tragtierkolonne mit dem königlichen Anteil an dem großen Raub und machte sich von Plymouth nach London auf. Elisabeth zog die Brauen hoch und erklärte, dieses unrechte Gut sofort beschlagnahmen zu müssen. Drake fügte sich, und die Tragtiere trotteten in den Tower. Die beschlagnahmten Schätze wurden nie wieder gesehen, aber dem spanischen Gesandten berichtete man natürlich, Drake sei seines Raubes nicht froh geworden.
Francis Drake konnte es gleichgültig sein, er wollte Elisabeth keine Schwierigkeiten machen, und sein Anteil war ihm ja nicht weggenommen worden. Nach und nach, so daß es nicht auffiel, kam ihm auch das eine oder andere Landgut aus den Händen der Krone zu, und sogar den verdienten Ritterschlag rang Elisabeth sich ab, indem sie in Begleitung einiger Diplomaten an Bord der *Golden Hind* erschien und den anwesenden französischen Botschafter bat, an ihrer Stelle und in ihrem Auftrag Drake zum Ritter zu schlagen – was der galante Herr natürlich nicht ablehnen konnte.
Sir Francis, wie der Privateer nun hieß, wurde Vizeadmiral und erhielt noch manche Gelegenheit, der Krone für die erwiesene Auszeichnung zu danken,

denn die Auseinandersetzung, die Elisabeth in den siebziger Jahren des Jahrhunderts noch zu vermeiden hoffen durfte, kam im nächsten Jahrzehnt unweigerlich auf sie zu, ging es doch nun nicht mehr um Spanien und England, sondern um Seeherrschaft und Weltgeltung.

Nach unerhörten Triumphen des einigen Christentums am Ende des Mittelalters, nach der Vertreibung der Mauren und Juden aus Spanien und der Christianisierung des mittleren und südlichen Amerika, hatte sich durch die Reformation in dem kleinen Mutterkontinent der Kolonisationen ein gefährlicher Riß aufgetan. Noch ahnten die jenseits des Ozeans unterworfenen und mit Missionaren durchsetzten Völker nichts von der europäischen Spaltung, aber diese mußte in dem Augenblick offenbar werden, da holländische und britische Schiffe neue Weltgegenden entdeckten und dort oder in dem erst an den Küsten bekannten Nordamerika Kolonien gründeten.
Durch diese Gegensätze, die den Landmächten schon genug zu schaffen machten, war der Kampf der britischen Korsaren gegen Spanier und Portugiesen unversehens zu einer religiösen Auseinandersetzung geworden, nicht nur zu macht- und weltpolitischem Futterneid. Und dort, wo die klügsten Köpfe saßen, in den stillen, hohen Kanzleien des päpstlichen Palastes zu Rom, sah man voraus, daß die Abgefallenen, dank ihrer Tüchtigkeit zur See, schon in den nächsten Jahren Ketzerkolonien in aller Welt begründen würden. Damit wäre die Kirchenkritik des Mönches Luther und seiner Mitstreiter weit hinausgetragen worden in die Welt und das ungeheure missionarische Werk bei den Westindern und anderen Völkern auf das schlimmste gefährdet.
Angesichts dieser unausgesprochenen, aber auf der katholischen Welt lastenden Drohung setzte der Papst sich mit dem mächtigsten katholischen Herrscher – mit Philipp II. von Spanien – in Verbindung und schloß am 29. Juli 1587 einen Vertrag mit ihm, dessen Ziel nichts Geringeres war, als die Eroberung Englands und die Wiedereinführung des katholischen Glaubens auf dieser großen Insel, die seit Heinrich VIII. protestantisch war.
Der Papst jener Jahre war Sixtus V. (1585–1590), einer der größten Päpste und einer der bedeutendsten Staatsmänner seines Jahrhunderts. Felice Peretti war aus großer Armut zu hohen Kirchenämtern aufgestiegen und hatte in den wenigen Jahren seines Pontifikats wahre Wunder an Tatkraft vollbracht. Zwei Erbübel der päpstlichen Länder beseitigte er mit eiserner Hand: das Banditenunwesen und die Ohnmacht der Päpste zur See. Um sich aber nach England zu wagen, war seine tüchtige Galeerenflotte doch viel zu klein. Darum wurden in jenem Vertrag Philipp II. nicht nur Hilfsgelder versprochen, sondern auch eine Prämie von einer Million Goldscudi im Fall des Erfolges – das war ein Viertel des gesamten päpstlichen Schatzes!
Die Landung von Truppen auf der Insel England bedingte naturgemäß die

VANCOUVER
DRAKE BAY
San Francisco
Raleigh
Jamestown
ROANOKE
RALEIGH BAY
San Juan
PUERTO RICO
Guatulco
Nombre de Dios
TRINIDAD
Orinoko
Plymouth
Sierra Leone
Callao
Lima
Pisagua
Valparaiso
St. Julian
MAGELLANSTRASSE
KAP HOORN

Drakes Weltumsegelung 1577–1580

Seeherrschaft in den Gewässern südlich und östlich der Landungsstrände und der Versorgungspunkte, denn Truppen brauchen ja Nachschub und würden geopfert, wollte man sie etwa in einem Überraschungscoup nachts über den Kanal schaffen und danach ihrem Schicksal überlassen.

In der europäischen Geschichte gibt es keine zweite ebenso spektakuläre amphibische Aktion wie diesen von Zeit zu Zeit wiederholten Landungsversuch, doch ist dies eine Betrachtung aus heutiger Sicht. Als Sixtus V. und Philipp II. die Eroberung Großbritanniens beschlossen, blickten sie noch nicht auf die vielen gescheiterten Versuche der Stuart-Prätendenten zurück wie wir, denn diese Versuche fallen erst ins siebzehnte und achtzehnte Jahrhundert. Und in den Zeiten *vor* der Ausbildung einer kräftigen britischen Seemacht hatte der Ärmelkanal keine sonderliche Rolle gespielt. Wilhelm der Eroberer hatte ihn ohne Widerstand zur See zu finden überquert, und während des Hundertjährigen Krieges hatte diese Wasserstraße für die in Frankreich kämpfenden britischen Truppen keine ersichtlichen Nachschubprobleme aufgeworfen. Der Papst, der im Mittelmeer mit den Seeräubern und mit den Stammbanditen seines eigenen Reiches so kurzen Prozeß gemacht hatte, durfte also hoffen, daß das mächtige Spanien, gestützt auf die in den Niederlanden stehenden starken spanischen Truppen und seine weltweit erfahrene Flotte, mit der jungen Seemacht der Königin Elisabeth kurzen Prozeß machen würde. Ja sogar der Sympathien Frankreichs durfte man bei dieser Aktion sicher sein, denn wenige Monate vor dem Vertrag zwischen Philipp und Sixtus war in London Maria Stuart hingerichtet worden, die immerhin Gemahlin eines französischen Königs gewesen und in Frankreich erzogen worden war.

Die Truppen, die nach England übergesetzt werden sollten, waren mit 30 000 Mann vielleicht nicht stark genug für den ganzen Feldzug, wohl aber für einen ersten Stoß und die Bildung eines geräumigen Brückenkopfs im südöstlichen England, und sie standen unter der Führung eines hervorragenden Feldherrn, des Alessandro Farnese, Herzogs von Parma. Dieser erfahrene Kriegsmann, Waffengefährte und Nachfolger von Don Juan d'Austria, hatte die Katholiken des heutigen Belgien gegen die protestantischen Vlamen geschickt ausgespielt und dadurch beträchtliche militärische Erfolge erzielt. Maastricht, Brügge, Ypern, Antwerpen und Brüssel waren bereits in seiner Hand, als er kurz vor dem Beginn der Großaktion gegen England noch den wichtigen Kanalhafen Sluys eroberte, der als Hauptstützpunkt der Mannschafts-Überfuhr unentbehrlich war, weil die spanischen Großschiffe zu viel Tiefgang für die kleineren Häfen an der Kanalküste hatten. Aber auch die Herzöge von Richelieu und von Berwick waren hervorragende Feldherrn und scheiterten in den darauffolgenden Jahrhunderten ebenso wie Alessandro Farnese an dieser tückischen Wasserstraße...

Vierzehn Monate nach dem Tod der unglücklichen Maria Stuart begann der große Feldzug zur See und zu Land, der diesen Tod rächen sollte. Das war, etwa hundert Jahre nach Columbus und Vasco da Gama, ein sehr deutliches Signal für alle iberischen Völker und ihre Verbündeten: Nun gelte es, die Welt, die man aufgebaut habe, auch zu verteidigen, das Errungene zu sichern gegen jene, die an den großen Anstrengungen der ersten Stunde keinen Anteil hatten und nun, da Größe und Reichtum der Kolonien aller Welt offenbar geworden waren, nachträglich einen Anteil begehrten.

Die kundigen Beobachter dieser großen Auseinandersetzung waren sich über die Chancenverteilung durchaus nicht einig. Graf Leicester, Freund und Berater der britischen Königin, der das englische Hilfskorps in den Niederlanden befehligte und gegen den Herzog von Parma einen schweren Stand hatte, brachte dies in einem Brief an Elisabeth nur zu deutlich zum Ausdruck (vgl. Quellentext S. 172). Seiner beinahe wie eine schon zur Kapitulation wirkenden Aufforderung steht eine Bemerkung Sixtus V. zu einem meereskundigen Diplomaten gegenüber, und zwar zum Gesandten der Republik Venedig beim Heiligen Stuhl: »Wenn diese Frau nur katholisch wäre«, sagte der Papst von Königin Elisabeth, »möchte ich sie über die Maßen lieben, denn man kann sie nicht hoch genug preisen. Seht nur diesen Drake: Wie gering sind seine Kräfte, wie klein seine Schiffe! Und dennoch hat er dem König von Spanien in der Meerenge von Gibraltar fünfundzwanzig Schiffe verbrannt und ebenso viele im Hafen von Lissabon. Auf allen Meeren hat er gute Prisen gemacht, die Insel Santo Domingo ausgeplündert und steht jetzt in solcher Achtung, daß seine Leute für ihn durchs Feuer gehen, um an seinem Gewinn teilzuhaben, die Gegner aber vor ihm fliehen, weil die Furcht sie forttreibt. Ich bedaure es sagen zu müssen, aber für die spanische Armada gewärtige ich Schlimmes und mir bangt vor einem Mißerfolg!«

Sixtus, der als Sisto noch heute beim römischen Volk der populärste Papst der Vergangenheit ist, hatte den besseren Blick und wohl auch die besseren Informationen als Graf Leicester, dem die harten Kämpfe gegen Alessandro Farnese in den Niederlanden offenbar eine zu hohe Vorstellung von den spanischen Möglichkeiten vermittelt hatten.

Die große Seeschlacht zwischen der spanischen Armada und den beiden britischen Flotten wurde zwar eine der merkwürdigsten kriegerischen Begegnungen auf See, führte aber nicht zu der erwarteten vollen Konfrontation des gesamten Potentials, wie dies bei so vielen Seeschlachten im Mittelmeer der Fall gewesen war. In jenen blauen, vom Wetter begünstigten Gewässern hatten die Flotten sogar kunstvolle Figuren stellen und einander wie Rosetten oder Ornamente erwarten können. Im Kanal hingegen rissen Strömungen und Winde die Flotten aneinander vorbei, so daß es – bedenkt man die große Zahl der auf beiden Seiten eingesetzten Schiffe – im Grunde nur zu flüchtigen Begegnungen kam und der Frontalzusammenstoß jedenfalls ausbleiben mußte. Daß die Schlacht dennoch eine so große seestrategische und weltpolitische Bedeutung hat, liegt daher weniger in ihrem Verlauf begründet als in ihrem schließlichen Ergebnis.

Daß eine Ära der Seekriegsführung eine andere abzulösen im Begriff stand, erkannte man eigentlich schon zu Beginn, als der Herzog von Medina Sidonia, einer der stolzesten unter den Granden Spaniens, dem britischen Admiral Lord Howard die Kampfansage schriftlich und in aller Form überbringen ließ, als fordere man einander zum Duell.

Als die spanische Fahne, ein prächtiges, eigens für diesen Tag gewebtes und besticktes Kunstwerk, am Mast hochstieg, grüßten alle 131 Schiffe der Armada sie mit Salutschüssen und verdonnerten dabei eine Menge jenen Pulvers, das ihnen später noch bitter fehlen sollte.

Und dann – so meinten zumindest die Spanier – war man endlich am Feind, endlich, weil die ganze Flotte ja schon einmal, im Mai, vergeblich ausgelaufen war und nach wochenlangem Kampf gegen widrige Winde sich neu hatte sammeln müssen. Nach Ausbesserung aller Schäden war man am 12. Juli 1588 erneut in See gegangen, hatte den Kanal verhältnismäßig schnell erreicht und sah sich nun den Briten gegenüber. Diese wären von der schnellen Anfahrt der Armada beinahe in den Häfen überrascht worden, wo sie dann einem Enterkampf nicht hätten entgehen können. Aber Drake und Howard hatten die bemannten Schiffe binnen weniger Stunden in die offene See schleppen lassen, so daß den in Halbmondformation aufgefahrenen Spaniern immerhin etwa ein halbes Hundert allerdings meist kleinere englische Schiffe gegenüberstand. Da die Spanier zu ihren insgesamt rund 9000 Seeleuten an die 20000 Soldaten an Bord hatten – nicht die Landungstruppen aus den Niederlanden, sondern Kampftruppen zum Entern – waren sie bitter enttäuscht, daß die Engländer von dieser alten Form des Seegefechts offenbar nicht mehr viel hielten. Bei Lepanto, gegen die türkischen Galeeren, hatte die Tapferkeit der Spanier bei den Enterkämpfen auf den Decks noch den Ausschlag gegeben. Nun aber, nicht einmal zwei Jahrzehnte später, war alles anders: Die kleinen Schiffe der Engländer schienen, wenn sie einmal auf See waren, überhaupt keine Manövrierschwierigkeiten mehr zu haben. Sie regelten die Distanz von den großen Spaniern nach Belieben, liefen neben ihnen her und überschütteten sie aus den Kanonen mit einem Hagel von Geschossen. Sie luden nicht nur dreimal so schnell wie die Spanier nach, sie hielten auch jenen Abstand, der für ihre Langrohrgeschütze am günstigsten war, und achteten darauf, den sogenannten Schiffszerstörern, schweren, auf kurze Entfernung stark wirkenden Mörsern, aus dem Weg zu gehen.

Noch ehe die Armada nennenswerte Verluste erlitten hatte, war sie durch diese Kampfesweise demoralisiert und über die unritterliche Kriegsführung des

Gegners erbittert. Dabei taten die Engländer an sich nichts anderes, als das, was fortan die Grundregel des Seegefechts bis 1918 bleiben sollte: Durch überlegene Geschwindigkeit und geeignete nautische Manöver die Gefechtsentfernung und Gesamtsituation so einzurichten, daß die eigenen Waffen möglichst gute Wirkungsmöglichkeiten vorfinden und die gegnerischen Waffen in ihrer Wirkung gemindert werden. Für die Spanier war das Kriegsschiff noch eine schwimmende Festung, die man möglichst nahe an den Feind heranbringen mußte. Die Entscheidung fiel gleichsam infanteristisch, nämlich mit dem Degen an Deck. Einem Inselvolk solche Kavaliersstückchen in einem Augenblick zuzumuten, da seine Freiheit ernsthaft bedroht war, das hieß vor allem Francis Drake falsch einschätzen. Und die Männer, die neben ihm die anderen drei britischen Geschwader führten, Lord Howard, der alte Hawkins und der eisenharte Frobisher, das waren Kapitäne, die mit ihren Schiffen schon alles gemacht hatten und auch alles anstellen konnten, Virtuosen der Schiffsführung, gegen deren überlegene Kunst und Ortskenntnis die blinde Tapferkeit der Spanier immer wieder ins Leere stieß.

Gegenüber diesen Grundtatsachen, über die sich die Forschung einig ist, fallen Einzelheiten, die zum Teil noch nicht gedeutet werden konnten, wenig oder gar nicht ins Gewicht. Ob die *San Salvador* durch Feindeinwirkung oder Sabotage in die Luft geflogen sei, ob der Herzog von Medina Sidonia ein zurückbleibendes Schiff absichtlich geopfert habe, weil er dessen Kapitän nicht leiden konnte und so fort.

Sicher ist, daß die Spanier tagelang mit allen Mitteln den Nahkampf suchten, am deutlichsten wohl der hervorragende Vizeadmiral der Armada, Martinez de Recalde, der mit der *San Juan de Portugal*, der größten Galeone der Flotte, ausscherte und sich auf die verfolgenden Briten stürzte. Er hatte eine zu allem entschlossene Mannschaft aus der Biscaya an Bord und offensichtlich den Plan, zwei Britenschiffe durch Enterhaken heranzuziehen. Andere hätten dann zu Hilfe kommen müssen, und so wäre mitten im Kanal eine jener Plattformen für den spanischen Degenkampf entstanden, wie sie der Armada den Sieg bringen mußte.

Aber auch ein alter Fuchs wie Recalde war nicht imstande, Drake zu überlisten. Die *Revenge*, die *Victory* und die *Triumph* hielten sich in dreihundert Meter Entfernung und schossen aus allen Rohren (obwohl Frobisher auf der *Triumph* angeblich kaum zu halten war und entern wollte), bis endlich die anderen Galeonen der Spanier dank ihrer Ruderunterstützung ebenfalls herangekommen waren und die *San Juan de Portugal* befreiten.

Kleinere und größere Begegnungen dieser Art kennzeichneten etwa eine Woche lang die Passage der Spanier durch den Kanal, und nur zwei Ereignisse heben sich als bedeutsamer heraus: das Gefecht von Gravelines und der Brander-Überfall.

Der Brander-Überfall ereignete sich vor Calais, dem neutralen Hafen, den die Armada aufgesucht hatte, um auf die Einschiffungstruppen zu warten, die in Dünkirchen an Bord ihrer flachen Spezialfahrzeuge gehen sollten. Man versteht im Rückblick nicht recht, wie sich Medina Sidonia angesichts seiner Erlebnisse mit den wenigen und schnell schießenden Briten die Überfahrt dieser 30000 in ihren Booten so gut wie wehrlosen Soldaten vorstellte. Die Engländer waren durchaus schnell und geschickt genug, die Kampfschiffe der Armada von den Landungsbooten einfach abzuschneiden. Aber so weit sollte es – zum Glück für die 30000 Mann des Herzogs von Parma – gar nicht kommen.

»Um Mitternacht«, meldet das Kriegstagebuch der Armada unter dem 7. August 1588, »sah man zwei Feuer in der englischen Flotte aufbrennen, und sie wuchsen an auf acht. Es waren acht Schiffe, die mit vollen Segeln und mit der Strömung geradewegs auf unser Admiralsschiff und die übrige Flotte zukamen, alle hell brennend. Als das der Herzog sah, wie sie lichterloh herantrieben und unsere Formation zerstören wollten, mochte er befürchtet haben, daß sie obendrein noch Sprengmaterialien an Bord hatten und befahl, schnellstens die Anker zu lichten, nach dem Durchlassen der Brander aber wieder dieselben Liegeplätze einzunehmen.

Als das Admiralsschiff einem der Brander ausweichen wollte, stieß es mit der *San Juan de Sicilia* zusammen und verlor sein Takelwerk ... Die Strömung war so groß, daß sie unsere Flotte fortriß, und zwar so, daß, während das Admiralsschiff und einige danebenliegende unter Abfeuerung eines Kanonenschusses wieder vor Anker gingen, die anderen es nicht sahen. Und so kamen sie, da die Strömung sie forttrug, in die Sandbänke vor Dünkirchen ...«

Der spanische Bericht gibt kein vollständiges Bild der Verwirrung, die Drake mit dem Brandereinsatz angerichtet hatte. Da die Anker nicht schnell genug gehievt werden konnten, mußten die Taue gekappt werden, so daß für die Zukunft auf allen Schiffen nur noch Notanker und Behelfsvorrichtungen zur Verfügung standen, die den starken Strömungen und den Gezeiten im Kanal nicht gewachsen waren. Die Folge waren unvermeidliche Verluste durch Auflaufen und Zusammenstoßen und das praktische Ende der Bereitstellung für die Truppenüberführung. Denn eine Flotte ohne Anker kann sich nicht in Wartestellungen halten!

Der Brandereinsatz war so erfolgreich gewesen, weil die Briten mit größter Kühnheit bis zum letzten Augenblick auf den bereits Riesenfackeln gleichenden Schiffen blieben. Erst dann, als die Richtung gesichert und ein Abirren ausgeschlossen erschien, sprangen sie, selbst schon halb betäubt vom Rauch und mit versengten Kleidern, ins Meer und wurden von den begleitenden Booten aufgefischt. Es waren Husarenstücke, wie sie damals kaum eine reguläre Flotte in ihrem Ausbildungsprogramm hatte, wie sie aber allen Pri-

Die »Ark Royal«, eine 800-Tonnen-Galeone, das Flaggschiff der englischen Armada. Dieses Schiff ließ Walter Raleigh nach eigenen Plänen 1587 erbauen und stellte es zunächst unter dem Namen »Ark Raleigh« in Dienst.

vateers vertraut waren, weil beim Überfall auf einen großen Hafen ein oder zwei Brander stets die gesamte Abwehr in Unordnung brachten.

Auch diesmal ging die Branderaktion einem Großangriff der Briten voraus. Die in Unordnung und zum Teil außer Kontrolle geratene Armada, die sich in zwei Teile gespalten hatte, sollte am Tag von Gravelines endgültig aus den Engen vertrieben werden, die für einen Transport größerer Truppenteile nach England überhaupt in Frage kamen. Während der Herzog von Medina Sidonia mit seinen siebzig Schiffen Verbindung mit den abgetriebenen vierzig anderen Schiffen aufzunehmen versuchte, griffen Drake, Hawkins und später auch Seymour und Winter die Spanier an. Allen voran, wie stets, die *Revenge* unter Drake.

Die Spanier hatten es gegen neun Uhr einigermaßen fertiggebracht, in ihrer charakteristischen Halbmond-Formation aufzufahren und begannen sogleich die Angreifer unter Feuer zu nehmen. Die Engländer hielten sich im Wind und wahrten geschickt ihre Manövrierfähigkeit, so daß es wiederum bei einem Duell der Geschütze blieb, und kein Spanier auf Enternähe an die Briten herankommen konnte. Das Bild, das sich den zahlreichen Schlachtenbummlern an der vlämischen Küste bot, war malerisch, aber nicht sehr übersichtlich, denn schon nach den ersten Salven lag dicker, schwarzer Pulverrauch über der See.

Als erster Spanier wurde die große *San Martin* kampfunfähig und so schwer getroffen, daß sie nur durch zwei zu Hilfe eilende andere Schiffe in seichte Gewässer bugsiert und vor dem Sinken bewahrt werden konnte. Wiederum bewiesen die Spanier große Tapferkeit. Auch die Schiffe, denen das Pulver ausgegangen war und die sich folglich nicht mehr wehren konnten, strichen die Flagge nicht, sondern blieben als Zielscheiben in der Schlachtreihe, um somit das Feuer der Briten von den noch kampffähigen Schiffen abzuziehen.
Um sechs Uhr abends brach der Herzog das Gefecht ab und löste seine Schiffe von den Briten. Der Versuch, die Armada vor den vlämischen Sandbänken zu bewahren, hatte ihn sechzehn große Schiffe und etwa fünftausend Mann gekostet. Zwei weitere große Galeeren fielen den Holländern in die Hände, die sich erst gegen Abend vor Gravelines eingefunden hatten, um den Briten gegen den Erzfeind beizustehen. Die Verluste der Engländer waren unerheblich und standen in keinem Verhältnis zu denen der Armada, wobei sich freilich die Nähe der Heimathäfen besonders günstig auswirkte, wo Schiffe sogleich ausgebessert und Verwundete versorgt werden konnten.
Als tags darauf der Wind auffrischte, hatten die Spanier zwar noch immer mehr als hundert Schiffe, woraus man sieht, wie schwer ohne Sprengmunition einem dieser selbst schwimmenden, mächtigen Holzkästen beizukommen war, die obendrein genug Besatzung zum Pumpen hatten. Aber von all diesen Schiffen war kaum eines unbeschädigt, und der erfolglose, wenn auch heldenhafte Einsatz von Gravelines gegen einen Gegner, den man selbst dann nicht fassen konnte, wenn er auf ein paar hundert Meter Distanz gegenüberlag, hatte Matrosen wie Soldaten Philipps II. sehr mutlos gemacht.
Der kräftige Wind trieb die große Flotte abermals auf die Sandbänke zu, von denen man am Vortag so mühsam freigekommen war, und eine Katastrophe der Gesamtflotte bahnte sich eben an. Da sprang im letzten Augenblick, als die größten Schiffe nur noch einen Meter Wasser unter dem Kiel hatten, der Wind um und öffnete den Weg in die freie Nordsee. Das aber war der Weg der Flucht, der Niederlage und zugleich ein unendlich schwieriger und harter Rückweg längs feindlicher Küsten, rund um England, Schottland und Irland herum...
Der Herzog von Medina Sidonia war dennoch für diesen Weg, auf dem die Armada selbst gerettet werden konnte. Der mutige Vizeadmiral Recalde und andere Unterführer stimmten jedoch erregt für eine Durchbruchsschlacht im Kanal, also für die Umkehr und den Kampf bis zur Entscheidung.
Aus heutiger Sicht muß, so diskutabel seine Entscheidung erschien, dem Herzog von Medina Sidonia recht gegeben werden. Daß die Engländer in ihren Heimatgewässern nicht zu schlagen, ja nicht einmal ernsthaft zu schädigen waren, stand inzwischen fest. Auch eine Umkehr mit todesmutigen Angriffen hätte daran nichts mehr ändern können, gab es doch noch nicht einmal ver-

läßliche Seekarten des schwierigen Fahrwassers zwischen Flandern und Südengland. Die einzige einigermaßen hilfreiche Unterlage für die Navigation zwischen den Sandbänken, Untiefen und gefährlichen Strömungen war ein 1586, also kurz vor Beginn des Feldzugs, in lateinischer Sprache erschienener *Spiegel der Seefahrt* des Lukas Johannes Wagner aus Enckhusen. Vielleicht gab es davon ein Exemplar im Besitz des Herzogs und ein zweites bei Recalde, aber wie hätte man mehr als hundert Kapitäne mit diesem komplizierten lateinischen Werk ausstatten und vertraut machen sollen?

Also liefen die Spanier nach Norden, in eine Weltgegend, in der sie nicht einmal neutrale Häfen wie die Frankreichs vorfinden würden oder gar eroberte Stützpunkte wie Antwerpen oder Brügge. Menschen waren noch genug an Bord, die Soldaten mußten eben aushelfen, wenn das seemännische Personal nicht mehr ausreichte. Aber es waren dreitausend Schwerverletzte zu versorgen und mindestens ebensoviele, die an Skorbut erkrankt waren. Das faulige Wasser begann in der Folge die ersten Durchfälle zu verursachen, und so waren die Spanier auf ihrer schwierigen Flucht weder physisch noch psychisch für den Kampf gegen die Nordsee gerüstet.

Alle Rationen hatten drakonisch gekürzt werden müssen. Pro Kopf standen täglich noch ein halber Liter Wasser, ein halber Liter Wein und 250 Gramm(!) Brot zur Verfügung. Die Munition hatten die meisten Schiffe vollständig verschossen, so daß gewaltsame Ergänzung der Vorräte ausgeschlossen war und die Kranken mangels frischer Nahrung wie die Fliegen starben.

Bis vor den Firth of Forth folgten Hawkins und Drake den Spaniern, da sie annahmen, die Armada werde die tiefe und geschütze Bucht zu Ausbesserungen aufsuchen. Als klar wurde, daß der Herzog daran vorbeisegelte, kehrten die Briten um und überließen die Vernichtung der Spanier dem Wetter und dem Wind.

Die Dramatik eines großen Geschehens spaltet sich nun in die Tragödien einzelner Schiffe auf, Tragödien, die nirgendwo vollständig verzeichnet wurden und die auch umfangreiche Darstellungen dieser einzigartigen Seeschlacht weitgehend unberücksichtigt lassen. So kommt es, daß man von 35 Schiffen, mehr also, als die Briten vernichtet haben, überhaupt nicht weiß, auf welche Weise sie zugrundegegangen sind. Die Küstenbewohner, denen sie bei Strandungen oder beim Versuch, Wasser zu holen, in die Hände fielen, waren damals, soweit man das von Europäern sagen kann, noch wilde Stämme, gab es doch selbst vor der Bretagne eine französische Insel, deren Bewohner erst im achtzehnten Jahrhundert das Christentum annahmen.

In einzelnen schottischen und irischen Küstenorten, auf einzelnen Inseln der Orkneys und der Hebriden haben sich Sagen von gestrandeten spanischen Schiffen erhalten, aber die des Schreibens unkundige Bevölkerung hat keine Schiffsnamen aufgezeichnet. Das beste Los erwartete noch jene wenigen

Schiffe, die von kundigen Piloten nach Island gesteuert wurden, denn dort, im fernsten Norden, in Ultima Thule, wurden die Schiffbrüchigen als das behandelt, was sie waren: als hilfsbedürftige, ein Asyl suchende Menschen. Noch heute gibt es auf Island nicht wenige spanische Namen, und auch die Blutsmischung ist selbst heute, nach vierhundert Jahren, noch zu erkennen.
An den Küsten Irlands jedoch wurden die Spanier, sofern es den englischen Behörden nicht gelang, sie gleich als Gefangene festzusetzen, wie tolle Hunde erschlagen und die Schiffe ausgeraubt, jene Spanier, die auch den Iren das Schicksal erspart hätten, unter britischer Vorherrschaft ihren Katholizismus aufgeben zu müssen. Wenige Jahrzehnte später mag so mancher die Untaten des Jahres 1588 bereut haben, als Cromwell und nach ihm der Oranier Irland unterwarfen, aber da war es zu spät. Auch irisches Schicksal bis herauf zu den blutigen Unruhen Nordirlands war es, das 1588 durch die Niederlage der Armada entschieden wurde.
Medina Sidonia brachte – nach Lage der Dinge ein kleines Wunder – immerhin noch 65, nach anderen Quellen 66 Schiffe, also etwa die Hälfte der ausgefahrenen Flotte, nach Nordspanien. Zwanzigtausend Mann waren tot, Hunderte starben bald nach der Rückkehr, so die Vizeadmirale Oquando und Recalde, die das endliche Einlaufen in La Coruna nur um wenige Tage überlebten. Der Vizeadmiral de Leyva, ein Mann, der allgemeine Verehrung genoß, hatte sich bei zwei Strandungen immer wieder auf andere Schiffe retten können; bei der dritten Strandung ertrank er.
Philipp II. war tief getroffen, ließ es aber nur die wenigsten erkennen. Den Herzog von Medina Sidonia zeichnete er hoch aus. Er habe ihm aus einem Debakel, an dem die Elemente mehr Schuld tragen als der Gegner, immerhin die Hälfte seiner Flotte gerettet, ohne die Spanien nun schutzlos den Angriffen Drakes ausgeliefert wäre.

Zur Erinnerung an den Sieg über die übermächtige spanische Armada ließ Elisabeth I. diese Gedenkmünze schlagen.

Diese Angriffe freilich wären trotz der heimgekehrten Invalidenschiffe gekommen, denn Drake hätte vor allem gar nicht erst gewartet, bis die Armada die zeitraubende Umrundung Englands geschafft habe. Er brauchte ja nur aus dem Kanal, quer über die Biscaya, nach Süden zu stoßen. Aber die vielen Tage auf See, die schlechte und unzureichende Verpflegung und mangelnde Hygiene hatten in der Flotte Howards und Drakes die Pest ausbrechen lassen. Von den Spaniern verschont, aber von dieser furchtbaren Seuche heimgesucht, bewies die Untätigkeit der britischen Flotte in diesem günstigen Augenblick wieder einmal, daß der schlimmste Feind der alten Seefahrt nicht Stürme und Riffe waren, sondern die Krankheiten an Bord.

Nach den optimistischen Berechnungen eines Columbus bedeutete die ungeheure Weite des Pazifischen Ozeans die große Überraschung des Entdeckungszeitalters. Asien war auf dem Westweg, wie sich nun herausstellte, nicht nur unendlich weit entfernt, sondern auch wegen des amerikanischen Doppelkontinents nur auf strapaziösen und gefährlichen Umwegen zu erreichen.
Angesichts dieser Enttäuschungen sparten die Spanier mit weiteren Geldern für Expeditionen, obwohl sie in den Häfen des heutigen Peru oder Chile großartige Absprungbasen für eine Erkundung des Pazifik hatten. Der zähe Álvaro de Mendaña mußte daher, ganz auf sich gestellt, und mit bescheidensten Mitteln vorgehen, um Inselgruppen wie die Salomonen u. a. zu erkunden. Die Berichte des mutigen Mannes sind hier auszugsweise aufgenommen, um diese Bedrängnis unverdrossener Entdecker zu schildern und der Vergessenheit zu entreißen.
Die übrigen Dokumente beziehen sich auf Drake, der im gleichen geographischen Raum wie Mendaña Ruhm erwarb und sogar in einem Hafen auf das Entdeckungsschiff des alten Mendaña stieß. Nach seiner Rückkehr von einer in ihrer Durchführung brillanten Weltumsegelung spielte Francis Drake dann die Hauptrolle in den Kämpfen zwischen England und Spanien und in der vielbesprochenen Vernichtung der großen Armada. Vergleicht man seine Art zu schreiben, zu überlegen und zu planen mit dem Brief des Grafen Leicester, so wird klar, daß es Draufgänger von der Art Drakes waren, die den ungeheuren Schwung aufbrachten, der nun einmal dazugehörte, wenn arme Nationen wie England oder kleine Länder wie Holland eine Weltmacht wie Spanien aus dem Sattel heben wollen. Es gelang nicht ganz, aber es gelang so weit, daß künftig auch andere Seefahrernationen als Spanier und Portugiesen Anteil an der Eroberung der Neuen Welt und an den Territorien in fremden Erdteilen nehmen durften.

Der Abschluß einer Entdeckungsfahrt über den Großen Ozean

Es war am Morgen des anderen Tages, des Vorabends von San Lucas, des 17. Oktober 1568, als uns ein schwerer Orkan überfiel und ein derartiger Sturm von Norden kam, daß er, obwohl das Schiff unter gerefften Segeln lag, das Fahrzeug auf die Seite warf und die ganze eine Bordseite unter Wasser setzte, und zwar bis zur Luke, die wir beim Anwachsen des Sturms vernagelt und durch Kalfatern verpicht hatten. Nicht ein Mann befand sich in dieser Stunde auf dem Schiff, der geglaubt hätte, daß wir aus dieser Gefahr entkommen würden. Derartig war das Weinen der Leute, daß es herzzerbrechend war, diesen Ausbruch der Wehklagen zu hören. Vortrefflich benahm sich einer der Mönche, wie wir mitführten, der, nachdem wir mit denen, die unter Deck waren, das Credo gesungen hatte, sie immer aufmunterte, wie Christen zu sterben, und sie ermahnte, wahre Zerknirschung und Reue ihrer Sünden wegen zu empfinden.

Wir, die wir auf Deck waren, baten Gott um Beistand und versuchten, durch Schläge mit dem Schlegel das Boot über Bord zu schaffen. Mit der Hilfe Gottes gelang es auch. Die Masse des Wassers im Schiff war derartig, daß es so sehr auf der Seite lag, daß viele Leute in ihm schwammen. Da ich sah, daß das Hinauswerfen des Bootes nichts genutzt hatte, forderte ich die Piloten auf, den Mast abzuhauen. Jene aber sagten, daß man ihn nicht abschlagen solle, daß wir zugrunde gehen würden, da wir dann nicht segeln könnten. Schließlich erklärte ich ihnen, daß wir die siebzig Leguas (1 Legua = 5 km), die es nur noch bis zur Küste wären, auch mit dem Fockmast fahren könnten, und ließ den Hauptmast gegen ihren Willen abhauen. Er fiel ins Meer mit Segeln und Rahen, und nach dem Fallen des Mastes begann das Schiff sich allmählich aufzurichten. Als wir in dem Wunsch, dem Fockmast ein wenig Segel zu geben, um das Schiff steuern zu können, ein kleines Segel setzten, fuhr der Wind hinein und zerfetzte es in so viele Stücke, daß das größte nicht ausgereicht hätte, um ein altes Segel zu flicken. Schnell nahmen wir eine wollene Bettdecke und machten ein kleines Sturmsegel daraus, wodurch das Schiff wieder in Haltung kam und sich aufrichtete. Das Wasser floß durch die Speigatten ab, und das ganze Wasser im Schiffsraum warfen wir durch die Pumpen heraus. Wir liefen mit dem Bettuch-Sturmsegel diesen ganzen Tag und den folgenden, bis das Wetter sich so aufklarte, daß wir das Fockmastsegel setzen konnten.

Drei Tage, nachdem sich die Wut des Sturmes gelegt hatte, ließ ich eine Prüfung der Lebensmittel- und Wasservorräte vornehmen, mit dem Ergebnis, daß wir nur noch sehr wenig davon besaßen. Damit sie uns nicht ganz ausgingen, setzten wir die tägliche Schiffszwieback-Ration auf 8 Unzen fest (250 g). Aber dieser Zwieback war so verdorben, daß wir davon nicht einmal ganze sechs zu verzehren vermochten. An Wasser teilten wir jeder Person täglich ein halbes Cuartillo (0,3 l) aus, ohne mir mehr an Portion zu geben, als jedem einzelnen anderen, und mit dieser Ration Brot und Wasser brachten wir drei Monate hin. Denn als die Piloten siebzig Leguas vom Land entfernt zu sein glaubten, waren wir (in der Tat) mehr als sechshundert entfernt. Der Umstand, daß wir so weit vom Land entfernt waren, wurde neben anderen von uns durchzumachenden Leiden, durch die wir drauf und dran waren, zugrunde zu gehen, die Veranlassung, daß die Schiffsbesatzung umkehren wollte. Denn abgesehen davon, daß die Piloten nicht zu wissen schienen, wo sie sich befanden, litten sie sehr an Krankheiten und großem Hunger. Vielen schwollen die Gaumen an, und das Zahnfleisch wuchs ihnen über die Zähne. Andere verloren das Augenlicht vor Schwäche, noch andere erkrankten an Fieber. Bei den wenigen Heilmitteln, die vorhanden waren, und der geringen Pflege, die ihnen zuteil werden konnte, warfen wir jeden Tag einen Menschen ins Meer. Der größte Trost, den jene hatten, war der, mich rufen zu lassen, um sie sterben zu sehen. Nicht nur damals erfüllte mich das, was ich sah, mit Schmerz und großem Mitgefühl, sondern heute noch und jedesmal, wenn ich mich daran erinnere, wie ich sie sterben sah, geht es mir bis ins Innerste meiner Seele und erschüttert mich.

Die ganze Besatzung nahm den Gedanken der Umkehr sehr ernst. Es schien ihnen das beste Mittel zu sein, um das Leben zu retten und aus solchen Leiden und Elend herauszukommen. Sie gingen umher, bildeten Versammlungen und Gruppen, wobei sie nicht nur darüber verhandelten, wie sie mich auffordern wollten, umzukehren, sondern auch, daß sie mich zwingen wollten, es zu tun. Als ich durch einen Soldaten verständigt wurde, daß nur (noch) fünf von ihnen auf meiner Seite ständen, im Gegensatz zu der ganzen übrigen Besatzung, trat ich vor sie und erklärte ihnen, wie ganz und gar vernunftlos sie wären, wenn sie umkehren wollten. Ich lieferte ihnen viele Gründe und Vernunftsgründe, daß das nicht angehe und daß es das beste sei, vorwärts zu gehen. Sie antworteten mir, indem sie mir die Leiden vorstellten, welche sie erduldeten, und erklärten, daß sie mir dies aus der Not der Gegenwart heraus sagten, gegen die es kein Heilmittel gäbe. Sie baten mich, die Umkehr nicht zu einer Ehrensache für mich zu machen, denn es würde Seiner Majestät ein größerer Dienst damit erwiesen, wenn wir die Philippinen erreichten, von wo aus sich alle retten könnten, als wenn wir verlorengingen. Sie baten mich, ich solle mich mit den Piloten beraten und deren Meinung darüber annehmen, woraus ich den Verdacht schöpfte, daß der Gedanke der Umkehr von diesen ausgegangen sei. Ich erwiderte ihnen, daß ich die Ansicht der Piloten nicht nötig hätte und daß wir dadurch, daß ich dem Rat dieser gefolgt sei, sie aber mir nicht geglaubt hätten, in diese Not gekommen seien. Sie sollten mir jetzt Vertrauen schenken, nachdem sie mir damals nicht geglaubt hätten. Sie sollten beachten, daß wir uns mit dem widrigen Wetter, das wir hätten, im letzten Viertel des

Mondes befänden, und daß, wenn wir (auch jetzt) mit diesem Wetter umkehren könnten, der Neumond das Wetter ändern würde; und daß, nachdem wir jetzt mit diesem Wetter zweihundert Leguas auf der See gefahren seien, wir nicht umkehren könnten, wie wir wollten, weil wir ohne Segel seien und mit Notwendigkeit aus Hunger und Durst im Meer zugrunde gehen müßten. Ich sagte voraus, daß wir zu einem derartigen Grad der Schwäche kommen würden, daß die Lebenden nicht mehr die Toten würden ins Meer werfen können. Da sie doch sähen, daß ich dieselben Leiden des Hungers durchmachte wie sie und mein Leben genauso lieb hätte wie jeder einzelne von ihnen das seinige, so sollten sie auf mich hören, der nur das täte, was zum besten aller sei. Ich schloß mit der Versicherung, daß wir auf keinen Fall mehr als hundert Leguas vom Land entfernt sein könnten.

Bei diesen Worten, mit denen ich ihnen zusprach, beruhigten sie sich etwas, aber doch nicht in dem Grad, daß sie der Vorsatz der Umkehr ganz verlassen hätte. Doch es schien ihnen gut, den Mondwechsel abzuwarten. Und während wir uns in diesem Zustand befanden, wollte Gott, der wahre Helfer in allen Nöten, mir beispringen, damit die Besatzung ihren Vorsatz ganz aufgäbe. Er beschwichtigte sogleich das Wetter, und als die See ruhig geworden war, sah ich auf dem Wasser einen großen Balken auf das Schiff zukommen, ganz rein und ohne Rinde; ich zeigte ihn den Leuten und sagte ihnen: »Seht, was ihr tun wollt, jetzt, wo wir am Lande sind!« Sogleich ließ ich einen Matrosen ins Meer springen, um zu ihm zu schwimmen. Und dieser holte ihn. Das Holz hatte einen sehr schönen Geruch. Es wurde in viele Stücke zerschlagen, von denen ein jeder sich eines nahm. Von dem Zeitpunkt an, als wir das Holz sahen, dauerte es noch acht Tage, bis wir das Land erreichten. Wir sahen es am Vorabend des Festes von Mariä Erwartung (19. Dezember 1568), und am folgenden Tag, morgens, kamen wir unter 30 Grad nördlicher Breite nahe heran.

Obwohl wir nun das Land erreicht hatten, wurde trotzdem die Brot- und Wasserration nicht erhöht, aber in der Freude, es gesehen zu haben, fühlten wir die Leiden nicht. Ich fuhr die ganze Küste bis California entlang. Sie läuft anders, als man sie auf den Karten zeichnet. Bei dieser Küstenfahrt kam ich in eine sehr große Bucht (Bahia de Sebastián Vizcaýno), in der ich drei Tage war, ohne herauskommen zu können. Dann gelangte ich nach California, und am Ende (der Halbinsel California, von deren geographischen Verhältnissen man damals nur ganz unklare Begriffe hatte), sahen wir in einem Winkel einen Fluß, nachdem wir vorher auf der ganzen Küste keinen anderen bemerkt hatten. Wir gingen in seiner Nähe vor Anker, und ich fuhr auf einem Floß, das wir aus Brettern und einigen Fässern gemacht hatten, mit sechs Soldaten, ebenso vielen jungen Leuten der Bedienung und dem ersten Piloten an Land. Wir holten drei oder vier Fässer Wasser, und mit einigen Pelikanen und Möwen, die ich erlegte, und aus denen wir (nachher) eine Kraftbrühe für die Kranken kochten, und mit Holz, das wir fällten, um ein Boot zu machen, schifften wir uns wieder ein und fuhren zum Hafen von Santiago de Colima weiter. Dort langten wir am 23. Januar an.

Obwohl wir sehr vergnügt waren, einem so großen Meer entronnen und an ein Land von Christen gekommen zu sein, waren wir doch nicht wenig traurig in dem Glauben, daß unsere Kameraden, die in der *Almiranta* fuhren, ertrunken seien. Denn seit dem Tag, als der Sturm über uns kam, hatten wir sie nicht gesehen, und das war schon drei Monate her. Aber wie die Gnaden, die Gott den Menschen gewährt, sich immer erfüllen, so wollte Er nicht nur mich aus meinen Leiden und Gefahren befreien, sondern Er erlöste auch jene. Und damit wir erkennen möchten, daß uns dies alles von Seiner Hand kam, führte er sie in den Hafen, in dem ich mich befand, am nächsten Tag nach meiner Ankunft (oder vielmehr zwei Tage nachher, am 25. Januar 1569). Und damit wir noch augenscheinlicher gewahr würden, daß Er sie durch Seine Hand hierher führe, gab Er der *Almiranta*, welche vorbeifahren wollte und nicht wußte, wo ein Hafen war, Gegenwind und ließ sie umkehren. Die Freude über das gegenseitige Wiedersehen war so groß, daß wir weinten. Pedro de Ortega langte in einer so schlechten Verfassung an, daß ich glaubte, wir würden ihn am nächsten Tag begraben müssen. Aber durch die Freude, uns wiedergesehen zu haben, kam er in sehr kurzer Zeit wieder zu sich. Auch sie hatten uns für verloren gehalten. Das Schiff traf ohne Hauptmast ein, wie ja auch das unsrige ohne ihn war, denn in demselben Sturm, in dem wir den Mast abschlugen, fällten auch sie den ihrigen. Sie sahen ihr Schiff auf die Seite geworfen wie wir und warfen das Boot ins Meer. Sie machten dieselbe Knappheit an Brot und Wasser durch und hatten dieselbe Auseinandersetzung über die Frage der Umkehr.

Wir hielten uns vierzig Tage in diesem Hafen auf, in dem sich die Mannschaften erholten, aber auch einige starben. Da hier keine Vorkehrungen waren, die Schiffe instand zu setzen, so fuhren wir von dort nach Nicaragua, wo sie ausgebessert wurden, obwohl der Gouverneur und die Beamten Euerer Majestät niemals auch nur einen Peso dafür hergeben wollten. Ich war gezwungen, zu diesem Zweck geborgtes Geld aufzunehmen und mein Gold und Silber zu versetzen. Und nachdem ich die Schiffe instand gesetzt hatte, womit zwei Monate vergingen, fuhr ich nach Peru ab und gelangte am 11. September 1569 in den Hafen von Callao de la Ciudad de los Reyes (Lima). Unser Herr beschütze Euerer Majestät Kaiserliche und Königliche Person, unter Gewährung von Zuwachs an vielen Reichen und Herrschaften. Euerer Kaiserlichen und Königlichen Majestät demütiger Vasall, der Euerer Majestät Königliche Hände küßt.

Álvaro de Mendaña.

Beschreibung von Drakes Admiralsschiff »The Golden Hind«

Die *Capitana* (das Flaggschiff, das Drake später in *The Golden Hind* umtaufte) ist in hohem Maße stabil und stark. Sie hat zwei Beplankungen, die eine so vollkommen wie die andere. Sie ist für die Seekriegführung geeignet und ein Schiff von französischem Zuschnitt, gut ausgerüstet und ausgestattet mit sehr guten Masten, Takelage und doppelten Segeln. Sie segelt gut und gehorcht gut dem Ruder. Sie ist nicht neu, auch der Rumpf nicht mit Kupferhaut beschlagen, und sie trägt keinen Ballast. Sie hat sieben Stückpforten auf jeder Seite, und unter Deck befinden sich achtzehn Geschütze, dreizehn aus Bronze und die übrigen aus Gußeisen, sowie eine Menge Kriegsmunition aller Art, denn es ist noch nichts verschossen worden. Auch sind Handwerker an Bord und ein Schmied für die Anfertigung von Nägeln, Pflöcken und Bolzen. Sie segelt schnell auf dem Wasser, wenn der Wind von achtern kommt und nicht heftig ist, aber bei hoher See stampft sie und leckt nicht wenig, ob sie nun vor dem Wind segelt oder die Boyleinen gefiert sind.

Entwurf einer Fahrtroute Drakes von 1577

Dieses Dokument ist durch Feuer stark beschädigt worden. Doch jene Passagen, die sich auf die Ziele der Fahrt beziehen, konnten recht zuverlässig rekonstruiert werden. Die in der Quelle nicht mehr enthaltenen Wörter sind kursiv gesetzt:

Er wird in die Magellans-Straße einfahren, die 52 Grad vom Pol *entfernt ist,* und *nachdem er so* in die Südsee *gelangt ist, wird er* nach Norden bis *zum 30. Grad segeln und* längs der genannten Küste wie an der anderen nach Plä*tzen* suchen, *die eine Möglichkeit* zum Handelsverkehr geben, um *Waren* aus dem Reich dieser Ihrer Majestät abzuse*tzen.* Zwar *sind sie derzeit* nicht *irgendeinem christlichen* Fürsten untertan, aber es besteht große Hoffnung auf *Gold, Silber,* Gewürze, Heilpflanzen, Kochenille und *verschiedene andere* Waren, die die Länder *Ihrer Hoheit* bereichern könnten und auch die Schiffahrt befördern. Und nachdem er, wie zuvor gesagt, bis zum 30. *Breitengrad* in der Südsee *gelangt* ist (wenn es der vorgenannte Francis Drake für *richtig* hält, *so* weit zu *segeln*), soll er auf demselben Weg nach Hause zurückkehren, auf dem er hinausgesegelt ist. Diese Reise wird, so Gott gnädig ist, in 13 Monaten durchgeführt werden, wobei er fünf Monate damit verbringen soll, an den Küsten die Schiffe zu kalfatern und die Prinzen und Länder dort kennenzulernen.

Aus einer Rede Drakes vor seiner Mannschaft

Hier, Leute, sind wiederum welche, die, da sie nicht wissen, wie sie mich sonst in Mißkredit bringen können, frei heraus behaupten, ich sei von Master Hatton, nach anderen von Sir William Winter, nach wieder anderen von Master Hawkins auf diese Fahrt geschickt worden. Aber das sind müßige Köpfe, die nichts anderes zu schwätzen finden. Ich möchte euch sagen, Leute, daß ich diese Herren als meine guten Freunde schätze, doch die Behauptung, sie hätten mich auf diese Reise geschickt oder sie durch ihr Geld ermöglicht, ist, wie ich euch versichern kann, nicht richtig. Vielmehr war es so: Mein Herr, der Graf von Essex, gab mir in den Empfehlungsschreiben an den Staatssekretär Walsingham mehr Ehre, als mir gebührt, aber vielleicht hatte ich ihm etliche Dienste erwiesen, und er äußerte in seinen Schreiben die Ansicht, daß ich für den Dienst gegen die Spanier der richtige Mann sei, da ich in diesem Geschäft Erfahrung und Übung hätte. Daraufhin geruhte der Sekretär Walsingham, mit ihm in Beratungen einzutreten, und erklärte ihm, daß Ihrer Majestät durch den spanischen König verschiedentlich Unrecht zugefügt worden sei, wofür sie sich rächen wolle, und er zeigte mir – nach seiner Aussage – einen Entwurf mit der Bitte, zur Feder zu greifen und niederzuschreiben, wo man dem Spanier nach meiner Meinung am meisten Schaden zufügen könne. Ich sagte ihm zwar, was ich darüber dachte, weigerte mich jedoch, irgend etwas aufzuschreiben, und sagte dazu, Ihre Majestät sei sterblich, und wenn es Gott gefallen würde, Ihre Majestät zu sich zu nehmen, möchte ein Herrscher an die Regierung kommen, der sich mit dem König von Spanien verbünden könnte, und dann würde etwas, das ich schriftlich niedergelegt hätte, gegen mich zeugen. Kurz danach wurde eines Abends nach mir geschickt. Der Sekretär Walsingham berief mich zu Ihrer Majestät, aber ich kam an jenem Abend doch nicht mehr vor Ihrer Majestät Augen, denn es war schon spät. Am nächsten Tag jedoch wurde ich vor sie geführt, und sie sagte zu mir ungefähr folgendes: Drake, ich würde es sehr begrüßen, wenn die verschiedenen Beleidigungen, die mir angetan wurden, an dem König von Spanien gerächt würden. Und sie sagte ferner, ich sei der einzige Mann, der dieses Unternehmen durchführen könne, und wollte unbedingt meine Meinung darüber hören. Ich entgegnete Ihrer Majestät, daß man ihm in Spanien selbst kaum schaden könne, sondern die einzige Möglichkeit darin bestünde, ihm in seinem Amerika Schaden zuzufügen. Dann zeigte ich ihr eine Schuldverschreibung über 1000 Pfund, die den Einsatz der Königin darstellte und mir einige Zeit zuvor von Ihrer Majestät zur Deckung meiner Auslagen gegeben worden war. Ich zeigte ihr auch eine Schuldverschreibung von Master Hatton und verschiedene Wechsel, die auf mich ausgestellt waren, aber ich gab sie nie aus der Hand. Ferner sagte ich zu Ihrer Majestät, daß ich bei ihrer Krone schwören würde, ein jeder in ihrem Reich, der dem König von Spanien davon Kunde gäbe, werde deswegen seinen Kopf verlieren.

Aus der Instruktion Philipps II. an den Flottenkommandanten

Siege sind eine Gabe Gottes. Er schenkt und verweigert sie, wie es ihm gefällt. Zwar ist das unternommene Werk so sehr die Sache Gottes, daß er für diese Seite seinen Beistand und seine Gunst verheißt, wenn man sie nicht durch Sünden verscherzt. Ihr habt daher große Sorgfalt aufzuwenden, daß Sünden in dieser Armada vermieden werden. Daß ja keine Gotteslästerungen stattfinden, sollt Ihr vor allem die strengsten Strafen verhängen, wenn einer eine solche Sünde begeht, damit für ihre Duldung nicht alle die Strafe treffe.
Wenn Ihr meine Befehle erhaltet, werdet Ihr mit der ganzen Armada ausfahren und geradewegs nach dem englischen Kanal segeln. Ihr werdet durch diesen bis zum Kap Margate hindurchfahren, nördlich von Dover, bis zur Themsemündung, um dort dem Herzog von Parma, der sein Heer in den Niederlanden gesammelt hat, die Hand zu reichen und ihm dort den Weg für seine Überfahrt frei zu machen und zu sichern. Wenn Ihr bis zum Kap Margate keinen Feind träfet und erst dort den Admiral von England mit seiner Flotte allein fändet, und auch wenn Ihr die des Admirals und Drakes vereinigt anträfet, so würde die Eurige beiden überlegen sein, und so werdet Ihr in Gottes Namen mit Eurer guten Sache, indem Ihr versucht, ihnen Oberwind und alle andern Vorteile abzugewinnen, sie angreifen und von unserem Herrn den Sieg erhoffen können.
Der Kampf ist unter der Bedingung aufzunehmen, daß sich dem Herzog von Parma die Überfahrt nach England nicht auf andere Weise sichern läßt. Wenn die Armada nicht gekämpft hat, so werdet Ihr die 6000 Spanier zu geben haben, die Ihr ihm zu geben Befehl habt. Wenn der Herzog im Lande Fuß gefaßt hat, werdet Ihr die Flotte an der Mündung der Themse aufstellen und diesen Fluß überwachen können. Ihr werdet dann für Schiffe, die von Flandern kommen, den Übergang immer offen und sicher halten und nach allen Seiten hin mitwirken können.

Lord Leicester an Königin Elisabeth am 6. August 1588

Da es Eurer Majestät gefallen hat, nach meiner Ansicht über Euer Heer zu fragen und mich wissen zu lassen, daß die Äußerung nur für Eure Person bestimmt sei, will ich Euch schlicht nach meiner Kenntnis meine Ansicht kundgeben.

Es ist höchste Zeit, daß Euer Heer gesammelt wird, und zwar um Euch oder so nahe bei Euch, daß es Euch binnen vier Stunden zur Verfügung steht. Denn Eure mächtigsten Feinde sind zur Stelle, und wenn Gott sie an Eurer Flotte vorbeikommen läßt, könnt Ihr sicher sein, daß sie ihren Vorsatz ausführen werden, mit der ganzen Streitmacht zu landen. Und wenn auch Eure Flotte sehr stark ist, so ist doch, wie wir immer gehört haben, die andere nicht nur weit größer, sondern auch der Euren an Zahl überlegen.
Es hätte sonst keinen Grund für sie, eine Flotte hierher zu führen, nur mit der Aufgabe, die See zu behaupten. Es ist für Eure Majestät dringend erforderlich, für alle Fälle gerüstet zu sein, an jedem Punkt mit aller erdenklichen Macht. Denn die Flotte der Feinde ist so ausgerüstet, das Meer mit genügender Stärke zu beherrschen und eine große Streitmacht zu landen.
Zweifellos wird nicht nur ihre Seemacht, wenn der Prinz von Parma vorwärts kommt, eine große Verstärkung erfahren, sondern auch dessen Macht zu Lande desto leichter Erfolg haben, wo immer er es auch versucht. Da gibt es keinen Vertrag zu solcher Zeit und mit einem solchen Feind. Auf dem Spiel stehen Eure eigene Ehre, zudem Eure Person und Euer Land.

Aus Briefen Francis Drakes

8. August: Gott hat uns einen so guten Tag gegeben, und wir haben den Feind so weit nach leewärts hin gedrängt, daß ich hoffe, der Prinz von Parma und der Herzog von Sidonia werden sich auf einige Tage hinaus die Hände nicht schütteln. Und wenn sie sich begegnen, wird, glaube ich, keiner von beiden sich über die Arbeit dieses Tages freuen.
10. August: Wir haben die spanische Armada vor uns und gedenken, mit Gottes Gnade einen Kampf mit ihr aufzunehmen. Nichts hat mir je besser gefallen, als zu sehen, wie der Feind mit südlichem Wind nordwärts floh. Gebe Gott, daß wir ein wachsames Auge auf den Herzog von Parma haben. Denn wir werden mit Gottes Gnade, wenn wir leben, wie ich nicht zweifle, bald mit dem Herzog von Sidonia so verfahren, daß er sich unter seine Weinbäume nach St. Marienhafen wünschen soll.
18. August: Die Abwesenheit meines Lord-Admirals, gnädigste Herrscherin, hat mich ermutigt, meine Feder aufs Papier zu setzen. Letzten Freitag warfen wir die spanische Armada so weit nordwärts, daß sie weder England noch Schottland wiederfinden konnte ... Wenn der Wind es nicht hindert, sind sie, meiner Meinung nach, nach Dänemark verschlagen. Sicher war ein großer Teil ihrer Mannschaft krank und nicht wenige tot. Ihre Schiffe, Segel, Taue und Geräte bedürfen großer Ausbesserungen, weil sie alle Eurer Majestät Kräfte zu spüren bekommen haben.

Von Ruyter bis Nelson

Das erstaunlichste Schauspiel, das uns das siebzehnte Jahrhundert bietet, ist die wirtschaftliche Vormachtstellung der Niederlande, eines vergleichsweise winzigen Staatswesens ohne alle natürlichen Reichtümer: reines Schwemmland, in dem keine Kohle, kein Eisen, keine Edelmetalle gefunden werden und dessen Reserven an Holz längst verbraucht sind. Nicht die Engländer waren die ersten Nutznießer des Sieges über die Armada, sondern die Holländer, die an diesem Erfolg allerdings auch mitgewirkt hatten. Durch ihren zähen Widerstand gegen die spanischen Truppen hatten sie Philipp II. genötigt, sich mit großen Kräften zu engagieren und ihm gleichsam die Falle gebaut, in die dann die ganze stolze Flotte unter vollen Segeln einlief...

Daß die Briten ihren großen Seesieg nicht selbst nutzen konnten, lag im ersten Augenblick an der Pest, im ganzen jedoch an tieferen Ursachen, die zum Teil noch heute auf den Britischen Inseln wirksam sind. Auf die »jungfräuliche Königin« Elisabeth I. war 1603 ohne nennenswerte Widerstände Jakob I. gefolgt, der als König von Schottland Jakob VI. genannt wurde. Er war der Sohn Maria Stuarts offiziell von ihrem Gatten Darnley. Nach der Meinung der Zeitgenossen und der zu dieser Zeit herrschenden Könige soll er jedoch aus der Verbindung Marias mit ihrem Geheimsekretär, dem Italiener Riccio, entsprossen sein, was nicht so standesgemäß war, aber den hervorragenden Verstand und die starken geistigen Interessen dieses Königs erklären würde.

Eben dieser Interessen wegen aber war Jakob I., den Shakespeare in seinem Drama *Sturm* feierte, am weiteren Ausbau der Flotte ebensowenig interessiert wie an der Kriegführung überhaupt. Erst unter seinem Sohn Karl I., dem unglücklichsten der Stuart-Könige, gab es wieder britischen Kriegsschiffbau: Im Jahr 1637 wurde mit der *Sovereign of the Seas* das schönste und stärkste Kriegsschiff seiner Zeit in Dienst gestellt. Es war 45 Meter lang, fünfzehn Meter breit und trug 2000 Tonnen (man bemaß die Größe der Schiffe damals noch nach der Tragkraft, nicht nach der Wasserverdrängung, was die erstaunlich geringen Tonnageangaben im älteren Schiffbau erklärt).

Die *Sovereign of the Seas*, die schon mit ihrem Namen einen Herrschaftsanspruch auf dem Meer erhob, war mit 102 Kanonen ausgerüstet, die in drei Reihen übereinander sich vor allem an den Breitseiten hinzogen. Die Besatzung

Holländische Fluyte im 17. Jahrhundert.

betrug 600 Mann. Damit brauchte es nur noch die Hälfte jener Besatzung, die hundert Jahre zuvor das berühmte Kriegsschiff *La Charente* an Bord hatte, der Stolz Ludwigs XII. mit nicht weniger als zweihundert Kanonen, die das Schiff im Gefecht buchstäblich zu einem nach allen Seiten Feuer speienden Vulkan werden ließen. Dank wichtiger Neuerungen beim Bau der Stückpforten, beim Transport der Munition zu den Geschützen und in der technischen Ausstattung der *Sovereign* war die Gefechtskraft dieses neuen Kampfschiffes jedoch höher einzuschätzen als die der schwerfälligen schwimmenden Batterien aus dem Jahrhundert zuvor.

Angesichts der zunehmenden Bedeutung des Batterien-Kampfes von Schiff zu Schiff, wie sie die Schlacht gegen die Armada besonders deutlich gezeigt hatte, tauchten immer mehr gepanzerte Schiffe auf. Dabei handelte es sich nicht um Stahlpanzerung wie heute, sondern um Bleipanzer, welche die Werften vor geringere Herstellungsschwierigkeiten stellten. Das erste größere Panzerschiff lief in Nizza für die Malteserritter vom Stapel, trug zahlreiche Geschütze und beanspruchte dreihundert Mann Besatzung. Es hieß *Santa Anna* und empfing seine Feuertaufe, wie sollte es anders sein, vor Tunis. Die *Sovereign of the Seas* knüpft jedoch nur in Einzelheiten an diese schweren Kriegsschiffe an und opfert selbst den größten Teil der Panzerung der Beweglichkeit, die im Verband der britischen Flotte stets eine besondere Rolle gespielt hat.

Karl I. freilich konnte sich seines stolzen Schiffes nicht lange erfreuen. Nach jahrelangen Bürgerkriegswirren wurde er von den Schotten, die sonst so treu zu den Stuarts hielten, für 400000 Pfund Sterling an Cromwell ausgeliefert und von diesem vor Gericht gestellt. Der Prozeß gegen Karl I. war ein Schauprozeß wie der gegen Ludwig XVI. und wurde durch Cromwells fortwährende Berufung auf die Vorsehung nicht gerechter, so daß der am 30. Januar 1649 hingerichtete hochbegabte Monarch als moralischer Sieger erscheint – was ihm freilich nichts half. Es kam aber seinem Sohn Karl II. zugute, der in den Niederlanden den Tod des Diktators Cromwell abwartete. Im Mai 1660 hielt er unter großem Jubel seinen Einzug in London und regierte als Karl II. bis 1685. Dieses Vierteljahrhundert war nicht nur Englands glücklichste Zeit seit langem, sondern es brachte auch die längst fällige Auseinandersetzung zwischen den Briten und den Holländern, die während der Bürgerkriegszeit in England ein Gutteil des spanisch-portugiesischen Erbes an sich gebracht hatten und zur ersten See- und Handelsmacht der Welt aufgestiegen waren.

Das kleine Holland hatte dank seiner Tüchtigkeit, aber auch dank der entschlossenen Rücksichtslosigkeit seiner Kaufleute und Kapitäne bereits das Erbe der Hanse angetreten, als es daranging, die Portugiesen aus ihren wertvollen Besitzungen im heutigen Indonesien zu verdrängen. Im Schatten der großen britisch-spanischen Auseinandersetzung sicherten sich die Holländer die für den Handel besonders wichtigen Gewürzinseln, dazu Stützpunkte in Vorderindien, Ostasien, Südamerika und in der Karibischen See. Da sie mehr wirtschaftlich als machtpolitisch dachten, belasteten sie sich nicht mit großen Kontinentalräumen, die zu durchdringen die beschränkten Kräfte der Niederlande ohnedies nicht ausgereicht hätten, sondern sammelten meernahe Handelsniederlassungen, die unschwer mit der Seemacht allein beherrscht und versorgt werden konnten.

Diese Seemacht bestand aus Kriegs- und Handelsschiffen, die mitunter die gleiche Grundbauweise aufwiesen, im ganzen aber mit bewundernswert nüchternem Sachverstand auf die geplante Verwendung zugeschnitten waren. Die leichten, viel Ladung tragenden, aber unverteidigten Fluyteschiffe zum Beispiel wurden in den unsicheren Gewässern des Mittelmeers so gut wie gar nicht eingesetzt, trugen jedoch auf den weiten Ostasienstrecken entscheidend dazu bei, die Frachtkosten zu senken, kamen sie doch mit zehn bis zwanzig Mann Besatzung aus. Ein weiterer Vorteil, den sich die holländischen Schiffbauer zunutze machten, waren die billigen Holzquellen Osteuropas, vor allem der Ostseeländer. Da die Eifersüchteleien der deutschen Handelsstädte der kaiserlichen Zentralgewalt keinen nennenswerten Spielraum gönnten, trafen die Holländer auf keine geschlossene deutsche Abwehr. Ja einzelne alte Hansestädte mußten noch froh darüber sein, daß die holländischen Frachtflotten ihre Häfen belebten und für einen gewissen Umschlag sorgten.

Während der Auseinandersetzungen mit Spanien waren niederländische Calvinisten in den Ostseeraum ausgewandert. Nach der Aufhebung des Edikts von Nantes in Frankreich gesellten sich französische Calvinisten, die Hugenotten, zu ihnen und bildeten in den preußischen und brandenburgischen Städten, vor allem aber in den alten Seestädten, wirtschaftlich sehr aktive Kolonien. Über diese schnell ins Patriziat aufsteigenden alten Handelsfamilien lief fortan ein Gutteil der Exporte zu so günstigen Bedingungen, daß die holländischen Werften, gestützt auf das billige preußische, polnische und russische Holz, bis zu 45 Prozent billiger bauen konnten als etwa die ausgezeichneten südfranzösischen und italienischen Werften. Dazu kam die Schnelligkeit, Pünktlichkeit und qualitative Verläßlichkeit des holländischen Schiffbaus.

In Hoorn, wo das Fluyteschiff seit 1594 gleichsam in Serie gebaut wurde, liefen in den nächsten acht Jahren achtzig Schiffe dieses Typs vom Stapel, und in der größten holländischen Werftstadt Saardam konnte man in Krisenzeiten ein Schiff pro Tag fertigstellen. In seiner Blütezeit hatte Saardam, das heute Zaandam heißt und zehn Kilometer nordwestlich von Amsterdam liegt, sechzig gut beschäftigte Werften. Zar Peter der Große, der wußte, welche Bedeutung die Marine für Machtpolitik und Handel habe, lebte 1697 längere Zeit in Saardam und erlernte dort den Schiffbau.

Der Schlüssel zu den erstaunlichen Erfolgen der Holländer liegt vielleicht darin, daß sie im wirtschaftlichen Denken den Großmächten beträchtlich voraus waren und eine ganze Reihe von Problemen, mit denen sich die Deutschen, die Engländer und die Franzosen herumschlugen, gar nicht erst Bedeutung erlangen ließen. Als Praktiker des Handels seit beinahe tausend Jahren wußten sie ganz genau, daß es nicht auf die eine oder andere Vergünstigung, sondern auf ein ineinandergreifendes vorteilhaftes System ankomme. Sie boten nicht nur Kredite an, wie die Juden und die Florentiner, sondern auch gleich die Seeversicherung, den Transportraum, die günstigen Transporttarife und den Geleitschutz durch ihre Flotte! – Welcher Händler aus Augsburg oder Köln oder auch Lille hätte es sich leisten können, so günstige Offerten auszuschlagen? Hätte er aus irgendwelchen, zum Beispiel konfessionellen Gründen italienische Bankiers als Geldgeber und Reeder aus Bordeaux als Frächter vorgezogen, so hätte dies seinen Gewinn um ein Drittel vermindert oder aber seine Preise in die Höhe getrieben und damit seinen Absatz gefährdet.
War es angesichts dieser Verhältnisse zu verwundern, daß der Tabak aus Virginia für die königlich-französische Tabakregie auf holländischen Schiffen transportiert wurde, ebenso wie die Biberfelle aus dem französischen Kanada auf holländischen Schiffen Rußland erreichten? Ja, es kam sogar vor, daß diese Biberfelle aus einer französischen Kolonie in Rußland aufgearbeitet wurden und dann, natürlich abermals auf holländischen Schiffen, die französischen Kürschner als Auslandsimport erreichten ...
Solche Vorgänge, deren sich hunderte aufzählen ließen, bezeichnen jene Grenze, an der die holländische Handelsvormacht für die beteiligten übrigen Staaten zu ernsten wirtschaftlichen Nachteilen führte und die Regierungen nötigte, der freien Wahl des Transportraums ein Ende zu machen.
Natürlich gab es keine echte Alternative. Das holländische Eigenaufkommen an Waren wäre entbehrlich gewesen: die Leinwandmanufakturen von Haarlem, die Färbereien und Webereien zu Leyden ebenso wie die Bierbrauereien und Zuckerraffinerien, die Fayencen von Delft. Aber schon die Schiffbaukapazität im übrigen Europa war durchaus unzureichend. Die Werften waren nach Jahrzehnten übermächtiger holländischer Konkurrenz zum Teil dem Ruin nahe, zum Teil auf moderne Bauweisen gar nicht vorbereitet und oft schlecht mit Holz versorgt.
Ähnlich stand es mit dem Transportraum, also der gesamten Ladefähigkeit der Handelsflotten. England verfügte 1671 über rund 4000 Schiffe, die zusammen etwas mehr als 100000 Tonnen befördern konnten. Frankreichs Flotte konnte vereint 80000 Tonnen bewältigen. Die kleinen Niederlande aber, erst seit 1609 selbständig, verfügten über die für jene Zeit enorme Kapazität von 16000 Schiffen mit zusammen 560000 Tonnen Ladefähigkeit.
Kredite kosteten in London 6 Prozent, in Amsterdam 3½ bis 4 Prozent. Die

Zölle waren in Holland niedriger als in allen anderen Handelsländern, und das Netz an Faktoreien, das die Niederländer über die Welt gespannt hatten, funktionierte wesentlich besser als jede andere vergleichbare Organisation, falls sie überhaupt existierte.
Im friedlichen Wettbewerb war also den Holländern nicht ein einziger Auftraggeber abzujagen. Darum hatte sich schon Oliver Cromwell zu Zwangsmaßnahmen entschlossen. Auch dem klugen Colbert, Superminister des Sonnenkönigs, fiel kein anderes Mittel gegen diese Vormacht eines für Seehandel und Seefahrt offensichtlich besonders begabten Volkes ein.
1651 erließ Cromwell seine berühmte Navigationsakte, in der unter anderem bestimmt wurde, daß Waren, die in englischen Häfen entladen werden sollten, auf englischen Schiffen angeliefert werden mußten oder aber auf Schiffen der Herkunftsnation (vgl. Quellentext S. 192). Colbert schlug weniger massiv zu und baute nach und nach ein System von etwa hundertundfünfzig Verordnungen auf, durch die er einen Teil der vorbildlichen holländischen Aktivitäten nach Nordfrankreich hereinzog (zum Beispiel die Tuchindustrie), durch die aber auch die neuen Industrien in Süd- und Südostfrankreich in ihrem Export gefördert und gegen die holländische Konkurrenz geschützt wurden. Schon 1634 hatte ein Monsieur de la Gomberdière dem Kardinal Richelieu eine Liste von Waren vorgelegt, die Frankreich laufend einführe, obwohl es sie bei entsprechender staatlicher Förderung im eigenen Land herstellen und damit die kostspieligen Einfuhren vermeiden könne. Auf solchen Erkenntnissen fußte das System Colberts und mußte sich, soweit es Erfolg hatte, naturgemäß in erster Linie gegen die Niederländer richten, die nach Lage der Dinge im siebzehnten Jahrhundert die Hauptnutznießer der Einfuhren nach Europa waren.

Ludwig XIV. und Karl II. von England unterhielten ein beinahe ungetrübtes Verhältnis der freundschaftlichen Zusammenarbeit. Der Sonnenkönig war zwar mit einer spanischen Königstochter verheiratet, aber sein Bruder hatte Henriette, die Lieblingsschwester Karls II., zur Frau genommen, und diese geistvolle und trotz eines kleinen Haltungsfehlers sehr hübsche Prinzessin verstand es besser als jede andere, den Sonnenkönig zu unterhalten und aufzuheitern. Sie war dank ihrer Klugheit die eigentliche Vermittlerin zwischen dem britischen und dem französischen Hof. Nach ihrer Ermordung durch Gift (es war ein privater Eifersuchtsakt ohne politischen Hintergrund) liefen die französisch-britischen Beziehungen über eine schöne bretonische Baronesse, die das Herz Karls II. in ihren Bann geschlagen hatte. Karls Schwester Henriette hatte Louise de Kerouaille noch selbst dem Bruder vorgestellt, ohne zu ahnen, daß ihre Hofdame dereinst als ihre Nachfolgerin für das Weiterfunktionieren der französisch-britischen Entente würde sorgen müssen.
Auf harten Handelskrieg folgte in der Vergangenheit meist sehr schnell die

Englisches Linienschiff im 18. Jahrhundert.

heiße Auseinandersetzung mit Kanonen und Rammstößen. Schauplatz der Begegnung zwischen Briten und Holländern waren etwa die gleichen Gewässer wie 1588. Als, noch unter Cromwell, die ersten Breitseiten gewechselt wurden, war Michiel Adrianszoon de Ruyter mit fünfundvierzig Jahren ein nicht mehr ganz junger Kapitän der niederländischen Handelsmarine. Er hatte zwar schon Kriegsschiffe geführt, auch große Expeditionen geleitet, war aber doch noch den meisten unbekannt, als er 1653 als Vizeadmiral in die Kriegsflotte übernommen wurde.

Um so deutlicher empfahl er sich in den folgenden Jahren als großer Gegner, denn er schlug 1666 die britische Flotte gleich dreimal, was viel dazu beitrug, daß Karls II. Bruder Jakob, der als der kriegerischere der beiden Stuarts die Flottenrüstung forciert hatte, beim englischen Volk manche Sympathien verlor. 1667 lief Admiral de Ruyter mit seinen Kriegsschiffen sogar in die Themsemündung ein.

Es war das, was man im modernen Sprachgebrauch ein Kommandounternehmen nennen würde. Ja, Admiral Ruyter hatte sogar Truppen an Bord seiner Schiffe, die unter dem Kommando eines Stuartgegners und Cromwell-Anhängers standen. Am 6. Juni brachen die Holländer aus der Scheldemündung heraus gegen England los, 51 große Schiffe, dazu 14 Fregatten und 14 Brander. Durch einen Sturm aufgehalten, erreichten sie erst am 17. die Themsemündung, und am Morgen des 18. Juni 1667 erfuhren die verschreckten Londoner, daß Ruyter den Fluß heraufkomme, um London zu erobern.
Die Geschäfte in der City schlossen, die Banken stellten die Zahlungen ein, wer sich's leisten konnte, floh auf die Landsitze und nahm die Wertsachen mit. Vereint mit dem Obristen von Ghent, der zur See nicht minder tüchtig war als zu Lande, richtete Ruyter zwischen dem 19. und dem 22. Juni an britischen Schiffen und Küstenbefestigungen eine große Zahl schwerer Schäden an, versenkte achtzehn Schiffe und entführte ausgerechnet die *Royal Charles.* Wäre ihm nicht am 21. Juli der Vertrag von Breda dazwischen gekommen, der für fünf Jahre Frieden zwischen England, Frankreich und Holland einkehren ließ, so hätte Admiral de Ruyter gewiß seinen Plan verwirklicht, auch dem britischen Kriegshafen Plymouth einen ähnlichen Besuch abzustatten wie der Themse und ihren befestigten Inseln.
Gingen auch die künftigen Begegnungen der Flotten dieser drei Länder nicht immer so glanzvoll für Ruyter aus, so war er in dieser Phase der kriegerischen Auseinandersetzungen zur See, in der zweiten Hälfte des siebzehnten Jahrhunderts, doch zweifellos die stärkste Persönlichkeit und seinen Gegnern deutlich überlegen. Weder der britische Lord Sandwich noch gar Jakob, Herzog von York, konnten ihm das Wasser reichen, und der französische Admiral Duquesne, wiewohl als Flottenführer hochbegabt und persönlich tapfer, brachte doch nicht jene Instinktsicherheit mit, wie sie Ruyter auszeichnete.
Nach einem Leben, das er bis auf die ersten elf Jahre an Bord verschiedener Schiffe verbracht hatte, griff Michiel de Ruyter am 22. April 1676 im Meerbusen von Catania Admiral Duquesne an. Auf jeder Seite kämpften etwa dreißig Schiffe. Bestevaer (guter Alter), wie Ruyter nun schon genannt wurde, da er immerhin beinahe siebzig Jahre zählte, verlor durch eine französische Kanonenkugel den linken Fuß, und das war angesichts des Standes der Chirurgie in jenem Jahrhundert so gut wie ein Todesurteil. In dem kleinen, noch an die alten Griechen erinnernden Hafen von Syracusa auf Sizilien starb eine Woche darauf der große Seeheld, der heute in Amsterdams Nieuwe Kerk begraben liegt. Acht Jahre darauf kam auch sein Sohn Engel de Ruyter ums Leben, als sein Schiff im Sturm sank.
Der Mann, der Ruyter in dieser Seeschlacht besiegte, repräsentiert weder eine neue Generation noch eine neue Taktik: Abraham Duquesne aus dem Korsarenstädtchen Dieppe war bei jener großen Konfrontation auch schon vierund-

sechzig Jahre alt und fuhr ebenso lange zur See wie sein holländischer Gegner. Und doch scheint sich am Ende des siebzehnten Jahrhunderts ein neuer Stil auf See durchzusetzen, so wie sich ja auch das achtzehnte Jahrhundert von seinem grobianischen Vorgänger merklich abhebt: Aus den kriegerischen Auseinandersetzungen schwindet jener Haß, wie er durch die konfessionellen Gegensätze bedingt gewesen war, und vor allem bei Franzosen, Österreichern und Preußen hält ein ritterlicher Geist Einzug, der die Briten und Holländer gelegentlich beschämt.
Duquesne, bürgerlicher Herkunft, wird später geadelt und ist eine Figur des Übergangs. Jean Graf d'Estrées, Vorgesetzter und Mitstreiter von Abraham Duquesne, kennzeichnet jedoch schon den Beginn der neuen Ära, die sein Sohn, der universell gebildete Victor Marie, Herzog d'Estrées (1660–1737) als einer der wenigen Admirale, die man zugleich Gelehrte und Philosophen nennen kann, glanzvoll auf einen ersten Höhepunkt führen wird.
Als de Ruyter in Syracusa dem Wundfieber erlegen war, schloß man sein Herz in eine silberne Urne ein und vertraute sie einer großen Fregatte an, die Kallenburg, einer der tüchtigsten holländischen Kapitäne, durch die französische Blockade Siziliens nach Amsterdam schaffen sollte. Trotz aller Vorsicht wurde Kallenburg jedoch gesichtet, gejagt und schließlich gestellt. Als er Duquesne seine besondere Mission enthüllte, begab sich dieser auf Kallenburgs Fregatte und ließ sich den Raum mit de Ruyters Urne zeigen. Danach wurde Kallenburg der Degen zurückgegeben und die wertvolle Prise freigelassen. »Ihr Auftrag, Kapitän«, sagte Duquesne, »hat Anspruch auf unsere Achtung und gestattet uns nicht, Ihnen etwas in den Weg zu legen.«

In der Folgezeit brachten Vorgeplänkel und dynastische Winkelzüge des Spanischen Erbfolgekrieges die verschiedensten Mächtekombinationen. Man sah spanische Schiffe an der Seite von Holländern gegen Franzosen fechten, und zu anderen Zeiten bekämpften Franzosen und Briten einander so herzhaft wie in den längst entschwundenen Tagen der Ärmelkanal-Rivalität zwischen der britischen und der französischen Korsarenküste. Zu schwach, mit ihrer Flotte einen weltweiten Krieg gegen die beherrschenden Seemächte England und Holland zu führen, ersetzten die Franzosen durch Bravour und Unternehmungsgeist, was ihnen in der Menge und Kampfkraft ihrer Schiffe fehlte.
In diesen Gefechten und Einzelaktionen, die das ganze achtzehnte Jahrhundert beherrschten, wird darum vor allem von französischer Seite die Schiffsbauweise immer mehr verfeinert, weil die Korsarenschiffe der nordwestfranzösischen Häfen nur zu oft ihr Heil in der Flucht suchen mußten und sich den überlegenen Kräften, die sie jagten, nur durch schnelle Manöver und überlegene Marschgeschwindigkeit entziehen konnten. *La guerre de course*, wie der französische Fachausdruck für diese Art des Kaperkriegs lautet, ist ein Duell

nicht nur der Kanonen, sondern vor allem der Segelkünste und des Wagemuts. Während ein Drake noch von der ganzen Welt gefürchtet wurde und als hartes Rauhbein an der Spitze einer wilden und beutegierigen Mannschaft in die Seegeschichte einging, beschäftigten die französischen Korsaren die Phantasie ihrer Zeitgenossen durch waghalsige Kunststücke, durch noble Gesten und eine Unzahl galanter Abenteuer.
Einen Teil ihrer Unternehmungslust und Unbeschwertheit verdanken sie dem Umstand, daß nun das ganze Land hinter ihnen steht, während Ludwig XIV. noch durch den religiösen Gegensatz zwischen dem katholischen Hof und den protestantischen Hafenstädten daran gehindert wurde, sich zu den Taten der besten Franzosen zu bekennen.
Als Duquesne in Versailles erschien, um nach einer langen Reihe von Erfolgen Bericht zu erstatten, äußerte sich der Sonnenkönig zwar sehr zufrieden und lobte seinen Admiral. Schließlich aber sagte er: »Es wäre mir sehr lieb, Monsieur Duquesne, wenn Sie mich nicht durch Ihre Religion daran hinderten, Sie nach Verdienst zu belohnen; aber Sie sind Protestant, und Sie wissen, wie ich darüber denke ...«
Madame Duquesne, eine brave Katholikin aus Montpellier, rief, als sie von diesem Gespräch erfuhr, wütend: »Da soll doch gleich der Teufel dreinfahren. Natürlich bist du ein Protestant, aber deine Taten – die sind doch französisch!«
Unter Philipp von Orléans, dem Regenten, der auf Ludwig XIV. folgte, und unter Ludwig XV., der sich für seine Seemacht nicht sonderlich interessierte, kam es zu solchen Gegensätzen nicht mehr. Die Franzosen hatten nun die Möglichkeit, sich für die Niederlage ihrer Marschälle gegen die Preußen dadurch zu entschädigen, daß sie die Erfolge ihrer Kaperkapitäne um so ausgelassener feierten und ihre Urheber zu Nationalhelden werden ließen. Die alten Korsarenstädte am Ärmelkanal, allen voran Saint-Malo und Dieppe, die so lange auf sich allein gestellt gewesen waren, rückten damit in das Bewußtsein des ganzen Frankreich, das nun erst wirklich zur Kenntnis nahm, daß es eine Flotte habe.
Wie immer in solchen Fällen machten die ersten großen Beispiele Schule, und einer gab seine Erfahrungen und Kenntnisse an den nächsten weiter. Der Mut freilich, den sie alle brauchten, und die oft über jede Vernunft hinausgehende fast spielerische Herausforderung des Schicksals, sie waren Sache jedes einzelnen. Nur die wurden berühmt, die alles vereinten: seemännische Fähigkeiten und Todesverachtung, unbedingten Glauben an Schiff und Mannschaft mit dem festen Vorsatz, aus diesen Möglichkeiten das beste, ja das äußerste herauszuholen.
Die lange Reihe großer, aber außerhalb Frankreichs beinahe vergessener Namen beginnt mit Jean Bart aus Dünkirchen, der noch ein Schüler des alten de Ruyter war, einige Jahre unter dessen Kommando gegen die Engländer

kämpfte und von Ludwig XIV. 1679 ein eigenes Schiff erhielt. Jean Barts berühmteste Tat war wohl der Durchbruch durch die englisch-holländische Blockade des Hafens von Dünkirchen, den er mit nur sieben Schiffen bewerkstelligte, seine segensreichste hingegen war es, eine große Getreideflotte von 130 Schiffen zu kapern in einem Augenblick, da Frankreich von großer Hungersnot bedroht war.

Was Jean Bart jedoch besonders populär machte, das war seine unverblümte Ausdrucksweise und sein Stolz, der ihn alles höfische Getue verachten ließ. Als ihm ein arroganter Kämmerer die tausend Dukaten, die Ludwig XIV. ihm als Belohnung angewiesen hatte, nicht gleich auszahlen wollte, sondern – da er gerade in Gesellschaft speiste – die Anweisung scheinbar achtlos fallen ließ und Jean Bart bedeutete, übermorgen wiederzukommen, zog der Seemann kurzerhand seinen Säbel, nötigte den Kämmerer, sich selbst nach der Anweisung zu bücken und hatte eine Stunde später sein Geld.

Solche und andere Bravourstücke waren das Entsetzen des Grafen Forbin, der gemeinsam mit Jean Bart gekämpft hatte, mit ihm aus einem der berüchtigten britischen Bagnos entflohen war und in einem winzigen Boot den Kanal über-

Holländische Fregatte aus dem 17. Jahrhundert.

quert hatte. Am Hof von Versailles galt Forbin, wenn er mit Jean Bart auftrat, als eine Art Bärenführer. Auf See gab der aus Gardanne unweit Aix stammende Provençale dem Mann aus Dünkirchen hingegen nichts nach und ließ sich von seiner wilden Kühnheit zu Aktionen verleiten, die ihn gelegentlich mit den französischen Diplomaten in Konflikt brachten. So züchtigte er eines Tages Venedig dafür, daß es keine strikte Neutralität wahrte, drang nachts mit zwei Schaluppen in den Hafen ein und steckte ein Großschiff in Brand. Als hervorragender Seefahrer war er nicht nur der Schrecken der Adria, sondern dehnte seine Operationen auch bis ins Weiße Meer, nördlich des Polarkreises aus.

Diese Korsarenkühnheit zeigten in jener Epoche aber auch Admirale der königlichen Marine, wie überhaupt die Grenzen zwischen Freibeutern und Offizieren auch im achtzehnten Jahrhundert noch so verschwommen erscheinen wie schon zur Zeit eines Francis Drake. Das gilt zum Beispiel für Anne Hilarion de Cotentin, Graf von Tourville, einen normannischen Edelmann, der zu allen Vorzügen seines Geistes und seines Charakters noch den genoß, als der schönste Mann seiner Zeit zu gelten. Er begann seine Karriere auf den Galeeren des Malteserordens im harten Kampf gegen die nordafrikanischen Seeräuber und kämpfte in jener Seeschlacht vor Catania, in der Ruyter seine tödliche Verwundung erhielt, mit hervorragender Tapferkeit in der Vorhut der französischen Flotte.

Gegen die britisch-holländische Übermacht bei La Hougue (2. 6. 1692) war Tourville weniger glücklich, wenn auch ohne persönliche Schuld. Tourville versöhnte den Monarchen durch seinen glänzenden Seesieg beim Kap St. Vincent, zog sich nach dem Frieden von Ryswijk ins Pensionärsdasein zurück und starb 1701 als Marschall von Frankreich.

Der große Korsar des Ärmelkanalgebiets war René Duguay-Trouin, Sohn eines seefahrenden Reeders aus Saint-Malo. Schon mit zweiundzwanzig Jahren nahm er den ersten Engländer, worauf seine Familie kaum anders konnte, als für ihn ein eigenes Korsarenschiff auszurüsten. Nun begann er die Kaperei im großen Stil, brachte die Prisen zu Dutzenden ein, wurde 1710 geadelt und erschien 1711 überraschend vor Rio de Janeiro. Wie einst Drake und Hawkins nahm er die Stadt und nötigte sie, sich wieder freizukaufen, ganz wie hundertfünfzig Jahre zuvor die britischen Privateers auf dem Isthmus von Panama. Duguay-Trouin mündete in die Legalität als Eskaderchef der französischen Marine und brachte es schließlich bis zum Marinekommandanten von Brest.

Ein Mann gleicher Couleur war Toussaint-Guillaume de la Motte-Picquet aus Rennes. Schon als junger Leutnant verblüffte er seine Vorgesetzten, als die *Renommée*, auf der er diente, dem ganzen britischen Geschwader des Admirals Anson vor die Rohre lief. Nachdem das tapfere Schiff zwei Briten versenkt hatte, brachte ein Siebzigkanonenriese Ansons der *Renommée* so schwere

Treffer bei, daß eine Fortsetzung des Kampfes aussichtslos erschien und der Kommandant seine Offiziere zu einer Lagebesprechung zusammenrief. Als de la Motte den Zweck der Konferenz erkannte, erklärte er, lieber auf seinen Posten zurückzukehren, übernahm für den verwundeten Kapitän Kersaint das Kommando und brachte die weidwunde Fregatte durch eine Reihe ebenso kühner wie geschickter Manöver gut in einen französischen Hafen.
In der französischen Flotte gewann de la Motte bald den Ruf eines Mannes, der mit Schiffen so gut wie alles fertigbringe, und tatsächlich waren die großen Rettungsaktionen seine Spezialität. Er brachte französische Hilfstruppen für Washington sicher über den Atlantik, obwohl die Briten wütend Jagd auf ihn machten, und rettete andere Konvois mit unterlegenen Kräften, auch wenn die Engländer die Beute schon im Griff zu haben glaubten.
Der dritte große Bretone in dieser Reihe ist Robert Surcouf, aus Saint-Malo stammend und mit Duguay-Trouin verwandt, der große Korsar aus der Spätzeit dieser Art der Seekriegführung. Er schädigte die Engländer vor allem im Indischen Ozean und kehrte 1801 mit einem großen Vermögen aus zahlreichen Prisen nach Saint-Malo zurück. Nach kurzer Ruhezeit rüstete er eine ganze Korsarenflotte aus, lief wieder in den Indischen Ozean und führte von französischen Inselstützpunkten aus seinen ertragreichen Kaperkrieg weiter. Nach seiner Rückkehr von Napoleon I. zum Baron gemacht, wurde Surcouf Reeder und widmete sich speziell der Ausrüstung von Kaperschiffen, deren einige auch sein Eigentum blieben. Er starb 1827, erst vierundfünfzig Jahre alt, als einer der reichsten Unternehmer Frankreichs.

So wie Drake und Hawkins nicht immer Dank ernteten, gab es auch unter den großen Korsaren und den in fernen Ozeanen operierenden französischen Seehelden manches Schicksal, das vom Undank der Krone und von der Übermacht der Intrige über den schlichten Mannesmut zeugt. Die bekannteste dieser tragischen Erscheinungen ist Bertrand-François Mahé de la Bourdonnais aus Saint-Malo, Leutnant und später Kapitän der Indienkompanie, der für Frankreich die Inseln Bourbon und de France eroberte und als Gouverneur verwaltete. Gerade das aber wurde ihm zum Verhängnis, denn auf den fruchtbaren Inseln, die lange Zeit Stützpunkte für Seeräuber und andere abenteuerliche Existenzen gewesen waren, hatte sich in Jahrzehnten der Unsicherheit und der schlechten Verwaltung eine Art Patriziat des Schmuggels, der Piraterie und der Bestechungen zusammengefunden, das gute Verbindungen zum Hof in Versailles unterhielt. La Bourdonnais, der mit eisernem Besen Ordnung machte und als rechtschaffener Gouverneur alle Bestechungsversuche mit wütenden Gegenangriffen beantwortete, wurde durch Verleumdungen und Intrigen zu Fall gebracht und bei seiner Heimkehr nach Frankreich nicht für seine Verdienste belohnt, sondern erst einmal ins Gefängnis geworfen. Als sich drei Jahre später seine völlige Unschuld herausstellte, war er ein gebrochener Mann, der nur noch eine kurze Lebensspanne vor sich hatte.

Der zweite dieser tragischen Fälle, die ebenso zahlreich sind wie die strahlenden Helden, war Jacques Cassard, dessen Laufbahn auf einem Korsarenschiff von Saint-Malo begonnen hatte. Nach Jahren dieses abenteuerlichen Lebens im Kaperkrieg wohlerfahren, wurde Cassard einer der tüchtigsten Kapitäne für den Schutz großer Konvois und ging 1712 zu militärischen Großaktionen in fremden Ländern über: zu Angriffen auf die portugiesischen Kolonien auf den Kapverdischen Inseln und echten Privateer-Raids auf Martinique im Karibischen Meer. Nach Art anderer Korsaren hatte er schließlich sein ganzes Vermögen in zwei schnelle und starke Schiffe investiert, die zum Schutz französischer Getreideflotten unterwegs waren, im Vertrauen auf die dafür zugesagten Entschädigungen durch die Regierung.

Aber Versailles rückte kein Geld heraus, und eine Vorsprache beim allmächtigen Staatskanzler Kardinal Fleury im Jahr 1726 hatte ebensowenig Erfolg. Wie so mancher Seemann wußte auch Cassard sich schlecht in die höfische Etikette zu fügen und wurde ziemlich deutlich, als Fleury ihn abermals abwies. Könige haben für solche Entgleisungen ihrer Helden gelegentlich (nicht immer) Verständnis bewiesen. Fleury hat niemandem, nicht einmal dem hochgeborenen Bernis auch nur die kleinste Kränkung verziehen. Cassard erhielt nicht nur kein Geld, sondern wurde für seine offenen Worte auch noch in den Kerker des Schlosses von Ham an der Somme geworfen, wo er nach vierzehn qualvollen Jahren starb.

In diesem durchaus nicht vereinzelten Fall allerhöchster Ungerechtigkeit liegt eine Parallele zu Mandrin, Frankreichs größtem Banditen, der fünfzehn Jahre nach dem Tod Cassards auf dem Rad endete, weil er aus Wut über einen ganz ähnlichen Betrug zum Schmuggler im großen Stil geworden war. Er hatte keine Geleitschiffe, sondern Hunderte von Tragtieren für einen Feldzug Frankreichs gekauft und keine Entschädigung erhalten, als diese Tiere bei einem Alpenübergang zugrundegingen ...

Der Absolutismus trat immer wieder in Widerstreit zu den Lebens- und Arbeitsgewohnheiten des Seemanns, der auf seinem Schiff sein eigener Herr und im Kaperkrieg an selbstherrliche Entscheidungen gewöhnt worden war. Man kann Flotten wie einzelnen Schiffen schlecht diktieren, weil kein Monarch die Winde, die Gezeiten und die Strömungen unter Kontrolle nehmen kann, und sei er auch ein Genie. Das mußten Frankreichs letzte Bourbonen, von denen sich Ludwig XVI. ernsthaft für die Flotte interessierte, schließlich ebenso einsehen wie Napoleon, der die ersten Jahre seiner strahlenden Laufbahn in den aussichtslosen Versuch investierte, das Mittelmeer gegen die britische Seemacht zu einem französischen See zu machen.

Die wenigen Jahre revolutionärer Wirren in Frankreich hatten genügt, die

Das englische Kriegsschiff »Prince Royal« (nach einem Kupferstich aus dem 17. Jahrhundert).

Marine, die sich ein Jahrhundert lang auf allen Meeren so tapfer geschlagen hatte, dem völligen Verfall nahe zu bringen. Während in der Hauptstadt der Machtkampf zwischen Clubs und rivalisierenden Gruppen tobte, verrotteten in den Seehäfen die mit so großen Opfern erbauten Kriegsschiffe, und die zum Teil adeligen Korsarenkapitäne zeigten auch wenig Verlangen, für eine Regierung ihr Leben auf See zu wagen, die ihnen vielleicht nach der Heimkehr den Kopf vor die Füße legen ließ.

Napoleon hatte als Feldherr des Konsulats und als Erster Konsul daher die undankbare Aufgabe, durch seine Erfolge zu Land die Überlegenheit Englands zur See auszugleichen. An eine Versöhnung mit England dachte merkwürdigerweise das revolutionäre Frankreich ebensowenig wie vorher das Königreich. Belgien wurde den Österreichern abgenommen, und damit England herausgefordert, das stets zu den Waffen griff, wenn die Kanalhäfen in den Händen einer Großmacht waren.

Durch eine Reihe von Erfolgen, die längst Geschichte sind, brachte Napoleon die überlegenen britischen Flotten schließlich dazu, sich aus dem Mittelmeer zurückzuziehen. Das begann mit seiner legendären Verteidigung der Festung Toulon noch als junger Artillerieoffzier und endete in der Eroberung der italienischen Küsten, wodurch England seiner Stützpunkte beraubt wurde und auch angesichts der Gegnerschaft Spaniens einen Rückzug aus dem Mittelmeer nicht mehr aufschieben konnte.

Die Idee, das Mittelmeer zu einem geschlossenen französischen Herrschafts- und Einflußbereich zu machen, ist für einen Korsen nicht ungewöhnlich. Sie war die erste eigene Machtplanung Napoleons und gipfelten in dem 1914 wie 1939 abermals aktualisierten Versuch, England von Indien dadurch abzuschneiden, daß das Ostmittelmeer mit Ägypten erobert wurde.

Napoleon kam auf diesem Weg wesentlich weiter als die Mittelmächte im Ersten und Rommel im Zweiten Weltkrieg. In einer kühnen Transporterreise quer durch das Mittelmeer vermochte er Malta im Handstreich zu nehmen und seine Truppen tatsächlich nach Ägypten zu bringen, mit dem kleinen Schönheitsfehler einer Landung am falschen Ort: die Weiterfahrt in die Nilmündung und nach Kairo war bereits durch die alarmierte britische Flotte bedroht.

Diese Flotte, die England angesichts der Wichtigkeit Ägyptens und Indiens nun nicht mehr schonen durfte, stand unter dem Befehl eines jungen Konteradmirals, der vor Calvi ein Auge eingebüßt und bei einem Angriff auf Santa Cruz den rechten Arm verloren hatte. Er hieß Horatio Nelson. Auch mit zwei Augen wäre es ihm schwer gefallen, die geschickt versteckten Franzosen zu finden, die ihre Truppen ausgeschifft hatten und sich an öden Küstenstrichen dem süßen Nichtstun hingaben, statt sich im Gefechtsexerzieren auf das Herannahen eines so gefährlichen Gegners vorzubereiten. Als Nelson dann die französische Flotte unter dem Admiral Brueys bei Abukir entdeckt hatte, tat er etwas, was dem Franzosen nur ein verächtliches Lächeln entlockte: die Britenschiffe schoben sich zwischen Land und Gegner, legten ihre Schiffe, die keinen Wind in den Segeln hatten, mit Ankern fest und gedachten, auf diese Weise die Schlacht zu gewinnen.

Wenige Stunden später hatten die schnell schießenden Briten, die auf ihren verankerten Batterien haargenau zielen konnten, alle französischen Schiffe kurz und klein geschossen, bis auf zwei abseits liegende Fregatten, die rechtzeitig die Anker gelichtet und die freie See gewonnen hatten. Auf den Seesieg von Abukir angesprochen, soll Nelson später berichtigt haben, dies sei kein Sieg (*victory*), sondern eine Eroberung (*conquest*) gewesen, und diese völlige Vernichtung des Gegners blieb einer seiner Grundsätze auf jenem Schlachtfeld See, das im allgemeinen seine unendliche Weite zum Entkommen anbietet.

Der zweite Schlag, der die Franzosen traf, war der Verlust aller schweren Geschütze. Sie mußten zur See, also heimlich, nach Norden, vor die libanesischen Festungen befördert werden, weil ein Landtransport nicht zu bewerkstelligen war, und Nelsons Unterführer Sidney-Smith nahm die Flotille mit Napoleons Mörsern weg. Als die Franzosen vor Akkon kämpften, überschütteten daher ihre eigenen Geschütze sie von den Wällen herab mit einem vernichtenden Feuer...

Holländischer Ostindienfahrer aus dem 17. Jahrhundert.

Es ist bis heute nicht völlig klar, ob Napoleon damals tatsächlich noch den an Alexander den Großen erinnernden Plan eines Indienzuges verfolgte oder ob er in den Libanon nur marschierte, um die Türken von Ägypten fernzuhalten und Schiffbauholz zu holen. Sicher ist jedoch, daß er den rätselhaften Ausspruch tat, er wäre Kaiser der Welt geworden, wenn es keinen Sidney-Smith gegeben hätte. Sidney-Smith nämlich hatte Napoleon nicht nur die Mörser für den vorderasiatischen Feldzug weggenommen, sondern ihm auch jene Zeitungen zugespielt, aus denen Napoleon, der ohne Nachrichten aus Europa war, überdeutlich ersehen konnte, in welcher Bedrängnis Frankreich sich befand, worauf er den bekannten und stark diskutierten Entschluß faßte, in Ägypten General Kléber kommandieren zu lassen und in Frankreich selbst nach dem Rechten zu sehen ...

Es ist heute müßig, die Frage zu stellen, wie Napoleons Schicksale sich entwickelt hätten, wäre er damals in Ägypten geblieben, oder hätte er Indien erobert. Selbst die Frage, ob er England besiegt hätte, wäre nicht gerade ein Genius wie Nelson sein Gegner gewesen, hat wenig historische Brisanz, hatte doch England als eine Nation von Seefahrern zu allen Zeiten zwar nicht Genies, aber doch Talente der Seekriegführung in ausreichender Anzahl zu Gebote. Gewiß hätten weniger kühne Admirale vielleicht nicht so schnelle und vollständige Erfolge errungen, wie es Nelson bei Abukir und bei Trafalgar gelang; aber daß Frankreich zur See hoffnungslos unterlegen war, das wurde auch einem so ausgesprochenen Landkrieger wie Napoleon schon zu Beginn seiner Laufbahn klar. Als das Direktorium ihm die für die Landung in Großbritannien bestimmte Invasionsarmee zeigte, die in den französischen Atlantikhäfen auf die Einschiffung wartete, schüttelte der Korse nur den Kopf. Gegen eine überlegene Seemacht in England Fuß fassen zu wollen, sagte er, sei das schwierigste, was sich an militärischen Unternehmen überhaupt ausdenken lasse. Und als historisch bewanderter Offizier wußte er zweifellos, daß die zwei geglückten Invasionen Englands von Seemächten durchgeführt wurden, von den Normannen unter Wilhelm dem Eroberer und von den Holländern unter Wilhelm von Oranien. Kontinentalmächte wie Frankreich oder Deutschland, die mit ihren Landtruppen in allen Jahrhunderten große Erfolge errungen hatten, kapitulierten hingegen stets vor der schmalen Wasserstraße, die England von Festlandeuropa trennt.

Auf einen kurzen Auszug aus Cromwells im Text besprochener Navigationsakte, der hier mehr als Stilprobe seinen Platz findet, folgen Zitate aus dem Geheimtagebuch des Admiralitätsbeamten Sir Samuel Pepys (1633 bis 1703), des vielleicht wertvollsten privaten Dokuments über das Leben in London in der Restaurationszeit, d. h. unter dem Stuartkönig Karl II. und seinem Bruder und Nachfolger Jakob II. Geheim ist dieses Tagebuch nicht so sehr wegen seiner politischen Enthüllungen genannt worden. Pepys hielt es geheim, weil er ihm auch seine kleinen Affären und Liebesabenteuer anvertraute. Dennoch sind die mitgeteilten Tatsachen über Vorgänge in der Admiralität, über die Seelords und über den Herzog von York (den späteren Jakob II.) eben wegen ihres privaten Charakters sehr aufschlußreich. Gilt das Tagebuch auch wegen der Theaterfreudigkeit seines Autors und wegen der offensichtlichen Genußfreude Pepys' als ein in erster Linie kultur- und sittengeschichtliches Dokument, so schildert es doch auch politische Ereignisse wie Karls II. Einzug in London oder marinegeschichtliche Fakten mit größter Genauigkeit und Augenzeugentreue. Es ist leider selbst in der auf ein Zehntel (!) gekürzten deutschen Ausgabe nur in Bibliotheken zugänglich. Das sechs Bände umfassende Original war in Cipher abgefaßt und wurde nach mehreren unvollständigen Ausgaben 1893–96 von Henry B. Weatley herausgegeben.
Die Landung des Prinzen Wilhelm von Oranien in England schildert uns sein Freund und Berater Gilbert Burnet (1643–1715), seit 1689 Bischof von Salisbury. Seine Darstellung der vielen glücklichen Zufälle von Wind und Strömung gab Anlaß zu der Legende vom »protestantischen Wind« im Ärmelkanal, der die Landungsversuche der Stuarts und vorher Spaniens vereitelte, den Oranier hingegen begünstigte.

Die sogenannte Grönlandfahrt der Holländer, Deutschen, Dänen und Franzosen zum Walfang, zur Walroßjagd und zum Robbenschlag wurde seit 1603 wirtschaftlich immer wichtiger, bis um die Mitte des Jhdts. die Walrudel in andere Gebiete abwanderten. Hauptfangorte waren Spitzbergen, das man damals für den östlichen Teil von Grönland hielt, und Jan Mayen. Wir zitieren aus der grundlegenden Untersuchung von Ludwig Brinner (Berlin 1913), die alte Originalberichte deutscher und niederländischer Walfänger verwertet.

Cromwells Navigationsakte vom 9. Oktober 1651

Zur Vergrößerung des Schiffsbestandes und zur Förderung der Schiffahrt Englands, die durch Gottes gütige Vorsehung von so großem Nutzen für Wohlfahrt und Sicherheit dieser unserer Republik sind, wird von dem gegenwärtigen Parlament beschlossen, daß vom 1. Dezember 1651 an Güter oder Erzeugnisse jeder Art aus Asien, Afrika oder Amerika nach England, Irland oder irgendwelchen dazugehörigen Ländern, Inseln oder Kolonien nur noch auf Schiffen eingeführt werden dürfen, die einwandfrei Leuten unseres Volkes gehören und deren Kapitäne und Matrosen zum größten Teil Leute unseres Landes sind, bei Strafe des Verlustes sowohl der Ware als auch des Schiffes.
Und es ist ferner durch Beschluß des gegenwärtigen Parlamentes verboten, nach dem 1. Dezember 1651 Güter oder Erzeugnisse irgendwelcher Art, die in England gewachsen sind oder dort erzeugt oder auf gewerbliche Weise hergestellt wurden, in England oder Irland oder den dazugehörigen Gebieten auf anderen Schiffen einzuführen als auf solchen, die entweder einwandfrei Leuten unseres Volkes oder dann Angehörigen derjenigen Länder und Orte zu eigen sind, in denen die besagten Güter gewachsen sind, erzeugt oder hergestellt wurden, oder die aus Häfen stammen, in denen die erwähnten Güter ausschließlich oder üblicherweise verschifft werden.
Es ist ferner untersagt, von nun an nach England, Irland oder den dazugehörigen Gebieten einzuführen jegliche Art von Kabeljau, Leng (eine Art Schellfisch), Hering oder Sardinen sowie jegliche Art eingepökelter Fische, wie sie gewöhnlich von den Bewohnern unseres Landes gefangen werden, wie auch von Öl, das aus Fischen gewonnen wird, ferner von Walfischbarten oder Fischbein, außer Ware, die auf Schiffen gefangen wird, die einwandfrei Leuten unseres Volkes gehören. Die besagten Fische sollen eingesalzt und das obenerwähnte Öl soll hergestellt werden von Angehörigen unseres Landes, bei obenerwähnter Strafe der Konfiskation.
Und es ist ferner untersagt, irgendwelche Art von Kabeljau, Leng, Hering oder Sardinen oder andere eingepökelte Fische, die von Leuten unseres Landes ge-

fangen und eingesalzt werden, nach dem 1. Februar 1653 von irgendwelchen Orten dieser unserer Republik in anderen Schiffen auszuführen als in solchen, die Leuten unseres Landes gehören und deren Kapitäne und Matrosen zum größten Teil Engländer sind, unter Androhung des Verlustes der Ware, wie oben gesagt worden ist.

Aus dem Geheimtagebuch von Sir Samuel Pepys 1665

An diesem Tag gerieten sie in Kampf. Die Holländer wußten ihren Vorteil mit dem Wind nicht auszunützen und verloren darum noch den ihrer bestückten Schiffe. Der Graf von Falmouth, Muskerry und Herr Richard Boyle wurden an Bord des herzoglichen Schiffes mit einem Schuß getötet. Der Graf von Marlborough, der von Portland, Vizeadmiral Sansum bei Prinz Rupert sind tot, auch Kapitän Kirby und Ableson. Herr John Lawson ist am Knie verwundet. Man hat ihm ein paar Knochen weggenommen; er wird wohl davonkommen. Als er die Verwundung empfing, schickte er nach dem Herzog um einen anderen Befehlshaber, und der Herzog schickte Jordan hinüber. Kapitän Jeremiah Smith von der »Mary« unterstützte den Herzog und warf sich zwischen ihn und Kapitän Seaton von der »Urania«, sechsundsiebzig Geschütze und vierhundert Mann. Seaton hatte geschworen, den Herzog zu entern. Er tötete zweihundert Mann und nahm das Schiff, verlor selbst neunundneunzig, und nur er und ein Leutnant sind von den Offizieren gerettet worden. Der Admiral Opdam ist in die Luft geflogen, Trump ist getötet, es heißt, daß es Holmes war. Und alle übrigen Admirale, wie es heißt, außer Everson, dem sie nicht recht trauen, sind tot.
Wir haben, wie man glaubt, etwa vierundzwanzig ihrer besten Schiffe versenkt, 8000 bis 10000 Leute gefangengenommen und selbst wohl nicht über siebenhundert verloren. Ein größerer Sieg ist niemals in der Welt bekannt geworden. Sie sind alle geflohen. Dreiundvierzig etwa nach Texel, andere anderswohin, und wir verfolgen sie.
9. Juni. In White Hall traf ich Herrn Moore, der mir sagte, der König habe geäußert, Lord Sandwich habe sich vornehm und würdig benommen. Der König scheint über den Tod des Lord Falmouth betrübt zu sein. Sonst aber wünscht ihn niemand lebendig, denn die Welt hält ihn für einen Menschen, der zu viel an Vergnügen denkt, um dem König etwas nütze zu sein. Hier aber hat er sich als Ehrenmann gezeigt.
14. Juni. Kapitän Ferres hat geschrieben, Mylord sei mit seinem Schiff mitten im Gefecht gewesen und habe sich wacker gehalten. In Westminster begruben sie Lord Marlborough, die Lords vom Rat trugen ihn, und Herolde gingen mit.

15. Juni. Die Stadt wird immer ärger verseucht. Letzte Woche starben hundertzwölf, die Woche vorher dreiundvierzig.
16. Juni. Kapitän Holmes hatte erwartet, daß man ihn zum Vizeadmiral für den Prinzen macht, und als es nicht geschah, hat er dem Herzog sein Patent zurückgegeben, das der Herzog nahm und zerriß. Holmes ist reich und suchte vielleicht einen Anlaß, den Dienst zu verlassen. Die großen Schiffe haben die Sache gemacht und den Feind bewältigt. Als der Prinz kam, flohen sie. Seltsam ist, daß die Holländer behaupten, sie hätten gesiegt, denn in Dünkirchen sind Freudenfeuer.
20. Juni. Heute starben in Westminster vier oder fünf an der Pest. Die Holländer sind wieder ausgefahren. Heute trafen wir Flottenbeamten uns alle im »Delphin« und aßen da mit guter Musik nach meiner Angabe. Unsere Kerbhölzer werden erst binnen sechzehn Monaten zu Geld, und der König muß so lange dafür Zinsen zahlen. Die Goldschmiede erklären, ohne Erhöhung ihrer zehn Prozent geben sie nichts her. Die ganze Stadt verläßt die City und geht aufs Land, und alle Fuhrwerke sind besetzt.
23. Juni. Lord Sandwich kam unerwartet in die Tangersitzung und erzählte, wieviel Wesens der Herzog und Herr Coventry von ihm machten, aus Trotz gegen den Prinzen, über den sie sich oft lustig machen. Aber daß man ihm weder im Stadtklatsch noch in den gedruckten Berichten Ehre angedeihen läßt, findet er seltsam. Der Prinz ist nur anfangs in der Vorhut gewesen, dann aber Mylord. Das prinzliche Schiff ist kaum beschädigt, seines mit am schwersten. Der Herzog, der das meiste außer Schußweite getan, kam ihm dann zu Hilfe. Ich wandte ein, der Bericht sei nicht von Herrn Coventry, dem Flottenkommissar, sondern von Herrn Lestrange, einem Journalisten.

Die Landung des Prinzen Wilhelm von Oranien in England 1688

Zu unser aller Verwunderung trat auf einmal etwas Stille ein. Dann lief der Wind nach Süden um, und die ganze Flotte konnte innerhalb von vier Stunden glücklich in die Tor-Bai (eine Bucht an der Küste Devonshire) eingebracht werden. Man begann sofort mit der Landung, und sobald der Prinz mit dem Marschall Schomberg ans Ufer trat, wurden ihnen Pferde gebracht, so gut sie in dem Flecken Broxholm zu finden waren. Sie unternahmen sogleich einen Erkundungsritt und besahen sich die Gegend, die so gut war für das Fußvolk, wie es nur um diese Zeit verlangt werden konnte.
Die Nacht war nicht kalt, sonst hätten die Soldaten, die an Bord gehalten worden waren, viel Ungemach erlitten. Sobald ich aus dem Schiff war, eilte ich so geschwind wie möglich zum Prinzen, der treuherzig meine Hand ergriff und mich fragte, ob ich nun nicht an die Prädestination glauben wolle. Der Prinz

war aufgeweckter, als er zu sein pflegte. Doch kam er bald wieder zu seiner gewohnten Ernsthaftigkeit. Er ließ alle Fischer zu sich fordern und fragte sie nach dem bequemsten Ort zur Landung der Reiterei, was allem Anschein nach eine tagelange, verdrießliche Arbeit werden mußte. Aber des folgenden Tages verwies man ihn auf einen Ort, wo die Schiffe sehr nahe ans Land zu einem guten, festen Ufer gebracht werden konnten, so daß die Pferde nicht weit zu schwimmen hatten. Es war desselbigen Morgens totenstill, und in drei Stunden kamen alle unsere Pferde ans Land, mit so vieler leichter Bagage, als uns nötig war, bis nach Exeter. Das Geschütz und die schwere Bagage blieben an Bord und bekamen Order, nach Topsham zu segeln, woselbst der Hafen von Exeter war. Alles, was uns zugehörte, kam so bald und glücklich ans Land, daß wir des nächsten Mittags in vollem Marsch begriffen waren. Unterdessen gewahrten wir ein neues und unvermutetes Zeichen der göttlichen über uns waltenden Gnade und Vorsehung. Wir hatten uns kaum von unserer Flotte entfernt, als sich ein neuer großer Sturm aus dem Westen erhob, der jedoch unseren Schiffen, weil sie durch die Küste geschützt waren, keinen Schaden zufügen konnte. Aber des Königs (Jakobs II.) Flotte, die sich noch bei Windstille in See begeben hatte und gegen uns bis zur Insel Wight gefahren war, wurde vom Sturm überfallen. Das Ungewitter warf die Schiffe einige Tage lang dermaßen umher, daß sie zu Portsmouth einlaufen mußten und das Jahr über keine Dienste mehr leisten konnten. Dies war ein größeres Glück, als wir damals begriffen: denn Lord Dartmouth, der Kommandant der Flotte Jakobs II., versicherte mir später, daß er gewiß dafür halte – man möge uns von den Offizieren und Matrosen vorgeschwatzt haben, was man wollte –, sie würden allesamt wie tapfere Helden gefochten haben. Also waren wir nun durch die unmittelbare Hand des Höchsten ohne Schwertstreich Meister der See. Ich habe bei mir nie den geringsten Trieb zum Aberglauben vermerkt, sondern bin vielmehr bei jeder Gelegenheit recht philosophisch gewesen. Doch muß ich wohl bekennen, daß diese seltsamen Veränderungen des Windes und Wetters, die sich gerade so einstellten, wie wir sie benötigten, mir und allen, die es bemerkten, gar sonderliche und tiefe Gedanken verursacht haben. Die berühmten Verse des römischen Dichters Claudianus scheinen nun besser auf den Prinzen von Oranien zu passen als auf denjenigen, für den sie gemacht worden sind:

»Du Himmelsgünstling du, für den das Wetter streitet,
Und dessen Flottenlauf der Winde Bund begleitet!«

Die Leute bekamen ihre Posten angewiesen, und jeder Harpunier erhielt durch das Los sein bestimmtes Boot und fünf Mann zugeteilt. Der einmal eingenommene Platz wurde für die ganze Fahrt beibehalten. Wenn der Alarmruf »Fall! Fall!« erscholl – »das gilt soviel wie ›Feind!‹ in einer Armada zu Felde, dann muß ein jeder also forth fertig seyn und nicht ruhen, sondern rudern« –, so eilte jeder an die ihm zukommende Stelle, die Mannschaft »fiel« in die Schaluppen. Öfteres Üben sorgte dafür, daß dies bald in größter Schnelligkeit und Ordnung geschah und alles für den Ernstfall gerüstet war.
Befand sich das Schiff in Fahrt, so mußten die Boote erst ins Wasser herabgelassen werden. Anders, wenn es an einem Eisfeld festgemacht war. Dann wurde von einem Drittel der Mannschaft für je vier Stunden eine »Brandwache« gestellt, das heißt zu beiden Seiten des Schiffes lag wenigstens eine Schaluppe mit ihrer Besatzung bereit und »lauerte« auf Walfische. Sowie das Blasen eines Tieres wahrgenommen wurde, ertönte auch hier das »Fall! Fall!« Die Brandwache haltenden Boote ruderten sofort auf die Beute los, und der ebenfalls alarmierte Rest der Mannschaft beeilte sich, in den übrigen so schnell wie möglich zu folgen.
Sehr häufig wurden die Walfische in beträchtlicher Entfernung vom Schiff gesichtet. Dann bedurfte es oft stundenlangen Ruderns, ehe man ihnen so nahe kam, daß die Harpune mit Erfolg geschleudert werden konnte. Nicht selten aber war alle Mühe und Anstrengung vergeblich. Der Fisch war nicht mehr einzuholen, oder ein anderes Fahrzeug war schneller zur Stelle und hatte ihn bereits harpuniert. Ebenso oft aber tauchten die Wale auch dicht beim Schiff auf und waren nach kurzem Rudern erreicht. Beim Anrudern mußte man darauf bedacht sein, das Wild nicht zu früh zu erschrecken. Besonders wenn das Wetter klar und still war und die Beute unbeweglich, gleichsam horchend im freien Wasser dalag, war dies leicht möglich. Dann hörte der Fisch rechtzeitig die Schläge der Riemen im Wasser, »und ehe man sich versihet, wirfft er den Schwantz hinten auß dem Meer und wünscht uns gute Nacht«. Lag er aber nahe beim Eis – und »daran lieget der Wallfisch gemeiniglich und schabet sich daran, vielleicht wegen der Läuse, welche ihn beissen« –, so übertönte die gegen die Eisfelder brandende See das Geräusch des Ruderns vollständig. Gleich günstig für das Anriemen war »dicke Luft oder Dunst«, denn diese »verursachet gemeiniglich ein böß Gehör auf dem Meer, eben alß ob eine bretterne Wand darzwischen ist«.
War ein Boot dem Walfisch nahe genug gekommen, so stand der Harpunier auf und hielt die Harpune zum Wurf bereit. Um von dem Tier nicht gesehen zu werden, durfte die Annäherung nur ganz von vorn, oder noch besser von hinten her erfolgen, wobei man allerdings an seiner furchtbaren Waffe, dem

Schwanz, vorbei mußte; denn es war nötig, bis etwa zur Brust vorzurudern, um die Harpune aus der gehörigen Nähe, sechs bis acht, höchstens zehn Schritte und an der richtigen Stelle, unmittelbar hinter den Blaslöchern oder in dem dicken Speck des Rückens, anbringen zu können. War der Wurf geglückt, saß die Harpune im Speck fest, so ging der verwundete Wal unverzüglich unter Wasser und eilte, die Harpunenleine in rasender Schnelligkeit mit sich fortreißend, davon. Den weiteren Verlauf der Jagd zu schildern, sei dem wackeren Hamburger Schiffsbarbier Friedrich Martens vorbehalten.

»Wann der Walfisch mit der Harpune getroffen, keren sich alle Männer in der Schlupen umb und sehen nach vorne aus und legen geschwind die Riemen auf beyde seiten der Schlupen. Der Linienschiesser und die Männer in den Schlupen müssen wol Achtung geben, daß die Linie in schneller farth oder außlauffen nicht verwirret [werde] oder von der Seite der Schlupe komme, sonst wird die Schlupe umbgeworffen und kostet manchen guten Man sein Leben, wann nicht alsobald ander Schlupen dabey, die sie retten. Der Strick muß lauffen vorn über die Schlupen, und so noch nicht Stricke genug, werden von andern Schlupen mehr daran geknüttet. Und von schnellem Lauff entzündet das Holtz und Strick. Darumb der Harpunier allezeit einen nassen Tuch auff einen Stock gebunden (nach Art eines Pinsels, wie die Balbier zu bösen Hälsen gebrauchen), von den Seefahrenden Dweiel genannt, zur Hand hat. Damit netzet er ohne unterlaß das Holtz, damit es das Strick nicht verderbe. Die anderen drey Männer in der Schlupen geben mit Achtung auff das Strick im außlauffen , und [im] einziehen mit halten, welches die Seefahrenden Stopffen nennen. Was sie nicht mit den Händen halten können, das winden sie vorn umb die Stäfe der Schlupen. Ein anderer, der Steurer genannt, stehet hinten in der Schlupe, der steuret mit einem Riemen die Schlupe und gibt wol achtung, wo der Strick oder Linie hinstehet. Als: stehet der Strick von der Seite, so steuret er allezeit, daß der Strick allemal der Schlupen gleich vorauß stehet in einem gleichen Strich, sonsten wurde der Wallfisch die Schlupe das unterste zu oben kehren. Denn der Walfisch manigmahl mit etliche tausend fadem Linien schneller als ein Schiff siegelt und wie ein Vogel flieget, das einem die Ohren sausen und offt grün vor den Augen wird und Schwindel im Kopfe veruhrsachet; wie es einem vorkompt, wan man von einer Höhe herunter springet oder fält.

Wenn nun der Wallfisch mit der Harpunen geworffen wird, riemen die anderen Schlupen alle vorauß und geben acht, wo die Linie hinstehet, da man dann unterweilen an dem Strick ziehet. Ist er fest und schwer, so ziehet der Walfisch stark daran, daß die Schlupe oben dem Wasser gleich ist, auch wol solte zu grunde ziehen, wan man das Strick nicht fahren ließ; das geschicht am meisten, wo es am tiefsten im Meer ist, und da gehöret eine erschröckliche Macht zu, so viel hundert Klaffter Stricke unter Wasser fortzuziehen. Ist es aber, daß es

gantz loß hänget und die Schlupen vorn und hinten gleiche hoch im Wasser treiben, so holen die Männer die Stricke wieder ein, und der Linienschiesser legt sie fein zurecht, einen Bogen von Linien auff den andern, damit, wann der Wallfisch wieder hart ziehet, er also bald kan fahren lassen, daß es sich nicht verwickele. Dabey auch in acht zu nehmen: wenn der Walfisch auff flachen Grund laufft, man nicht allzuviel Linien fahren lasse, denn wenn er sich viel unter Wasser kehren wurde, möchte der Strick umb einen schweren Stein oder Klippe verwirren, daß also die Harpune außreissen mochte, und wäre alle Mühe vergebens, davon man Exempel hat.
Wo viel kleine Eisschollen nahe aneinander liegen, daß man mit Schlupen dem Wallfisch nicht folgen kan, holet man die Stricke mit Macht ein; kan man sie mit einem harten Stoß und mehr darauß reissen, ists desto besser, wo nicht, hauet man die Stricke ab. Laufft er unter ein groß Eißfeld, so hat der Harpunier ein groß Messer in seiner Hand (das Messer nennen sie Kapmesser). Und wenn die Eißscholle in der Mitte hohl oder löchericht, daß der Wallfisch Lufft schöpfen kan, und der Strick nicht so lang, daß man ihm folgen kan – wan nemlich die Eißfelder etlich Meil des Weges lang seynd –, holen sie soviel immer möglich, den Strick ein, damit der Boge vom Strick unter Wasser sich verliere und der Strick gerade und steiff werde; alsdann hauet er den Strick voneinander. Das ander Ende, als da die Harpune an feste, mit dem abgehauen Stücke, lassen sie dem Wallfisch im Leibe stecken und das ander behalten sie in den Schlupen, wiewol mit nicht wenig Schaden; denn offtmahls ein Wallfisch mit fünff Schlupes Linien entrinnet. Er rinnet aber offt mit den Schlupen an das Eiß, daß die Schlupen auffs Eiß stürtzen, als wenn sie in stücken zersplittern sollen; wie es denn offt die Erfahrung darthut, daß mannich Schlupe auff solche Art verdorben wird.
Laufft der Wallfisch vorauß, so schleppen die Schlupen hinter ihm her. Die Männer darin sehen alle vorauß, sitzen stille und lassen den Wallfisch ziehen. Etliche lauffen dem Wasser gleich, machen auch einen Strich im Meer, als da ein Schiff durchgefahren ist, ehe sich das Wasser recht krauß zusammen gibt. Etliche lauffen, daß man sie immer auff dem Wasser sihet; die spielen mit dem Schwantz und Floßfedern (Finnen genannt), daß man sich beförchtet, man komme ihnen zu nahe. Auff solche Art, wenn die Walfische mit dem Schwantz sich zwingen, wickeln sie offt viel Linien umb den Schwantz; dann hats kein Bedenken, daß die Harpunen außreissen, weil sie mit dem Strick fest genug bewunden seynd.
Wület der Wallfisch im Grunde, daß die Schlupen stille liegen, so holen sie allgemach die Stricke wieder ein, und der Linienschiesser leget sie hinten wieder an ihren rechten Ort, wie sie zuvor aufgewickelt gelegen ist. Wann aber der Fisch wieder auffkombt, seynd etliche meist bestürtzet, etliche gantz wild; auf die, so wild seynd, da riemet man von hinten zu ihnen, wie man sonst zu

thun pfleget, wenn man einen Walfisch beschleichen wil, wirfft noch eine, und wol die dritte Harpune, [je] nach dem sie sehen, daß er ermüdet oder matt ist; damit läufft er wieder unter Wasser.
Die andern zwey oder drey Schlupen, oder wie viel noch übrig seynd, warten schon, biß der Wallfisch wieder auffkombt, und wenn sie sehen, das er ermüdet ist, stechen sie ihn mit Lantzen todt. Hiebey ist die größte Gefahr, den die am ersten die Harpunen auff den Fisch werffen, werden vom Wallfische fortgerissen und seind ferne von ihm; und die ihn mit Lantzen stechen, seynd so woll auff seinem Leibe als von der Seite bey ihm – wie sich der Walfisch keret und wendet – und bekommen manchen harten Schlag; das sie sonst wol nicht leiden solten, wenns ihnen von Menschen geschehe.
Hie muß ein Stäurer wol Achtung geben, wie der Walfisch läufft oder sich keret, damit er immer von der Seite zu riemet, so daß der Harpunier mit Lantzen ihn reichen kan. Und die andern Manner in den Schlupen riemen fleissig, offt vor und hinter sich, das sie streichen und anroien nennen. Ein guter Stäurer ist, negst dem Harpunier, am besten nutz in einer Schlupen. Er steuret mit einem Riemen und sihet fornen aus, die andern vier Männer kehren ihre Rücken nach vornen und sehen nach hinten, derowegen der Steurer und Harpunier allezeit rufft: ›roye an!‹ oder: ›streich!‹ Das ist, daß sie mehr am Walfisch und ein wenig davon riemen. Denn wenn der Walfisch sich aus dem Wasser hebet, schlägt er gemeiniglich mit dem Schwantz und Floßfedern von sich, daß das Wasser staubet. Eine Schlupe achtet er wie Staub, den er schlegt sie zu kleinen Splittern. Ein groß Schiff ist ihm zu mächtig, den es härter den seine Haut ist; und wenn er gleich mit dem Schwantz daran schlegt, thuts ihm weher als dem Schiffe. Denn er bemalet das Schiff mit seinem Blute, daß er ohnmächtig davon wird.«

Am Land oder auf dem Eis angegriffen, waren die Tiere, obwohl sie wütend mit ihren Hauern um sich schlugen, ziemlich hilflos und fielen, wenn ihnen der Weg zum Wasser abgeschnitten wurde, allesamt den Lanzen des Jägers ohne sonderliche Gefahr für ihn zum Opfer. Furchtbar konnten sie ihm dagegen im Wasser werden. Denn wenn ein Tier eine Harpune – die kürzer, aber stärker war als die zum Walfischfang verwendete – erhalten hatte und die Schaluppe in rascher Fahrt an der Harpunenleine hinter sich herzog, so entflohen nicht etwa die übrigen, wie man annehmen sollte, sondern suchten ihren an das Boot gefesselten Kameraden zu befreien. Denn »sie seynd behertzte Thiere, stehen einander bey biß im Tode; und wann einer von ihnen verwundet wird, wiewol die Menschen in den Slupen das beste thun mit schlagen, stechen und hauen, tauchen die Wallrosse unter Wasser bey den Slupen und schlagen mit den langen Zähnen unter Wasser Löcher darein. Die andern ungescheuet schwimmen hart auff die Slupe und stehen mit dem halben Leibe aus dem Wasser und

wollen zu den Slupen ein. In solchen Streit schlug ein Wallroß mit den Zähnen in die Slupen und faste den Harpunier mit den langen Zähnen zwischen das Hembd und die Hosen, daß ihm der Hosenbändel brach, sonst hätte er ihn aus der Slupen gerissen und mit sich unter Wasser genommen.«
Der günstigste Augenblick für das Werfen der Harpune war, »wan er von den Eißschollen herunter stürtzet oder wenn er mit dem Kopffe unter Wasser taucht, weil ihm alsdann die Haut fein glatt und steif sitzet, deßwegen geht die Harpune glatt durch die Haut auff den Rücken; wan er aber lieget und schläfft, lieget ihm die Haut loß auff dem Leibe, daher fasset die Harpune nicht in die Haut, sondern fällt ab.«
Oft warf der Harpunier auf drei, vier, fünf Tiere seine eisernen Pfeile, deren Leinen er in seiner Hand vereinigte. Er holte dann eins von den aus dem Wasser schnellenden und wütend um sich hauenden Opfern nach dem anderen bis an den Steven der Schalupe heran und tötete sie mit einer Lanze.
Von dem erlegten Walroß wurde im allgemeinen nur der Kopf abgehauen und aufs Schiff gebracht, aus dem man später die Zähne herauslöste; denn auf diese allein hatte man es abgesehen. Nur in den allerersten Jahren, da man den Walfisch noch nicht jagte, nahmen die Engländer auch den Speck zur Tranbereitung, und ebenso geschah es in der späteren Zeit, als der Walfischfang weniger ergiebig geworden war. In der dazwischen liegenden »guten« Zeit wurde die Walroßjagd selten und meist nur in Ermangelung besserer Beute geübt. Denn sie »bringet der Reederei so wenig Vorteil, daß man, wenn man noch in der guten und zur Fischerei bequemen Zeit ist, es kaum wehrt achtet, darnach zu fahren und die Zeit zu versplittern, damit es an dem Wallfischfang kein Hindernis geben möge. Wenn aber die gemeldte Jahreszeit verlaufen ist und man um Osten wieder zurückkommt oder keine Hoffnung ist, Wallfische zu bekommen, so darf man in dem Aufsegeln, wenn sich Wallrussen sehen lassen, noch wohl einige Mühe und Zeit daran wenden.« In der Tat mag der Vorteil für die Reeder oft gering gewesen sein, solange nur die Zähne genommen wurden, denn Martens berichtet: »Man siehet woll hundert Wallrösse, darunter einer kaum gute Zähne hat, dieweil sie klein sind, auch gar keinen oder nur einen haben.« Dagegen war der Gewinn bei Verwertung des Specks nicht unerheblich. Zwar lieferte das Fett der Walrosse nicht entfernt so viel Tran aus wie eine gleiche Menge Robben- oder Walfischspeck, denn es ist »alles mit Fleisch durchwachsen wie Schweinefleisch«; aber ein ausgewachsenes Walroß brachte doch immerhin etwa eine Tonne Tran ein.
Die beiden langen Zähne, von denen Martens sagt, »sie werden höher geschätzt als Helffenbein wegen ihrer Weisse; kosten auch mehr«, waren recht begehrt und den Reedern als Beigabe zu einem guten sonstigen Fang nicht unwillkommen. Aus ihnen wurden »Messerschalen, Niesebüchsen und dergleichen zierliche Sachen« verfertigt. Die kleinen Backenzähne wurden wenig

Die Seeschlacht bei Trafalgar im Jahre 1805.

Walfänger vor Grönland im 18. Jahrhundert.

Die Steuerkabine des Passagierdampfers »Berlin«.

Die Schiffsschraube des Passagierdampfers »Bremen«.

geachtet, aus ihnen machten die »Jüten« Knöpfe für die Kleider. Ganz ungenutzt blieb die dicke Haut des Walrosses, die ein vortreffliches Material für Riemenzeug lieferte. Erst sehr spät, besonders seit die Norweger im 19. Jahrhundert dieses Tier jagten, begann man, sie für solche Zwecke zu verwenden.

Die Unterwelt der Seefahrt

In dem Vierteljahrhundert zwischen Französischer Revolution und Wiener Kongreß hatten die Franzosen keinen hartnäckigeren Gegner als die Engländer. Es gab Zeiten, in denen selbst Preußen und Österreicher neutral oder gar mit Napoleon verbündet waren, die Briten aber unverbrüchlich an ihrer Gegnerschaft festhielten. Wenn Hitler dieses oft einsame und harte Durchhalten Großbritanniens gegen den ganzen napoleonischen Kontinent studiert hätte, wäre er von der Ablehnung seines Friedensangebotes im Sommer 1940 nicht so schmerzlich überrascht worden. England war schon 1806 eine Insel des Widerstands gegen den Mann, der einen Kontinent unterworfen hatte, und es ging in seiner Abneigung gegen die Franzosen so weit, daß es selbst deren königstreue Verbände, die auf englischen Schiffen an der französischen Atlantikküste gelandet waren, gnadenlos ihrem Schicksal überließ, als die überlegenen Truppen der Revolution diese tapferen Royalisten abschlachteten: die Engländer gingen in die Boote und fuhren zu ihren Schiffen, so ungefähr, wie hundertfünfzig Jahre später bei Dünkirchen ...

Es war darum eine dunkle Stunde für England, als Napoleon seinen Doppelsieg bei Jena und Auerstedt feierte und durch Mitteldeutschland nach Norden, an die Ostseeküste vorstieß. Auf die preußischen Armeen hatte ganz Europa gehofft; nun aber, so schien es, gab es keinen Widerstand mehr gegen den Korsen.

In diesem Augenblick der Enttäuschung und der Hoffnungslosigkeit kam es auf jede einzelne Stadt an. Manche ergaben sich den vorrückenden Franzosen verhältnismäßig schnell, weil sie keine Chancen gegen Armeen sahen, die in der offenen Feldschlacht die preußischen Heere geschlagen hatten. Andere verteidigten sich hartnäckig wie Danzig unter dem Grafen Kalckreuth oder Kolberg unter Gneisenau. Am Beispiel dieser Städte richtete eine ganze Nation sich wieder auf nach der Depression über die Nachrichten aus Thüringen.

In Kolberg waren es drei Männer, die diese winzige Seestadt zu einem für unmöglich gehaltenen Ausharren aufriefen. Zu Gneisenau hatten sich der Freikorpsführer Schill gesellt und der alte Kapitän und Schnapsbrenner Joachim Nettelbeck. Man hatte Mut und gute Stimmung, aber es fehlte an Geschützen. »Darum mag man sich unsere freudige Überraschung vorstellen«, schreibt Nettelbeck in seinen Erinnerungen, »als am 14. Juni (1807) die Meldung einging, daß ein englisches Schiff sich der Reede nähere, welches uns eine Anzahl neuen Geschützes samt dazugehöriger Munition zuführe. Doch ebenso schnell ward uns diese Freude wieder getrübt durch den Zusatz: das Schiff sei in dem stürmischen Wetter unter den Wind geraten und habe die Reede nicht mehr gewinnen können, sondern sich ostwärts wenden müssen, wobei es unweit Henkenhagen der Küste sich zu sehr genähert und nun in Gefahr stehe, entweder zu stranden und so den Franzosen in die Hände zu fallen oder doch von ihnen auf Booten geentert zu werden.

Ich flog mehr als ich ging nach der Münde. Dort war es die alte Geschichte. Viel Mundaufsperrens, viel Fragen, viel Beratens, und dennoch kein Entschluß. Die Lotsen schoben es auf die stürmische See und wollten es nicht wagen, sich näher nach dem Schiff umzusehen. Allein es mochte ihnen, wie ich leicht spürte, wohl mehr vor den Franzosen grauen. Nun schalt ich, und das nicht wenig! Als aber nichts bei den Memmen anschlug, fiel mir kein besseres Mittel ein, sie zu beschämen, als mich auf der Stelle an vier ihrer Weiber zu wenden, die nach hiesigem Brauch des Ruderns beim Prahmen (d. h. beim Beladen und Entladen der Schiffe auf der Reede) wohlerfahren und handfest sind.

›Trine und ihr anderen!‹ rief ich, ›wollt ihr mit?‹

›Flugs und gern, Herr, wenn Er geht!‹

Dann packte ich noch einen Lotsen am Arm, dem ich noch die meiste Courage zutraute, zog ihn, gern oder ungern, ins Boot, und heida! ging es auf Henkenhagen zu.

Freilich ließ es das böse Wetter, nachdem ich glücklich an Bord des englischen Schiffes gekommen war, noch eine Zeitlang unentschieden, ob ich es gegen den Wind würde in den Hafen bringen können oder mich begnügen müssen, es nur weiter in See und den Franzosen aus den Krallen zu entführen. Endlich gelang mir das erstere dennoch, und das neue Geschütz ward nun im Triumph nach der Festung abgeführt. Es waren fünfundvierzig Kanonen und Haubitzen, zwar eisern, aber vom schönsten Guß, meist kurze Karronaden, sechs-, acht- und zwölfpfündig. Der dazu gehörenden Kugeln und Granaten war nicht minder eine ansehnliche Menge.«

Kolberg wehrte sich so standhaft, daß die Franzosen die Stadt bis zum Friedensschluß mit Preußen vergeblich berannten. Und dann, als Preußen zwar geschlagen, aber auch der Krieg zu Ende war, und die allerhöchsten Herrschaften diese Ereignisse mit einem prächtigen Hofball feierten, da erinnerte man sich des alten Nettelbeck und bat den rauhen Seebären und Branntweinbrenner, an dieser Festivität doch teilzunehmen. Seine Majestät empfing Nettelbeck, unterhielt sich leutselig mit ihm, ja setzte ihm eine Ehrenpension aus

und wußte offensichtlich nicht, daß jener aufrechte Mann, der Kolberg so standhaft verteidigt und dem ganzen Volk ein Beispiel gegeben hatte, lange Jahre als Sklavenhändler zur See gefahren war, als Menschenfrächter, als einer jener Kapitäne, die das sogenannte Schwarze Elfenbein aus Afrika nach Amerika brachten.
Natürlich hat es auch Fürsten gegeben, die nicht besser waren als diese Kapitäne, Landesväter, die ihre Landeskinder gleich zu Hunderten und Tausenden als Söldner nach Übersee verschacherten; aber zumindest die sanft-schöne Königin Louise wird die Nase gerümpft haben, als sie von der Lebensarbeit Nettelbecks erfuhr. Und dabei war Nettelbeck bestimmt auch als Sklaventransporteur so anständig und vernünftig wie in allen anderen Phasen seines Lebens, nur das Gewerbe selbst war eben anrüchig.
Man konnte nämlich durchaus anständig und vernünftig und dabei ein guter Kapitän auf Sklavenschiffen sein, denn der beste Transporteur war zu allen Zeiten der, dessen Ware beim Ausschiffen so gut aussah wie beim Verladen. Das war ein Kunststück, wenn man ohne Kojen, ohne ausreichende sanitäre Einrichtungen, auf engstem Raum und in monatelanger Seefahrt Menschen gesund erhalten mußte, die nie zur See gefahren waren, die stets in Freiheit gelebt hatten und auf die Entführung aus der Heimat zunächst einmal mit einem schweren Schock reagierten, oft in völlige Apathie verfielen, ja zu sterben wünschten.
Nun, Nettelbeck hat uns selbst erzählt, wie er seine Ladungen über den Ozean brachte und wie er sie mit Reinlichkeit, Musik und viel Bewegung in frischer Luft bei Laune und Gesundheit erhielt. Das war der Stand der Angelegenheit, die eine der traurigsten der ganzen Seefahrtsgeschichte ist, im achtzehnten Jahrhundert, als die Sklaven bereits rar und kostbar waren, als es einen eingespielten Handelsweg und Absatzmarkt für sie gab, kurz, als man es aus wirtschaftlichen Gründen nicht mehr riskieren konnte, diese armen Menschen schlechter zu behandeln als etwa kostbare Stoffe oder Lebendvieh.
In den Anfängen, zweihundert Jahre vor Nettelbeck, ging es noch ganz anders zu. Denn es gab Neger genug und Transporterfahrung zu wenig. Auch die weißen Schiffsbesatzungen lebten mehr schlecht als recht, und der Absatz der Neger in der Neuen Welt war durch einen lästigen Orden kompliziert, der sogleich nach der Ankunft des Schiffes Priester an Bord schickte, die es tatsächlich wagten, die Schwarzen blitzschnell zu taufen, wonach sie dann nicht mehr Sklaven sein sollten, sondern Christenmenschen und damit so gut wie die Herren, denen man sie zu verkaufen gedachte.
Dieser Orden – es waren die Jesuiten von Paraguay – zog natürlich den kürzeren. Die großen Grundbesitzer und die reichen Sklavenreeder hatten – wie man heute sagen würde – die bessere Lobby in Madrid und Lissabon, und

eines Tages mußten die Patres ihren Missionsstaat verlassen, trotz allen Flehens ihrer nach Tausenden zählenden indianischen Untertanen, die nun allesamt eine Beute brasilianischer Sklavenfänger wurden.
Am Anfang einer düsteren und langen Geschichte mit buchstäblich Millionen von persönlichen Tragödien und unendlichem Kollektivleid steht eines der größten Dokumente der Menschlichkeit, die Anklageschrift des furchtlosen Bischof Las Casas, in der er seinem König und der ganzen Welt enthüllte, wie rücksichtslos und grausam der spanische Edelmann und Grundbesitzer in der Neuen Welt mit den Indianern umspringe. Las Casas wies auf die schon wenige Jahrzehnte nach der Eroberung offensichtliche Entvölkerung der mittelamerikanischen Inseln hin, weil die Indianer die schwere Arbeit und die unbegrenzte Schufterei in den Bergwerken nicht gewohnt waren und wie die Fliegen dahinstarben. Und er machte als praktischen Vorschlag zur Abhilfe darauf aufmerksam, daß die Neger des großen Afrika für die harte Arbeit unter äquatorialer Sonne körperlich viel geeigneter seien als die Indianer und Mestizen.
Bartolomé de las Casas hat im hohen Alter, als er die Folgen seiner Anregung

Das englische Schiff »Red Lion« nach einem Gemälde von Hendrik Vroom.

überblicken konnte, zutiefst bedauert, das unschuldig-schuldige Werkzeug einer Tragödie von einzigartigem Ausmaß geworden zu sein. Aber man muß wohl sagen, daß die Kolonialherren auch ohne ihn auf den Gedanken gekommen wären, die in Amerika bald fehlenden Arbeitskräfte aus anderen Ländern der Welt zu holen. Staaten und Regierungen, die Galeeren mit angeschmiedeten Ruderern unterhielten, von denen viele so weiß waren wie die Fürsten, nur eben einen anderen Glauben hatten, solche Regierungen und ihr Adelsumkreis hätten keinen Augenblick davor zurückgeschreckt, die Kinder des Schwarzen Afrika fangen zu lassen und auf ihre Plantagen in Mittelamerika und Südamerika zu schicken.

Da Afrika zwar einen gewissen Binnenhandel, aber keine entwickelte Wirtschaft hatte, begannen die Kleinfürsten und Häuptlinge bald selbst, Sklaven an der Küste zu sammeln und europäischen Schiffen anzubieten, aus dem gleichen Grund, aus dem die Wikinger seinerzeit Sklaven in den Orient lieferten: Es gab keine andere wirklich ausreichend zur Verfügung stehende Exportware...

Als erstes Jahr des Sklavenhandels wird 1508 (!) genannt, ein sehr früher Zeitpunkt, der nur darum nicht überrascht, weil ja schon Christoph Columbus, der Admiral des Atlantischen Ozeans, in seinem ersten Bericht über die Entdeckungen in der Karibischen See darauf hingewiesen hatte, daß die Bewohner dieser Inseln friedlich, arglos und unbewaffnet seien. Es werde keinerlei Schwierigkeiten bereiten, sie zu versklaven.

Zu Beginn des sechzehnten Jahrhunderts also trat in den Kolonien schon Mangel an Arbeitskräften ein, denn die Spanier arbeiteten ja in Übersee ebenso wenig oder noch weniger als zu Hause, und die Belohnungen, welche die Gouverneure austeilten, bestanden schon damals nicht so sehr in Land, denn davon gab es genug, als vielmehr in den Indianern, die es bebauen sollten. Welchen Wert unter diesen Umständen Arbeitskräfte für die spanischen Kolonien haben mußten, entdeckte bezeichnenderweise kein Spanier, sondern einer ihrer erbittertsten Gegner, der Privateer und spätere Sir John Hawkins.

»Seit der Mitte des sechzehnten Jahrhunderts verband sich ein gewisser John Hawkins... mit mehreren vornehmen Personen und schickte drei Schiffe nach Sierra Leone, um dort Neger zu laden, die er zu guten Preisen in San Domingo verkaufte. Im folgenden Jahr (1563) unternahmen sieben Schiffe Ihrer Majestät (d. h. englische), von denen das Flaggschiff 700 Tonnen groß war und den Namen *Jesus* führte, in größerem Maß dieselbe Reise mit einem noch bemerkenswerteren Erfolg. Bald darauf wurde der Negerhandel in London, Liverpool und Bristol populär. Eine von Karl II. autorisierte Gesellschaft, in welcher der Herzog von York, der Bruder des Königs, figurierte, befaßte sich damit, Westindien jährlich mit dreitausend Schwarzen zu beliefern. Im Frieden von Utrecht, den England Spanien auferlegte, wurde der zuvor zwischen Frankreich, Portugal und England bestehende Vertrag von der letzteren Macht monopolisiert, die sich verpflichtete, die spanischen Kolonien innerhalb der nächsten 35 Jahre mit insgesamt mindestens 144 000 Köpfen menschlichen Viehs zu versorgen ...«

Zwischen Hawkins und Karl II. liegt ein Jahrhundert, aber im übrigen sieht Duboc, der diesen Überblick über die Anfänge des Sklavenhandels gibt, die Rolle der Briten richtig: Sie fuhren zur See und beluden ihre Schiffe mit allem, was sie erhalten und gut verkaufen konnten. Aus dem gleichen Grund schalteten sich sehr bald auch die Holländer mit ihrer großen Flotte in den Sklavenhandel ein: Sich davon auszuschließen, hätte ihnen so unverständig erscheinen müssen wie der Verzicht auf irgendeine andere lohnende Schiffsfracht, Edelholz zum Beispiel oder Kopra oder Gewürze.

Es gibt ein 1957 in Deutschland erschienenes Buch, in dem der deutsche Autor allen Ernstes schreibt:

»Wenn *(in einem der afrikanischen Eingeborenenreiche)* die Zahl der Sklaven überhand genommen hatte, schlachtete man den gefährlich werdenden Überschuß kaltblütig ab. Starb einer der Häuptlinge, wurden Opfer geschlachtet in schrecklichen Mengen. So berichtet der Kaufmann Bowditch von einer drei Monate währenden Totenfeier, bei der wöchentlich je zweihundert Sklaven getötet wurden. Und als die Königinmutter *(welchen Landes?)* starb, kostete das dreitausend gefangenen Fanties das Leben.

Auch wenn eine Lebensmittelknappheit eintrat, oder gar Hungersnot drohte, machte man vielfach die Sklaven als unerwünschte Esser zu Hunderten und Tausenden nieder. Handwerksmäßig betriebener Massenmord, vor dem der Europäer erstarrt und verständnislos schaudert. Woher stammt dieser kalte Blutrausch, der Menschen vernichtet, als seien sie Heuschrecken?

Vor diesem entsetzlichen Mordwahnsinn hat die Sklavenfahrt nach Amerika viele Hunderttausende gerettet ... Wenn ein Afrikaner schon mal das Unglück hatte, als Sklave geboren zu werden oder durch Gefangenschaft, gemeine List oder Schulden in die Leibeigenschaft zu geraten ... dann war es so hoffnungslos nicht, wenn er auf einen Sklavenfahrer geriet ... Wurde er auf einen Sklavenfahrer zum Transport nach Amerika verkauft, dann blieben ihm wenigstens die unfaßlichen Grausamkeiten seiner eigenen Landsleute erspart, jene satanischen Quälereien, wie sie nur die höllische Phantasie tropischer Seelen auszubrüten vermag.«

Nun, Hawkins und Genossen hatten keine tropischen Seelen, und doch brachten es jene ersten Sklavenfahrer auf eine Sterblichkeitsquote von fünfzig, siebzig, ja auf manchen stürmischen Überfahrten sogar neunzig Prozent. Und was die Sklaven auf den Plantagen von Cayenne bis Georgia zu erdulden hatten, waren wohl nicht so oft Quälereien, wie man gemeinhin annimmt, war aber in der Regel doch eine einzige lange Qual. Vor allem

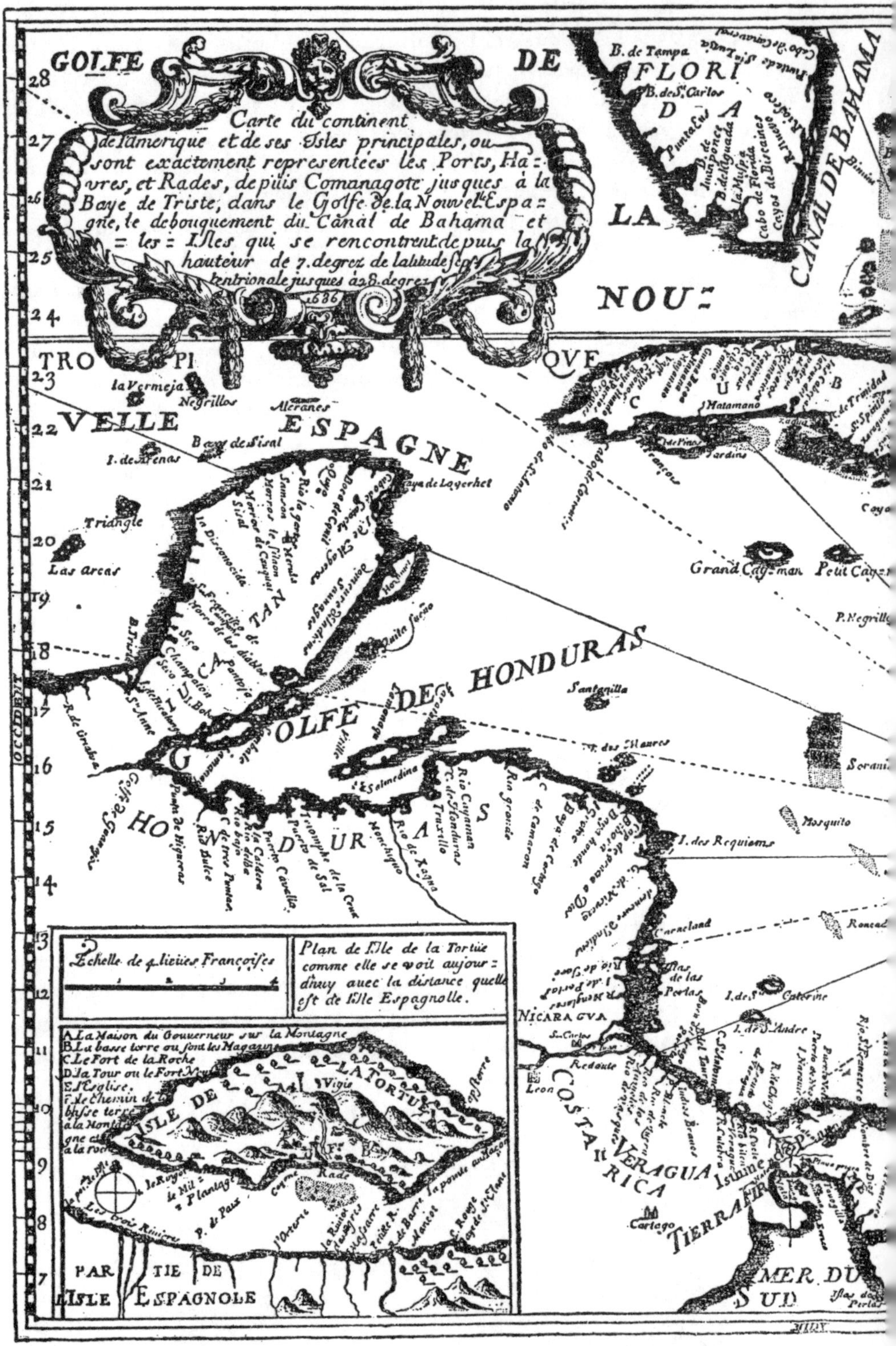

Karte der Karibischen See mit der Insel Tortuga (aus Exquemelin: Die amerikanischen Seeräuber, Amsterdam 1678).

SEPTENTRION
ISLES
MER
OCEANE
CANCER
DE
des François
MER
DU
NORD
Cartagena
Santa Martha
VENE ZUELA
NUEVO REYNO
Echelle de 100 lieues Alemandes
Echelle de 100 lieües Espagnoles
Lieues Françoises
Avec Privilege du Roy
Roussel Sculpsit 1686
I. Puerto Rico
I. Oruba
I. Curaçao
I. Bonayre
I. Orchilla
I. Tortuga
Mataguana
Samana
S.t Miguel
S.t Salvador
Triangle
Hermanos
Lucayonee
Inabaguom
Caycos
Hinagua
Miraporos
de Iamaica
ORIENT

war es ganz entschieden die Schuld der Sklavenhändler und der Sklavenkäufer, daß in ganz Afrika Sklaven im großen Stil gejagt und gefangen wurden, denn die Nachfrage wurde mit jener Rücksichtslosigkeit befriedigt, mit der sie noch überall in der Welt befriedigt wurde, gleichgültig, worum es nun ging. Wenn die Sklavenankäufe der europäischen Händler tatsächlich den einen oder anderen eingeborenen Gewaltherrscher dazu gebracht hatten, nicht mehr so viel zu morden, sondern lieber gewinnbringend zu exportieren, so stehen diesen unbewiesenen und unbeweisbaren Einzelfällen Jahrhunderte einer heute bekannten und in ihrer Grausamkeit überschaubaren Entwicklung gegenüber – die Jahrhunderte, in denen die Sklavenjagden und der Sklavenhandel, vor allem von Arabern betrieben, den ganzen afrikanischen Kontinent nördlich des Äquators mit namenlosem Grauen erfüllten.

Wäre der Handel mit Sklaven von Anfang bis Ende reiner Schmuggel unter Mißbilligung durch die Großmächte gewesen, es wäre schon schlimm genug. Aber das war er keineswegs. Die unselige Grundeinstellung aller europäischen Fürsten, einem Menschen volles Menschenrecht nur dann zuzubilligen, wenn er eine dem Fürsten zusagende Religion hatte, führte schon im fünfzehnten Jahrhundert zu den ersten – zahlenmäßig noch unbedeutenden – Sklaventransporten auf portugiesischen Schiffen. Diese damals noch bestaunten Neger brachten die Piloten Heinrichs des Seefahrers wohl in erster Linie auf den Markt von Lissabon, um zu zeigen, wie weit sie in fremde Zonen und in das tropische Afrika vorgedrungen seien. Aber im 16. Jahrhundert waren im ganzen iberischen Raum Sklavenmärkte bereits an der Tagesordnung, sehr ähnlich den empörenden Vorgängen in den Barbareskenstädten Nordwestafrikas.

Vollends legalisiert wurde die Schiffahrt mit einer Sklavenladung schließlich durch keinen geringeren als Kaiser Karl V., der 1517 das erste der sogenannten Asiento-Privilegien erteilte. *Asiento*, ein spanisches Wort, bedeutet zunächst nur Vertrag, Übereinkunft, wurde aber bald in der veränderten Schreibung gleichbedeutend mit dem, gewissen Staaten, Städten oder Flotten erteilten Monopol auf den Handel mit Negersklaven.

Das erste Privileg dieser Art erhielt naturgemäß die damals in ihrer Leistungsfähigkeit stark dominierende niederländische Flotte, die sich verpflichten mußte, eine alljährlich gleichbleibende Menge von 4000 gesunden Sklaven in Amerika auszuschiffen. Da selbst bei günstigsten Überfahrtverhältnissen, die im sechzehnten Jahrhundert noch nicht vorlagen, die Mindeststerblichkeit etwa ein Achtel betrug, muß aus dieser legalen Ausschiffungsziffer auf einen Sklaven*fang* von 7000 bis 8000 Negern *pro anno* geschlossen werden, ganz zu schweigen von den illegalen Sklavenhändlern, die heimlich in die spanische Zone einliefen und den nach Sklaven suchenden Plantagenbesitzern ihre geschmuggelte Ware anboten.

1580 ging das Privileg wegen der spanisch-niederländischen Auseinandersetzungen an Genua über. Die Republik konnte mit ihren Galeeren den Atlantik jedoch nicht selbst befahren und verpachtete das gewinnbringende Geschäft an eine britische Handelsgesellschaft. Damit blieb der Sklavenhandel bis 1750 (von einer kurzen Unterbrechung von zwölf Jahren zugunsten der französichen Guinea-Kompanie) in britischen Händen, was angesichts der ständigen britisch-spanischen Reibereien ein absurder Zustand war und zeigte, daß Spanisch-Amerika die Negereinfuhren einfach nicht entbehren konnte. Für die Engländer war daran nicht nur der reine Gewinn aus dem Sklavenhandel wichtig. Sie faßten durch den regelmäßigen Verkehr mit westafrikanischen Küstenorten und mit den großen Sklaven-Umschlagplätzen im Golf von Guinea festen Fuß in einer Handelszone, die bis dahin weitgehend den Portugiesen vorbehalten gewesen war. Und sie durften, was noch wichtiger war, alljährlich mit Dutzenden von Schiffen völlig legal in die allen anderen Nationen verbotene spanische Handelszone von Mittel- und Südamerika einlaufen, was ihnen natürlich Gelegenheit gab, neben den Sklaven noch eine Menge anderer Waren an die schlecht versorgten spanischen Kolonialzentren loszuschlagen.
Dieser Mißbrauch des Asiento-Privilegs führte 1739 zu einem der nicht eben seltenen spanisch-britischen Kriege. 1750 nötigten dann Spanien, aber auch der Druck der britischen öffentlichen Meinung die Regierung in London, das Privileg des Sklavenhandels zurückzulegen – man ließ sich aber immerhin nicht weniger als 100 000 Pfund Sterling dafür bezahlen. Beinahe zweihundert Jahre lang hatte England an den Menschenfrachten ausgezeichnet verdient; ja eine 1663 zum erstenmal ausgegebene Goldmünze, die bald die populärste und verbreitetste Goldmünze des ganzen britischen Wirtschaftsbereiches wurde, erhielt den Namen Guinea, weil das dafür erforderliche Gold im Zuge des Guinea-Handels ins Land kam. 1816, nach dem Verbot des Sklavenhandels, wurde sie durch den Sovereign ersetzt, verlor beim Volk ihre Beliebtheit jedoch nicht und ist trotz des merkwürdigen Wertes von 21 Shilling heute so populär wie zu den Zeiten Karls II.
Die ersten Sklaveneinfuhren nach Nordamerika, also in französische und britische Kolonien an der Süd- und Ostküste der heutigen USA, kamen noch zufällig zustande. So war der erste in diesem Bereich ausgeschiffte Negersklave einer von zwanzig Negern, die ein britischer Seeräuber einem spanischen Schiff abgenommen hatte, das andere Werte nicht mit sich führte. Um doch noch etwas aus dem Fang herauszuholen, brachten die Piraten ihre Ladung in die Kolonie Jamestown, die damals etwa 1200 Weiße zählte und sich in einer ausgesprochenen Ernährungskrise befand (wie viele andere Niederlassungen in Nordamerika noch bis ins achtzehnte Jahrhundert herauf). Die zwanzig kräftigen Neger, die in Virginia an Land gingen, waren

willkommen und wurden als »afrikanische Gentlemen« behandelt. Das war 1619, und jener erste Neger erhielt später den Namen Anthony Johnson.
Nach dem Abfall der nordamerikanischen Kolonien von England gab es bald auch einen eigenen amerikanischen Seeraub und natürlich auch bald amerikanische Sklavenfrächter, beteiligten sich doch inzwischen – nach dem Rückkauf des Privilegs durch Spanien – fast alle seefahrenden Nationen mehr oder weniger stark am Sklavenhandel zwischen Afrika und Amerika. In dieser Phase des dunklen Geschäfts stießen auch deutsche Kapitäne in diese ertragreichen Dämmergründe der Schiffahrt vor.
Brachte auch der schnell wachsende Bedarf der nordamerikanischen Plantagenwirtschaft dem Sklavenhandel und Sklavenschmuggel einen unerhörten Aufschwung, so kamen die ersten Versuche, sie abzuschaffen, doch auch aus Amerika, weil die ersten englischen Niederlassungen in Massachusetts und anderen Gebieten stark religiös bestimmt waren, und die Puritaner, so unnachsichtig sie jede Abweichung von ihrem strikten Gemeindeleben verfolgten, die Sklaverei wegen ihrer Nebenerscheinungen verabscheuten. Aber es waren nicht die Puritaner, sondern die Quäker, die sich als erste zur Aktion aufrafften und so, wie sie auf ein menschlicheres und tolerantes Leben in den Puritanersiedlungen hinwirkten, nach und nach auch – über ihre ausgezeichneten Verbindungen – das öffentliche Urteil hinsichtlich der Sklaverei und der Sklaventransporte zu wandeln verstanden.
Der erste Politiker, der sich der Sklaven annahm, war der britische Unterhausabgeordnete William Wilberforce (1759–1833). Drei Jahre, bevor das Jahrhundert der Vernunft zu Ende ging, veröffentlichte er sein berühmtes Buch über praktisches Christentum, das ungeheuren Einfluß erlangte. Am Ausgang eines Jahrhunderts, in dem der menschliche Verstand endlich so düstere Reste des Mittelalters wie die Folter und zum Teil auch schon die Leibeigenschaft besiegt hatte, in dem die Körperstrafen weitgehend durch Haftstrafen ersetzt wurden und eine gewisse Toleranz auch in religiösen Dingen sich anbahnte, durfte Wilberforce es noch nicht wagen, gegen die Sklaverei selbst aufzutreten. Er wies nur auf die Widersprüche zwischen unserem christlichen Glauben und diesen Zuständen hin, wie sie vor allem in der Neuen Welt um sich gegriffen hatten, und verlangte ein Verbot des *Sklaventransports*, weil der Handel und die Verschiffung von Menschen der christlichen Seefahrt unwürdig und ein Widerspruch zu allen moralischen Grundsätzen des Abendlandes seien.
1807 kam daraufhin der erste *Abolition-Act* im Unterhaus durch, und 1808 hörte der Sklavenhandel auf britischen Schiffen auf. Dänemark und Norwegen hatten ähnliche Verbote schon 1792, die Vereinigten Staaten 1807 ausgesprochen. 1814 verzichteten in Verhandlungen, die in der Kongreßstadt Wien geführt wurden, Spanien und Portugal auf jeden Sklavenhandel nördlich

Die Bark »Eagle« der US-Küstenwache.

Das Ozeanschiff M. S. »Wilhelmina« beim Manövrieren im Hafen.

Das Unterseeboot »Nautilus«, erbaut von Robert Fulton im Jahre 1789.

Querschnitt durch das erste Atom-Unterseeboot der Welt.

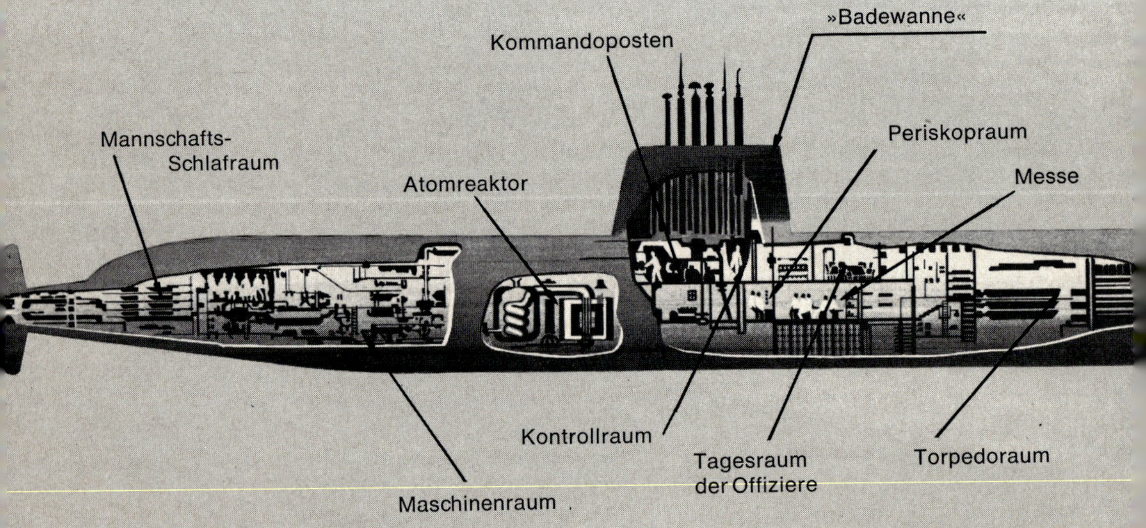

des Äquators, und 1816, unmittelbar nach dem großen Wiener Kongreß, mußte das geschlagene Frankreich ebenfalls auf die reichen Erträge aus der Verschiffung afrikanischer Sklaven nach Amerika verzichten. 1817 ließen sich Spanien und Portugal den Verzicht auf den Sklavenhandel mit großen Summen in Pfund Sterling bezahlen, und 1830 konnte England schließlich auch Brasilien vertraglich zu einem Verbot des Sklavenhandels nötigen.
Durch diese Aktivität für die Abschaffung der Sklaventransporte in den ersten Jahrzehnten des neunzehnten Jahrhunderts hat England unstreitig einiges von dem gut gemacht, was es in den Jahrhunderten zuvor in dieser Frage gesündigt hatte. Georg III. jedenfalls, so beschränkt er auch war, vergoß heiße Tränen um die Einnahmen, die ihm nun entgingen. Die völlige Freilassung der Sklaven in allen britischen Kolonien am 28. August 1833 mußte Georg III. nicht mehr erleben, er hätte es nie verwunden, daß die Pflanzer durch die Regierung mit zwanzig Millionen Pfund Sterling für den Verlust kostenloser Arbeitskräfte entschädigt wurden. Wilberforce, der die Lawine ins Rollen gebracht hatte, erlebte immerhin eben noch die zweite Lesung des Gesetzes ...

So viele Schiffe auch untersucht wurden, ein gewisser Schmuggel von Schwarzen und anderen verbotenen Gütern blieb aufrecht, so wie ja auch der Sklavenhandel innerhalb Afrikas bis heute nicht völlig verschwunden ist. Die Schiffe, die im siebzehnten, achtzehnten und neunzehnten Jahrhundert zu den wichtigsten Verkehrsmitteln überhaupt geworden waren und tatsächlich eine Welt zusammenhielten, waren dennoch nicht stark genug, die Entwicklung in den verschiedenen Erdteilen und Siedlungszonen auch nur einigermaßen zu homogenisieren. Die Neue Welt gewann schnell ihr eigenes Leben. Asien rückte Europa nur scheinbar näher, und Afrika blieb, solange man nur an seinen Küsten hinsegelte, so rätselhaft wie nur je zuvor.
Den gelehrten Gesellschaften, die sich in Paris und London, in Berlin und Petersburg mit Ländern und Völkern fremder Erdteile und mit den letzten Rätseln der Weltmeere zu beschäftigen begannen, stand die schweigende Mehrheit jener Seefahrer gegenüber, die sich längst entschlossen hatten, aus den Weltmeeren ein Maximum an Gewinn herauszuholen.
Sie taten dies auf jede erlaubte und unerlaubte Art, und auch von den erlaubten Formen des Gewinnstrebens wie etwa dem Walfang gibt es aus dem achtzehnten und neunzehnten Jahrhundert noch nicht viel Erfreuliches zu berichten. Die bis weit herauf ins Dampfschiff-Zeitalter unter Segeln fahrenden Schiffe waren bis zu drei Jahren unterwegs, denn es war wirtschaftlicher, die Wale in der Fremde, nahe am Fangort zu verarbeiten, als mit der schweren Last, die zu konservieren nur bedingt möglich war, um die halbe Welt nach Hause zurückzukehren.

Auf drei Jahre von zu Hause wegzugehen, das lockte wohl nur den, der guten Grund dazu hatte. Auf einem Walfänger war man, lange vor der Telegraphie und der Interpol, vor jeglicher Verfolgung sicher, und wenn man Glück hatte, konnte man irgendwo in der Südsee unter anderem Namen dann ein recht angenehmes Leben auf einer Walfang-Station oder auf einem zwischen den Inseln schippernden Kopra-Schoner führen – woraus sich ermessen läßt, welches Gelichter sich auf diesen Schiffen oft zusammenfand. Vielleicht hätte sich dieses Leben ohne die äußerste Härte gegen andere und das eigene Ich auch gar nicht ertragen lassen. Jedenfalls waren Bilder, wie sie uns Herman Melville oder Pierre Loti schildern, keine Übertreibung, sondern die tägliche Wirklichkeit der Hafenorte West- und Nordeuropas, aber auch Amerikas und der pazifischen Inseln.
Die Seefahrt, an sich schon Abenteuer genug, beschäftigte die Phantasie der Landratten, aber auch der Aktiven, vor allem in ihren zwielichtigen Randzonen wie dem Schmuggel, der Sklavenfahrt, des Matrosen-Pressens und der Piraterie. Einige von denen, die man in der Heimat betrunken gemacht und dann auf einen Walfänger geschafft hatte, tauchten tatsächlich später wieder in der Kolonialgeschichte auf, als Herrscher kleiner Inseln, als sehr unangenehme Gegner der ersten Missionare, als vergötterte weiße Lehrmeister der braunen Völker in den Weiten des Pazifik.
Für das Fernweh der Daheimgebliebenen wurde schon durch Forsters Bericht von der Reise, die Forster Vater und Sohn mit James Cook rund um die Welt gemacht hatten, die Insel Tahiti zu einer Art irdischen Paradieses, zu einer Insel der Seligen. Vor allem im philosophisch interessierten achtzehnten Jahrhundert tauchten jene verlockenden Utopien immer wieder auf, in denen ein Kreis verständiger Menschen sich entschließt, das kriegerische und moralisch verkommende Europa zu verlassen, um bei den reinen Naturkindern der Südsee einen Staat der Weisheit und Güte entstehen zu lassen. Neben diesen Träumereien aber waren es die sehr handfesten Taten der Piraten, das harte Abenteuer in den Tropen und an fernen Küsten, die keineswegs nur den jugendlichen Leser oder den Autor von Jugendbüchern anzogen.
Das Meer war nämlich im achtzehnten und vielleicht noch stärker im neunzehnten Jahrhundert der am meisten benützte Fluchtweg vor der Schande. Die sogenannten schwarzen Schafe der sogenannten anständigen Familien mußten mit jener Selbstverständlichkeit zur See und nach Übersee gehen, mit der gefallene Mädchen ins Kloster geschickt wurden (die Wikinger hatten sie, zweckmäßig wie sie eingestellt waren, noch an die Araber verkauft).
Durch die zahllosen Trennungen von den Familien und von der Heimat spannen sich unsichtbare Sehnsuchtsfäden über die Weltmeere, und selbst wenn

einer nur der Schulden wegen nach Amerika gegangen war wie Mozarts Textdichter Lorenzo da Ponte, oder wenn einer nur die Demokratie der Neuen Welt studieren wollte wie Alexis de Tocqueville, so waren doch in den Beziehungen zwischen der Alten und der Neuen Welt sehr bald zahlreiche Sentiments im Spiel, und die weißen Segel, unter denen all diese Schicksale sich vollzogen, wurden zum Symbol des Fernwehs wie der Heimkehr-Sehnsucht.

Ist es ein Wunder, daß aus diesen Scharen gescheiterter Bürgerlicher der Outlaw, der Pirat, eiskalt-strahlend wie ein Engel des Bösen aufstieg und die Gemüter beschäftigte? Wie erschauerte man in den Lesezirkeln von Virginia oder auch von Hinterpommern über seine diabolische Galanterie und lässige Verruchtheit!

Die verhältnismäßig eifrige literarische Beschäftigung mit den Piraten der Karibischen See hat ihren Grund sicherlich nicht nur in den Zusammenhängen mit der amerikanischen Geschichte, die sich von Tortuga, Jamaika und den Bahamas aus naturgemäß häufiger ergaben als von Tunis oder Algier. Auch die Entstehung dieses amerikanischen Seeräubertums ist historisch wie soziologisch eines der faszinierendsten Kapitel der amerikanischen Geschichte, denn man muß, will man ehrlich sein, die Bukaniere und Flibustiere als die ersten Amerikaner im modernen Sinn des Wortes bezeichnen.

Daß die vielgerühmte *Conquista* aus neunzig Prozent Elend, Halsabschneiderei, Schuldenmachen und Enttäuschungen bestand, hat sich in der offiziellen Geschichtsschreibung zwar noch nicht niedergeschlagen, da diese nur die Erfolge verzeichnet, geht aber sehr deutlich aus allen Quellen der Epoche hervor. Die auf ihren kleinen Inseln sitzenden Spanier, mit großen Hoffnungen ausgezogen und von jenen, die vor ihnen kamen, mit mehr als gemischten Gefühlen begrüßt, lebten im wesentlichen auf Borg und unternahmen von Zeit zu Zeit kleinere oder größere Eroberungszüge ins nördliche Südamerika oder ins mittelamerikanische Bergland, um ein wenig Gold aufzutreiben, mit dem sie ihre Schulden bei den Wirten und Geschäftsleuten von Haiti oder Cuba bezahlen konnten. Salvador de Madariaga hat sehr deutlich dargelegt, daß diese Züge mit Kolonialpolitik, mit Erschließung eines neuen Kontinents oder auch mit der Vergrößerung der geographischen Kenntnisse gar nichts zu tun hatten. Es ging lediglich um Geld oder Beute, und da die ausziehenden Scharen klein und meist schlecht gerüstet waren, kamen nach acht bis fünfzehn Monaten meist nur Gruppen von abgerissenen Gespenstern wieder nach Haiti oder Cuba zurück. Tauchte, was selten genug vorkam, ein tatsächlich lohnendes Ziel auf, dann tobte um den Zug dorthin ein erbitterter, mit Intrigen und Dolchen geführter Kampf, der für einen Cortez zum Beispiel gefährlicher war als alles, was er in den Jahren darauf in Mexiko erlebte.

Große Scharen erfolg- und mittelloser Männer sind für alle Gemeinwesen eine Dauergefahr. Die spanischen Gouverneure hinderten die ärgsten Schuldenmacher und Unruhestifter daher nicht, wenn diese sich zu größeren Gruppen zusammenschlossen und entweder ins unwirtliche Innere einer der großen Inseln abwanderten, wo sie von den wilden Rindern als Bukaniere lebten, oder wenn sie sich eine der vielen kleineren Inseln als Stützpunkte erkoren und mit kleinen, flachgehenden Booten, den *Vlieboots*, als Flibustiers oder Filibuster von kleinen und großen Räubereien ihr Dasein fristeten. Wie in anderen Piratengemeinschaften, etwa bei den Vitalienbrüdern, wurde die Beute genau geteilt, und die gemeinsam wirtschaftenden Bruderschaften nannten sich *Les frères de la Côte*, die Brüder der Küste.
Platz gab es genug für sie, denn der rücksichtslose Raubbau und die Ausbeutungswirtschaft der spanischen Kolonialherren hatten insbesondere die kleineren Inseln vollkommen entvölkert, so daß sie mit Negersklaven aus Afrika neu besiedelt worden waren. Davongelaufene schwarze Sklaven, Reste der indianischen Urbevölkerung, spanische, holländische, französische und britische Desperados mischten sich in den rauhen Gemeinschaften der Bukaniere, die mehr auf verwilderte Schweine als auf Rinder Jagd machten, und in den Aktionsgruppen der Brüder der Küste oder Flibustiere. Die wenigen Frauen, die meist unfreiwillig oder mangels anderer Existenzmöglichkeiten aus Frankreich oder England auf die karibischen Inseln abgeschoben wurden, waren nicht von der Art, die einen Mann zu ehrlicher oder auch nur konsequenter Arbeit anhalten kann, und die wenigen Indianerinnen, die es noch gab, gingen von Hand zu Hand und sorgten ebenfalls mehr für Unfrieden und Rivalitäten als für die Familiengründung.
Die nach Tausenden zählende große Gemeinschaft der Ausgestoßenen, aus denen sich die karibischen Seeräuber rekrutierten, ließ eine andere als eine kriminelle Existenz also von vornherein nicht zu. Nationale Bindungen gab es für keinen der Piraten, allenfalls konnte die gemeinsame Gegnerschaft gegen die einzige Ordnungsmacht dieses geographischen Raumes, gegen die Spanier, einigend wirken. Aber im achtzehnten Jahrhundert kämpften sie alle dann mit der gleichen Verbissenheit gegen die Briten, als diese von Jamaika aus den übrigens erfolgreichen Versuch machten, dem Seeräuberunwesen ein Ende zu setzen.

Zweihundert Jahre aber blühte die Piraterie, und es waren keineswegs romantische Blüten, die sie trieb, sondern eine lange Kette scheußlicher Verbrechen, die nur ein amoralischer Militärhistoriker gelegentlich als bravouröse Waffentaten feiern mag. An Bravour fehlt es dort, wo ganze Gruppen waffenkundiger Männer nichts zu verlieren haben, in der Regel nicht. Spanien war auch ein Gegner, der gar nicht anders konnte, als sich Blößen zu

geben, denn welche Kolonialmacht wäre imstande gewesen, das nach Hunderten zählende Gewirr von Inseln und die langen Küsten Süd- und Mittelamerikas tatsächlich zu schützen. Da jegliches Warnsystem fehlte und die Angreifer blitzschnell zuschlugen und gleich nach der Plünderung der Städte wieder verschwanden, kamen alle nennenswerten spanischen Siedlungen des karibischen Raumes früher oder später, und manche wiederholt, in die verzweifelte Lage, sich der meist nächtlichen Überfälle der Flibustiere erwehren zu müssen.
Natürlich gab es Gerüchte, denn ein Angriff etwa auf eine viertausend Einwohner zählende Stadt wie Maracaibo mußte vorbereitet werden. Die Flibustiere verstärkten sich zu diesen Zwecken meist durch einige Piraten oder Kaperfahrer aus europäischen Gewässern. Aber da keine Stadt in ständigem Alarm leben kann, wurden die Einwohner doch meist im Schlaf überrascht und niedergemacht oder fortgeschleppt, ehe sie recht zum Bewußtsein ihrer Lage kamen. Viel Zeit hatten die Flibustiere nie, denn die spanischen Garnisonen kämpften, wenn sie rechtzeitig alarmiert wurden, mit großer Tapferkeit und dem immer noch anhaltenden religiösen Eifer der Reconquista gegen dieses Gesindel von den Inseln. Also wurden die Bürger, soweit sie vermögend aussahen, in aller Eile und mit teuflischen Kunststücken gefoltert, damit sie ihr Geldversteck preisgaben. Frauen und Mädchen wurden, wo es der Schiffsraum zuließ, fortgeschleppt, denn in der eroberten Stadt war jedem Piraten das Plündern wichtiger als das Vergewaltigen.
Die Beute selbst bot ebenfalls Probleme, denn die Tortuga-Piraten hatten ja noch keinen Panamakanal zur Verfügung. Hatten sie zum Beispiel den Isthmus überquert, um eine der reichen Städte an der pazifischen Küste anzugreifen, so war ihnen sehr viel Beute sicher; aber wie sollte sie in die Karibische See gebracht werden? Die Landenge war alarmiert. Die Spanier warteten an den wenigen Pfaden auf die zurückkehrenden Piraten, hatten ihnen vielleicht sogar die in einer atlantischen Bucht liegenden Schiffe verbrannt. Lief man ihnen in die Arme wie Oxenham, so war der Strick noch das freundlichste Schicksal. Darum wählten erfahrene Piraten öfter den Weg, ihre Schätze auf einer Insel der pazifischen Seite zu vergraben, und einzelne Inselchen der Galapagos-Gruppe, Malpelo und vor allem die Cocos-Insel, stehen seit dem siebzehnten Jahrhundert im Ruf von Schatzinseln, weil dort von Zeit zu Zeit größere oder kleinere Depots von Münzen und Edelmetallen zum Vorschein kamen.
Man wird den erfolgreichsten unter den karibischen Piraten Kühnheit, Organisationstalent und die Gabe der Menschenführung nicht absprechen können. Zweifellos hat es im Dreißigjährigen Krieg auch Truppenführer gegeben, die kaum weniger grausam waren als Montbars oder Lolonois. Auch Morgan ist unstreitig eine Persönlichkeit, ein Mensch von großen Gaben und eines der

ersten menschlichen Produkte der Neuen Welt als Abenteurer und zugleich Geschäftsmann großen Stils, als Pirat, Plantagenbesitzer und Reeder. Aber im ganzen gesehen muß man unseren alten und sicherlich zu engen Kontinent Europa doch dazu beglückwünschen, daß er sich von diesen Existenzen schon frühzeitig getrennt hatte, daß sie als gescheiterte Anfänger über den Ozean gingen und erst drüben zur Entfaltung all ihrer düsteren Fähigkeiten gelangten.

Die Geschichte der karibischen Piraten ist nur im Zusammenhang mit der Kolonialgeschichte zu verstehen, und die Desperados gehören zum spanischen Kolonialsystem ebenso wie die glänzendsten Konquistadoren. Da Spanien selbst noch keine entwickelte Volkswirtschaft besaß, konnte es in keiner Phase seiner Kolonialepoche ein echter Partner seiner Kolonien sein, verbot diesen aber jeden Handel mit anderen Nationen. Es gab also nie Austausch und gesunde Beziehungen zwischen der Neuen Welt und dem alten Spanien, sondern immer nur einseitige Nutzung, also Ausbeutung der Natur- und Bodenschätze, und zwischen Spaniern auf der einen, Eingeborenen und Nichtspaniern auf der anderen Seite einen bald offenen, bald heimlichen, vor allem aber immerwährenden Krieg. In den Wirren eines zum Untergang verurteilten kolonialen Monsterreiches fischten sie alle im trüben, die Glücksritter wie die eiskalten Verbrecher. Sie hörten damit erst auf, als einer der Ihren gegen sie eingesetzt wurde und als eine Seemacht, die mit den Kaperfahrern groß geworden war, den Piraten ihre stillschweigende Unterstützung entzog, ja ihnen den Kampf ansagte.

Woodes Rogers, Weltumsegler, Kaperkapitän, geadelt wie Drake und ebenso hart wie kenntnisreich, wurde Gouverneur, als England 1718 von den Bahamas Besitz ergriff. Damals war Nassau auf New Providence jenes Piratenzentrum, das vordem Tortuga, die kleine Insel nördlich von Haiti gewesen war und danach Morgans Standquartier Jamaica. Heute ein Nobelkurort, hatte Nassau mit Hunderten von Spelunken den letzten karibischen Piraten Zuflucht geboten, danach den Blockadebrechern, die 1861–1865 die Südstaaten mit kriegswichtiger Bannware gegen den übermächtigen Norden der USA versorgten, und schließlich, in den wilden zwanziger Jahren, den Rumschmugglern, die mit Schnellbooten das Alkoholverbot umgingen.

Woodes Rogers konnte noch nicht wissen, daß diese Räuberhochburg dereinst ein modernes Seebad mit Flugplatz und Nobelhotels werden und sich als Konferenzort einen Namen machen würde; aber er hatte von seinem König den Auftrag, Ruhe und Ordnung in einem Kolonialgebiet zu schaffen, in dem die Briten spät genug zum Zuge gekommen waren. Woodes Rogers machte es ganz ähnlich wie einst vor sehr langer Zeit Pompeius, von dem er kaum viel gewußt haben mag. Aber beide Männer hatten gemeinsam, daß sie ihre Gegner kannten und richtig einschätzten. Rogers kannte sie sogar beinahe alle persönlich. Er sandte ihnen Botschaften und stellte ihnen Ultimaten, jeder einzelnen Gruppe, und ähnlich wie Pompeius konfrontierte er sie nicht mit der Vernichtung, wie es die Spanier getan hatten, sondern wies ihnen, soweit er dies als Regierungsbeamter tun durfte, einen Ausweg.

Das Ergebnis dieser klugen Schaukelpolitik war eine Spaltung der Piraten, die *gemeinsam* die gesamte englische Besatzung von den Bahamas hätten hinwegfegen können. Ein Großteil der Piraten, vor allem die reicheren und somit erfahrenen, wählten die Auswanderung und schlossen sich zu Flotten zusammen, die quer durch den Südatlantik nach Madagaskar fuhren, um von dort aus weiterzuoperieren. Nur die Habenichtse, die Einzelgänger und Outsider nahmen den Kampf an und konnten einer um den anderen aufgespürt und vernichtet werden.

Die Selbstverständlichkeit, mit der sich eine Reihe mächtiger Piraten quer über den Erdball nach dem damals noch reichlich unerforschten Madagaskar begab, ist eines der überzeugendsten Beispiele für die Heimatlosigkeit des echten Kriminellen, das die Geschichte uns liefert. Während ein Francis Drake als Sir und Vizeadmiral sein Leben am Busen der Heimat beendete, während Robert Surcouf als Baron de l'Empire und einer der reichsten Reeder Frankreichs in eben jenem Saint-Malo starb, in dem er geboren worden war, vertauschten ein Captain Kidd, ein James Plantain, ein Avery oder Thomas Tew alles, was bisher ihre Welt gewesen war, bedenkenlos mit den Buchten und Urwaldinseln des wilden und abweisenden Miniaturkontinents Madagaskar, von dem sie so gut wie nichts wissen konnten. Die andere Alternative, den Beruf zu wechseln, war ihnen offenbar gar nicht in den Sinn gekommen ...

Mit Madagaskar hatten sich die europäischen Mächte bis zu jenem Zeitpunkt, also bis zum Ausgang des achtzehnten Jahrhunderts, höchst unzureichend beschäftigt; aber auch die Madegassen hatten das Ihre dazu beigetragen, sich aus der kolonialen Sphäre zu halten, und jeden Versuch der Briten, Holländer, Spanier oder Franzosen, auf der Insel Fuß zu fassen, mit wütenden und schließlich erfolgreichen Angriffen gegen die kleinen Forts und Handelsstationen beantwortet.

Dieses Verhalten, mit dem die Madegassen sich so deutlich von den afrikanischen Küstenvölkern unterscheiden, findet seine Erklärung in der Besiedlungsgeschichte der großen Insel, die nur durch ihre geographische Lage in den afrikanischen Raum gehört. Denn es landeten zwar immer wieder kleine negroide Gruppen an Madagaskars Westküste, aber die Masse der Bevölkerung stammte aus einer lang anhaltenden mittelalterlichen Einwanderungswelle quer über den Indischen Ozean, mit der ganze Stämme aus Sumatra und Java nach Madagaskar kamen. Die Sprachforschung und die madegassischen Bräuche, Gebrauchsgegenstände und Lebensweise haben dies inzwischen eindeutig erwiesen, und da ja auch die Zimbabwe-Kultur und ihr Haupthafen

Sofala wiederholt ganze Handelsflotten aus China zu Besuch sahen, bedarf es keiner Kon-Tiki-Fahrt mehr, um die Möglichkeit dieser transozeanen Wanderung durch das Experiment nachzuweisen.
Es spricht für die Intelligenz der madegassischen Mischung, daß zwar alle Kolonialmächte wieder ins Meer gedrängt wurden, daß die kleinen Piratengruppen aber in der Mehrzahl guten Kontakt mit den Eingeborenen gewannen. Die Madegassen hatten sogleich erfaßt, daß diese Weißen eine fest etablierte britische oder französische Ordnung auf der Insel ebensowenig wünschten wie sie selbst, und es kam nur dort zu Überfällen auf Piratensiedlungen, wo diese sich, wie der bemerkenswerte Piratenstaat Libertalia des Franzosen Misson, eine stabile Organisation gegeben hatten.
So war denn den alten Freibeutern und Sklavenjägern, den Rumpiraten und Goldhamsterern von New Providence, Tortuga und Jamaica wider Erwarten noch eine späte Hochsaison beschieden. Der indisch-arabisch-ägyptische Seeweg lag ihnen vor der Nase, zumindest wenn sie sich an der Nordspitze ihrer großen Insel, bei Diego Suarez, niedergelassen hatten. Die Pilgerschiffe, auf die sie Jagd machten, waren zwar nicht mit wertvollen Ladungen versehen, hatten aber sehr viele Menschen an Bord, die man um ihre Habe erleichtern konnte. Überdies war es für die frauenarmen Gemeinschaften der Piraten naturgemäß jedesmal ein Fest besonderer Art, wenn sie aus mehr als tausend Passagieren die hübschesten Mädchen für Madagaskar aussuchen konnten.
Daß es auf diese Weise mancher reiche Pirat auf vier ständige Frauen brachte, wie James Plantain, der König von Rantersbay, ist nicht verwunderlich, und am wenigsten wunderten sich darüber die meist mohammedanischen Küstenbewohner. Schwieriger wurde der Fall, wenn die zu Vermögen und zu Jahren gekommenen Erzpiraten sich zur Ruhe setzen wollten. Dafür bot sich nur die nahegelegene Maskareneninsel Réunion an, zu manchen Zeiten auch Ile Bourbon genannt, ein französisches Eiland von angenehmem Klima, mit sanften Buchten und einer harmlosen Bevölkerung, neben deren Armut die geraubten Schätze sich wie das Vermögen eines Nabobs ausnehmen mußten.
Réunion wurde für viele Madagaskar-Piraten zur Endstation ihres Lebens, im Bösen zum Beispiel für La Buse, dem man am Strand den Strick um den Hals legte, im Guten für Christopher Condent, John Clayton und viele andere, die rechtzeitig und durch gute Mittelsmänner über einen Pardon verhandelt hatten und als geachtete Neubürger Haus und Grund auf Réunion erwerben konnten. Noch in den dreißiger Jahren unseres Jahrhunderts gruben heimlich oder öffentlich arbeitende kleine Schatzgräbertrupps an verschiedenen Buchten von Réunion nach den Depots dieser begüterten Veteranen, und es unterliegt keinem Zweifel, daß eine ganze Reihe von Maskarenen- und Seycheleninseln tatsächlich zu den legendären Schatzinseln gezählt werden müssen.
Weit weniger Sympathien als die Piraten der Karibischen See oder die weniger

bekannten Spätlinge von Madagaskar genossen in Europa die seltsamerweise aus ihren Nestern noch immer nicht vertriebenen Piraten mit dem Turban, der allerdings meist ein griechisches, venezianisches oder dalmatinisches Haupt bedeckte.

Im Lauf der Jahrhunderte hatte nämlich beinahe jede der vornehmen Familien (die anderen reisten damals noch nicht) die eine oder andere Base oder Tante an den Harem eines der tunesischen oder algerischen Potentaten verloren oder, was manchen noch schwerer fiel, einen Neffen oder Onkel unter Einsatz der Familienjuwelen aus den Händen der Piraten freikaufen müssen. Selbst ein Dichter vom Range eines Camoens, der Verfasser der *Lusiaden*, hatte das Los der Sklaverei getragen, auch ein Cervantes war in der Sklaverei der Barbaresken gewesen, und das freundlichste Meer, das einzige, auf dem eine Seefahrt tatsächlich ein Vergnügen genannt werden konnte, war durch diese Pest allen vergällt.

Für das sechzehnte, siebzehnte und auch für das achtzehnte Jahrhundert vermag man die Machtposition der Barbareskenstaaten zu verstehen, denn in diesen Jahrhunderten lieferte der Sultan sogar dem Heiligen Römischen Reich erbitterte Schlachten und drang zweimal bis Wien vor. Um die Wende des achtzehnten zum neunzehnten Jahrhundert jedoch wurde das Mißverhältnis zwischen dem militärischen Potential der Kulturstaaten und den Machtmitteln der Beys von Algier und Tunis doch so auffällig, daß die öffentliche Meinung Europas ernsthaft auf eine Niederwerfung der Barbareskenstaaten drängte.

Auf dem Wiener Kongreß, der großen und glänzenden Versammlung der europäischen Staaten zur Neuordnung der Verhältnisse nach dem Sturz Napoleons, wurde es deutlich, daß die Seeräubernester in Nordafrika aus der Zwietracht der Großmächte Kapital schlugen und sich um die zur See schwächeren Staaten erst recht nicht kümmerten. Die englisch-französische Rivalität verhinderte lange Zeit energische Schritte gegen Algier und Tunis, und die chronische militärische Untüchtigkeit der italienischen Teilstaaten gab besonders Neapel und Sizilien, aber auch die Schiffahrt der Spanier, Portugiesen, Deutschen und Österreicher der Piratenwillkür preis. Die Seemächte bezahlten an Marokko, Algier und Tunis so hohe Tribute, daß sie diese ihren Völkern gar nicht eingestehen konnten (sie sind nur aus algerischen Aufzeichnungen bekannt), aber die Freipässe, die daraufhin von den Beys erteilt wurden, erwiesen sich in den meisten Fällen als nutzlos. Erbeuteten die Raubschiffe Waren im Wert von einer Million Goldfrancs, so erstattete der Bey nach jahrelangen Verhandlungen davon höchstens zehn Prozent zurück ...

Als eine Aktion gegen die Barbareskenstaaten unaufschiebbar geworden war, nahm England die Ausführung auf sich, zweifellos, um keinen anderen Staat in Nordafrika Einfluß gewinnen zu lassen. Lord Exmouth erzielte im Jahr 1816 durch einen kaltblütigen Husarenstreich auch den ersten entscheidenden

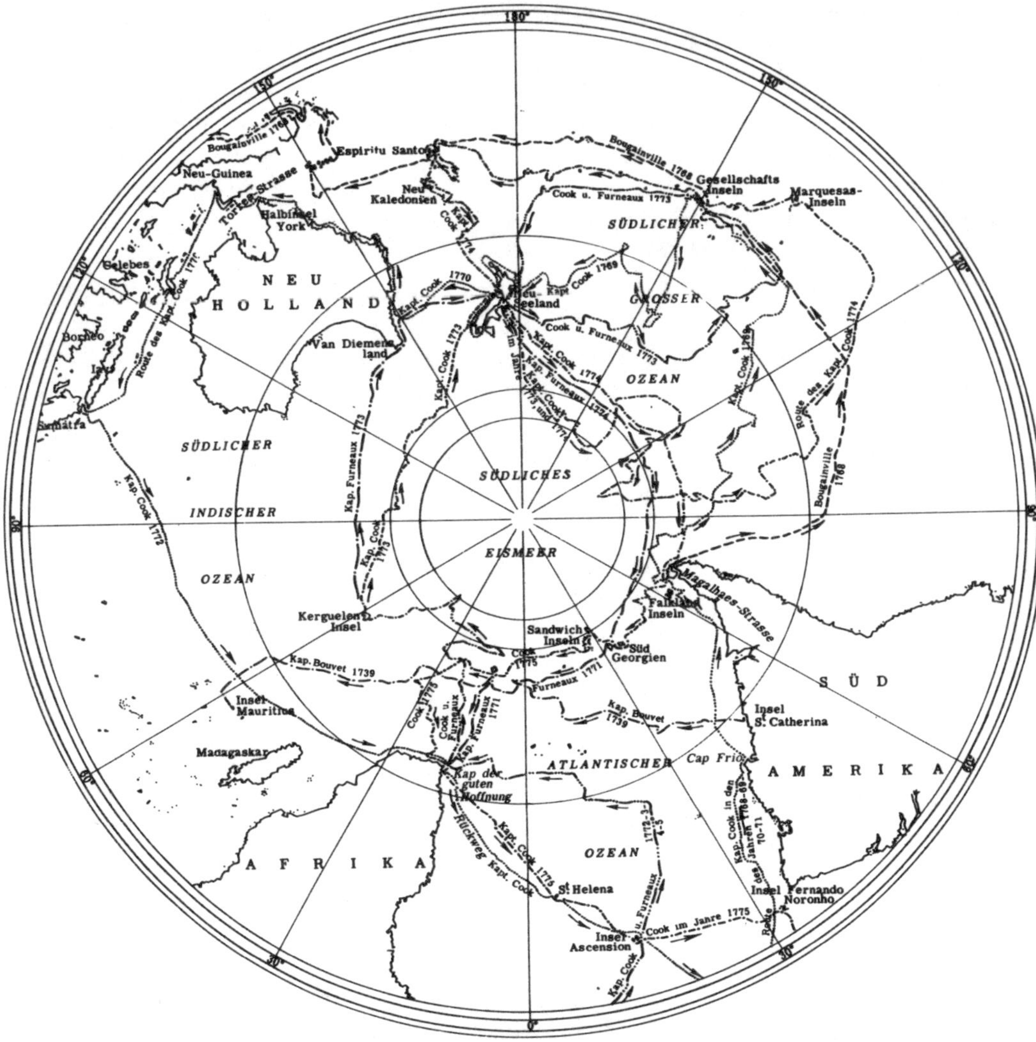

Darstellung der australischen Halbkugel mit den Fahrtrouten bekannter Entdecker (nach James Cook).

Erfolg, der seit dreihundert Jahren im Kampf gegen Algier zu verzeichnen war, und zerschoß nach einem überraschenden Vorstoß bis an die Mole nicht nur die Forts der alten Seeräuberstadt, sondern auch die ganze im Hafen liegende Flotte. Aber kaum waren die Briten abgezogen, so setzten die kühnen Schebeken ihre Angriffe auf die Handelsschiffahrt im Mittelmeer fort, und da die italienischen Fregatten vor den kleinsten Piratenseglern Reißaus nahmen, statt sie mit ihrer überlegenen Feuerkraft niederzukämpfen, kam die Reihe zur nächsten Aktion nun an Frankreich.
Napoleon I. hatte als einziger europäischer Herrscher die Beys stets mit kalter Verachtung behandelt, nie Tribut bezahlt und keine Gesandten von ihnen empfangen. Das war das korsische Erbe, denn Korsika wie Sardinien hatten – da sie meist auf sich selbst gestellt gewesen waren – im tausendjährigen Kampf gegen die Sarazenen schon frühzeitig jenen unbändigen Haß entwickelt, der zu rücksichtsloser Tapferkeit aufstachelt. Ein Generalstabsoffizier hatte im Auftrag Napoleons die Barbareskenstaaten heimlich bereist und wertvolle kartographische Aufzeichnungen durchgeführt, nach denen Napoleon dann einen Angriffsplan gegen Algier ausarbeitete.
Diesen Plan, den der große Korse selbst nicht mehr hatte ausführen können, machte die französische Expedition von 1830 sich zunutze. Während Karl V. nicht auf den alten Hernando Cortez gehört hatte, der ihn vor dem Debakel von Algier hätte bewahren können, ging der General Graf Bourmont willig in die Schule des älteren Bonaparte, den er am Vorabend der Schlacht von Ligny so schnöde verraten hatte. Der Überläufer von 1815 wurde zum Sieger von 1830 und eroberte Algier von der Landseite her. In der ersten Stellung, die seine Truppen besetzten, fanden sie neben weggeworfenen Türkensäbeln einen Band Corneille und eine Schießvorschrift für die Artillerie in französischer Sprache...

Wir hatten oft Grund zu bedauern, daß der Händler der Vergangenheit über seine Reisen und Geschäfte mit wenigen Ausnahmen standhaft geschwiegen hat; daß der Sklavenhändler schwieg, ist hingegen nur zu begreiflich. Es mußten schon sehr starke geistige Interessen im Spiel sein, um jüdische oder arabische Sklavenhändler des Mittelalters zu einigen Aufzeichnungen zu veranlassen. Die Sklavenfrächter der europäischen Nationen waren von solchem Ehrgeiz durchweg frei und schweigen sich gründlich über ihr Tun aus. Darum ist der im Alter zu hohen Ehren gelangte mutige Bürgermeister von Kolberg, der einstige Schiffer und Schnapsbrenner Joachim Nettelbeck, eine für uns besonders wertvolle Ausnahme. Der rechtschaffene Mann schildert uns, nachdem er durch die Verteidigung Kolbergs gegen die Franzosen für ganz Deutschland zum Begriff gewor-

den war, frisch und unbekümmert und mit bemerkenswerter Aufrichtigkeit im Rahmen seiner Lebensgeschichte auch jene Spätzeit des Sklavenhandels, da die Ware bereits so kostbar geworden war, daß man sich ihrer mit einiger Aufmerksamkeit annahm.
Zeitlich voran gehen diesem Dokument jedoch die Berichte über Zustände aus den rauhen Epochen der Sklavenfracht, aus dem 16. und 17. Jahrhundert. Sie veranschaulichen uns, daß es damals nur eine einzige Stimme gegen die Sklaverei gab: die der Kirche oder, präziser gesagt, einiger, leider weniger einflußreicher Christen, die mit glühender Überzeugung und großem persönlichen Mut zu verhindern trachteten, daß die im Namen der Mission unternommenen Eroberungen in fremden Erdteilen zum Unheil der unterworfenen Völker würden. Las Casas, der Indianerbischof, wurde bereits im Text zitiert. Hier bringen wir Beschwerdebriefe des christlichen Negerkönigs Alfons I., der nach beinahe vierzigjähriger Herrschaft über das Kongoreich 1543 starb, und des spanischen Heiligen Franz Xaver (1506–52), der 1542 als päpstlicher Legat in Indien wirkte.
Eine der faszinierendsten Gestalten aus der ganzen karibischen Seeräubergilde ist Sir Henry Morgan, wie Drake nach vielen Jahren kühner Raubzüge geadelt und zweifellos einer der kühnsten Abenteurer der Seefahrtgeschichte. Er ist der Lieblingsheld jenes flämischen Wundarztes Alexander Olivier Exquemelin, der uns mit seinem auf eigenen Erlebnissen fußenden Piratenbuch von 1678 die Hauptquelle über den Seeraub in Mittelamerika lieferte.

Klage über den Sklavenhandel

Herr, Eure königliche Hoheit sollte wissen, daß unser Königreich zugrunde geht und der Augenblick geeignet erscheint, für die notwendige Abhilfe zu sorgen. Das liegt in der übermäßigen Freiheit, die unsere Diener und Beamten jenen Männern und Kaufleuten gewähren müssen, die in dieses Königreich kommen dürfen, um Läden mit Waren und anderen Dingen zu eröffnen, die in unserem Land verboten worden sind. Sie breiten sich in solcher Zahl über unser Königreich und unsere Herrschaften aus, daß viele unserer Vasallen, die uns botmäßig waren, sich nicht mehr fügen, da sie mehr Waren und Güter besitzen als wir selbst. Denn eben mit diesen Gütern hielten wir sie zufrieden und unter unserer Botmäßigkeit. So fügt das nicht nur dem Dienst an Gott großen Abbruch zu, sondern auch der Sicherheit und dem Frieden unseres Königreichs.
Wir können auch nicht abschätzen, wie groß der Schaden ist, da die erwähnten Kaufleute täglich unsere Eingeborenen rauben, Söhne des Landes, selbst Söhne unserer Vornehmen, Vasallen und Verwandten. Diebe und Menschen von

übler Gesinnung ergreifen sie, weil sie die Waren haben wollen, nach denen ihnen gelüstet, und verkaufen sie dann. So groß, Herr, sind die Verderbtheit und Zügellosigkeit, daß unser Land droht, gänzlich entvölkert zu werden. Eure Hoheit sollte dem nicht zustimmen und nicht dulden, was in Eurem Dienst geschieht. Um dies aber zu vermeiden, benötigen wir aus Deinen Reichen nur ein paar Priester und einige Leute, die in den Schulen lehren können, aber keine anderen Waren als Wein und Mehl für das heilige Sakrament. Das ist es, warum wir Eure Hoheit bitten, uns in dieser Angelegenheit zu helfen und Euren Agenten zu befehlen, daß sie hierher weder Kaufleute noch Waren schicken sollen, *denn es ist unser Wille, daß in diesen Königreichen keinerlei Sklavenhandel stattfinden soll* (hervorgehoben im Original). In Anbetracht dessen, was oben berichtet wurde, bitten wir Eure Hoheit noch einmal, diesen Maßnahmen zuzustimmen, da wir anders einen solch offensichtlichen Schaden nicht abwehren können. Unser Herr in seiner Gnade möge Eure Hoheit in Schutz nehmen und Euch immer die Dinge in seinem Dienste tun lassen.
In unserer Stadt Kongo, am 6. Juli 1526. Der König. Dom Affonso.
(1526) ... Außerdem, Herr, gibt es in unseren Königreichen noch einen großen Mißstand, der durchaus gegen Gottes Gebot ist. Viele von unseren Leuten sind gierig nach den Waren und Gütern Eures Königreiches, die von Euren Leuten hierher gebracht werden. Und um ihre Begierde zu stillen, ergreifen sie freie und unabhängige Menschen. Oft geschieht es, daß sie sogar Vornehme und die Söhne von Vornehmen rauben und wegschleppen, um sie an die weißen Männer zu verkaufen, die in unserem Königreich weilen.
Sobald sie von den Weißen in Empfang genommen sind, werden sie in Eisen gelegt und mit Feuer gebrandmarkt. Wenn sie weggebracht und eingeschifft werden sollen, dann behaupten die Weißen, die von unseren Wachen dabei gestellt werden, sie wüßten nicht, von wem sie diese Ärmsten gekauft hätten. Unsere Pflicht aber ist es, Gerechtigkeit walten zu lassen, und den Freien die Freiheit wiederzugeben. Aber das kann nicht geschehen, wenn Eure Untertanen sich gekränkt fühlen, wie sie behaupten. Um solch großes Übel zu vermeiden, haben wir ein Gesetz erlassen, daß jeder Weiße, der in unseren Reichen lebt und da auf irgendeine Weise Waren erwerben will, zuerst drei von unseren Vornehmen oder Hofbeamten unterrichten soll, auf die wir uns in dieser Angelegenheit verlassen können. Diese sollen dann untersuchen, ob die genannten Waren Gefangene oder Freie sind. Haben sie das geklärt, dann dürfen die Sklaven genommen und eingeschifft werden. Wenn sich aber die weißen Männer nicht darein fügen, dann werden sie die vorher genannten Güter verlieren. Und wenn wir ihnen diese Gunst erweisen und dieses Zugeständnis machen, dann geschieht es im Hinblick auf den Anteil, den Eure Hoheit daran haben; denn wir wissen, daß es auch in Eurem Dienst geschieht, wenn diese Waren aus unserem Königreich hinweggeführt werden ...

Aus den Briefen des Francisco de Xavier

Manapar, 27. März 1544

... Mit unerträglichem Schmerz muß ich immer wieder sehen, wie die neubekehrten Christen nicht nur von den Heiden, sondern auch von den Portugiesen selbst in verbrecherischer Weise verfolgt und ausgebeutet werden. Die Frevel sind erschütternd, und welche Gefahren bedeuten sie zudem für den Erfolg unserer Arbeit! Wenn Gewohnheit und ständige Wiederholung gleicher Ereignisse, wie man landläufig meint, wirklich das Gefühl abstumpften, so müßte mein Herz schon gegen diese Erfahrungen abgehärtet sein. Aber ich weiß nicht, wie ich es anstellen sollte, dieses so einfache Mittel anzuwenden, noch wie ich mich, nur weil die Fälle sich wiederholen, mit vollendeten Tatsachen abfinden könnte.

Jedesmal werde ich im Innersten meiner Seele vom gleichen Schmerz erfüllt, wenn ich Zeuge solcher Gewalttätigkeiten bin oder von andern erfahre, welche Verbrechen gerade von denen begangen werden, die den zarten Sprößlingen unserer heiligen Mutter, der Kirche, am ehesten Ehrfurcht schulden sollten. Die Neugetauften durchleben ihre erste christliche Kindheit, sie stehen am Morgen ihrer religiösen Geburt und sollten darum vor allem von ihren älteren Brüdern mit Zartheit und Schonung behandelt werden. Statt dessen sehen wir diese geradezu wie die Räuber über sie herfallen in frecher Gesetzwidrigkeit und mit roher Gewalt! Wir müssen ohnmächtig zusehen, wie die Portugiesen einfach auf Menschenraub ausgehen und selbst neubekehrte Christen entführen, um sie zu Sklaven zu machen. Alle Kräfte haben wir eingesetzt, um sie schützen und retten zu können, aber es war umsonst. Dies alles liegt schwer auf mir, und der tiefe Kummer über diese traurigen Zustände verläßt mich nicht, wohin ich auch gehe...

Praktiken des Sklavenhandels

Da hier Menschen nun einmal als Ware angesehen wurden, um gegen die Erzeugnisse des europäischen Kunstfleißes ausgetauscht zu werden, so kam es hauptsächlich darauf an, solche Artikel zu wählen, welche das Bedürfnis oder der Luxus den Schwarzen am unentbehrlichsten gemacht hatte. Schießgewehre aller Art und Schießpulver in kleinen Fässern von zweiunddreißig, sechzehn bis acht Pfund nahmen hierunter die erste Stelle ein. Fast ebenso begehrt war Tabak, sowohl geschnitten als in Blättern, samt irdenen Pfeifen und Branntwein, entweder in halben Ankern oder in Flaschenkellern von zwölf, acht bis sechs Gemäßen. Kattune von allen Sorten und Farben lagen in Stükken von einundzwanzig bis vierundzwanzig Ellen sowie auch dergleichen oder leinene und seidene Tücher, deren sechs bis zwölf zusammengewirkt waren.

Ebensowenig durfte ein guter Vorrat von linnenen Lappen, drei Ellen lang und halb so breit, fehlen, die dort als Leibschurz getragen werden. Den Rest der Ladung füllten allerlei kurze Waren als kleine Spiegel, Messer aller Art, bunte Korallen, Nähnadeln und Zwirn, Fayence, Feuersteine, Fischangeln u. dgl.
Einmal gewöhnt, diese verschiedenen Artikel von den Europäern zu erhalten, können und wollen die Afrikaner sowohl an der Küste als tiefer im Land sie nicht missen und sind darum unablässig darauf bedacht, sich die Ware zu verschaffen, durch welche sie sich dieselben eintauschen können. Also ist auch das ganze Land immerfort in kleine Parteien geteilt, die sich feindlich in den Haaren liegen und alle Gefangenen, welche sie machen, entweder an die schwarzen Sklavenhändler verkaufen oder sie unmittelbar zu den europäischen Sklavenschiffen abführen. Allein oft, wenn es ihnen an solcher Kriegsbeute fehlt und sie neuer Warenvorräte bedürfen, ergreifen ihre Häuptlinge, die eine despotische Gewalt über ihre Untertanen ausüben, diejenigen auf, welche sie für die entbehrlichsten halten, aber es geschieht wohl auch, daß der Vater sein Kind, der Mann das Weib und der Bruder den Bruder auf den Sklavenmarkt zum Verkauf schleppt. Man begreift leicht, daß es bei solchen Raubzügen an Grausamkeiten jeder Art nicht fehlen kann und daß sich alle diese Länder dabei in dem elendesten Zustand befinden; aber ebensowenig kann auch abgeleugnet werden, daß die erste Veranlassung zu all diesem Elend von den Europäern herrührt, welche durch ihre eifrige Nachfrage den Menschenraub bisher begünstigt und unterhalten haben.
Ihre zu diesem Handel ausgerüsteten Schiffe pflegten längs der ganzen Küste von Guinea zu kreuzen und hielten sich unter wenigen Segeln stets etwa eine halbe Meile oder etwas mehr vom Ufer. Wurden sie dann am Land von Negern erblickt, welche Sklaven oder Elefantenzähne zu verhandeln hatten, so machten diese am Land ein Feuer an, um dem Schiff durch den aufsteigenden Rauch ein Zeichen zu geben, daß es vor Anker ginge, warfen sich aber auch zu gleicher Zeit in ihre Kanus und kamen an Bord, um die zur Schau ausgelegten Warenartikel zu mustern. Vor ihrer Entfernung versprachen sie dann, mit einem reichen Vorrat von Sklaven und Zähnen sich wieder einzufinden, oft jedoch ohne darin Wort halten zu können oder zu wollen.
Gewöhnlich aber erscheinen sie zu wirklichem Abschluß des Handels mit ihrer Ware am nächsten Morgen, als der bequemsten Tageszeit für diesen Verkehr. Denn da dort jede Nacht ein Landwind weht, so hat dies auch bis zum nächsten Mittag eine ruhige und stille See zur Folge. Dann steigt wieder ein Seewind auf, die Brandung wälzt sich ungestümer gegen den Strand, und die kleinen Kanus der Schwarzen können sich nicht füglich hin und zurück wagen. Das Fahrzeug, welches die verkäuflichen Sklaven enthielt, war in der Regel noch von einem halben Dutzend anderer, jedes mit mehreren Menschen angefüllt, begleitet, welche alle einen Anteil an der unglücklichen Ware hatten.

Allein nur acht oder höchstens zehn aus der Menge wurden mit derselben an Bord gelassen, während die übrigen in ihren Kanus das Schiff umschwärmten und ein tolles Geschrei aufführten.
Nun wurden auch die Gefangenen an Bord emporgehoben, um in näheren Augenschein genommen zu werden; die männlichen mit auf dem Rücken dergestalt hart zusammengeschnürten Ellenbogen, daß oft Blut und Eiter an den Armen und Lenden hinunterlief. Erst auf dem Schiff wurden sie losgebunden, damit der Schiffsarzt sie genau untersuchen konnte, ob sie unverkrüppelt und übrigens von fester Konstitution und bei voller Gesundheit wären, und hierauf eröffnete sich dann die eigentliche Unterhaltung, jedoch nicht, ohne zuvor sowohl den Verkäufern, die sich auf dem Verdeck befanden, als ihren Kameraden in den Kanus Tabak und Pfeifen vollauf gereicht zu haben, damit sie lustig und guter Dinge würden – freilich aber auch sich umso leichter betrügen ließen.
Die europäischen Tauschwaren wurden den Schwarzen stets nach dem höchsten Einkaufspreis mit einem Zusatz von fünfundzwanzig Prozent angerechnet, und nach diesem Tarif galt damals ein vollkommen tüchtiger männlicher Sklave etwa hundert holländische Gulden; ein Bursche von zwölf Jahren und darüber war mit sechzig bis siebzig Gulden und ungefähr zu gleichem Preis auch eine weibliche Sklavin bezahlt. War sie jedoch noch nicht Mutter gewesen und ihr Busen noch von jugendlicher Fülle und Elastizität (und daran pflegt es die Natur bei den Negerinnen nicht fehlen zu lassen), so stieg sie auch verhältnismäßig im Wert bis auf hundertzwanzig oder hundertvierzig Gulden.
Die Verkäufer bezeichneten stückweise die Artikel, welche ihnen unter den ausgelegten Waren anstanden, wogegen der holländische Einkäufer seinen Preiskurant fleißig zu Rate zog, um nach dem angenommenen Tarif nicht über neunzig Gulden hinauszugehen, und wobei auch der gespendete Branntwein samt Tabak und Pfeifen nicht unberücksichtigt blieben. Fing er dann an, sich noch weitern Zulegens zu weigern, und ließ sich höchstens noch ein Stück Kattun abringen, so ward der Rückstand im geforderten Menschenpreis vollends mit geringeren Waren und Kleinigkeiten und zuletzt noch mit einem Geschenk von Messern, kleinen Spiegeln und Korallen ausgeglichen. Wieviel es übrigens bis zum gewünschten Abschluß des Streitens, Fluchens und Lärmens bei diesem Handel gegeben hat, bedarf kaum einer besonderen Erwähnung; denn wenn der eigentlichen Wortführer bei den Negern auch nur zwei oder drei sein mochten, so gab es doch immer unaufhörliche Rücksprache und Verständigung mit ihren Gefährten in den Kanus, die bei dem Erfolg der Unterhandlung alle gleich sehr interessiert waren. Hatten sie dann endlich die eingetauschten Waren in Empfang genommen, so packten sie sich wieder in ihre Fahrzeuge und eilten lustig, wohlbenebelt und unter lautem Hallo wieder dem Strand zu.
Während dieser ganzen geräuschvollen Szene saß nun der arme Sklave, um

welchen es gegolten hatte, auf dem Verdeck und sah sich mit steigender Angst in eine neue, unbekannte Hand übergehen, ohne zu wissen, welchem Schicksal er aufbehalten sei. Man konnte dem Unglücklichen sozusagen das Herz in der Brust schlagen sehen; denn ebensowenig, als die meisten von ihnen je zuvor das Weltmeer, auf dem sie nun schwammen, erblickt, hatten sie auch früherhin die weißen und bärtigen Menschen gesehen, in deren Gewalt sie geraten waren. Nur zu gewiß waren sie des Glaubens, wir hätten sie nur gekauft, um uns an ihrem Fleische zu sättigen. Voll von dieser Vorstellung sah man es ihnen deutlich an, daß unsre weiße Hautfarbe sie mit noch weit höherem Entsetzen erfüllte als uns ihre schwarze erschreckte.

Die Verkäufer waren nicht sobald vom Schauplatz abgetreten, als der Schiffsarzt Sorge trug, den erhandelten Sklaven (wahrlich zum schlechten Labsal!) ein Brechmittel einzugeben, damit die seither ausgestandene Angst nicht nachteilig auf ihre Gesundheit zurückwirkte. Aber begreiflicherweise konnten die gewaltsamen Wirkungen dieser Prozedur jenen vorgefaßten schrecklichen Wahn ebensowenig beseitigen, als die Anlegung eiserner Fesseln an Hand und Fuß, wodurch man sich besonders der männlichen Sklaven noch enger zu versichern suchte. Gewöhnlich kuppelte man sie überdem noch paarweise zusammen, indem man durch einen in der Mitte jeder Kette befindlichen Ring noch einen fußlangen eisernen Bolzen steckte und fest vernietete.

Verschonte man auch die Weiber und Kinder mit ähnlichem Geschmeide, so wurden sie doch in ein festes Verhältnis vorne in der Schiffsback eingesperrt, während die erwachsenen Männer ihren Aufenthalt dicht daneben zwischen dem Fock- und großen Mast fanden. Beide Behälter waren durch ein zweizölliges eichenes Plankwerk voneinander gesondert, so daß sie sich nicht sehen konnten. Doch brachten sie in diesem engeren Verwahrsam nur die Nächte zu; bei Tag hingegen war ihnen gestattet, in freier Luft auf dem Verdeck zu verweilen.

Die Weiber und die Unmündigen, deren Schwäche sie weniger furchtbar macht, haben bei Tag ihren Aufenthalt hinter der Wand auf dem halben Deck und können ihre männlichen Unglücksgenossen zwar nicht sehen, aber doch hören. Allen ohne Ausnahme wird des Morgens etwa um zehn Uhr das Essen gereicht, indem je zehn einen hölzernen Eimer, der ebensoviel Quart fassen mag, voll Gerstengraupen empfangen. Die Stelle, wohin jede solche Tischgesellschaft sich setzen muß, ist durch einen eingeschlagenen, eisernen Nagel mit breitem Kopf genau bezeichnet, und alles sitzt rings umher, wie es zukommen kann, um das Gefäß mit Grütze, welche mit Salz, Pfeffer und etwas Palmöl durchgerührt ist; doch keiner langt um einen Augenblick früher zu, als bis dazu durch den lauten Schlag auf ein Brett das Zeichen gegeben worden.

Anfangs geht dabei alles still und friedlich zu. Neigt sich aber der Vorrat im Gefäß allmählich zu Ende, und die letzten müssen besorgen, daß die Reihe nicht wieder an sie kommen dürfte, so entsteht auch Hader und Zwiespalt. Jeder sucht dem Nachbarn die Kost aus den Händen und beinahe aus dem Mund zu reißen. Da nun diese Szene jedesmal und bei jedem Gefäß schier in dem nämlichen Moment zutrifft, so kann man sich den Lärm und Spektakel denken, der dann auf dem Schiff herrscht, und wobei die Peitsche den letzten und wirksamsten Friedensstifter abgeben muß. Diese wiederhergestellte Ruhe wird dazu angewandt, ihnen den ledigen Eimer mit Seewasser zu füllen, damit sie sich Mund, Brust und Hände abwaschen. Zum Abtrocknen gibt man ihnen ein Ende aufgedrieseltes Tau (Schwabber genannt), worauf sie paarweise zu der Süßwassertonne ziehen, da ein Matrose jedem ein Gemäß, etwa ein halb Quart enthaltend, reicht, um ihren Durst zu stillen.

Nach solchergestalt geendigter Mahlzeit und nachdem das Verdeck mit Seewasser angefeuchtet worden, läßt man das ganze Völkchen reihenweise und dicht nebeneinander sich niederkauern, und jeder bekommt einen holländischen Ziegelstein (Mopstein) in die Hand, womit sie das Verdeck nach dem Takt und von vorn nach hinten zu scheuern angewiesen werden. Sie müssen sich dabei alle zugleich wenden, und indem sie bald vor, bald rückwärts arbeiten, wird ihnen unaufhörlich neues Seewasser über die Köpfe und auf das Verdeck gegossen. Diese etwas anstrengende Übung währt gegen zwei Stunden und hat bloß den Zweck, sie zu beschäftigen, ihnen Bewegung zu verschaffen und sie desto gesünder zu erhalten.

Hiernächst müssen sie sich in dichte Haufen zusammenstellen, wo denn noch dichtere Wassergüsse auf sie herabströmen, um sie zu erfrischen und abzukühlen. Dies ist ihnen eine wahre Lust; sie jauchzen dabei vor Freude, und in der brennendschwülen Sonnenhitze, der sie ohne alle Bedeckung den ganzen Tag ausgesetzt sind, muß es ihnen auch wirklich für eine wahre Erquickung gelten. Noch wohltätiger aber ist für sie die nun nächstfolgende Operation, indem einige Eimer, halb mit frischem Wasser angefüllt und mit etwas Zitronensaft, Branntwein und Palmöl durchgerührt, aufs Verdeck gesetzt werden, um sich damit den ganzen Leib zu waschen und einzureiben, weil sonst das scharf gesalzene Seewasser die Haut zu hart angreifen würde.

Für die männlichen Sklaven sind ein paar besonders lustige und pfiffige Matrosen ausgewählt, welche die Bestimmung haben, für ihren muntern Zeitvertreib zu sorgen und sie durch allerlei auf die Bahn gebrachte Spiele zu unterhalten. Zu dem Ende werden auch Tabaksblätter unter sie ausgeteilt, welche, nachdem sie in lauter kleine Fetzen zerrissen worden, als Spielmarken dienen und ihre Gewinnsucht mächtig reizen. Zu gleichem Behuf erhalten dagegen die Weiber allerlei Arten Korallen, Nadeln, Zwirnfäden, Endchen Band und bunte Läppchen, und alles wird aufgeboten, um sie zu zerstreuen und keine schwermütigen Gedanken in ihnen aufkommen zu lassen

Spiel, Possen und Gelärm währen fort bis um drei Uhr nachmittags, wo wiederum Anstalten zu einer zweiten Mahlzeit gemacht werden, nur daß jetzt statt der Gerstengraupen große Saubohnen gekocht, zu einem dicken Brei gedrückt und mit Salz, Pfeffer und Palmöl gewürzt sind. Die Art der Abspeisung, des Waschens, Trocknens, Trinkens und Abräumens bleibt dabei die nämliche: nur wird mit allem noch mehr geeilt, weil unmittelbar darauf die Trommel zum lustigen Tanz gerührt wird. Alles ist dann wie elektrisiert; das Entzücken spricht aus jedem Blick; der ganze Körper gerät in Bewegung und Verzükkungen; Sprünge und Posituren kommen zum Vorschein, daß man ein losgelassenes Tollhaus vor sich zu sehen glaubt. Die Weiber und Mädchen sind indes noch die Versessensten auf dies Vergnügen; und um die Lust noch zu mehren, springen selbst der Kapitän, die Steuerleute und die Matrosen mit den Leidlichsten von ihnen zuzeiten herum: sollte es auch nur der Eigennutz gebieten, damit die schwarze Ware desto frischer und munterer an ihrem Bestimmungsort anlange.

Gegen fünf Uhr geht endlich der Ball aus, und wer sich dabei am meisten angestrengt hat, empfängt wohl noch einen Trunk Wasser zu seiner Labung. Wenn dann die Sonne sich zum Untergang neigt, heißt es: »Macht euch fertig zum Schlafen unter Deck!« Dann sondert sich alles nach Geschlecht und Alter in die ihnen unter dem Verdeck angewiesenen, aber gänzlich getrennten Räume. Voran gehen zwei Matrosen und hinterdrein ein Steuermann, um acht zu haben, daß die nötige Ordnung genau beachtet werde; denn der Raum ist dermaßen eng zugemessen, daß sie schier wie die Heringe zusammengeschichtet liegen. Die Hitze in demselben würde auch bald bis zum Ersticken steigen, wenn nicht die Luken mit Gitterwerk versehen wären, um frische Luft zur Abkühlung zuzulassen.

Zu diesem Gitter führt eine Leiter zu einer Öffnung in demselben, die nur gerade weit genug ist, um zwei Menschen durchzulassen, und vor welcher die ganze Nacht hindurch ein Matrose mit blankem Hauer die Wache hält, der immer nur paarweise aus- und einläßt, was durch irgendein Bedürfnis hervorgetrieben wird. Da indes die Rückkehrenden selten ihre Schlafstelle so geräumig wiederfinden als sie dieselbe verlassen haben, so nehmen Lärm und Gezänke die ganze Nacht kein Ende, und noch unruhiger geht es begreiflicherweise bei den Weibern und Kleinen zu. Gewöhnlich muß daher zuletzt auch die Peitsche den Frieden vermitteln.

Aus Beweggründen, auf deren nähere Entwicklung sich hier nicht einzulassen ist, werden gewöhnlich sechs bis acht junge Negerinnen von hübscher Figur zur Aufwartung in der Kajüte ausgewählt und erhalten auch ihre Schlafstelle in der Nähe derselben sowie ihre Beköstigung von den übrigbleibenden Speisen an des Kapitäns Tisch, die zu dem Ende sämtlich durcheinander gerührt werden. Begünstigt vor ihren Schwestern, sammeln sie nicht nur allerhand kleine Geschenke an Kattunschürzen, Bändern, Korallen und kleinem Kram ein, womit sie sich wie die Affen ausputzen, sondern der Matrosenwitz gibt ihnen auch den Ehrennamen von »Hofdamen« sowie den einzelnen diese oder jene spaßhafte Benennung. Bei Tag aber mischen sie sich gern unter ihre Gefährtinnen auf dem Deck, wo es mit Verwunderung anzusehen ist, wie jede sofort einen bewundernden Kreis um sich her versammelt, in dessen Mitte sie stolziert und sich den Hof machen läßt.

Bekanntlich kommen all diese unglücklichen Geschöpfe beiderlei Geschlechts ganz splitternackt an Bord, und wenn sie gleich selbst wenig danach fragen, so hat doch der Anstand (wie sehr er auch sonst auf diesen Sklavenschiffen verletzt werden mag) ihre notdürftige Bedeckung geboten. Die Weiber und Mädchen empfangen daher einen baumwollenen Schurz um den Leib, der bis an die Knie reicht und die Männer einen leinwandenen Gurt, der eine Elle in der Länge und acht Zoll in der Breite hält, und den sie, nachdem er zwischen den Beinen durchgezogen worden, hinten und vorn an einer Schnur um den Leib befestigen.

Wenn sie nun gleich auf diese Weise im eigentlichsten Verstande nichts mit sich auf das Schiff bringen, so vergehen doch kaum einige Wochen oder Monate, und sie haben allesamt, besonders die weiblichen Personen, ein Paket von nicht geringem Umfang als Eigentum erworben, welches sie überall unterm Arm mit umherschleppen. Wie man sich indes leicht denken kann, besteht dieser ganze Reichtum in nichts als allerlei Lappalien, die sie zufällig auf dem Verdeck gefunden und aufgehoben haben, abgebrochenen Pfeifenstengeln, beschriebenen und bedruckten Papierschnitzeln, bunten Zeugflicken, Stückchen Besenreis und dergleichen Schnurrpfeifereien.

Aus dem Piratenbuch des A. O. Exquemelin von 1678

Johan (Henry) Morgan war ein Engländer aus Wales. Sein Vater war ein wohlhabender Bauer, er selbst aber hatte keine Lust zur Landwirtschaft und ging zur See. In einem Hafen verdingte er sich nach Barbados und wurde, dort angekommen, nach englischer Sitte in die Sklaverei verkauft. Als er seine Zeit abgedient hatte, kam er nach Jamaica, wo gerade einige Piratenschiffe zum Auslaufen bereitlagen. Er schloß sich den Räubern an und erwarb sich dank seiner Gelehrigkeit nach kurzer Zeit Geld, sowohl durch Würfelspiel als auch durch den Ertrag aus den Raubzügen. Davon kauften sie ein Schiff, dessen Kapitän er wurde. An der Küste von Campeche kaperte er einige Schiffe.

Dadurch wurde ein alter, auf Jamaica lebender Seeräuber, der »alte Mansveldt« genannt, auf ihn aufmerksam. Er nahm den jungen tapferen Mann in seine Flotte auf, mit der er die Festlandküste unsicher machen wollte, und ernannte ihn zu seinem Vizeadmiral. Die Räuberflotte bestand aus fünfzehn Schiffen, die mit etwa fünfhundert Walisern und Franzosen bemannt waren. Zuerst landete Mansveldt auf der Insel Santa Catalina, welche fünfunddreißig Meilen nördlich des Flusses Chagre liegt, zwölfeinhalb Grad nördlicher Breite. Die Räuber zwangen die spanische Garnison zur Übergabe, zerstörten die Festungsanlagen und ließen hundert Mann mit den Sklaven der Spanier dort zurück. Nachdem die Häuser angezündet worden waren, stach Mansveldt in See. Die Spanier brachte er nach Puerto Belo auf das Festland und setzte sie dort aus. Hierauf segelten sie entlang der Küste Costa Ricas und wollten nach der Plünderung der dort liegenden Dörfer gegen die Stadt Nata am Stillen Ozean fahren. Doch der Gouverneur von Panama stellte sich ihnen mit so starken Kräften entgegen, daß Mansveldt mit seinen Leuten weichen mußte. Er sah nun, daß die ganze Küste alarmiert war, und da er kaum etwas ausrichten konnte, zog er sich nach Santa Catalina zurück. Sein dortiger Statthalter, der Franzose Saint Simon, hatte die Insel inzwischen ausgezeichnet befestigt. Auf einer kleinen Nachbarinsel hatte er Pflanzungen anlegen lassen, so daß für Proviant gesorgt war, bis Nachschub aus Jamaica kam. Mansveldt hätte diesen trefflichen Stützpunkt gern gehalten, weil er auch dem Festland sehr nahe lag, und ersuchte den Gouverneur von Jamaica, ihm Hilfe zukommen zu lassen, falls etwa die Spanier vom Festland aus angreifen sollten. Aber der Gouverneur weigerte sich, weil er einerseits fürchtete, dadurch beim englischen König in Ungnade zu fallen, und anderseits seine Kräfte in Jamaica nicht dezimieren wollte. Mansveldt wollte sich daraufhin zum Gouverneur von Tortuga begeben, doch da ereilte ihn der Tod.

Inzwischen rüstete der neue spanische Gouverneur von Costa Rica, Don Juan Perez de Gusman, eine beträchtliche Streitmacht aus, um Santa Catalina zurückzuerobern, ehe die dort befindlichen Piraten Verstärkung erhielten. Als fähiger Soldat erkannte er sofort den Wert dieser Insel für die spanische Krone. Er schrieb zunächst an den Räuberhauptmann Saint Simon und versprach ihm eine Belohnung, wenn er die Insel zu den von den Spaniern gestellten Bedingungen übergebe. Da die Lage Saint Simons hoffnungslos geworden war, nahm er die Bedingungen an. Ein paar Tage nach der Übernahme durch die Spanier erschien vor Santa Catalina ein englisches Schiff, das vom Gouverneur von Jamaica in geheimer Mission gesandt worden war. Darauf befanden sich vierzehn Mann und einige Frauen. Die Spanier hißten die englische Flagge und zwangen Saint Simon, vom Strand aus das Schiff in den Hafen zu lotsen. Als das geschehen war, nahmen die Spanier alle Insassen gefangen. Sie feierten ihren Sieg mit einem großen Freudenfeuer. Hier folgt ein Bericht, der von einem spanischen Ingenieur stammt:

»Das Gebiet der Tierra firma war bereit und in der Lage, den Seeräubern von Jamaica das Handwerk zu legen. Vierzehn Schiffe verübten längs der Küste an den Untertanen Seiner Katholischen Majestät Plünderung und Räuberei. Am 14. Juni 1665 wurde in Panama gemeldet, die Engländer hätten in Puerto de Naos die Garnison von Santa Catalina an Land gesetzt, darunter den Gouverneur Don Esteban de Campo und zweihundert Mann. Der Feldmarschall Don Juan Perez de Gusman befahl, die Ausgesetzten nach Puerto Belo zu bringen, und ließ sich von ihnen Bericht erstatten. Darauf berief er einen Kriegsrat ein, in dem er auf die Erfolge der Seeräuber hinwies und die Möglichkeit andeutete, sie könnten sich zu Schimpf und Schaden der spanischen Nation noch ganz Westindiens bemächtigen. Man müsse also Streitkräfte aussenden, um ihnen zunächst Santa Catalina wieder abzunehmen. Einige sprachen sich dagegen aus, mit der Begründung, es sei nicht der Mühe wert, und die Räuber würden, da sie keinen Nachschub erhielten, von selbst bald wieder abziehen. Andere aber billigten dieses Vorhaben. Da Se. Exzellenz die Sache für wichtig genug erachtete, begab er sich selbst nach Puerto Belo, wo er am 7. Juli ankam. Er stellte dem Stadtkommandanten ein gutes Schiff mit zweihundertsiebenundzwanzig Mann zur Verfügung, unter ihnen auch siebenundvierzig der auf Santa Catalina Gefangenen, die mit Löwenmut in den Kampf zogen, um ihre Ehre wieder zu erlangen.

Das Schiff hatte Befehl, Kurs auf Cartagena zu nehmen, wo der dortige Gouverneur und die reichen Kaufleute weitere Unterstützung für den Angriff auf Santa Catalina gewähren sollten. Se. Exzellenz begab sich am 14. Juli selbst an Bord, um dem Auslaufen des Schiffs beizuwohnen. Er stärkte den Mut der Besatzung, indem er ihnen vorstellte, es sei ihre Pflicht, den heiligen katholischen Glauben zu verteidigen und die Vermessenheit zu bestrafen, mit welcher die Ketzer Gotteshäuser geschändet hätten. Solange er im Amt sei, werde er nicht dulden, daß das Land Sr. Majestät in fremde Hände fiele. Allen versprach er für den Fall eines Sieges hohe Belohnung.

Der Gouverneur von Cartagena, wo sie am 22. Juli anlangten, entsprach dem Verlangen und stellte eine Fregatte, eine Galeone und drei Barken mit zusammen hundertsechsundzwanzig Mann zur Verfügung. Am 2. August segelten sie ab.

Am 10. August gingen sie vor dem Hafen von Santa Catalina vor Anker und forderten die Engländer zur Übergabe auf. Diese erwiderten, die Insel habe früher der Krone Englands gehört, und sie würden lieber sterben als sich ergeben. Am 13. August kamen zwei Neger und meldeten dem spanischen Befehlshaber, auf der Insel befänden sich nur zweiundsiebzig Mann, die durch das Auftreten einer so starken Macht in große Furcht versetzt worden seien. Nach längerem Beschuß machte sich die Mannschaft am 15. August, dem Tag Mariä Himmelfahrt, bereit, an Land zu gehen, und errang den Sieg. Das Kastell wurde von drei Seiten her so mutig angegriffen, daß sechs Gegner

fielen. Darauf ergriffen die übrigen die Flucht und übergaben die ganze Insel. Der spanische Befehlshaber ließ im Namen Seiner Majestät die spanische Flagge hissen und richtete ein Dankgebet an unseren himmlischen Gebieter, der uns in seiner Gnade am Tag Mariä Himmelfahrt einen so großen und glänzenden Sieg verliehen hatte.
Die Engländer hatten sechs Tote, dazu einige Verwundete. Siebzig Mann gerieten in Gefangenschaft. Von den Unseren wurde einer getötet, vier wurden verletzt. Auf der Insel fanden sich 2800 Pfund Schießpulver, 250 Pfund Musketenkugeln, 800 Pfund Lunten und andere Munition.
Zwei Spanier, die es mit den englischen Piraten gehalten hatten und in den Heeresdienst gegen ihren König getreten waren, ließ der Gouverneur erschießen.
Am 10. September kam ein kleines englisches Schiff in Sicht. Der Gouverneur gab Monsieur Saint Simon die Weisung, das Schiff in den Hafen einlaufen zu lassen. Sechzehn Personen, darunter eine Frau mit ihrer Tochter, wurden den übrigen Gefangenen beigesellt. Die englischen Seeräuber wurden dann auf das Festland überführt, und Se. Exzellenz befahl, ihrer drei nach Panama zu bringen, während die anderen in Puerto Belo blieben, um Zwangsarbeit am Bau des Kastells San Jeronimo zu leisten. Den Plan dafür hat Se. Exzellenz selbst entworfen. Es ist mitten im Hafen auf einer künstlichen Aufschüttung errichtet, und Se. Exzellenz hat große Summen dafür aufgebracht.«
Ich habe diesen Bericht hier wiedergegeben, damit man sieht, was für ein Geschrei die Spanier um unbedeutende Dinge machen, und was sie unternahmen, um siebzig Mann aus dieser Gegend zu vertreiben, welche gerne von selbst abgezogen wären. Hätten die Räuber wirklich die feste Absicht gehabt, die Spanier wieder zu vertreiben, so wäre ihnen das auch gelungen.

Volldampf voraus!

An einem Augusttag des Jahres 1803 hatte Napoleon Bonaparte, damals Erster Konsul der Französischen Republik, einen seiner nicht ganz seltenen Zornesausbrüche: Am neunten des Monats hatte auf der Seine der Versuch mit einem neuartigen Seefahrzeug stattgefunden; ein Schiff, das große Rauchwolken ausstieß, bewegte sich mit der Geschwindigkeit eines schnellen Fußgängers stromaufwärts und hatte weder Segel ausgespannt, noch wurde es vom Ufer aus gezogen.

Es war ein schwarzer Tag für den französischen Marineminister, dem Bonaparte vorwarf, er habe ihn zu spät über eine Sache unterrichtet, die imstande sei, »das Gesicht der Welt zu verändern«. In spätestens einer Woche sei dem Ersten Konsul eingehend Bericht zu erstatten.

Der Mann, der ein Jahr, bevor Napoleon Kaiser wurde, im Herzen der französischen Regierung solchen Streit auslöste, war ein amerikanischer Porträtmaler, Mitte dreißig, aus Philadelphia gebürtig und irischer Abstammung. Er hieß Robert Fulton und war den französischen Behörden längst kein Unbekannter mehr, denn er hatte dem Marineministerium in einer Denkschrift nichts geringeres zugemutet, als ganz Frankreich von einem Netz schmaler Kanäle durchziehen zu lassen, um den Verkehr zwischen den Provinzen und Paris zu erleichtern. Auf diesen Kanälen wollte er nun offensichtlich mit einem Boot neuer Bauart spazierenfahren, das bei der ersten schrägen Welle eine Kesselexplosion haben mußte und vor allem für eine Nation im Krieg nichts anderes war als ein kostbares Spielzeug!

Vielleicht hat Fulton tatsächlich zu vielerlei versucht, von den Kanälen über die Unterseeboote mit Handantrieb zu Schiffsschleppwerken auf schiefen Ebenen und Eisenbahnen. Aber am 9. August 1807, vier Jahre genau nach den Versuchen auf der Seine, macht *Fultons Folly*, wie das Publikum sein erstes amerikanisches Dampfboot nennt, doch seine erfolgreiche Probefahrt und nimmt schon am 17. August die regelmäßige Passagierschiffahrt auf der 240 Kilometer langen Strecke zwischen New York und Albany auf.

Damit war der Ire, nachdem er aus Verzweiflung sein Unterseeboot sogar den Engländern angeboten hatte, glücklich wieder in der Heimat gelandet, ausgestattet mit 15 000 Pfund, die ihm, in ungewohnter Großzügigkeit, die britische Regierung belassen hatte, obwohl man sich nicht entschließen konnte, Unterseeboote zu bauen. Erstens, weil diese Art des Seekriegs *unfair* sei und *aigainst the laws of war*, und zweitens, weil Großbritannien dank Nelson und Trafalgar ja gar keinen Gegner zur See mehr habe...

New York hat damals 83 000 Einwohner; die *Clermont*, das erste Dampfboot, befördert 40 von ihnen nach Albany. Die Dampfschiffe von 1816 haben schon mehr als 500 Tonnen und sind annähernd fünfzig Meter lang, und im Juni 1815 gibt es das erste dampfgetriebene Kriegsschiff, *Fulton I*, genannt.

Wir brauchen hier nicht zu untersuchen, wieviele Vorgänger und Mitstreiter Fulton gehabt habe, und es ist auch nicht sehr wichtig, daß schon einige Jahre vor ihm auf amerikanischen Flüssen kurzfristiger Dampfbootverkehr bestand. Entscheidend für unseren Gesichtspunkt ist der Durchbruch in die Praxis, und der wurde eben von Robert Fulton mit einer Dampfmaschine von Watt, mit Ruderrädern von Miller und einem Getriebe erreicht, das sich auf Gedanken von Symington stützte. Die Kombination war so erfolgreich, daß auf Amerikas Flüssen, damals noch den einzigen Verkehrsadern dieses ungeheuren Landes, schon 1812, fünf Jahre nach Fultons erfolgreichen Versuchen bei New York, nicht weniger als fünfzig Dampfboote verkehrten.

So wie sich die Vereinigten Staaten mit besonderer Emphase und größtem Einsatz der neuen Idee der Eisenbahnen angenommen haben, so erkannten sie auch sehr schnell die Bedeutung des neuen Antriebs vor allem für die Binnenschiffahrt, die ohne Segel auskommen mußte. Auf hoher See blieb denn auch das Dampfschiff den nach jahrhundertealten Erfahrungen immer raffinierter gebauten Schonern und Klippern noch jahrzehntelang höchstens ebenbürtig, wenn nicht gar unterlegen. Auf Binnenwasserstraßen zeigte es jedoch auf Anhieb, wie sehr es auf diesen Gewässern ohne nennenswerten Wellengang und mit kleinem Manövrierraum dem Segel überlegen sei.

Der Start des Dampfschiffs in Europa zeigt bereits deutlich die Vielfalt der einander ergänzenden Erfindungen, ganz ähnlich wie beim Benzinmotor oder beim Kinematographen. Wood, Bell, Robertson, Buchanan und so weiter heißen die Erfinder, die einander in Einzelheiten übertreffen wollen, aber der nächste Markstein nach Fulton ist doch das Jahr 1818, in dem in den USA die *Savannah* vom Stapel läuft, das erste Übersee-Dampfschiff, das seine Maschinenkraft aber noch durch drei Masten und volle Takelung verstärkt. Die erste Ozeanüberquerung – erst teilweise unter Dampf – dauert von Savannah nach Liverpool 26 Tage. Drei Jahre zuvor hatte der kleine Dampfer *Elise* den Ärmelkanal bei Sturm in siebzehn Stunden bewältigt.

Schottland mit seinen tiefen und geschützten Buchten, Deutschland mit seinen verkehrsreichen Flüssen durch dichtbevölkertes Gebiet, und das große Rußland, das waren die nächsten Länder, die sich für das neue Verkehrsmittel interessierten. Um 1835, drei Jahre nach Goethes Tod, schwammen

Die Savannah, die 1818 in den USA vom Stapel lief, überquerte als erstes Übersee-Dampfschiff den Atlantik. In seiner Bauart war das Schiff ein Dampfsegler, der seine Maschinenkraft noch durch drei Masten und volle Takelung verstärkte.

allein unter britischer Flagge nicht weniger als fünfhundert Dampfer auf dem Wasser. Alle diese Schiffe waren noch langsamer als die schnellsten Segelschiffe, die vierzehn Tage an der Strecke fuhren, zu der die *Savannah* sechsundzwanzig gebraucht hatte. Aber für die Geschäftswelt begann sich ein neues Moment bemerkbar zu machen, das kaum weniger wichtig war als die Geschwindigkeit – die vorhersehbare Fahrtdauer, die Ankunft zu einer bestimmten Zeit.

Die auf dem Mississippi schon in den dreißiger Jahren des vergangenen Jahrhunderts zu Dutzenden verkehrenden Schiffe hielten dank der Dampfkraft einen Fahrplan ein und gaben diesem großen, erst wenige Jahre zuvor von Frankreich erworbenen Gebiet damit eine stabile Verkehrsverbindung mit dem Norden der Vereinigten Staaten. Bei Hochseeschiffen konnte der Dampf zumindest die Flauten überbrücken, wie sie vor allem in der äquatorialen Zone des Atlantik die Segelschiffe immer wieder wochenlang aufhielten, und damit sanken Frachtkosten, Mannschaftskosten, Risiken in beträchtlichem Maße.

Die Segelschiffahrt wehrte sich verzweifelt gegen das Vordringen der unge-

fügen Schiffe mit ihren Schaufelrädern auf die Ozeane. Der Rumpf der Schnellsegler wurde so lang und schmal, wie zu bauen man nie gewagt hatte, der Bug wurde messerscharf, die Segelfläche vergrößerte sich so ungeheuer, daß den alten Kapitänen der Atem wegblieb.
Wie das Dampfschiff selbst, war auch die schärfste Waffe gegen den Dampf eine amerikanische Erfindung, denn in den Werften der Vereinigten Staaten wurden die ersten Klipper gebaut. Sie sollten den begehrten indischen Tee in gutem Zustand und ohne Gefährdung des feinen Aromas über die Ozeane schaffen. Die Schmalbauweise gestattete einen größeren Tiefgang, als ihn Segler sonst hatten, ohne die Geschwindigkeit zu beeinträchtigen, und dieser Tiefgang wieder nützte der Stabilität und damit der Segelfläche.
Man kann Schiffe so und so bauen, und die ersten Europäer, die mit diesen amerikanischen Klippern zu tun bekamen, erklärten naserümpfend, wenn man eben alle anderen Grundsätze der Schiffbaukunst der einen Forderung nach Schnelligkeit unterordne, dann sei es nicht verwunderlich, daß tatsächlich schnelle Schiffe geschaffen würden. Ja wenn ... ! Es war, als ahnten die Amerikaner wie John Griffiths, der die *Rainbow* baute, oder Donald McKay, dem die *Flying Cloud* gehörte, daß den Segelschiffen keine lange Lebenszeit mehr gegönnt sei, und daß es folglich keinen Sinn habe, sie noch auf möglichst lange Lebensdauer hin zu entwerfen und auszustatten.
So segelte man um die Mitte des neunzehnten Jahrhunderts von New York um das Kap Hoorn nach San Francisco in neunzig Tagen – ein abenteuer-

Die älteste Schiffsschraube an einer Schleppvorrichtung. Erfindung von dem Franzosen Du Quet 1729.

licher Weg, der bald durch die Eisenbahnen verkürzt wurde, die den Kontinent durchquerten. Später segelte man durch den Panama-Kanal, der den mittelamerikanischen Landbogen durchschneidet.
Während die ersten Dampfer stampfend und prustend den bis dahin so reinen Seewind mit ihrem Kohlenrauch erfüllten und die großen Räder bei stürmischer See klappernd aus dem Takt kamen, lieferten die Klipper einander atemberaubende Duelle, wie man sie vorher nicht für möglich gehalten hätte. Die Luken und Deckabgänge waren bei diesen Schiffen abgedichtet, die Mannschaften, die auf andere Matrosen verächtlich herabblickten, an das äußerste Wagnis auf jeder Fahrt gewöhnt. Stürme, die anderen Schiffen den Garaus gemacht hätten, ließen die Klipper mit kaum gerefften Segeln, oft mit schwindelerregender Schlagseite, durch die Wellen schneiden, mochten noch soviel Sturzseen über Deck gehen. Die einzigartige Bauweise dieser Schiffe ließ sie kaum je kentern, sie richteten sich immer wieder auf und fuhren mit nassen Segeln weiter, ja diese galten sogar als ein Ruhmestitel!
Eines dieser Wunderwerke war die viermastige *Great Republic*, die mit 4500 Tonnen die Wasserverdrängung eines für damalige Zeiten ansehnlichen Dampfers hatte. Das in Boston gebaute, 95 Meter lange Schiff stand in dem Ruf, kaum je reffen zu müssen, selbst wenn andere Schiffe längst Zuflucht in den Häfen gesucht oder bis auf das Sturmsegel alle Leinwand geborgen hatten. Die Höchstgeschwindigkeiten dieser Klipper lagen bei zwanzig Seemeilen. Für die *James Baynes* wird aus dem Jahr 1856 die erstaunliche Marke von 21 Seemeilen angegeben, eine Geschwindigkeit, die bei weitem nicht alle Kriegsschiffe des Ersten Weltkriegs erreichten und die noch heute, abgesehen von den Bananenfrachtern, nur wenige Handelsfahrzeuge laufen. An einem Vierundzwanzigstundentag legte die *James Baynes* in der Regel 800 Kilometer zurück ...
Die Klipper-Kapitäne waren, verglichen mit den alten Rauschebärten der christlichen Seefahrt, ein völlig anderer Typ. Der Rekordwahn ihres jungen Staates, die Wetten und die Wettfahrten hatten eine Atmosphäre geschaffen, die sich von der geruhsam-tüchtigen Seefahrt anderer Länder und Zeiten sehr deutlich abhob. Es war auch nicht mehr die Korsaren-Waghalsigkeit, die das Schicksal der Klipper und ihren Einsatz bestimmte, sondern es war der Wunsch, das beste und das schnellste Geschäft zu machen. Dieser Wunsch beherrschte zwar nicht die Mannschaften, aber bestimmt die Kapitäne. Sie waren zum Teil so vernarrt in ihre Schiffe, daß sich echte Schrullen daraus entwickelten. Von Captain Waterman, der für die Howland Company fuhr, wird berichtet, er habe die Flaschenzüge durch Ketten festlegen lassen, damit niemand während seiner wachfreien Zeit reffen oder etwa auf den Gedanken kommen könnte, nachts langsamer zu segeln!

Der letzte diensttuende Klipper war der große Fünfmaster *France* mit dem Heimathafen Bordeaux, bei beinahe 130 Metern Länge nur 17,6 Meter breit und 1912 vom Stapel gelaufen. Wegen der kriegerischen Verwicklungen in Europa wurde das schöne, aber selbst gegen Hilfskreuzer chancenlose Schiff im Pazifik eingesetzt, wo noch heute mancher Schoner zwischen den Inseln verkehrt. 1922 scheiterte die *France* an der Küste der französischen Sträflingsinsel Neukaledonien. In der gleichen Weltgegend war es, daß die kaiserlich deutsche Kriegsmarine unversehens zu einem Schoner kam und diesen zum Kriegsschiff machte, was im Zusammenhang mit den letzten Segelschiffen hier kurz erzählt sei:
Die *Emden*, ein kleiner Kreuzer der deutschen Städteklasse, war im August 1914, bei Kriegsausbruch, im Hafen des deutschen Pachtgebietes Tsingtau gelegen und nahm, um dort nicht blockiert zu werden, den Kaperkrieg in ost- und südostasiatischen Gewässern auf. Zwar war der Admiralität klar, daß der Kreuzer sich nicht sehr lange würde halten können; aber da die Briten ohnedies Jagd auf alle deutschen Kriegsschiffe in fernen Meeren machten, mußten sich diese verstreuten Einheiten eben so teuer wie irgendmöglich verkaufen. Nach einer Reihe erfolgreicher Kaperungen und Versenkungen, die wegen der weiten Entfernung von der Heimat Aufsehen erregten, tauchte die *Emden* Ende Oktober 1914 in der stark befahrenen Malakkastraße auf und beschoß Penang. Damit alarmierte sie nun eine ganze Meute von Verfolgern, und als sie zehn Tage später die britische Kabelstation Port Refuge auf den Cocos-Inseln zerstörte, war ein australischer Kreuzer nahe genug, um auf die letzten SOS-Rufe aus Port Refuge mit Volldampf herbeizueilen.
Als die Rauchwolke auftauchte, war das Landungskommando noch mit der Zerstörung der Anlagen beschäftigt. Die *Emden* mußte unter Zurücklassung dieser Männer und ihrer Maschinengewehre vom Land ablaufen und den schweren Kampf gegen den an Geschwindigkeit und Geschützreichweite überlegenen Australier, die *Sidney*, aufnehmen. Die *Emden* hatte zwar das Glück, mit einer der ersten Salven den britischen Entfernungsschätzer zu töten (damals geschah das nämlich noch weitgehend nach Augenmaß), worauf das Feuer des Gegners einige Zeit lang ungeregelt wurde. Bald aber hatte sich die *Sidney* wieder eingeschossen und ließ der *Emden* wegen deren geringerer Reichweite keine Chance.
Um wenigstens einen Teil der Mannschaft zu retten, setzte der Kommandant der *Emden* sein Schiff auf ein Riff. Die auf Port Refuge zurückgebliebene Landungsmannschaft aber entdeckte im Hafen einen Schoner namens *Ayesha*, armierte ihn mit ihren Maschinengewehren und entging in dem Inselgewirr der Sundasee tatsächlich der *Sidney* und anderen Verfolgern. Am 27. November 1914 traf die *Ayesha* mit dem Rest der *Emden*-Besatzung in Padang auf der Insel Sumatra ein, stieg auf den Dampfer *Choising* des Nord-

deutschen Lloyd um und erreichte mit diesem einen Hafen Südarabiens. Über die mit Deutschland verbündete Türkei gelangten die Männer schließlich in die Heimat; die 181 Überlebenden des Kreuzergefechts waren von der *Sidney* aufgenommen worden und in Gefangenschaft geraten.

In der zu Ende gehenden Segelschiffszeit begann auch eine Umschichtung unter den seefahrenden Ländern. Seit die Schiffe nicht mehr nur mit Rümpfen und Takelungen zu versehen waren, sondern auch solide Maschinen und Kessel in den Bauch bekommen mußten, hatten die großen Industrienationen naturgemäß einen starken Vorteil gegenüber den kleinen Ländern, die sich eine eigene Schwerindustrie noch nicht hatten schaffen können.
So mancher stolze Segler war, dank alter Tradition und handwerklichem Können, aus Miniaturwerften hervorgegangen. Zu einem Dampfer hingegen gehörte sehr viel mehr. Aus dem tragischen Schicksal des Marinebeamten Josef Ressel, der 1827 die Schiffsschraube erfand, wissen wir, wie sehr es bei diesen Pionierkonstruktionen auf jedes Rohr ankam, war doch die ganze schöne Maschine nichts wert, wenn sie nur eine einzige schwache Stelle hatte.

Selbst in der Großmacht Österreich waren um 1830 die Werkstätten, die verläßlich arbeiteten und deren Rohre höheren Drücken widerstehen konnten, noch ausgesprochen selten. Das bedeutete ein erst nach Jahrzehnten langsam schwindendes Übergewicht für die Schwerindustrie Englands, Deutschlands und Frankreichs.
Mit Ernst und Fleiß hatten die deutschen Facharbeiter und Werkmeister, die Konstrukteure und Ingenieure den leichten Vorsprung der Briten im *know how* rund um die Dampfmaschinen bald aufgeholt, und dann, als die rheinischen Werkstätten sich auf die neuen Aufgaben eingestellt hatten, begann für die deutsche Seeschiffahrt nach einer Pause von annähernd dreihundert Jahren wieder eine goldene Phase.
Gewiß, die Deutschen hatten immer Handel getrieben, sie hatten immer Schiffe gebaut und ihre Häfen offengehalten. Aber die lang anhaltenden Religionskriege des sechzehnten und siebzehnten Jahrhunderts, der Spanische Erbfolgekrieg und die preußisch-österreichischen Auseinandersetzungen zu Zeiten des großen Friedrich hatten den ohnedies uneinigen deutschen Staaten und Städten jegliche Stoßkraft auf See und nach Übersee genommen. 1589 hatten die Briten vor Lissabon gleich sechzig(!) Hanseschiffe ungestraft aufgebracht, und auch die Schließung und Beschlagnahmung des Londoner Sitzes der Hanse, des Stalhofs an der Themse, rief keine nennenswerte Gegenwirkung hervor. Es war nur noch eine Formsache, die wenig änderte, als sich 1630 auf dem letzten Hansetag zu Lübeck die Hanse als Städtebund auflöste.

Die ertragreiche Basis der deutschen Schiffahrt, die Ostsee, in der die Hanse beinahe ein Monopol gehabt hatte, war verloren. Die baltischen Häfen kamen zunächst in schwedischen, später in russischen Besitz, den Handel mit Rußland übernahmen Holländer und Briten, die sich von den Erträgen in Danzig und Königsberg schöne Häuser bauten und sich im übrigen recht gut in diese Städte und deren Bürgertum einfügten.

An die Begründung einer Kriegsflotte aber dachte von allen deutschen Staaten nur das Herzogtum Kurland, das in Libau einen guten Ostseehafen besaß. Die anderen – zum Beispiel Preußen – begnügten sich mit einem Verfahren, das man heute Leasing nennen würde: Wurden irgendwo Kriegsschiffe gebraucht, so mietete man geeignete Handelsfahrzeuge und bewaffnete sie. Nach dem Ende der Feindseligkeiten gab man das, was von ihnen noch vorhanden war, dem Eigentümer zurück ...

Kurland also, das reizvolle Herzogtum im Norden, das durch Elisa von der Recke und ihren Musenhof zu Mitau europäische Berühmtheit erlangte, leistete sich eine Flotte, die es schließlich auf 44 Kriegsschiffe und fünfzehn Hilfsschiffe brachte. Und so schnöde die Engländer mit der Hanse verfuhren, so großzügig erwiesen sie sich gegenüber dem kleinen Kurland. Damit diese vielen Schiffe (es gab auch sechzig Handelsfahrzeuge) wüßten, wohin sie fahren sollten, schenkte Großbritannien dem Herzog von Kurland die schöne Antilleninsel Tobago mit Zuckerrohr- und Tabakplantagen. Aus eigener Kraft aber gründete Kurland an der Mündung des Flusses Gambia in Westafrika eine Handelsniederlassung und schützte sie durch ein kleines Fort.

Die erste einprägsame Gestalt der neueren deutschen Seegeschichte ist der aus Middelburg in Seeland stammende Niederländer Benjamin Raule, dem 1675 die Schulden so sehr über den Kopf gewachsen waren, daß er seine Hoffnung auf einen Fürsten setzte, von dem Geld zu bekommen besonders schwer war – auf den Großen Kurfürsten, Friedrich Wilhelm von Preußen (1640 bis 1688).

Als der Krieg zwischen Brandenburg und Schweden ausbrach, hatte der Große Kurfürst, der 1660 fast alle seine Kriegsschiffe aus Sparsamkeit abgerüstet hatte, so gut wie keine Flotte. Reeder Raule erbot sich nun, mit zehn Schiffen in der Ostsee, unter der Flagge Brandenburgs und mit Kaperbriefen des Großen Kurfürsten, Handelskrieg gegen Schweden zu führen.

Tatsächlich spielten zumindest fünf Schiffe Raules und einige samt Mannschaft von den Niederlanden gecharterte Kriegsschiffe eine gewisse Rolle in der nun anhebenden Auseinandersetzung mit der Ostsee-Vormacht Schweden. Wolgast und Wismar, die damals schwedisch waren, wurden erobert, bei Bornholm eine schwedische Fregatte gekapert und nahe der Insel Öland sogar eine Seeschlacht geschlagen, in der die Schweden den kürzeren zogen.

Am 16. August 1676 kam es zu dem denkwürdigen Ereignis einer Eroberung der deutschen Stadt Stade durch deutsche Seestreitkräfte, womit Schweden einen weiteren Stützpunkt verloren hatte und eine wichtige, an Ruhm und Handelstradition besonders reiche Elbestadt wieder deutsch wurde.
Angesichts solcher Erfolge hielt der Große Kurfürst Benjamin Raule die Treue. Der Niederländer rüstete nach und nach dreißig Schiffe für Brandenburg-Preußen aus, die schließlich, im Verein mit den Landtruppen, ganz Schwedisch-Pommern in die Hand des Großen Kurfürsten brachten. Als dieser jedoch 1688 die Augen schloß, konnten Hofintrigen gegen Raule an Boden gewinnen. Da half es nichts, daß die kleine, aber tüchtige Flotte in Westindien und im Mittelmeer, im Kanal und vor Afrika erfolgreich gekapert und mit Groß-Friedrichsburg sogar eine brandenburgische Kolonie auf afrikanischem Boden gegründet hatte – der Generaldirektor dieser Marine mußte 1688–1690 und 1698–1702 ins Gefängnis Spandau.
Als sich schließlich seine Unschuld herausstellte, war Raule, wie viele Opfer von Denunziationen, ein gebrochener Mann und hatte auf seinem Gut Wittenberge nur noch fünf Jahre zu leben ...
Mit Benjamin Raule war Preußens kurze Herrlichkeit zur See zu Ende, eine Episode nur, denn weder der sparsame Soldatenkönig noch sein großer Sohn Friedrich II. hatten das Herz, dem Staatssäckel so viel Geld zu entnehmen, wie nun einmal zur Begründung und Erhaltung einer Kriegsflotte nötig ist.
Friedrich der Große bewies in seinem Testament, daß er die Notwendigkeit der Flottenrüstung durchaus erkannt hatte – wie sollte dieser wahrhaft universell denkende Monarch auch einen so wichtigen Gesichtspunkt übersehen –, daß aber die Kräfte des Staates einfach nicht zu beidem reichten, zur Pflege der schlagkräftigen Armee *und* zur Flottenrüstung.
Die Quittung erhielt Preußen 1806: Als es nach den verlorenen Schlachten von Franzosen besetzt wurde und ab 1807 als Verbündeter Napoleons betrachtet werden mußte, begannen die Briten einen gnadenlosen Kaperkrieg vor den deutschen Häfen und nahmen dreihundert deutsche Handelsschiffe weg, womit sie Preußen gewiß mehr schädigten als Napoleon.
Nach dem Ende der Kontinentalsperre und des Kriegszustands zwischen Frankreich und England hatte Deutschland so gut wie keine Handelsschiffahrt mehr, während die britischen, holländischen, schwedischen und französischen Handelsflotten die gesamte Transport- und Überseefahrt an sich zogen. In diesen schweren Jahren, in denen über dem Siegestaumel die Neuordnung der Wirtschaft in den Hintergrund trat, kam es in den Hansestädten der deutschen Ostseeküste zu einer ganzen Serie von Konkursen und zu bitterer Not der deutschen Handelshäuser. Auch die angesehene Danziger Firma, in der das Geld der Witwe Schopenhauer und ihrer Kinder arbeitete,

geriet zu jener Zeit in Zahlungsschwierigkeiten und mußte einen Vergleich anbieten.
Entscheidend für den Wiederanstieg der deutschen Außenwirtschaft und damit auch der Seefahrt wurde die Gründung des Deutschen Zollvereins (1834), der allerdings schon eine bedeutende Liberalisierung der preußischen Zollpolitik im Jahre 1818 vorangegangen war. Die von Preußen auf Gegenseitigkeit abgeschlossenen Handelsverträge mit Brasilien, Großbritannien, den Vereinigten Staaten und den Ländern Skandinaviens kamen fortan auch den anderen im Zollverein zusammengeschlossenen deutschen Staaten zugute, denn der Umschlag in den deutschen Häfen hob sich merklich.
Ein weiterer Grund für den Aufschwung des deutschen Seehandels in der frühen Dampferzeit ist darin zu erblicken, daß die Vereinigten Staaten sich im Zuge des Eisenbahnbaus und der stürmisch nach Westen drängenden Pioniere mehr mit den unerschlossenen Gebieten des eigenen Kontinents als mit dem europäischen Handel beschäftigten. Die Zahl der amerikanischen Schiffe im Verkehr der wichtigsten deutschen Häfen Bremen, Hamburg und Lübeck sank zwischen 1820 und 1845 auf weniger als die Hälfte, während sich die Anzahl der ein- und auslaufenden Schiffe insgesamt in diesem Zeitraum mehr als verzehnfachte.
Die deutschen Reeder, die langsam wieder Mut schöpften und Risiken auf sich zu nehmen wagten, hatten in ihrem Aufstiegskampf zwei Verbündete.

Diese Abbildung zeigt eine Konstruktion zur praktischen Anwendung von Newcomens Dampfmaschine. Der Entwurf von J. Hulls aus dem Jahre 1736 sieht dazu ein Schaufelrad, vorne einen Kessel und mitschiffs eine atmosphärische Dampfmaschine vor. Zwei Räder sind auf die Schaufelradwelle montiert und über Seilzüge mit der Maschine verbunden. Durch ein Fallgewicht sollen die Räder nach jedem Hubvorgang des Maschinenkolbens zurückgedreht werden, so daß eine ständige Drehung des Schaufelrades bewirkt werden kann.

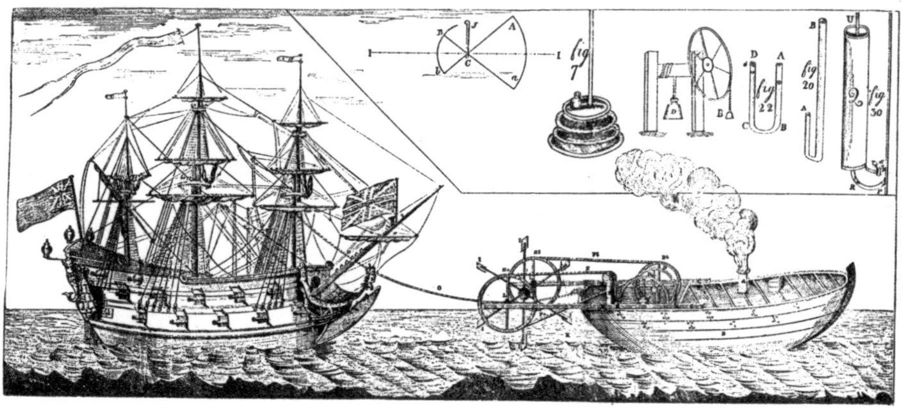

Der eine war die *Preußische Seehandlung*, ein vom Staat gestütztes Konsortium, das zwar nur neun Schiffe unter Flagge hatte, aber mit Fahrten nach Westindien, Südamerika und New Orleans sehr aktiv war. Es sammelte die Erfahrungen, die einem privaten Reeder zu viel gekostet hätten, und bahnte den Einzelfirmen, die in dieser Aufbauphase scharf kalkulieren mußten, den Weg zu den Märkten in fremden Kontinenten. Um ihren Dienst auch in unsicheren Gewässern wie der Karibischen See und dem Mittelmeer versehen zu können, waren die Schiffe der *Preußischen Seehandlung* bewaffnet, ein Grundsatz, der später, nach der Eroberung der nordafrikanischen Piratennester durch Frankreich, wieder abkam.
Der zweite Helfer beim Wiederaufbau des deutschen Seehandels war die Auswandererbewegung, die vor allem die erste Hälfte des neunzehnten Jahrhunderts kennzeichnete und nicht nur Deutschland, sondern auch Polen, Italien und in gewissem Maße auch Skandinavien erfaßt hatte. Am stärksten war, relativ gesehen, die Auswanderung aus Irland, das nach 1840 binnen kurzer Zeit beinahe ein Drittel seiner Bevölkerung an die Vereinigten Staaten verlor, die auf der kleinen Insel im Westen Englands weder politisch noch ernährungsmäßig unter zufriedenstellenden Verhältnissen gelebt hatte.
Die deutsche Auswanderung der großen Wellen von 1830 und 1850 war stark politisch akzentuiert. Niedergeschlagene Revolten in verschiedenen deutschen Städten, die Aussichtslosigkeit, an dem herrschenden System etwas zu ändern und unter ihm glücklich zu werden, trieb Menschen in die Fremde, die mit dem Abenteurertyp der Konquistadoren nichts mehr gemein hatten. Und in der zweiten Hälfte des neunzehnten Jahrhunderts folgten dann ganze Familien und Dorfschaften, vorwiegend aus ländlichen Gebieten oder aus jenem Kleinstadtelend, in dem es dem einzelnen einfach nicht gelang, hochzukommen und sich selbständig zu machen. Bis zu 200 000 Menschen und mehr gingen in starken Auswandererjahren in die Vereinigten Staaten und waren damit für Deutschland verloren. Aber auch noch zum Beginn der Gründerzeit, als die deutsche Wirtschaft schon in voller Entfaltung war, in den siebziger Jahren, lauteten die jährlichen Zahlen – um nur einige Jahre herauszugreifen:

1871	76224	davon in die USA	73816
1881	220902	davon in die USA	206189
1891	120089	davon in die USA	108611
1901	22073	davon in die USA	19912

Die Gesamtzahl deutscher Auswanderer zwischen 1820 und 1900 wird auf fünf Millionen geschätzt. Bedenkt man nun, daß ein Großteil der anderen mitteleuropäischen Auswanderer, vor allem jene aus den österreichischen und preußischen Anteilen am polnischen Gebiet, ebenfalls den Weg über die

großen Auswandererhäfen Bremen und Hamburg wählten, dann läßt sich leicht ermessen, daß die deutsche Seeschiffahrt aus diesen vielen Passagieren im Lauf der Zeit ein sicheres Einkommen bezog.
Gewiß, die Familien aus Galizien, die auf ihren Bündeln schliefen und sich selbst verpflegten, bezahlten nur eine kleine Passage, aber sie stellten auch keine Ansprüche. Es ist auch kein Zufall, daß seit der großen Auswanderungswelle des neunzehnten Jahrhunderts der Ausdruck Zwischendeck anrüchig geworden ist. Die Verhältnisse, unter denen Millionen von Menschen ihre Heimat verließen, waren meist dazu angetan, ihnen diesen Abschied wesentlich zu erleichtern.
Der zweite Teil des Auswanderergeschäfts begann, wenn die Schiffe sich in den amerikanischen Häfen geleert hatten. Dann nämlich konnte Rückfracht so preisgünstig an Bord genommen werden, daß amerikanische Reedereien preislich nicht mehr mithalten konnten.

Neben dem Auswanderergeschäft waren die Postsendungen der verschiedenen Länder die wichtigste, weil regelmäßige Einnahme der Schiffahrtsgesellschaften. Da es noch keine Luftpost gab, mußten alle Sendungen vom dünnsten Brief bis zum dicksten Paket zur See befördert werden, und die Postanstalten aller Länder waren auf die Pünktlichkeit der Schiffahrt ebenso angewiesen wie die Reeder auf die Verträge mit der Post.
Aussichten, solche Verträge zu erhalten, hatten naturgemäß nur jene Großunternehmen, die durch eine ganze Anzahl von seetüchtigen Schiffen garantieren konnten, daß die eine oder andere Havarie keinen nennenswerten Aufschub der Transporte zur Folge haben würde. Es mußte sich also um finanzkräftige Reedereien handeln, die mehrere Dampfer zugleich unterhalten konnten und über eine Anzahl von Stützpunkten verfügten.
Die erste dieser Gesellschaften, eine Reederei neuen Stils mit neuen Aufgaben und Möglichkeiten also, war wohl die Linie von Samuel Cunard (1787–1865), die nach Versuchsfahrten der Dampfer *Sirius* und *Great Western* im Jahr 1840 einen Generalvertrag mit der britischen Postverwaltung abschließen konnte. Gegen die Zusicherung einer mindestens einmal monatlich erfolgenden sogenannten Paketfahrt zwischen Boston, New York und Liverpool erhielt der später geadelte Cunard eine jährliche Subvention von 65 000 Pfund Sterling.
Der technische Apparat seiner Linie war noch relativ bescheiden und stützte sich auf vier in Glasgow gebaute Holzschiffe von je 1200 Tonnen, die von Dampfmaschinen zu 440 PS Leistung über den Ozean geschoben wurden.
Es ist nicht sehr verwunderlich, daß nach solch einem Traumvertrag auch andere Schiffahrtsgesellschaften mit der britischen Post ins Geschäft zu kommen versuchten oder doch mit anderen Postverwaltungen, die ja auch an

einer Beförderung ihrer Briefe und Pakete interessiert sein mußten. An Schiffen herrschte inzwischen kein Mangel mehr, denn etwa tausend Raddampfer stampften in den dreißiger Jahren des vergangenen Jahrhunderts durch die Wogen des Atlantik. Es erwies sich aber, daß für diese Art Schiffe doch noch ein beträchtlicher Unterschied darin bestand, ob sie nur zwischen Liverpool und New York oder etwa zwischen Bremen und New York hin und her fahren mußten, so daß es erst 1847 zur Einrichtung einer deutschen Paket-Schiffahrt mit regelmäßigen Kursen kam. Es war die Hamburg-Amerikanische Packetfahrt-AG, die unter dem Namen *Hapag* später zu einem Begriff deutscher Seegeltung geworden ist.
Die Hamburger, die jahrhundertelang die Konkurrenz von Stade zu bekämpfen hatten, erhielten in der Dampferzeit einen starken Rivalen in den Reedern der Stadt Bremen. Es war zwar nicht so, wie man gelegentlich noch heute lesen kann, daß die Hamburger zu stolz für das Auswanderergeschäft waren und die armen, mit ihren Siebensachen bepackten Ankömmlinge an den Stadttoren abwiesen und damit Bremen das Auswanderergeschäft zuschanzten. Aber ein gewisses Odium lag auf Bremen doch insofern, als es in erster Linie von den Groschen der Auswanderer lebte, während Hamburg eben schon seine *Hapag* hatte.
Als der Kaufmann Hermann Heinrich Meyer am 20. Februar 1857 den *Norddeutschen Lloyd* gründete und dem ersten fertigen Schiff der neuen Gesellschaft den Namen *Bremen* gab, war das eine Art Kampfansage, so klein diese erste *Bremen* mit ihren 2675 Bruttoregistertonnen auch noch war. Wenn sie tatsächlich, wie wir lesen, 570 Passagiere noch zusätzlich zur Besatzung aufnahm, so konnte dabei allerdings nur an jene Auswandererscharen gedacht gewesen sein, die sich widerspruchslos wie Sardinen in der Büchse schichten ließen (ein Kreuzfahrtenschiff, das heute 600 Passagiere an Bord nimmt, hat in der Regel die dreifache Tonnage).
Dafür durfte man auf jener ersten Bremen noch Segel bewundern, die das Schiff zur Ergänzung der Maschinenkraft führte, und die Reedereiflagge zeigte die Bremer Schlüssel, vereint mit einem Anker und natürlich den treudeutschen Eichenkranz.
Neben diesen beiden großen Gesellschaften hatte das erstarkende Deutschland aber schon eine ganze Anzahl von leistungsfähigen Einzelreedern aufzuweisen, Firmen, die wie zum Beispiel J. C. Godeffroy und Sohn in Hamburg 25 Schiffe anbieten konnten oder 22 wie D. H. Wätjen & Co. in Bremen. Denken wir an die Hansezeit zurück, wo sich die Reeder noch dadurch sicherten, daß sie lieber 24 Vierundzwanzigstel an sechs bis zwölf verschiedenen Schiffen erwarben, Zeiten, zu denen manche Familie durch Generationen von jeweils einem einzigen Schiff lebte, so erkennen wir deutlich den Wandel, der inzwischen eingetreten war. Inzwischen, das heißt ange-

sichts der schlechten Zeiten nach den Befreiungskriegen: in den ersten 25 Jahren des neuen Jahrhunderts!

Auch die Ostseehäfen kamen wieder ins Geschäft. C. H. Brockelmann in Rostock hatte mit 28 Schiffen sogar mehr Einheiten als J. C. Godeffroy & Sohn, doch verkehrten in der Ostsee meist kleinere und zum Teil nur für den Küsteneinsatz taugliche Dampfer. Das erklärt auch, wie es die Firma von J. N. Rodbertus in dem pommerschen Städtchen Barth auf die ansehnliche Zahl von 48 Schiffen brachte, die sie in der deutschen Seefahrts-Statistik auf den ersten Platz rückt: Noch 1901, als aus den 48 Schiffen deren 60 geworden waren, befanden sich erst vier Dampfer bei der stolzen Flotte. Der Rest bestand aus Segelschiffen, die sich im Ostsee-Einsatz relativ lange halten konnten.

Bald aber gab es selbst unter den Dampfern wichtige Neuerungen, denn das dekorative, aber doch nicht sonderlich hochseetaugliche Räderpaar wurde durch den neuen Schraubenantrieb abgelöst, den der Österreicher Ressel erfunden hatte. Die Schraubendampfer konnten ihre Rümpfe in weit höherem Maß als ein Raddampfer jener Form angleichen, die am besten durch das Wasser gleitet. Sie konnten mit geringeren Breiten ihr Auslangen finden und hatten durch den tiefer liegenden Schwerpunkt eine ungleich größere Stabilität. Vor allem aber lag die Schraube stets im Wasser, während bei hohem Seegang doch stets das eine Rad anders gelaufen war als das andere, was die Dampfmaschine einseitig belastet und hohem Verschleiß ausgesetzt hatte.

Josef Ressel hatte den etwas absurd klingenden Beruf eines k. k. Marine-Forstintendanten, in dem er ein *Jahresgehalt* von achthundert Gulden bezog. Dafür hatte er sich mit den Forsten des österreichischen Venetien zu beschäftigen, dem unersetzlichen Rohstoff-Reservoir für den Schiffbau. In den dreißig Jahren seiner Tätigkeit an der Adria kam Ressel über das Holz in enge Verbindung zum Schiffbau und ließ 1827 nach seinen Angaben bei einem Maschinenmeister namens Hermann in Triest die erste Schiffsschraube mit den dazugehörenden Übertragungsmechanismen herstellen.

1829 kam es zu der ersten Versuchsfahrt eines Dampferchens von 6 PS, die daran scheiterte, daß die in der Oststeiermark hergestellte Dampfmaschine wegen zu schwacher Druckleitungen ihren Geist aufgab.

»Alles verwechselte die Schraube mit der Dampfmaschine«, sagte Ressel später; Prozesse folgten wie stets, wenn etwas schiefgeht, und als 1840 der erste Schraubendampfer in den Hafen von Triest einlief, entsprach die Schraube zwar genau der Zeichnung Ressels, stammte aber nicht von ihm. Es war eben eine jener Erfindungen, die in der Luft lagen, hatte doch schon Fulton sein Unterseeboot mit einem Schraubenantrieb versehen. Der Amerikaner Stevens, der Franzose Sauvage, der Schwede Ericsson und der Engländer Smith hatten alle etwa gleichzeitig experimentiert, aber allesamt die bessere

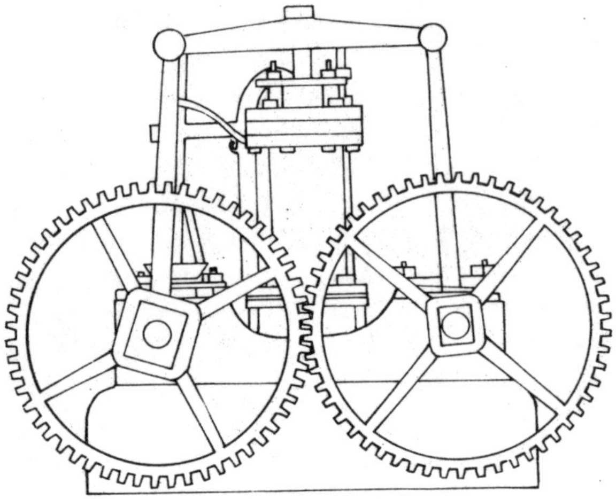

Die schematische Darstellung zeigt im Prinzip die Funktion und Bauweise des Zweischrauben-Dampfboots, das Stevens 1804 schuf.

Maschinenindustrie hinter sich, so daß Ressel als Typus des unglücklichen Erfinders auf der Strecke blieb.
Am 10. Oktober 1857 starb Ressel in Laibach. Zwei Tage nach seinem Tod richtete sein ältester, im Dienst der Marine stehender Sohn ein Gesuch an den flüchtig mit Ressel bekannten Erzherzog Max, um für seine Mutter eine Gnadenpension zu erlangen, da die Beamtenpension nur zwanzig Gulden monatlich betrage. Das Ergebnis war eine Arreststrafe von einem Monat wegen Umgehung des Amtsweges. Erst ein Jahr darauf geruhte Kaiser Franz Joseph I. der Witwe des Erfinders eine Pension in Höhe des Resselschen Aktivgehalts »in Anerkennung der außergewöhnlichen Verdienste des Verstorbenen allergnädigst zu verleihen«.
Ressel hatte es immerhin noch erlebt, daß der erste deutsche Schraubendampfer den Atlantik befuhr. Er hieß *Helene Sloman* und war das modernste der achtzehn Schiffe von Robert M. Sloman, Reeder in Hamburg ...
Mit Dampfkesseln und Schraube, mit Auswandererscharen und Paketverträgen waren nun alle Voraussetzungen für den weiteren Aufstieg der Dampfer-Reedereien gegeben. Auch Nationen, die bis dahin keinen sonderlichen Anteil an der Seefahrt genommen hatten, reihten sich nun in den Kreis jener ein, die am großen Überseegeschäft mitverdienen wollten. In der gleichen Stadt Triest, in der Josef Ressel mit seinen Versuchen scheiterte, hatte Karl Ludwig Bruck, ein junger Versicherungskaufmann, mit seiner Gründung des *Österreichischen Lloyd* geschäftlichen und persönlichen Erfolg. Was er anstellen mußte, um einen Vertrag mit der britischen Postverwaltung für die Beförderung der Indienpost zu erhalten, ist allein eine Abenteuergeschichte und könnte einen Schauerroman füllen, ging es doch darum, die Testpersonen, meist Offiziere, auf dem in Frage kommenden Weg von Indien

über die Landenge von Suez und durch die Straße von Gibraltar in Rekordzeit nach einem englischen Hafen zu bringen. Wieviele Fährnisse unterwegs lauerten, teils von der Konkurrenz, teils von der traditionellen Zeitverachtung der Orientalen aufgerichtet, das läßt sich heute kaum noch ermessen.
Als Bruck den Vertrag dann tatsächlich erhielt, weil er die Konkurrenzlinie um zwei Tage geschlagen und den englischen Test-Officer dennoch lebend nach London gebracht hatte, fehlte der österreichischen Schiffahrtsgesellschaft allerdings das Geld für die nötigen Investitionen zur Errichtung des regelmäßigen Postdienstes zwischen Indien und London, und man mußte mit Bedauern verzichten.
Im übrigen aber war die Entwicklung, wie sie um die Mitte des Jahrhunderts machtvoll einsetzte, schon durchaus nach den modernen Maximen größer, schneller, komfortabler ausgerichtet. Und wenn heute eine Schiffahrtslinie der Wirtschaftlichkeit mehr Gewicht beimißt als dem Komfort, so kann sie dies tun, weil es keine nennenswerte Auswanderung mehr gibt. Zwischen 1820 und 1900 aber *mußte* die große Zahl von Zwischendeckpassagieren schon als Gegentypus den Komfortpassagier hervorbringen, der sich auf abgesperrten Decks erging, der eine eigene Kabinenflucht zur Auswahl hatte und sich in Gesellschaftsräumen bewegte, die in jeder Hinsicht gegen Atmosphäre und Geruchsbelästigungen aus dem Zwischendeck abgedichtet war.
So entstand als Merkmal, als eines der Standardsymbole der Gründerzeit, der Schnelldampfer, eine bis heute noch nicht völlig überwundene Verirrung des Schiffbaus, die mit Raumverschwendung, überflüssigem Prunk, Hotelhallenluxus und hektischer Fröhlichkeit eine während der wenigen Überfahrtstage gleichsam ununterbrochen herrschende Feststimmung schaffen wollte und auch schuf. Wir blicken heute aus einer Zeit, in der die Passagierzahlen der Atlantikreedereien stark rückläufig sind und nur noch die Frachtdienste lohnen, auf eine Ära zurück, die uns unendlich fern zu sein scheint, obwohl sie eigentlich erst 1939 zu Ende ging. Bis dahin nämlich gab es keinen nennenswerten Transatlantik-Flugdienst für Passagiere, und bis zum Ausbruch des Zweiten Weltkriegs konzentrierte sich das emphatische Interesse jeder Seefahrtnation auf die stolzesten Schnelldampfer, ob diese nun *Queen Mary* oder *Bremen*, *Europa* oder *Normandie*, *Michelangelo* oder *Raffaelo* hießen.
Einer der Gegenstände dieser gerade noch friedlichen Wettkämpfe zwischen bald darauf die Waffen kreuzenden Nationen war das *Blaue Band*, die imaginäre Trophäe für die schnellste Überquerung des Nordatlantik zwischen Europa und New York im regelmäßigen Liniendienst. Die Aufzeichnungen über die Rivalitäten um diesen Preis reichen bis ins Jahr 1838 zurück, als die *Great Western*, ein Raddampfer, in fünfzehn Tagen über den Atlantik fuhr.
Das erste ganz in Deutschland gebaute Schiff, das sich diese Trophäe sichern

konnte, war die *Fürst Bismarck* des Norddeutschen Lloyd Bremen im Jahr 1891, doch stellte bereits 1893 der Cunard-Liner *Lucania* eine sensationelle und auch für heutige Verhältnisse respektable neue Rekordzeit von fünf Tagen, 12 Stunden und 47 Minuten auf. 1897 kam es dann zu der klassischen Rivalität zwischen Hamburg und Bremen, als die Hapag einen neuen Schnelldampfer mit dem Namen *Kaiser Wilhelm der Große* auf die Reise schickte, der Norddeutsche Lloyd jedoch seinen *Kaiser Friedrich*. Wilhelm siegte mit der neuen Rekordzeit von fünf Tagen und fünf Stunden.

Unter die Traumgrenze der fünf Tage kam erst 1909 die *Mauretania*, ein auch außerhalb der angelsächsischen Welt besonders bekannter, unzählige Male abgebildeter Schnelldampfer von 33739 BRT, der vier Tage, 21 Stunden und 44 Minuten brauchte, um die Strecke von Cherbourg bis Ambrose-Feuerschiff vor New York zurückzulegen, was einem Stundenmittel von 26,9 Knoten entspricht – eine erstaunliche Leistung, die zwanzig Jahre lang unübertroffen blieb.

Bei dem Versuch, die *Mauretania* auszustechen, lief bekanntlich der Cunard-Liner *Titanic*, alle Warnungen mißachtend und jede Kurskorrektur aus Zeitgründen vermeidend, am 15. April 1912 auf einen Eisberg und sank. Die 1513 Toten dieses so jäh im eisigen Wasser des Nordatlantik endenden Überfahrt-Festes leiteten eine kleine Revolution im Schnelldampferbetrieb ein, ja beinahe eine Periode der Ernüchterung, in der Sicherheitsbestimmungen, Ausbau des Rettungswesens und Festlegung der Routen nun ebenso wichtig wurden wie Schnelligkeit und Schönheit, Messing, Mahagoni und Plüsch.

Trotz der vielen Toten hatte die Katastrophe der *Titanic* der Welt aber auch vor Augen geführt, wie wichtig die drahtlose Telegraphie gerade für Hochseeschiffe sei, denn ohne diese wäre die Zahl der Opfer zweifellos noch höher gewesen. Die Schiffbauer des zwanzigsten Jahrhunderts mußten sich fortan bemühen, außer den schönsten Palmenkübeln und den herrlichsten Speisesälen auch eine ganze Anzahl nützlicher und notwendiger Dinge auf den großen Passagierschiffen unterzubringen, von der ausreichenden Zahl der Rettungsboote und den sicheren Davits angefangen bis zum Feuerschutz, den Signaleinrichtungen, den Schlingertanks und anderem mehr. Und als all dies geschehen und kalkuliert war, verschwand sogar das übel beleumundete Zwischendeck und machte der modernen Touristenklasse Platz.

Schiffe jenes neuen Typs mit einer mehr sachlichen Eleganz und ohne den Plüschaufwand der Belle Epoque waren die berühmten deutschen Turbinenriesen *Bremen* (1929 bei der Deutschen Schiffs- und Maschinenbau AG Bremen erbaut) und *Europa* (1928 bei Blohm & Voss Hamburg erbaut). Beide Schiffe errangen nacheinander das Blaue Band. Auf einer vom Wetter besonders begünstigten späteren Fahrt überquerte die *Bremen* den Nordatlantik in vier Tagen, 16 Stunden und 15 Minuten.

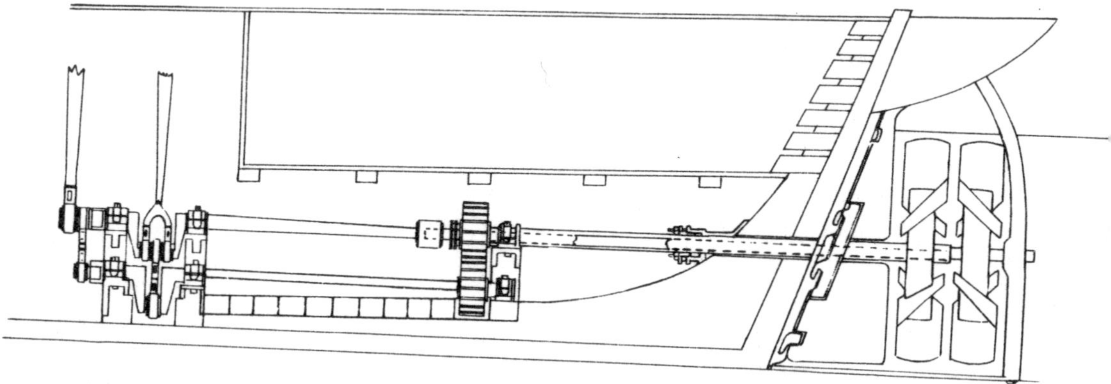

Doppelräder hinter dem Ruder sah die Propelleranordnung von R. F. Stockton vor.

Die letzte *Bremen* kam jedoch nicht mehr von deutschen Werften. Unter ihr verbarg sich der französische Luxusdampfer *Pasteur*, ein schwimmender Palast von 212 Meter Länge, für 30 Millionen DM nach Deutschland verkauft und für weitere 65 Millionen dann auf deutschen Werften umgebaut. Das prächtige Schiff ließ sich jedoch angesichts der ständig steigenden Kosten nicht einmal auf der Nordatlantikroute, die doch die höchste Frequenz hatte, ohne Verluste betreiben und wurde 1971, nach einer letzten kräftigen Erhöhung der Personalkosten im Seeverkehr, an ein griechisches Kreuzfahrtenunternehmen verkauft.
Diese Entwicklung, das zweifellos endgültige Ende der großen Passagierschiffe und damit der sogenannten Schnelldampferzeit, ist keineswegs auf Deutschland beschränkt, sondern weltweit. Sie hat auch die reichsten Reedereien nicht verschont, denn gerade die reichsten Reeder müssen sich hüten, rote Zahlen zu sammeln und Schiffe mit Verlust zu betreiben – sie haben nämlich zu viele davon.
So liegen denn heute die stolzen Ocean-Liner als schwimmende Hotels im schmutzigen Hafenwasser fest oder dienen dazu, einen anderen Engpaß zu beheben: da und dort werden sie neuerdings als schwimmende Universitäten verwendet...

Der deutlichste Beweis für die Übermacht der Elemente muß darin erblickt werden, daß auch heute, am Ende des zwanzigsten Jahrhunderts und nach einer eindrucksvollen technischen Entwicklung der Schiffahrt die typischen Katastrophen auf See zwar an Häufigkeit, nicht aber an Schrecken und Opfern verloren haben. Der Hundertsatz der Schiffe, die heute eine Ozeanüberquerung ohne Fährnis zurücklegen, ist zweifellos sehr viel grö-

ßer als im sechzehnten, siebzehnten oder achtzehnten Jahrhundert. Bricht auf einem Schiff aber Feuer aus, oder schmettert es der Sturm gegen die Klippen, so ist die Bedrängnis der Menschen an Bord so furchtbar und ihre Einsamkeit im Toben der Elemente so vollständig und schicksalhaft wie eh und je.

Die Katastrophe der »Titanic« revolutionierte die Sicherheitsvorschriften der Seefahrt und beschleunigte die Einführung der drahtlosen Telegraphie vor allem auf Hochseeschiffen. Wie nah das alles uns aber noch ist, geht schon daraus hervor, daß der Funkamateur, der als erster die SOS-Rufe der »Titanic« hörte, der in den USA lebende Österreicher Kleindienst, erst im April 1973 verstarb. Darum wohl finden auch die Berichte über die Katastrophe des Luxusschiffes, wie sie Snyder und Morris in ihrem lesenswerten Band »Da hielt die Welt den Atem an« aufnahmen, noch heute unsere volle Anteilnahme. Sie stammen der Reihe nach von August H. Weikman, dem Bordfriseur, von dem Gymnasiasten J. B. Thayer aus Philadelphia (der keinen Platz in einem Rettungsboot erhielt, weil man ihn schon den Männern zuzählte), weiter von dem Passagier Lady Rothes und schließlich von dem tatkräftigen Kapitän Rostron von der »Carpathia«.

Die 1500 Toten vom April 1912 sind trotz zweier Weltkriege unvergessen. Romane, Reportagen und Filme haben ihre letzten Stunden wieder und wieder vor unsere Augen geführt, und die letzten Fakten über das düstere Geschehen jener Unglücksnacht werden noch immer in der Presse, ja sogar von Gerichten diskutiert.

Auch Schiffsbrände haben nichts von ihren Schrecken verloren, macht das Feuer doch durch Rauch, Gasentwicklung und Hitze den Aufenthalt auf dem brennenden Objekt schon zu einem Zeitpunkt qualvoll, in dem Löschversuche durchaus noch möglich wären. Das gilt vor allem bei leicht brennbarer Ladung, wie sie Kapitän Zobel, dem wir diesen Bericht verdanken, von Asien nach Europa zu transportieren hatte. Heute, vierzig Jahre nach den geschilderten Ereignissen, sind es meist Tanker, die mit vielen Millionen Litern brennbarer Flüssigkeiten die Feuerwehren vor oft aussichtslose Situationen stellen.

Feuer im Schiff!

Emil Kirdorf befand sich auf der Heimreise von Wladiwostok–Yokohama–Shanghai–Hongkong zwischen Colombo und Suez. Das Schiff war voll beladen und voll besetzt mit etwa sechzig Passagieren. Da um diese Jahreszeit der Südwest-Monsun mit großer Stärke weht, pflegen alle Dampfer mit schwächeren Maschinen einen südlichen Kurs längs der Linie zu nehmen bis in die Nähe der afrikanischen Küste und dann nördlich zu steuern. Das Wetter war auch diesmal in diesen Breiten schön mit ruhiger See.

Als wir etwa sechs Tage von Colombo fort waren, meldete mir am 21. August, 22.00 Uhr, der wachhabende Offizier, daß Rauch aus einem Ventilator von Raum II komme. Der Raum war angefüllt mit Kopra, Koprakuchen, Hanf, Pfeffer. Im Unterraum lagen in zwei Lagen 150 große Fässer Kokosöl.

Die gesamte Mannschaft wurde sofort alarmiert, die Luke geöffnet und Ladung herausgerissen, um zu versuchen, an den Brandherd heranzukommen. Ein paar Wasserschläuche wurden hineingelegt, trotzdem nahmen Hitze und Rauch unheimlich schnell zu. Die Leute unten, unter Führung der vier Offiziere, trugen essiggetränkte Tücher vor dem Mund. Alle zehn Minuten wurden sie abgelöst, da ein längeres Verbleiben in Hitze und Qualm unmöglich war. Um drei Uhr früh (22. August) schlugen unten stellenweise helle Flammen hervor, aber trotz der verzweifelten Anstrengungen gelang es nicht, an den Brandherd heranzukommen. Um vier Uhr früh mußte wegen übermächtiger Hitze und Rauch das weitere Arbeiten unten aufgegeben werden.

Die Luke wurde gut verschalt, und dann ließen wir 360 kg Kohlensäure einströmen. Zugleich gab ich Order, Nr. II Unterraum bis 15 Fuß Höhe zu fluten, denn die dort lagernden 150 Faß Kokosöl bildeten die größte Gefahr. Ein Überspringen des Feuers auf diese leicht brennbare Ladung wäre katastrophal geworden und mußte auf alle Fälle verhütet werden.

Die unteren Passagierräume mußten wegen Rauch und Hitze geräumt werden. Die Passagiere wurden, so gut es ging, in Reservekammern und auf dem Promenadendeck untergebracht.

Angesichts des Ernstes der Situation ließ ich SOS-Signal geben, das nach kurzer Zeit von etwa sechs Dampfern beantwortet wurde, mit denen wir Position austauschten. Von ihnen war der englische Dampfer *Kemendine* uns am nächsten und versprach, am 22. mittags bei uns zu sein. Wir befanden uns etwa 1000 Seemeilen vom nächsten Hafen, Aden, entfernt. Es gelang uns in der Nacht nicht, ein Telegramm an eine Landstation zu bringen, um die Linie von unserer Lage zu unterrichten.

Um sieben Uhr früh hatten wir alle Kohlensäure einströmen lassen, dann Luken und Ventilatoren so fest wie möglich verschlossen. Wir konnten wohl eine Abnahme der Hitze feststellen, aber an ein Ersticken des Feuers war, wie sich gleich herausstellte, durch dies Quantum nicht zu denken. Wir ließen es bis gegen Mittag wirken. Beim Öffnen der Luke schlug uns aber dicker gelber Qualm entgegen, der jedes Arbeiten im Raum unmöglich machte. Der I. Offizier (jetzige Kapitän) Roloff stieg mit Rauchhelm hinunter, um die Schläuche möglichst in die Nähe des Feuerherdes zu legen. Zu sehen war in dem dichten Qualm nichts. Es wurden jetzt außer den drei Wasserschläuchen zwei Dampfschläuche hineingelegt und die Luke wieder fest verschlossen.

Durch das Fluten des Unterraums bekam das Schiff starke Schlagseite, weshalb ich die an Deck genommene Ladung über Bord werfen ließ, um die Stabilität des Schiffes nicht zu gefährden. Ich muß gestehen, daß der Anblick, welchen die geöffnete Luke bot, mich das Allerschlimmste befürchten ließ. Ich ließ deshalb sämtliche Rettungsboote nachsehen und mit Extraproviant und Wasser versehen. Unsere ganze Aufmerksamkeit richtete sich jetzt auf das hermetische Abdichten der vorderen Luken und sämtlicher Ventilatoren.

Gegen Mittag traf die *Kemendine* bei uns ein und versprach, in möglichster Nähe von uns zu bleiben. Ich habe allen Grund, Kapitän Wilson von der *Kemendine* dankbar zu sein für die ritterliche Bereitwilligkeit, mit der er zu uns kam und bis Aden bei uns blieb. Sein Erscheinen hat auf unsere Gäste einen sehr beruhigenden Eindruck gemacht. Seine Aufforderung, die Passagiere gleich überzuschiffen, lehnte ich aber dankend ab. Ich hätte damit die Aussichtslosigkeit unseres Kampfes zugegeben.

Mit aller Macht wurden nun Wasser und Dampf in den Raum hineingegeben. Die Hitze an den umliegenden Schotten und in den unteren Passagierräumen war enorm. Am 23. August setzte der Monsun mit orkanartiger Stärke ein. In der groben See arbeitete das Schiff schwer und nahm viel Wasser über Deck und Luken bis zur Brücke hinauf. Dies schwere Unwetter dauerte bis zum 24. morgens, als wir Cap Guardafui passierten, worauf sich das Wetter schnell besserte.

Trotz der gewaltigen Hitze, die am Vordeck herrschte, konnte man doch allmählich eine Abnahme des Brandgeruchs feststellen. Ich ließ deshalb am 25. den Dampf abstellen und einige Stunden später die Luke öffnen.

Von Rauch war nichts mehr zu sehen, so daß wir Ventilatoren und weitere Lukenteile öffneten, um die Hitze abströmen zu lassen. Nach einer gründlichen Überholung der Luke durch den I. Offizier, I. Ingenieur und mich mußten wir das Feuer als erstickt ansehen.

Wir fanden in der Mitte des Raumes zwei tiefe Löcher von 4 Meter Durchmesser und mehreren Metern Tiefe, angefüllt mit Kopraasche, mit der wir später in Port Said zwei große Leichter füllten und daran die Größe des Feuers, das auf eine Selbstentzündung der Kopraladung zurückzuführen ist, ermessen konnten.

Die *Kemendine* wurde mit herzlichem Dank (auch seitens der Passagiere) entlassen. Auf mein Danktelegramm erhielt ich von Kapitän Wilson folgende Antwort: »Vielen Dank für Ihre liebenswürdige Nachricht, wir haben ja nur getan, was jeder Seemann für den anderen tun würde. Wir wissen wohl,

welch unangenehme und anstrengende Zeit Sie gehabt haben müssen und gratulieren zu Ihrem Erfolg bei der Bekämpfung des Feuers.«
Nach unserem guten Erfolg sah ich davon ab, Aden als Nothafen anzulaufen. Selbstverständlich wurden die Räume weiterhin scharf überwacht.
Das Verhalten der Offiziere und der Mannschaft war musterhaft. Ihre Hingabe und ihr Pflichteifer in den kritischsten Augenblicken haben besonders bei den fremdländischen Passagieren Bewunderung und Anerkennung erregt. Die Stimmung unter den Passagieren, besonders bei dem weiblichen Teil, war in den ersten Tagen naturgemäß sehr gedrückt. Ausbrüche von Angst und Verzweiflung sind aber nicht vorgekommen. Das Kampieren auf dem Promenadendeck wurde mit gutem Humor ertragen.
Die weitere Heimreise verlief ohne Zwischenfall.
Als wir in Hamburg die 150 Fässer Kokosöl löschten, fanden wir die obere Lage teilweise oben so stark verkohlt, daß man mit dem Finger durch die starken Fässer hindurchstoßen konnte. Wäre das Fluten des Unterraumes eine Viertelstunde später begonnen worden, so wäre das Kokosöl sicher in Brand geraten und dann wohl nichts zu retten gewesen – aber dem Seemann hilft der liebe Gott, doch steuern muß er selbst.

Augenzeugenberichte über den Untergang der »Titanic«

I. Philadelphia Ledger, 20. April 1912

Als wir den Eisberg rammten, gab es eine kleine Erschütterung. Die Stewards gingen von Kabine zu Kabine, um die Passagiere an Deck zu rufen. Dies geschah kurz nach 22 Uhr. Wo sich die Passagiere meldeten, wurde ihnen gesagt, sie sollten die Schwimmwesten anlegen. Es wurde kein Alarm gegeben, und es entstand auch keine Verwirrung. Alles ging mit großer Ruhe und geräuschlos vor sich. Die Passagiere, die einmal an Deck waren, erhielten keine Erlaubnis, wieder nach unten zu gehen. Ein Teil der Besatzung begann, die Rettungsboote auszuschwenken und sie hinabzufieren. Es war eine schreckliche Menge an Tauen da, die sich verwirrten.
Eine Stunde nach der Kollision wurde der Chefsteward in festem Schlaf gefunden, so leicht war die Erschütterung gewesen. Mr. George Widener hätte sich leicht retten können. Ich sagte ihm, der 1. Offizier habe angekündigt, daß das Schiff in einer halben Stunde sinken würde.
Er sagte: »Oh, sie wird sich schon halten.« Die Frauen und Kinder wurden zuerst in die Rettungsboote gelassen. Dann wurde die Mannschaft auf die Boote verteilt, ein Mann auf fünfzig Frauen. Wenn keine Frauen in der Nähe waren, wurden die nächststehenden Männer in die Boote gesetzt, gleichgültig, ob es sich um Passagiere oder Besatzungsmitglieder handelte. Dadurch

kamen auch die drei Chinesen hinein, die später wieder hinausgeworfen wurden.
Der 1. Offizier, Murdock, erschoß einen Ausländer, der versuchte, ohne Erlaubnis über die Reling in ein Boot zu klettern... Soviel ich wahrnahm, ereigneten sich zwei Explosionen. Die erste war kleiner, scheint aber auf den Hauptkessel übergegriffen zu haben, denn kurz danach erfolgte eine große Explosion. Die Pumpen waren ununterbrochen in Betrieb und spien einen dicken Strahl aus.
Die Kapelle spielte weiter, ungefähr dreißig Menschen standen dort.
Ich wurde von einer großen Welle über Bord gespült. Als ich mich umblickte, konnte ich Kapitän Smith erkennen, der zur Brücke zurückschwamm. Er hatte dort gestanden, als ihn die gleiche Welle fortriß, die mich vom Schiff getragen hatte. Ich wurde bald danach in eines der Rettungsboote gezogen.
In meiner Nähe befand sich eines der Berthon-Rettungsflöße. Eine Menge Leute saßen darauf, bis zum Hals im Wasser. Um das Floß lief ein Tau, an dem sich viele Menschen festhielten.
Niemand wurde fortgestoßen, aber gegen fünfzig versanken, weil sie keine Kraft mehr hatten, sich festzuhalten. Ich habe nicht gewußt, daß man das Leben so leicht wegwerfen kann. Sie gaben ohne einen Klagelaut auf.

II. New York Sun, 21. April 1912

Vater und ich sagten Mutter am Treppenaufgang zum A-Deck Lebewohl... Vater und Mutter gingen voran, ich folgte ihnen. Auf dem Weg zum B-Deck herrschte ein großes Gedränge. Dort sah ich meinen Vater zum letztenmal. Es war eine halbe Stunde, bevor das Schiff sank.
An der Steuerbordseite kamen die Boote schnell zu Wasser. Einige Boote hatten schon vom Schiff abgelegt und entfernten sich. Wir hofften, in eines der Boote zu kommen, das letzte Boot an der Steuerbordseite vorn. Aber dort herrschte ein solches Gedränge, daß ich es für ratsamer hielt, gar nicht erst den Versuch zu machen...
Die Schlagseite nach Backbord hatte während der ganzen Zeit zugenommen. Die Leute begannen, vom Heck ins Wasser zu springen. Ich überlegte, ob ich auch springen sollte, aber ich hatte Angst, beim Aufschlag auf die Wasseroberfläche betäubt zu werden. Dreimal war ich fest entschlossen, den Sprung zu wagen und eines der Taue zu ergreifen, die von den Davits herabhingen, und dann zu einem der Boote zu schwimmen, die schon vom Schiff abgelegt hatten. Aber Long hielt mich jedesmal zurück und sagte mir, ich solle noch eine Weile warten. Er setzte sich dann nieder, und ich wartete mit ihm, was weiter geschehen würde. Selbst in diesem Augenblick glaubten wir noch, daß sich das Schiff vielleicht über Wasser halten würde.

Da fiel mein Blick auf einen Stern, der zwischen zwei Davits funkelte. An der Neigung der Davits sah ich, daß die *Titanic* allmählich sank. Kurz danach richtete sie sich etwas auf und sank schnell in einem Winkel von ungefähr 30 Grad. Als sie zu sinken begann, gingen wir an die Reling, in Höhe ungefähr des zweiten Schornsteins. Long sagte mir »Lebewohl« und kletterte über die Reling. Er verharrte dort ungefähr eine Minute und kam beim Sprung nicht ganz frei, sondern rutschte an der Schiffswand herunter. Ich sah ihn nie wieder. Ungefähr fünf Sekunden später sprang ich, mit den Füßen zuerst. Ich kam frei vom Schiff, tauchte unter und wurde durch einen mächtigen Stoß vom Schiff fortgestoßen, als ich wieder hoch kam. Ich tauchte erneut unter und wieder auf und sah das Schiff vor mir. Ein Schornstein schien sich gelöst zu haben. Er war 15 Yards von mir entfernt mit einer Wolke von Rauch und Funken ins Wasser gefallen.
Das Schiff schien von innen rot zu glühen, und es schien mir, als ob es vor dem dritten Schornstein mittendurch gebrochen war. Dann wurde ich durch einen Sog wieder unter Wasser gezogen. Als ich auftauchte, wurde ich von einer großen Welle fortgerissen und durcheinandergewirbelt. Um mich herum schwamm eine Menge kleiner Wrackstücke.

III. New York Globe, 22. April 1912

Kapitän Smith stand unmittelbar neben mir, als ich in das Rettungsboot kletterte, und seine letzten Worte an den einzigen Seemann in unserem Boot, Tom Jones, waren: »Rudere gerade auf die Lichter da drüben zu, gib die Passagiere ab und komme sobald wie möglich zurück.« Kapitän Smith war sehr ruhig und zeigte großen Mut und Besonnenheit. Ich nehme mit Sicherheit an, daß er der Meinung war, das Schiff dort drüben, dessen Lichter wir deutlich sahen, würde uns aufnehmen und das Rettungsboot könne dann zurückkehren und noch einmal Passagiere übersetzen.
In unserem Boot befanden sich zwei Stewards und 31 Frauen. Der Name des einen Stewards war Crawford. Unser Boot kam ohne Störungen zu Wasser, und als wir von der *Titanic* abgelegt hatten, fragte ich ihn, ob er mir nicht die Ruderpinne anvertrauen wolle, ich verstünde einiges von Booten. Er sagte: »Gewiß, meine Dame.« So kletterte ich nach achtern zum Ruder und bat meine Kusine, mir zu helfen.
Mein erster Gedanke nach Verlassen des Schiffes war, daß wir vor allen Dingen unsere Selbstbeherrschung nicht verlieren durften. Wir hatten keinen Offizier im Boot, der das Kommando führen konnte, und der kleine Seemann hatte die ganze Verantwortung zu tragen. Er tat das mit großer Anständigkeit, rief uns zwischendurch ermutigende Worte zu und ruderte in der übrigen Zeit verbissen.
Dann begann Signora de Satode Penasco nach ihrem Mann zu rufen und

herzzerreißend zu klagen. Es war zu schrecklich. Ich überließ die Ruderpinne meiner Kusine und setzte mich neben sie, um sie zu trösten, so gut ich konnte. Arme Frau! Ihr Stöhnen zerriß uns das Herz, und ihre Klagen waren so voll Schmerz, daß sie uns in die Seele schnitten.
Drei Stunden lang ruderten wir beständig auf die zwei weißen Lichter zu, die hell in der Dunkelheit blitzten. Einige Minuten sahen wir auch die Backbord-Positionslaterne. Aber dann verschwand sie, und auch die weißen Lichter wurden immer schwächer und tauchten schließlich am Horizont unter.
Als das Ende des Schiffes kam, versuchte ich alles, damit die Spanierin nicht die Todesschreie der Zurückgebliebenen hörte. Es schien endlos zu dauern, bis sie verstummten, obwohl es nicht mehr als zehn Minuten gewesen sein können, bis sich wieder eine unheimliche Stille über das Meer legte. Die furchtbare Einsamkeit, die Grauenhaftigkeit, die uns überwältigten, lassen sich in Worten nicht wiedergeben.
Wir versuchten, durch Rufe mit den anderen Booten Verbindung aufzunehmen und hatten schließlich auch Erfolg. Unser Boot befand sich am weitesten abseits, weil wir drei Stunden lang den Lichtern des Geisterschiffs gefolgt waren.

IV. The New York Daily Tribune, 20. April 1912

R. M. S. »Carpathia«, 19. April 1912
An den Generaldirektor der Cunard Dampfschiff Gesellschaft Liverpool
Sir, ich bitte melden zu dürfen, daß ich am 15. dieses Monats um 0.35 Uhr von einem SOS-Ruf der *Titanic* unter Angabe ihrer Position unterrichtet wurde. Ich ließ das Schiff unverzüglich wenden und nahm Kurs auf die angegebene Position. Wir befanden uns 58 Meilen von ihr entfernt. Ich rief die Offiziere und Vorgesetzten aller Abteilungen zu mir und erteilte die Befehle, die mir zur Vorbereitung auf unvorhergesehene Ereignisse nötig erschienen.
Um 2.40 Uhr sichteten wir ein flackerndes Licht, von dem wir selbstverständlich annahmen, daß es sich um das Schiff handle. Kurz danach sichteten wir unseren ersten Eisberg. (Da ich wußte, daß die *Titanic* mit einem Eisberg kollidiert hatte, hatte ich vorsichtshalber einen Ausguck ausgestellt und somit jede Vorsorge und Vorsichtsmaßregel getroffen.)
Wir befanden uns bald in einem Feld von großen und kleinen Eisbergen und mußten mehrmals unseren Kurs wechseln, um von den Bergen klar zu kommen. Das Wetter war klar und ruhig, nur leichte Brisen und geringe Dünung. Die Nacht war wundervoll klar, obwohl es sehr dunkel war.
Wir stoppten um 4 Uhr und taten das gleiche in den nächsten dreieinhalb Stunden in regelmäßigen, kurzen Abständen. Das erste Boot nahmen wir um 4.10 Uhr auf. Es stand unter dem Kommando eines Offiziers. Er berichtete mir, daß die *Titanic* gesunken sei.

Um 8.30 Uhr lasen wir das letzte Boot auf. Alle Überlebenden wurden an Bord gebracht, und über alle Boote wurde Rechenschaft abgelegt. Wir hatten 15 Rettungsboote längsseits, ein Rettungsboot trafen wir leer. Außerdem lagen zwei Berthon-Flöße längsseits. (Eines sah ich kieloben unter den Wrackteilen treiben.) Der 2. Offizier (der 1. Offizier war mit Rettungsarbeiten beschäftigt) sagte mir, daß es sich vertörnt habe. Das macht zusammen 16 Rettungsboote und 3 Berthon-Flöße.

Als wir das erste Boot übernommen hatten, begann der Tag zu dämmern. So konnten wir alle anderen Boote in einem Umkreis von vier Meilen ausmachen. Wir sahen außerdem, daß wir von großen und kleinen Eisbergen umringt waren.

Um 8 Uhr kam S. S. *California* aus Leyland in Sicht. Ich teilte ihr die Geschehnisse in großen Zügen mit und bat sie, an meiner Stelle weiterzusuchen, während ich inzwischen Kurs auf New York nehmen wollte.

Nachdem wir alle Überlebenden an Bord genommen hatten, und während wir immer noch auf der Suche waren, bat ich einen Geistlichen, im Salon ein kurzes Dankgebet für die Geretteten zu sprechen und eine Andacht für die Ertrunkenen zu halten ...

Die geretteten Passagiere waren zum überwiegenden Teil Frauen und Kinder. Sie waren sehr verstört und hysterisch, und da wir nicht wußten, welche ärztliche Behandlung sie brauchten, hielt ich es für das beste, Kurs auf New York zu nehmen ...

Die meisten Frauen aus der ersten, zweiten und dritten Klasse verloren ihre Männer, und wenn man alles zusammennimmt, waren sie beinahe wie durch ein Wunder davongekommen.

Unsere Passagiere der ersten Klasse halfen großzügig, stellten ihre Kabinen freiwillig zur Verfügung und spendeten Kleider und andere Dinge für die Schiffbrüchigen. Unsere Besatzung räumte ebenfalls ihre Quartiere für die geretteten Besatzungsmitglieder der *Titanic*. Ich darf Ihnen versichern, daß ich stolz bin, eine solche Besatzung unter meinem Kommando zu haben.

Kapitän A. H. Rostron

Weltmeere und Weltkriege

Im Frühjahr 1905 kam es zu einem der absurdesten Seegefechte, die je stattgefunden haben, und zwar in durchaus bekannten und stark befahrenen Gewässern. Eine Schar friedlich kreuzender englischer Fischerboote mußte plötzlich sehen, wie zwischen den Kuttern hohe Fontänen aus den Wellen spritzten. Der Donner schwerer Salven rollte über die See, Mündungsfeuer blitzte rundherum.

Es gab Tote und Verwundete unter den britischen Fischern, und erst am nächsten Tag wurde klar, was sich eigentlich zugetragen hatte. Die baltische Flotte des Zaren war unter ihrem Admiral Rostsheswenski ausgelaufen, um der russischen Festung Port Arthur Hilfe zu bringen, die in schwerem Abwehrkampf gegen die Japaner stand. In der Nordsee hatten die Russen bei schlechter Sicht dunkle, niedrige Schatten ausgemacht und – für japanische Torpedoboote gehalten!

Ohne den Gegner zu identifizieren, hatte die aus zwölf großen und zahlreichen kleineren Einheiten bestehende Flotte das Feuer eröffnet, wobei die Russen nicht nur Fischerboote trafen, sondern bei schlechter Sicht und mangelhafter Gefechtsleitung auch aufeinander feuerten. Da man damals diese Dinge noch sehr ernst nahm, wäre um ein Haar im Rücken des Russisch-Japanischen Krieges noch ein russisch-britischer Konflikt ausgebrochen. Aber der Zar schickte den Hinterbliebenen der getöteten Fischer so hohe Entschädigungssummen, daß die armen Familien vom Tod des Ernährers wesentlich mehr zumindest an materiellen Vorteilen hatten als von seiner ganzen Lebensarbeit, und so wurde die Angelegenheit schließlich beigelegt.

Admiral Rostsheswenski freilich mußte weiterfahren, so schlecht dieses Vorzeichen auch war und so sehr sich die Weltpresse auch über einen alten Admiral lustig machte, der ausgerechnet in der Nordsee, 30000 Kilometer Seeweg von den japanischen Inseln entfernt, eine Schar japanischer Torpedoboote entdeckt zu haben glaubte, deren Aktionsradius sehr begrenzt ist.

Ein kleiner Teil der russischen Flotte konnte den Suezkanal benützen, die Hauptmacht jedoch wurde, um das Risiko zu verringern und um die Engländer nicht durch eine starke Konzentration russischer Schiffe im Mittelmeer zu alarmieren, um Afrika herum nach Ostasien geführt.

Die Flotte, die nur fünf moderne und schnelle Einheiten aufwies, mußte sich im Marschtempo nach ihren langsamsten Schiffen richten und zudem große Kohlenvorräte mit sich führen, da aus Angst vor der schlagkräftigen japanischen Flotte viele Kohlenstationen neutraler Länder die Zarenflotte nicht zu versorgen wagten. Daß die Fahrt um die halbe Welt dennoch ohne Ausfälle und in guter Ordnung vonstatten ging, darf als besondere seemännische Leistung gewertet werden und zeigt zudem die Überlegenheit der Dampfkraft vor allem im Kriegsschiffeinsatz. Mit dieser windunabhängigen und den Strömungen weit überlegenen Kraftquelle hatten die Flotten jene Möglichkeiten zurückgewonnen, die sie sich früher durch den Rudereinsatz oder durch gemischte Antriebsarten (Ruder und Segel) zu verschaffen suchen mußten. Erst durch das Dampfschiff war für den Seekrieg die Galeere vollkommen entbehrlich geworden. Vierzig Segelschiffe hätten diese Fahrt über 30000 Kilometer durch Zonen ganz verschiedener Wetter- und Windcharakteristik kaum in einem geschlossenen Verband und ohne Verluste zurücklegen können.

Auf Madagaskar angelangt, erfuhr der Admiral, daß Port Arthur, die Hafenfestung, der er Entlastung bringen sollte, in die Hände der Japaner gefallen sei, die mit Todesmut so lange gestürmt hatten, bis die russichen Besatzungen einfach überrannt waren. In einem Telegramm an den Zaren bat Rostsheswenski um die Erlaubnis, die Operation abbrechen und in die baltischen Ausgangshäfen zurückkehren zu dürfen, aber Zar Nikolaus lehnte ab. Der Krieg sei noch nicht beendet, die Flotte habe ihre Fahrt fortzusetzen und Japan anzugreifen ...

Querschnitt durch eine der ersten Unterseeboot-Konstruktionen.

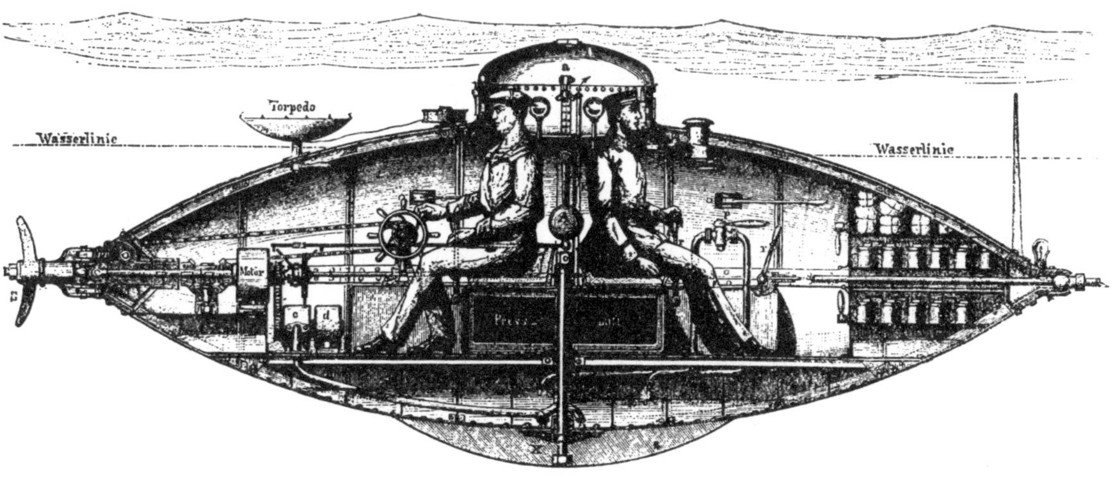

Dort, wo die japanischen Inseln sich in einem Bogen gegenüber der chinesischen Küste hinziehen, entsteht eine lange, an ihrem Anfang sehr schmale Meeresstraße, in der die russische Flotte stets von Feindesland flankiert war. Da zudem die Japaner wußten, wo die Russen hin wollten – sie konnten praktisch nur noch in Wladiwostok auf Sicherheit und Versorgung hoffen – war es für den japanischen Admiral Togo ein Kinderspiel, die Russen ins Messer laufen zu lassen. Nur die endlose Fahrt durch den offenen Pazifik rund um Japan herum hätte eine kleine Chance geboten, der japanischen Flotte zu entgehen. In diesem Fall aber wären die Russenschiffe mit leeren Kohlenbunkern kurz vor dem Ziel auf die Japaner getroffen, die sich dann eben vor Wladiwostok zusammengezogen hätten.
Rostsheswenski wählte also den Kampf zu einem früheren Zeitpunkt und lief am 27. Mai 1905 in die östlich der Tsushima-Inseln vorbeiführende Meeresstraße ein. Er hatte zwölf Panzerkreuzer und zwanzig andere Kriegsschiffe zur Verfügung, zu denen sich noch ein Troß von Hilfs- und Transportschiffen gesellte, die keinen Gefechtswert hatten.
Als Togo gemeldet wurde, daß die Russen in die Falle gegangen seien, ließ er seine ohnedies an dieser Engstelle wartende Flotte westlich der Tsushima-Inseln nach Norden dampfen und dann auf Ostkurs schwenken: So mußten sie den Russen den Weg hinaus ins Japanische Meer verlegen. Am frühen Nachmittag des 27. Mai kamen die von Süden heranlaufenden Kreuzer der russischen Vorhut in Sicht, und die Japaner eröffneten das Feuer.
Wie meist in solchen Begegnungsgefechten, konzentrierte sich die Wirkung der japanischen Artillerie zunächst auf das Flaggschiff *Suworow*, das bald schwere Treffer erhielt. Admiral Rostsheswenski wurde verwundet und war außerstande, die Schlacht weiter zu leiten. Da es aber versäumt worden war, für diesen Fall eine automatische Befehlsübergabe vorzusehen, währte es bis 17.30 Uhr, ehe der russische Admiral Nebogatow angesichts dieser Sachlage die Führung übernahm.
Zu diesem Zeitpunkt war die Schlacht verloren, und es bestand nur noch die Chance, einzelne Schiffe und vor allem Menschenleben zu retten. Um 19.20 Uhr begannen die achtzig japanischen Torpedoboote mit ihren Angriffen gegen zurückgebliebene oder nur noch beschränkt kampffähige russische Schiffe, um ihnen mit den großen Sprengsätzen der Torpedos den Todesstoß zu geben. Drei schnellen russischen Kreuzern, der *Schemtschug*, der *Aurora* und der *Oleg* gelang es bei Nebel und einbrechender Nacht, sich den mörderischen Torpedoangriffen zu entziehen und auf der Flucht in den Süden die neutralen Philippinen zu erreichen.
Der Kreuzer *Isumrud* brach zur sibirischen Küste durch, lief dort aber wegen der in der Schlacht erlittenen Beschädigungen, die eine sichere Navigation erschwerten, auf Grund. Einzig der kleine Kreuzer *Alma* und zwei durch

ihre Schnelligkeit begünstigte russische Torpedoboote erreichten das Ziel, den russischen Pazifikhafen Wladiwostok. Als am 28. Mai die Sonne aufging und die Nebel vertrieb, sah sich Admiral Nebogatow von der japanischen Übermacht umstellt, eine Situation, angesichts deren die russischen Matrosen sich weigerten, weitere Befehle auszuführen. Nebogatow kapitulierte in aussichtsloser Lage und rettete Tausenden seiner Matrosen zumindest das Leben.

Dieser letzte und durchaus vernünftige Akt der Flottenführung und der Besatzungen wurde später stark diskutiert und im Zarenreich selbst Gegenstand von kriegsgerichtlichen Ermittlungen und Verhandlungen. Die Flotte hatte jedoch auf der langen Reise und vor allem am ersten Tag der Seeschlacht hohe Einsatzbereitschaft bewiesen. Der russische Kreuzer *Dimitri Donskoj* zum Beispiel hatte, trotz seiner veralteten und unterlegenen Ausrüstung, den zehn modernen japanischen Schiffen, die ihn umzingelten, hartnäckig Widerstand geleistet, zwei von ihnen kampfunfähig geschossen und sich bis zum Untergang heldenhaft gewehrt.

Diese erste große Seeschlacht des zwanzigsten Jahrhunderts wurde von allen Marineministerien, Admiralitäten und Werften mit größter Aufmerksamkeit ausgewertet. Zwar gab es schon seit einem halben Jahrhundert Panzerschiffe; sie waren aufgekommen, als im Krimkrieg die schwere russische Festungsartillerie den versammelten britisch-französischen Flottenverbänden schwerste Verluste zufügte, so daß man in aller Eile Panzerplatten über die Holzwände der Schiffe schrauben mußte.

1866 hatte dann eine kleine Flotte ähnlich behelfsmäßig (zum Teil mit Ketten und dergleichen) gepanzerter österreichischer Kriegsschiffe bei der Adria-Insel Lissa eine weit überlegene italienische Flottenmacht so gründlich geschlagen, daß die italienische Regierung eine ganze Anzahl von Offizieren wegen Feigheit vor Kriegsgerichte stellen mußte und der Sieger, der österreichische Vizeadmiral Tegetthoff, für ganz Europa zu einem Begriff wurde.

Aber bei Tsushima hatte man den Eindruck gewinnen müssen, daß die moderne Begegnung zwischen großen Flotten dem persönlichen Elan und dem Mut einzelner Schiffsführer nicht mehr sehr viel Spielraum lasse und daß es vielmehr auf die Tragweite der Geschütze und die Geschwindigkeit der Schiffe ankomme. Rein zahlenmäßig hatte nämlich zumindest zwischen den großen Einheiten der Japaner und der Russen Gleichgewicht bestanden, und dennoch waren die Russen hoffnungslos dadurch im Nachteil, daß die Japaner die modernere Bewaffnung und die besseren Schiffsmaschinen ins Gefecht brachten. Man kann sich vorstellen, wie sich solche Erkenntnisse auf die Budgets der verschiedenen Seenationen auswirkten, denn Kriegsschiffsbauten gehören nun einmal zum teuersten, was es auf der ganzen Rüstungspalette gibt.

Tsushima hatte aber auch mit den fiktiven Beständen furchtbar aufgeräumt, mit jenen alten Linienschiffen, die sich ihrer großen Zahl wegen in den Flottenstatistiken so gut ausnahmen, deren Gefechtswert aber angesichts der geringen Geschwindigkeit nur noch sehr niedrig anzusetzen war. Sie mußten zu Übungsschiffen für die Ausbildung degradiert oder abgewrackt werden, wenn man sie nicht als schwimmende Batterie in irgendeinen Kolonialhafen schickte, wo sie vielleicht noch ein paar ahnungslose Negerhäuptlinge zu beeindrucken vermochten.

Das 1871 begründete und somit recht junge deutsche Kaiserreich sah sich demnach großen und kostspieligen Aufgaben gegenüber. 1871 noch, im Reichsgründungsjahr also, lief das erste Torpedoboot von Stapel. Im Frühjahr 1876 kreierte die Reichsmarine einen neuen Schiffstyp, der inzwischen wieder von der Bildfläche verschwunden ist: Gegen die Seeräuber der chinesischen Gewässer, die den deutschen Ostasienhandel gefährdeten, wurde das Kanonenboot *Otter* mit besonderen technischen Merkmalen und einer Spezialausrüstung in Auftrag gegeben und als *Piratenjäger* bezeichnet.

Im allgemeinen waren die meist aus kleinen Korvetten und sogenannten Avisos bestehenden deutschen Seestreitkräfte in den ersten zehn Jahren des Reiches vor allem damit beschäftigt, Demonstrationen zu fahren. Sie schützten deutsches Eigentum bei Revolutionen wie zum Beispiel in Spanien, sie erzwangen die Bezahlung von Schulden an deutsche Kaufleute und schlossen die ersten Schutzverträge und Handelsabmachungen mit den Völkern Polynesiens ab. Sehr beliebt waren auch Kriegsschiffs-Weltreisen. Damit zeigte man anderen Ländern, wie stark man sei und redete dem eigenen Volk ein, daß die kostspieligen Kriegsschiffe auch in Friedenszeiten zu etwas gut seien, zur Meeresforschung, zur Küstenvermessung und zur Ausbildung.

Man muß den Deutschen zugute halten, daß sie dabei relativ sparsam zu Werke gingen. Während nämlich die Russen ganze Flottenverbände mit großen Schiffen auf Weltreisen schickten, waren die deutschen Weltreise-Schiffe meist kleine, schnelle Einheiten, Korvetten, Kanonenboote und später leichte Kreuzer. Die berühmteste Weltreise machten freilich zwei recht ansehnliche Fregatten, nämlich die russische Fregatte *Pallas*, so benannt nach dem Reisenden und Naturforscher Peter Simon Pallas aus Berlin, der zum führenden Topographen des Zarenreichs aufgestiegen und Mitglied des Admiralitätskollegiums von Petersburg geworden war, und die österreichische Fregatte *Novara*, die unter dem Kommando des späteren Vizeadmirals und Handelsministers Bernhard von Wüllerstorf von Triest aus als letztes Segelschiff um die Erde fuhr. Die *Novara*-Expedition der Jahre 1858/59 gilt als die wissenschaftlich ertragreichste Reise eines Einzelschiffes und brachte über die Spezialuntersuchungen auf den Nikobaren und Neuseeland hinaus die Anerkennung der Ozeanographie als einer eigenen, neuen Wissenschaft.

Mit dem Beginn der sogenannten Flaggenhissungen, das heißt der Inbesitznahme fremder Gebiete vor allem in Afrika, Polynesien und Melanesien, begann eine neue, schon beinahe kriegerische Marinetätigkeit, doch gingen noch immer mehr Schiffe durch Zusammenstöße unter als durch Feindeinwirkung. Nicht selten arbeiteten die Großmächte auch zusammen: 1888, als sich deutsche und britische Schiffe in Ostafrika zu einer Blockade zusammenfanden, die den Sklavenhandel unterbinden sollte, 1895 beim gemeinsamen Schutz der Europäer im Chinesisch-Japanischen Krieg, und vor allem in den blutigen Wirren des sogenannten Boxeraufstands.

In den Jahren 1900/1901 hatten fremdenfeindliche Unruhen in China, angeführt vom Geheimbund der *Boxer*, nicht nur das Leben des deutschen Gesandten von Ketteler gefordert, sondern auch die Interessen anderer Staaten und ihrer Bürger gefährdet, so daß russische, britische, französische, deutsche und japanische Kanonenboote zum Einsatz kamen. Später machte auch ein deutsches Linienschiffsgeschwader sich auf den weiten Weg nach Ostasien und traf nach einer Fahrt von mehr als fünf Monaten an der chinesischen Küste ein.

Diese weiträumigen Einsätze und die gelegentlichen Konflikte britischer Kriegsschiffe mit deutschen Handelsschiffen während des Burenkrieges bestätigten der deutschen Öffentlichkeit die Notwendigkeit der Flotte und damit eines festen Flottenbauprogramms, das von den Launen der Innenpolitik frei bleiben und einem zweckdienlichen Plan folgen müsse. Solch ein Programm hatte der Konteradmiral von Tirpitz ausgearbeitet, Reichstag und Bundesrat hatte es angenommen. Danach sollte das Deutsche Reich nach und nach zu einer Flotte von 26 großen und ebenso vielen kleineren Einheiten kommen, nicht gerechnet die Torpedoboote und andere Spezialeinheiten wie die Küstenpanzerschiffe, die Avisos und so weiter.

Aufstände in Deutsch-Südwestafrika und in den ostafrikanischen Kolonien, aber auch der Russisch-Japanische Krieg brachten Einsätze dieser neuen deutschen Kriegsschiffe auf den Weltmeeren mit sich, und als 1906 durch eine Novelle zum Flottenbaugesetz weitere sechs Große Kreuzer mit der Sonderaufgabe des Auslandsdienstes bewilligt wurden, zeigten sich in England die ersten Anzeichen von Nervosität.

Bis dahin hatte es gewisse Chancen für eine deutsch-englische Flottenzusammenarbeit gegeben, denn die koloniale Rivalität war zwischen Briten und Franzosen viel deutlicher ausgeprägt als zwischen Deutschen und Briten. Die Engländer hätten sich zweifellos eine militärische Ergänzung durch die deutsche Armee, die 1870/71 so eindrucksvoll über Frankreich gesiegt hatte, gut vorstellen können. Wilhelm II. aber lehnte nicht weniger als drei britische Bündnisangebote ab und verließ sich auf seine verwandtschaftlichen Beziehungen zum Zaren.

An diesen Überlegungen war zweifellos richtig, daß nach altem Bismarck-

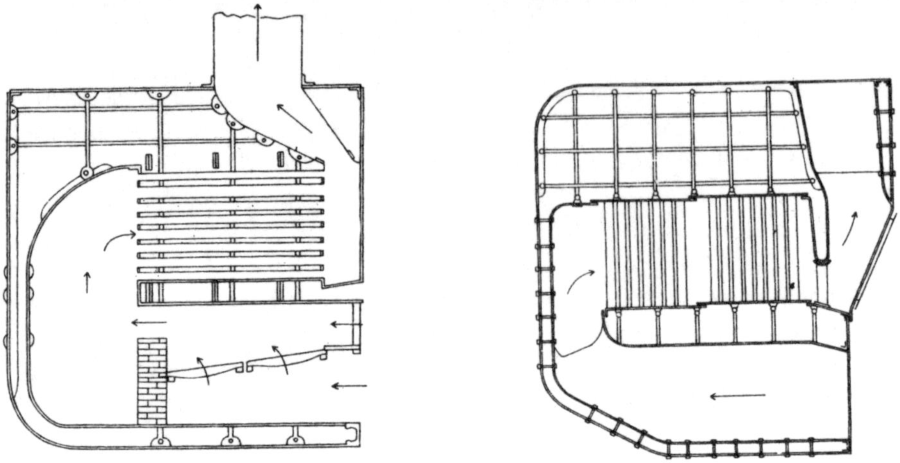

Die beiden schematischen Abbildungen zeigen zwei Schiffskessel, wie sie zu Beginn des 20. Jahrhunderts in Betrieb waren; links: Schiffs-Rauchrohrkessel, rechts: Röhrenkessel.

schen Grundsatz Deutschlands ungeschützte Ostgrenze die Sicherung eines guten Verhältnisses zu Rußland brauchte. Auch hegten deutsche Militärkreise die Befürchtung, daß die deutsche Armee in einem Zweifrontenkrieg die Kastanien für die Briten aus dem Feuer holen müßte.
Das Ergebnis dieser unentschlossenen Haltung ist bekannt. Der Zweifrontenkrieg, den man durch die Absagen an England vermeiden wollte, kam dann doch, verschärft durch den Kriegszustand mit dem Britischen Weltreich, der die junge deutsche Flotte vor eine äußerst schwierige, genauer gesagt, vor eine unlösbare Aufgabe stellte.
Wir sind von den militärischen Geschehnissen des Ersten Weltkriegs nicht nur durch den zweiten Krieg dieser Art, sondern auch durch mehr als ein halbes Jahrhundert getrennt und dürfen frei von allen Sympathien für das Wilhelminische Deutschland sagen, daß dieser vier Jahre lange Kampf einer kleinen, jungen Flotte gegen die Briten mit ihrer Übermacht und ihrer jahrhundertealten Herrschaftstradition das faszinierendste Kapitel in der Geschichte der Seefahrt ist, zumindest seit dem großen Ausschwärmen der europäischen Nationen im Entdeckungszeitalter. Zwar waren es nicht mehr Segelschiffe, die miteinander kämpften, aber es war doch das letzte große Kräftemessen, in dem der tückische Feind des modernen Kriegsschiffs, das Flugzeug, noch keine nennenswerte Rolle spielte. Im Zweiten Weltkrieg mußte man es dann erleben, wie die schönsten und größten Schiffe, Stolz ganzer Nationen, in den Häfen von Fliegerbomben zerstört oder im Kampf auf See von den Flugzeugen angefallen wurden. In den Jahren 1914–1918 spielten technische Momente zweifellos schon eine große Rolle, aber die Vernichtungsmaschinerie war noch nicht in dem Maß automatisiert, wie 1939–45. Auch gab es im Ersten

Weltkrieg noch einige Seeschlachten – bei den Falklandinseln, bei der Doggerbank, im Skagerrak –, während im Zweiten Weltkrieg nur noch Gefechte einzelner Einheiten und ihrer Begleitschiffe zu verzeichnen waren und der Handelskrieg rings um die Geleitzüge Vorrang vor der eigentlichen Seestrategie gewann.

Sieht man einmal von der unglücklichen diplomatischen Vorarbeit ab, die dem Deutschen Reich eine Welt von Feinden auf den Hals zog, so hatte die Existenz einer wenn auch noch kleinen deutschen Flotte die Lage des Reiches in dem 1914 ausgebrochenen Konflikt doch deutlich verbessert. Hundert Jahre zuvor hatten britische Kriegsschiffe noch unmittelbar vor den deutschen Häfen operieren und praktisch die gesamte Handelsschiffahrt stillegen, ja sogar den deutschen Küstenhandel gefährden können. 1914 aber nötigte die im Jadebusen und in der Ostsee stationierte deutsche Flotte die britische Home-Fleet, ihren Blockadegürtel relativ weit entfernt von den deutschen Flottenbasen zu ziehen, und zwar zwischen Schottland und dem neutralen Norwegen. Das bedeutete nicht nur eine sehr lange und folglich nicht mehr mit Sicherheit abzudichtende Blockadestrecke, sondern das hielt auch eine große Anzahl englischer Kriegsschiffe zum Dauereinsatz in einem besonders unwirtlichen Teil der Nordsee fest. Die Abnützungserscheinungen an den Schiffen und die Beanspruchung der Mannschaften brachten der Home-Fleet beträchtliche Nachteile und Ausfälle, und sie bezahlte einen hohen Preis für die im übrigen nicht hundertprozentige Unterbindung des deutschen Handels mit den Neutralen.

Der deutsche Skandinavienhandel und der Verkehr in der Ostsee aber waren, dank des Vorhandenseins einer deutschen, der zaristischen überlegenen Flotte überhaupt nicht beeinträchtigt und garantierten damit ein Minimum wichtiger Auslandsverbindungen der Mittelmächte auf dem Umweg über die neutralen Skandinavienstaaten.

Jene Aufgabe freilich, für die seinerzeit die Flotte vor allem gebaut worden war: der Schutz der deutschen Kolonien und ganz allgemein der deutschen Überseeinteressen, konnte von den deutschen Kriegsschiffen gegen ein feindliches Großbritannien nicht mehr gelöst werden. Ja, die in diesen deutschen Übersee- und Schutzgebieten stehenden Kriegsschiffe waren durch den Kriegsausbruch selbst gefährdet und unversehens zum Wild geworden, auf das britische Schiffe schon Jagd machten, als der Krieg noch gar nicht erklärt worden war. Mit diesen Schiffen, von denen einige sich zu dem Kreuzergeschwader unter dem Kommando des Admirals Graf Spee zusammenschlossen, kam es auch zu den ersten Gefechtsberührungen. Die Deutschen trafen nach dem Auslaufen aus Tsingtau und unbehelligter Fahrt über den Pazifik vor der chilenischen Hafenstadt Coronel auf ein etwa gleich starkes britisches Geschwader mit ebenfalls zwei Panzerkreuzern, allerdings älterer Bauart, und vernichteten es bis auf den schnellen Kreuzer *Glasgow*, der in der einbrechenden Nacht entkam.

Obwohl so gut wie unbeschädigt, lief das Spee-Geschwader die Kohlenstation auf den Falklandinseln an, einer (heute zwischen Großbritannien und Argentinien strittigen) spärlich besiedelten Inselgruppe im Südatlantik östlich von Feuerland. Damit waren sie in eine von überlegenen britischen Kräften sorgfältig gestellte Falle gegangen. Admiral Sturdee, der den englischen Kampfverband und die ganze Jagd kommandierte, hatte durch Funkstille und vorsichtigstes Fühlungshalten die Deutschen in Sicherheit gewiegt. Die Abwehr in der Heimat war 1914 noch nicht so weit wie 1940, sie konnte noch nicht von sich aus Warnungen und Informationen an deutsche Schiffe in fernen Meeren hinausgehen lassen.

Die Seeschlacht bei den Falklandinseln ist die größte jener Begegnungen, in denen die deutschen Schiffe, auf einen überlegenen Gegner wie die Briten treffend, einen Kampf annahmen und durchfochten, obwohl sie keine Chance auch nur auf ein Remis hatten. Denn in einer Hinsicht waren auch diese Seeschlachten schon durchaus mit jenen des Zweiten Weltkrieges zu vergleichen: Gegen die Überlegenheit wesentlicher technischer Faktoren wie der Geschwindigkeit oder der Geschützreichweite gab es schon 1914 keine Siegesaussicht mehr. Denn auch der schlechteste Kanonier der Gegenseite schießt sich schließlich ein, wenn das Ziel sich nicht wehren kann, und sobald der unterlegene Gegner keine Fahrt mehr machen kann, ist er überhaupt nur noch eine Zielscheibe für die feindliche Artillerie.

Das deutsche Kreuzergeschwader umfaßte die mittelschweren Panzerkreuzer *Scharnhorst* (Flaggschiff) und *Gneisenau* und die leichten Kreuzer *Leipzig*, *Nürnberg* und *Dresden*. Admiral Sturdee hatte seine Flagge auf dem Dreadnought *Invincible* gehißt, hatte aber noch einen zweiten Schlachtkreuzer ähnlicher Bauart zur Verfügung, dazu drei schwere Kreuzer und die vor Coronel entronnene schnelle *Glasgow*.

Die »Vulcanus« war der erste Tanker, der durch einen Dieselmotor getrieben wurde.

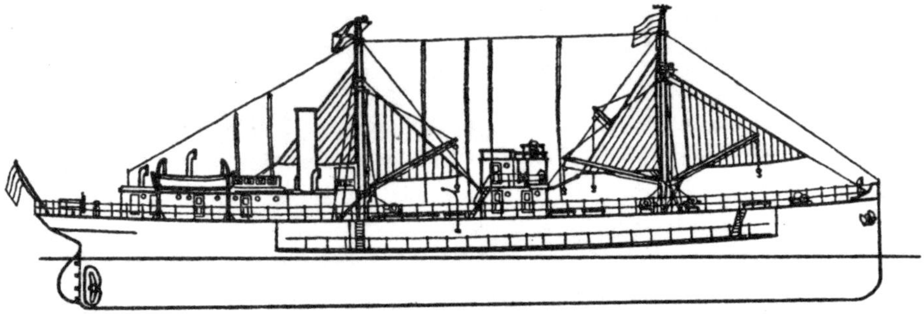

Um 12.55 Uhr des 8. Dezember 1914 eröffnete *Invincible* das Feuer, und schon eine halbe Stunde später war klar, daß Admiral Spee nur noch einen Teilerfolg erringen konnte, dann nämlich, wenn wenigstens die kleinen Kreuzer dem Debakel entkamen. Sie erhielten schon um 13.20 Uhr den Befehl, sich zu zerstreuen, da sie mit ihren kleinen Kalibern in den Kampf der Giganten ohnedies nicht eingreifen konnten.
Die beiden Panzerkreuzer hingegen opferten sich, indem sie den britischen Verband noch einige Stunden lang beschäftigten, und nur daraus ist es zu erklären, daß Admiral Spee das verständliche Angebot Sturdees, das Feuer einzustellen, ablehnte. Die *Scharnhorst* sank um 16 Uhr ohne Überlebende, die *Gneisenau* etwa zwei Stunden später, wobei 187 Mann aufgefischt werden konnten. Die kleinen Kreuzer wurden noch am gleichen Abend erjagt bis auf die schnelle *Dresden*. Sie lief drei Seemeilen schneller als die anderen Schiffe und verbarg sich in einer geschützten Bucht der Inselgruppe Juan Fernandez. Nach drei Monaten aber überfiel sie der Panzerkreuzer *Kent* unter Mißachtung der chilenischen Neutralität; die Männer von der *Dresden* versenkten ihr Schiff und ließen sich in Chile internieren.

Zwei weitere bemerkenswerte Seeschlachten des Ersten Weltkriegs mußten nicht bis zu diesem bitteren Ende durchgekämpft werden, da sie sich in der Nähe der Heimatgewässer abspielten und auch beschädigte Schiffe eine gute Chance hatten, einen rettenden Hafen zu erreichen.
Am 24. Januar 1915, einem klaren Wintertag, waren moderne deutsche Schlachtkreuzer unter Vizeadmiral Hipper in Richtung der Doggerbank ausgelaufen, einer Nordsee-Untiefe, die ein beliebtes Fischereigebiet ist und wo leichte britische Seestreitkräfte gemeldet worden waren. Bald erkannten jedoch die deutschen Offiziere, daß die so merkwürdig niedrig auf dem Wasser liegenden Schiffe Englands modernste Schlachtkreuzer seien, schnelle und schwerbestückte Schiffe der sogenannten Raubtierklasse, an der Spitze *Lion* mit Admiral Beatty, dahinter der funkelnagelneue *Tiger*, danach noch drei ähnliche Riesen.
Da die vier deutschen Schlachtkreuzer vor den an Zahl und Geschwindigkeit überlegenen Briten abdrehten, kam es zu einem Seegefecht auf Parallelkurs. Der langsamste bezahlt bei solchen Gefechten stets die Zeche, und das war der deutsche Schlachtkreuzer *Blücher*, mit 24 Seemeilen Schlußlicht der deutschen Kiellinie. Im Vorbeifahren jagten ihm die schnellen Briten jeder eine volle Breitseite in Rumpf und Aufbauten, widmeten sich dann aber ihren gefährlicheren Gegnern. Der Dreadnought *Indomitable* und einige Torpedoboote gaben *Blücher* dann den Rest.
Die Riesenkaliber der anderen Schiffe kratzten einander tüchtig an. *Lion, Tiger* und *Seydlitz* erlitten so schwere Beschädigungen, daß sie abge-

Seydlitz

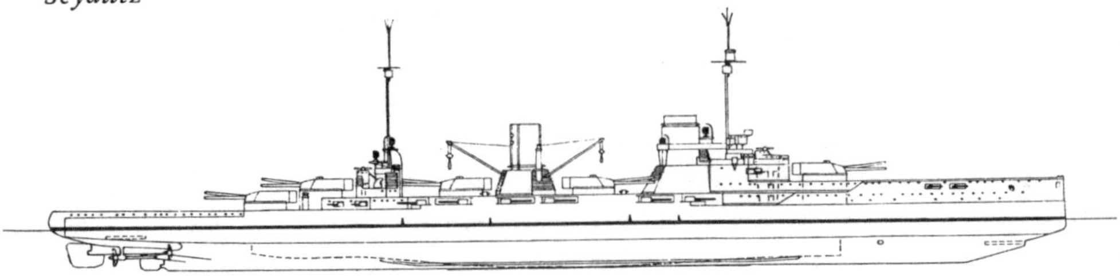

schleppt werden mußten, auch *Derfflinger* mußte Volltreffer einstecken. Die deutsche Meldung, daß *Tiger* gesunken sei, beruhte auf einem erklärlichen Irrtum: Der britische Schlachtkreuzer war durch einen Brand auf dem Vorschiff vollkommen in Rauchwolken gehüllt und schien verloren zu sein.

Ebenso entscheidungslos wie dieses erste Gefecht zwischen modernen Schlachtschiffen endete auch die einzige große Flottenbegegnung des Ersten Weltkriegs, die Seeschlacht beinahe aller verfügbaren Kräfte der beiden Heimatflotten vor dem Skagerrak – ein Kräftemessen, wie es bezeichnenderweise im Zweiten Weltkrieg zwischen Deutschen und Briten überhaupt nicht mehr stattgefunden hat.

Aus einer Aktion der Aufklärungskräfte unter dem Admiral Hipper, also der Schlachtkreuzer der Doggerbank-Begegnung, entwickelte sich seit den frühen Morgenstunden des 31. Mai 1916 eine weiträumige und langanhaltende Seeschlacht, in die von beiden Seiten immer neue Kräftegruppen eingriffen, bis schließlich sogar die Reserven, die Divisionen älterer Linienschiffe, erstmals in diesem Krieg ins Gefecht kamen.

Nach flüchtigen Begegnungen kleiner Einheiten eröffnete ein deutscher Schlachtkreuzer um 16.48 Uhr das Gefecht der schweren Einheiten, und schon um 17.03 Uhr sank *Indefatigable*, einer der beiden Dreadnoughts von den Falklandinseln. 17.26 Uhr flog die *Queen Mary*, einer der modernsten britischen Schlachtkreuzer, nach einem Treffer in die Munitionskammer in die Luft. In schon unsicherem Büchsenlicht versenkten die alten deutschen Linienschiffe noch den Panzerkreuzer *Defence*, und 19.33 Uhr gaben die deutschen Schlachtkreuzer noch der *Invincible* den Todesstoß, dem zweiten jener Schiffe, mit denen von den Falklandinseln her eine alte Rechnung zu begleichen war.

Der immer stärker werdenden britischen Übermacht – die gesamte Home-Fleet dampfte nun im Halbkreis heran – entzog sich Admiral Scheer durch ein kühnes Wendemanöver. Dabei ständig weiterfeuernd, ließ er aber um 20.13 Uhr die schnellen Schlachtkreuzer des Vizeadmirals Hipper mit dem historisch gewordenen Befehl *Schlachtkreuzer, ran an den Feind, voll ein-*

Das Roll-on/roll-off-Vollcontainerschiff »Tricolor«. Eine 32 Meter lange Heckseitenrampe dient als Garageneinfahrt.

Blick in einen der Laderäume der »Tricolor«.

Ein Hovercraft-Luftkissenschiff, das wahlweise 148 Passagiere und zehn Personenwagen oder 270 Passagiere befördern kann.

setzen noch einmal angreifen. Sie waren, obwohl durch die vorangehenden Gefechte bereits stark mitgenommen, noch immer die einzigen Schiffe, die es an Bestückung und Geschwindigkeit mit den modernen Einheiten der Gegenseite aufnehmen konnten.
Dieser abendliche Einsatz brachte nichts mehr, verursachte aber auch keine zusätzlichen Verluste, denn die *Lützow* hatte zu diesem Zeitpunkt bereits so schwere Treffer erhalten, daß an ihrer Rückkehr gezweifelt werden mußte. Sie wurde in der Nacht dann von der Besatzung aufgegeben.
In der Nacht kam es noch zu einer Reihe von Einzelduellen, meist zwischen älteren oder kleineren Einheiten und den Torpedobooten. Die tagsüber schwer angeschossenen deutschen Schiffe *Wiesbaden* und *Pommern* sowie der durch einen Zusammenstoß beschädigte Kreuzer *Elbing* sanken zwischen 2 und 4 Uhr morgens des 1. Juni 1915, wobei es bei der *Wiesbaden* nur einen einzigen Überlebenden gab (vgl. Text S. 290). Mit diesem Kreuzer ging der deutsche Dichter Gorch Fock unter.
Die beinahe zufällig entstandene Seeschlacht wurde bei Sonnenaufgang nicht wieder aufgenommen. Die Briten hatten ihre beschädigten Schiffe abgeschleppt und an Mannschaften aufgefischt, was im Dunkel zu finden war, dann aber Heimatkurs aufgenommen, und die Deutschen setzten ihnen nicht nach.
Die Schlacht bewies allerlei, und jede Seite hat natürlich versucht, einen Sieg aus ihr zu machen. Die Deutschen hatten an Tonnage doppelt soviel versenkt wie die Briten und nur 2551 Mann verloren gegenüber 6094 Briten (ein Viertel dieser hohen Verlustzahl gab es allein auf der detonierenden *Queen Mary*). Andererseits bestand die britische Seeblockade weiter, sie war weder aufgerollt noch überhaupt gefährdet worden, und auch nach der Skagerrak-Schlacht blieb die britische Flotte der deutschen erdrückend überlegen.
Für die Zukunft konnte man aus der größten Begegnung des Ersten Weltkriegs entnehmen, daß Schnelligkeit des Schiffes und Reichweite der Geschütze wichtiger seien als schwere Panzerung und absolute Schiffsgröße. Aus dem Treffer, der die *Queen Mary* in die Luft fliegen ließ, zogen die Briten merkwürdigerweise keine Konsequenzen. Das Deck über der Munitionskammer blieb auch bei Neubauten verhältnismäßig zu schwach gepanzert, und darum flog die *Hood* im Gefecht gegen die *Bismarck* im Zweiten Weltkrieg nach einem gleichartigen Treffer ebenso in die Luft.

Die über Wasser tüchtigen und tapferen, aber doch hoffnungslos unterlegenen Deutschen hatten schon vor dem Ersten Weltkrieg begonnen, Unterseeboote zu bauen, und die vier Jahre dieses Krieges wurden auch zu der heroischen Zeit dieser neuen Waffe, ja sie ließen das winzige Fahrzeug, das

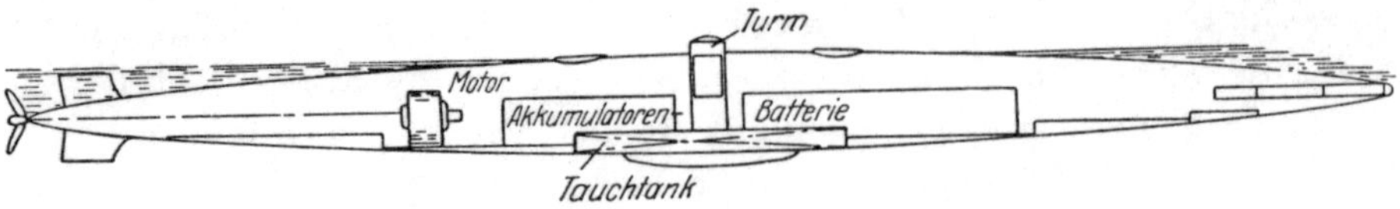

Französisches U-Boot »Gustave Zédé«.

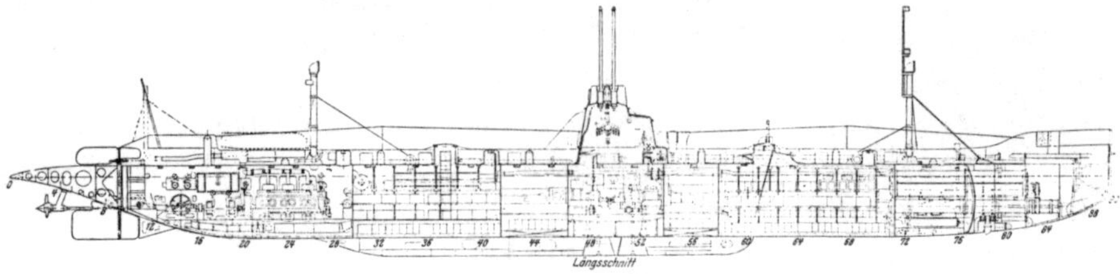

Deutsches U-Boot »U 1«.

seinen Mannschaften so viele Entbehrungen abforderte, zu der deutschen Seekriegswaffe *par excellence* werden – eines jener Gebiete, auf denen der Zweite Weltkrieg den Ersten beinahe kopierte.
Die Gesamtlage vermochten diese vielen kleinen Unterwasserkämpfer jedoch ebenso wenig zu ändern wie die mutigen Besatzungen der Handelsstörer, die in fernen Gewässern einen im einzelnen erstaunlich erfolgreichen Kreuzerkrieg führten. Diese oft nur nachträglich aus geeigneten Handelsschiffen durch Umbau gewonnenen Kaperschiffe beschäftigten nicht nur die Briten, denen sie in den als sicher geltenden Zonen des Pazifiks und des Südatlantiks, des Indischen Ozeans und der Sunda-See wertvolle Prisen abjagten, sondern sie versöhnten auch das deutsche Volk durch ihre Erfolge und gelegentlich sogar durch eine glückliche Heimkehr mit der lang andauernden Blockade, die in manchen Phasen des Ersten Weltkriegs zu sehr harten Ernährungsengpässen vor allem im Deutschen Reich selbst führten. Die Berichte, die später von den erfolgreichsten Unterseebootkommandanten und den Kapitänen der Kaperschiffe veröffentlicht wurden, erreichten in den zwanziger Jahren außerordentlich hohe Auflagen und förderten die Verbundenheit der Deutschen, auch des Binnenlandes, mit ihrer Marine über deren Selbstversenkung in der Bucht von Scapa Flow hinaus.

Die Zeugnisse aus dem Seegeschehen des Ersten Weltkriegs und über seine Vorgeschichte sind naturgemäß sehr zahlreich, aber leider sind gerade sie für uns weitgehend unlesbar geworden durch jenen Hurrapatriotismus, der uns noch zu nah ist, um als historische Phase neutralisiert und akzeptiert zu werden. Einst vielgelesene Bücher wie etwa die Berichte des Freiherrn von Spiegel über seine Feindfahrten mit U-202 erscheinen uns in ihrem ahnungslos-forschen Draufgängertum wie Schriftstücke parodistischen Charakters. Brächte man sie aber als solche, so würde man dem tapferen und selbstlosen Einsatz dieser Männer schweres Unrecht zufügen. Was sie alle getan haben, bleibt unbestritten, nur die Literatur darüber ist bis auf weiteres unlesbar geworden.

Das gilt abgeschwächt auch noch über die historischen Darstellungen, sofern sie so nah am Geschehnis bleiben wie etwa der Bericht über die Seeschlacht bei den Falklandinseln, den wir leicht gekürzt, aber in sich unverändert einem Jugendjahrbuch des Jahres 1915, also mitten aus den stärksten Kriegsanstrengungen, entnommen haben.

Davor steht, gleichsam als die gedankliche Grundlage für die nachfolgende blutige Praxis, das Konzept des Großadmirals Alfred von Tirpitz (1849 bis 1930), der 1916 von seinem Kommando zurücktrat, weil er gegen den Widerstand der Diplomaten nicht den totalen Seekrieg durchzusetzen imstande war, in dem er die einzige Chance der kleinen deutschen Flotte gegen die übermächtigen Alliierten erblickte.

Das letzte Stück unserer kleinen Auswahl ist der in seiner schlichten Wirklichkeitsnähe und bedingungslosen Treue erschütternde Bericht des Oberheizers Hugo Zenne, des einzigen Überlebenden der »Wiesbaden«. Der Kreuzer, eines der modernsten deutschen Schiffe in der Seeschlacht vor dem Skagerrak, hielt sich so lange über Wasser, daß Hunderte braver Seeleute hätten gerettet werden können, wäre in dem fürchterlichen Chaos solcher Schlachten Zeit und Gelegenheit, an Rettung zu denken.

Alfred von Tirpitz zur deutschen Seemacht um 1900

Die in den Memoiren des Großadmirals Tirpitz hervorgehobenen Textstellen sind in der folgenden gekürzten Wiedergabe kursiv gesetzt:

1895/96, Flottenpläne:
Zwei Gedankengänge bildeten sich damals heraus: die *taktische* Notwendigkeit einer *Schlachtflotte*, wenn wir überhaupt auf Seegeltung losstrebten und mit Zweck und Nutzen Schiffe bauen wollten, und die *politische* Notwendigkeit, für die unaufhaltsam und reißend anwachsenden deutschen Seeinteressen eine sie schützende Flotte zu schaffen. Die Flotte erschien mir niemals als Selbstzweck, sondern stets als eine Funktion der Seeinteressen. Ohne Seemacht blieb die deutsche Weltgeltung wie ein Weichtier ohne Schale. Dem Handel mußte die Flagge folgen, wie das andere, ältere Natio-

nalstaaten längst begriffen hatten, als es bei uns erst zu dämmern begann, wie die Fortnightly Review 1893 bündig und richtig geschrieben hatte: »Der Handel erzeugt entweder eine Marine, welche stark genug ist, ihn zu schütten, oder er geht in die Hände von fremden Kaufleuten über, welche solchen Schutz genießen.« ...
Der Flottengedanke wurde im Volk noch vielfach mit Mißtrauen aufgenommen. Die Deutschen spürten, verwöhnt von dem Glück, in das die Bismarcksche Reichsschöpfung und das plötzliche Umsichgreifen unserer so lange zurückgestauten wirtschaftlichen Tüchtigkeit uns versetzt hatte, noch nicht genügend, daß unsere Entfaltung auf dem breiten Rücken des britischen Freihandels sich *auf Widerruf* vollzog. Dem Wachstum unserer Industrie verdankten wir das Wachstum unserer physischen und materiellen Stärke. Wir nahmen jährlich fast um eine Million Menschen zu, das heißt gewannen auf dem unveränderlich engen Spielraum der heimischen Scholle alljährlich etwas, das dem Zuwachs einer Provinz gleichkam, und dies alles beruhte auf der Aufrechterhaltung unseres Ausfuhrhandels, der mangels eigener Seemacht ausschließlich vom Belieben der Fremden, das heißt der Konkurrenten, abhing. Wir mußten nach Bismarck »entweder Waren ausführen oder Menschen«, und es handelte sich bei dem Entschluß, Seemacht zu bilden, letzten Endes um nichts anderes als um den Versuch, eine sich nicht in eigenen Siedlungskolonien, sondern in heimischen Werkstätten vermehrende Bevölkerung deutsch zu erhalten.

1896, Brief:
Unserer Politik fehlt bis jetzt vollständig der Begriff der politischen Bedeutung der Seemacht. Wollen wir aber gar unternehmen, in die Welt hinauszugehen und wirtschaftlich durch die See zu erstarken, so errichten wir ein gänzlich hohles Gebäude, wenn wir nicht gleichzeitig ein gewisses Maß von Seekriegsstärke uns verschaffen. Indem wir hinausgehen, stoßen wir überall auf vorhandene oder in der Zukunft liegende Interessen. Damit sind Interessenkonflikte gegeben. Wie will nun die geschickteste Politik, nachdem das Prestige von 1870 verraucht ist, etwas erreichen ohne eine reale, der Vielseitigkeit der Interessen entsprechende Macht? *Weltpolitisch vielseitig ist aber nur die Seemacht.* Darum werden wir, ohne daß es zum Krieg zu kommen braucht, politisch immer den kürzeren ziehen.

1897, Vorbereitung des ersten Flottengesetzes von 1898:
In meiner ganzen Laufbahn habe ich immer wieder zwei namentlich bei Laien beliebte Vorstellungen zu bekämpfen gehabt, den Gedanken eines besonderen Küstenschutzes und den Gedanken einer Auslandskreuzerflotte. Daß der beste *Küstenschutz* in einer *Schlachtflotte* besteht, hat der Weltkrieg

bewiesen ... Man merkte damals, Mitte der neunziger Jahre, wie die Welt anfing, schneller zu gehen. Der deutsche Handel, die »Offene Tür« konnten nicht mehr durch fliegende Geschwader geschützt werden. Wir mußten an allgemeiner Macht zunehmen, das heißt bündnisfähig mit Weltmächten werden. *Bündniswert* aber besaß und gab nur eine Schlachtflotte. Ein einziger Verbündeter zur See aber hätte sogar im späteren Weltkrieg genügt, uns den Kampf um die freie See mit den günstigsten Aussichten zu ermöglichen. Eine bündnisfähige Flotte zu schaffen, war also das erste, eine entsprechende Bündnispolitik sowie Vermeidung aller weltpolitischen Anstöße vor Erreichung dieses Zieles war das zweite, wonach wir unter den erschwerten politischen Umständen des Zeitalters zu streben hatten. ... Der Kaiser stimmte ... meinem Flottenplan zu, und damit verschwand im Juni 1897 endgültig aus den Entwürfen jene Auslandsflotte, die im Krieg zweifellos einen kurzen Atem gehabt hätte. Ohne Bündnis mit einer anderen Seemacht zweiten Ranges sah ich freilich auch die zu bauende Schlachtflotte schon damals nicht als Allheilmittel an, wohl aber als die notwendige Staffel zu unserer Bündnisfähigkeit und damit als einzigen greifbaren Ansatz, um England gegenüber jene Selbständigkeit zu gewinnen, die damals in Deutschland einstimmig und mit Recht gefordert, leider aber auch vielfach in nicht realpolitischer Sinnesart als bereits vorhanden vorweggenommen wurde.

1899, Vorbereitung des zweiten Flottengesetzes von 1900:
Ich entschloß mich ... in der Begründung zum Flottengesetz den Kampfzweck der Flotte, nämlich den einer ehrlichen politischen Defensive, klar auszusprechen und wies im Dezember 1899 auch im Reichstag darauf hin, daß für Umfang und Zusammensetzung der deutschen Marine die schwierigste Kriegslage zugrunde gelegt werden müßte. Diese trete ein, wenn wir dem größten unter den möglichen Gegnern zur See gegenüberstehen. Für diesen Fall müßte die Flotte so eingerichtet werden, daß ihre höchste Kriegsleistung, in einem Verteidigungskrieg, auf der Nordsee in einer Seeschlacht liege. Der Laie muß hier unterscheiden zwischen taktischer und politischer Offensive. Jedes Kriegsschiff und daher auch jede Schlachtflotte ist technisch und taktisch immer ein offensives Instrument. ... Politisch aber bot die beabsichtigte deutsche Flotte angesichts der doppelt und dreifach stärkeren britischen den Engländern jede Friedensgewähr, da es Wahnsinn gewesen wäre, bei einer so geringen Aussicht auf Überwältigung der britischen Flotte einen Krieg vom Zaun zu brechen. Was wir dagegen anstrebten, war, so stark zu sein, daß auch für die gewaltige Übermacht der englischen Flotte das Anbinden mit uns ein gewisses Wagnis bedeuten sollte. Hierin lag die *politische Defensive* ebenso wie der *taktische Wille zur Schlacht* in einem Verteidigungskrieg. Eine gewisse Volkstümlichkeit gewann also der von uns angedeutete *Risiko-*

gedanke in der Form, daß unsere Flotte nicht größer, aber auch nicht kleiner gehalten werden sollte, als nötig wäre, um auch der größten Seemacht den Angriff auf uns als ein gewagtes Unternehmen erscheinen zu lassen. Die Ergänzung dieses Gedankens wäre gewesen, daß eine beachtliche Flotte auch unsere Bündnisfähigkeit steigerte. ... So kam also das zweite Flottengesetz zustande, von dem ich mir bewußt war, daß es eine ganz andere politische Tragweite haben mußte als das erste, namentlich im Rahmen einer Bündnispolitik, weil es für die übrigen Flotten der Welt die Möglichkeit bot, durch Koalitionen mit uns ein gewisses Gleichgewicht auf dem Meer herzustellen.

Die Seeschlacht bei den Falklandinseln

Am 7. Dezember lief im stillen Hafen von Port Stanley, der Hauptstadt der Falklandinseln, ein stattliches Geschwader mächtiger englischer Kriegsschiffe ein, das alsbald zu kohlen begann. Schon der Name ihres Befehlshabers, Vizeadmiral Sturdee, mußte jeden Kenner der britischen Marineverhältnisse stutzig machen, denn man wußte, daß Sturdee als Stabschef des Marineoberkommandos in London schwer entbehrt werden konnte. Wenn man ihn also in aller Heimlichkeit nach dem äußersten Südamerika schickte, so mußte wohl etwas ganz Besonderes im Werke sein. Und so war es auch.
Es galt, das gefährliche Kreuzergeschwader des Grafen Spee unschädlich zu machen. Aber man wollte dabei ganz sicher gehen und es mit mathematischer Sicherheit durch die bloße Übermacht der Zahl vernichten. Fünf Wochen lang hatte man in London mit allen Mitteln an der strategischen Einkreisung des Grafen Spee gearbeitet. Wohin er sich auch mit seinen seit vier Monaten die hohe See haltenden und deshalb in ihrer Gefechtskraft wesentlich geschwächten Schiffen wenden mochte, überall mußte er auf weit überlegene feindliche Kräfte stoßen, denn bei Coronel hatte sich ja zur Überraschung der Mitwelt gezeigt, daß bei annähernd gleichen Kräfteverhältnissen das stolze Albion der jungen deutschen Flotte in keiner Weise gewachsen war. Von überallher kamen die englischen, französischen und japanischen Schiffe, und schließlich war eine Meute von nicht weniger als 43 feindlichen Kriegsschiffen hinter den Deutschen her. Sturdees beide Schlachtkreuzer *Inflexible* und *Invincible* hätten ja allein vollauf genügt, mit ihren sechzehn 305-mm-Geschützen, dem deutschen Geschwader den Garaus zu machen, ohne daß sie vermöge ihrer überlegenen Schnelligkeit sich dabei selbst hätten sonderlicher Gefahr auszusetzen brauchen.
Über die Zusammensetzung des Sturdeeschen Geschwaders herrscht bis heute noch nicht völlige Klarheit, da die englische Admiralität offenbar ihre guten Gründe gehabt hat, sie mit dem Schleier des Geheimnisses zu umkleiden und

anscheinend erlittene Verluste zu verschweigen. Nach seinem eigenen amtlichen Bericht hat Admiral Sturdee außer den genannten beiden Schlachtkreuzern aus Europa nach den Falklandinseln noch herangeführt die Panzerkreuzer *Cornwall*, *Carnavon* und *Kent*, den kleinen Kreuzer *Bristol* und den Hilfskreuzer *Macedonia*. Bereits in Port Stanley vorgefunden hat er das Linienschiff *Canopus*. Unbedingt zugezählt werden muß aber auch noch der Panzerkreuzer *Defence*, obwohl er in den englischen Berichten nirgends erwähnt ist.

Es steht fest, daß er Ende November in Montevideo Kohlen und Proviant eingenommen hat, und nach den übereinstimmenden Berichten südamerikanischer Neutraler hat er dann auch in der Schlacht mitgefochten und so schwere Beschädigungen erlitten, daß er auf den Strand gesetzt werden mußte. Ganz dunkel ist endlich die Rolle des kleinen Kreuzers *Glasgow*. Er hatte an der Seeschlacht von Coronel teilgenommen und war zuletzt bei hereinbrechender Nacht gesichtet worden, wie er in schwer beschädigtem, fast sinkendem Zustand auf die Küste zuhielt. Es ist nun ganz ausgeschlossen, daß ein so bös mitgenommenes Schiff, ohne einen Hafen anzulaufen, an einer neuen Seeschlacht Anteil genommen haben sollte. In der Tat zeigte die vor der zweiten Schlacht gesehene *Glasgow* keine Spur überstandenen Kampfes, machte vielmehr den Eindruck eines funkelnagelneuen Schiffes und hatte ihren Namen am Bug frisch übermalt, während die Rettungsgürtel eine andere Bezeichnung trugen. Aller Wahrscheinlichkeit nach hat also ein eben fertiggestelltes Schwesterschiff der *Glasgow* deren Rolle weiterspielen müssen. Selbst wenn wir chilenische und argentinische Angaben, wonach Sturdee auch noch andere Schiffe unter seinem Befehl gehabt haben soll, als unbewiesen außer acht lassen, so verfügte der englische Admiral doch sicher über zehn Gefechtseinheiten gegen fünf deutsche. Diese doppelte Übermacht wird aber noch sehr viel größer, wenn wir den Kampfwert der einzelnen Schiffe einander gegenüberstellen.

Danach betrug die englische Übermacht an Tonnenzahl bereits nahezu das Vierfache, die entscheidendere an artilleristischer Bestückung aber ist auf das Sieben- bis Achtfache einzuschätzen, und den weittragenden 305-mm-Geschützen hatte Graf Spee überhaupt nichts annähernd Gleichwertiges entgegenzustellen!

Im Augenblick, in dem Klio den Namen des Siegers von Coronel in das goldene Buch der Seehelden eintrug, hatte sie zugleich sein Todesurteil unterschrieben. Graf Spee wußte es, und der letzte Matrose auf seinen Schiffen wußte, daß der Sieg von Coronel die Veranlassung zu einer Hetz- und Treibjagd über die Ozeane werden würde, der das kleine deutsche Geschwader früher oder später erliegen mußte. Kein schützender Hafen stand ihm zu Gebote, und selbst die neutralen Häfen Südamerikas konnten zum Kohlen und Verproviantieren kaum in Frage kommen, da sie von der feindlichen Übermacht scharf bewacht wurden. War es doch schon ein wahres Wunder zu nennen, daß man so viele Monate hindurch die hohe See hatte halten und sich dabei immer noch mit Kohlen und Nahrungsmitteln hatte versehen können, ohne in Feindeshand zu fallen. Es gab jetzt nur noch die Wahl zwischen ehrenvollem, ruhmreichem Untergang unter größtmöglicher Schädigung des Feindes oder schleunigster Abrüstung im nächsten chilenischen Hafen.

Nach dem Erfolg von Coronel hatte das deutsche Geschwader zunächst für einen Tag Santiago angelaufen, um seine geringen Schäden auszubessern, sich mit frischen Nahrungsmitteln zu versehen und dem deutschen Generalkonsul Bericht zu erstatten. Dann war es noch vor Ablauf der üblichen Frist südwärts wieder in See gegangen. Schließlich hatte Graf Spee die Fahrt ums Kap Hoorn herum gewagt und steuerte nun mit seinen fünf Kreuzern und drei Begleitschiffen auf die Falklandinseln los, wo er zum mindesten Kohlenschiffe zu erbeuten hoffen durfte.

Daß am gleichen Punkt schon Sturdee mit weit überlegenen Streitkräften auf ihn lauerte, konnte er nicht ahnen. Als die Inseln am Morgen des 8. Dezember in Sicht kamen, schickte Graf Spee *Gneisenau* und *Nürnberg* voraus, um zu erkunden und vor allem die drahtlose Station bei Port Stanley zusammenzuschießen. Von den in der Bucht versteckten englischen Schiffen war zunächst nichts zu erblicken. Nur *Macedonia* wurde sichtbar, die vor der Einfahrt in der Nähe des Leuchtturms auf der Reede lag. Aber noch vor dem Umfahren des Leuchtturms erhielt *Gneisenau* fünf Minuten nach 9 Uhr unerwartet Feuer durch *Canopus*, die über die hier besonders flache Halbinsel hinüberschoß. Auf englischer Seite tauchten nun auch *Glasgow* und *Kent* am Eingang der Bucht auf, und damit wurde es klar, daß ein schwerer Kampf bevorstand. Dem Admiral Sturdee waren die herannahenden Rauchsäulen der deutschen Schiffe schon um 8 Uhr gemeldet worden, und er hatte vollauf Zeit, seine Vorbereitungen zu treffen. Rasch waren alle Schiffe gefechtsklar, aber auch jetzt noch hielt Sturdee seine beiden großen Schlachtkreuzer zurück und schickte beim Näherrücken der Deutschen nur *Bristol*, *Defence*, *Cornwall* und *Carnavon* in die Schlachtlinie. Graf Spee sah sich also jetzt schon einer erdrückenden Übermacht gegenüber, beschloß aber, trotzdem den Strauß zu wagen. Das Meer war nur sanft bewegt, das Wetter ruhig und still, die Natur schien förmlich einzuladen zu dem eisernen Würfelspiel. Da tauchten plötzlich auch noch die gewaltigen Umrisse von *Invincible* und *Inflexible* auf, und in diesem Augenblick mußte Graf Spee zu der bitteren Erkenntnis kommen, daß er in einen regelrechten Hinterhalt geraten war. Schleunigst ließ er nach Osten abdrehen, aber es war bereits zu spät, dem Verhängnis zu entrinnen. Von der englischen Flotte lösten sich *Bristol* und *Macedonia* mit Kurs nach Südwest, um die drei Begleitschiffe zu

kapern, von denen sie im Laufe des Tages auch zwei einholten und zum Sinken brachten. Die beiden Hauptgeschwader fahren seit 9.30 Uhr einander parallel mit Richtung nach Ost. Die deutschen Schiffe suchen die hohe See zu gewinnen und fallen dabei wiederholt einige Striche südwärts ab, aber der Gegner macht alle diese Bewegungen getreulich mit, und wenn auch seine langsamen Schiffe etwas zurückbleiben, so kommen dafür doch die beiden großen Schlachtkreuzer immer bedrohlich näher.
Die Engländer waren anfangs mit nur 18 Knoten Geschwindigkeit gefahren, jetzt steigerten sie ihre Schnelligkeit auf 23 und mehr Knoten, und die zuerst 18 km betragende Entfernung zwischen den beiden Schlachtlinien verringerte sich dabei allmählich auf 15 km. Kurz vor 1 Uhr fiel der erste Schuß von der *Glasgow*, und gleich darauf folgten mit dumpf dröhnendem Baß die schweren Riesengeschütze der *Invincible*. Dem erhaltenen Befehl gemäß bogen die drei kleinen deutschen Kreuzer jetzt südwärts ab, und jeder versuchte auf eigene Faust sein Heil, während *Scharnhorst* und *Gneisenau* den ungleichen Kampf aufnahmen, um so aussichtsloser, als sie schon die größere Hälfte ihrer Munition verschossen hatten und kaum noch in der Lage waren, einen länger andauernden Kampf durchzuführen. *Scharnhorst* erwiderte das feindliche Feuer erst um 13.30 Uhr, als die Entfernung noch etwas geringer geworden war. Dieser Panzerkreuzer hielt den Schießrekord der deutschen Flotte, und er machte seinem Ruf auch diesmal alle Ehre. Gleich seine erste Breitseite gegen die *Invincible* war ein Volltreffer, zerstörte einen Panzerturm, zerfetzte die Masten, fegte den Aufbau hinweg und bestreute das ganze Deck mit Eisensplittern. Ein späteres Geschoß machte eines der großen Geschütze kampfunfähig, ein anderes durchschlug, ohne zu explodieren, zwei Decks, ein drittes zersprang auf dem Oberdeck und verletzte u. a. den Kapitän der *Invincible*. Überhaupt saßen fast alle Schüsse der *Scharnhorst* gut, aber der dicken Stahlhaut der beiden englischen Riesen gegenüber erwiesen sich seine Granaten im allgemeinen als doch zu schwach und richteten daher verhältnismäßig wenig Schaden an.
Andererseits befleißigte sich der englische Admiral auch jetzt noch der größten Vorsicht, führte das Gefecht fortgesetzt auf die weitestmögliche Entfernung und war bestrebt, sein wertvolles Geschützmaterial zu schonen, da die englischen Kanonenrohre wegen ihrer Drahtkonstruktion einer sehr raschen Abnutzung unterworfen sind. Man beschoß sich jetzt auf 9 km Entfernung, und die 30,5-cm-Granaten der Engländer waren dabei von vernichtender Wirkung. Zwar fielen die beiden deutschen Panzerkreuzer nun stark nach Südosten ab, aber die englische Meute blieb ihnen unentwegt auf den Fersen, überholte sie und verlegte den Weg nach Osten. Namentlich die beiden großen Panzerkolosse ließen sich nicht mehr abschütteln. Alle Schrecken und Greuel der neuzeitlichen Seeschlacht tobten entfesselt über dieses ferne

Meer. Das Feuer der großen englischen Panzer vereinigte sich mit unwiderstehlicher Wucht auf das todgeweihte deutsche Admiralsschiff, so daß *Gneisenau* derweil etwas zu Atem kommen und nach Südosten zu Raum gewinnen konnte. Schon um 3 Uhr brach Feuer an Bord der *Scharnhorst* aus, konnte aber noch erstickt werden. Eine halbe Stunde später wurde der dritte Schornstein weggeschossen, und die meisten Geschütze mußten das Feuer einstellen, da ihre gesamte Bedienungsmannschaft gefallen war. Aber heldenhaft wehrte sich der Deutsche bis zum letzten Augenblick. Vergebens bot Admiral Sturdee die Einstellung des Feuerns an. Stolz lehnte Graf Spee ab. Um 4 Uhr verursachte eine 30,5-cm-Granate ein klaffendes Leck im Rumpf der *Scharnhorst*, eine Flammensäule schoß aus ihrer Panzerhaut empor. Sie neigte stark nach Backbord über, und 4 Uhr 16 Minuten sank sie unter den brausenden Hurrarufen der noch nicht getöteten Mannschaften mit wehenden Flaggen in die Tiefe. Merkwürdig lange, nämlich bis nach 6 Uhr, hielt sich noch immer *Gneisenau*, obgleich sie bereits so beschädigt war, daß sie sich kaum noch von der Stelle zu rühren vermochte, und obgleich nach Erledigung der *Scharnhorst* die großen englischen Schiffe sie im Halbkreis umgaben und aus kurzer Entfernung mit schweren Granaten förmlich überschütteten. *Gneisenau* selbst erzielte noch manchen Treffer, und allein auf der zuerst angreifenden *Invincible* wurden 32 Schußverletzungen festgestellt, so daß sie durch *Inflexible* entlastet werden mußte. Diese wurde nicht weniger als 600 ihrer 30,5-cm-Granaten los, von denen aber nur 20 trafen. Überhaupt schossen die Engländer erbärmlich, und es war einfach jammervoll, daß sie zwei Stunden brauchten, um das tapfer kämpfende deutsche Schiff niederzuringen. Der Aufenthalt auf *Gneisenau* wurde nachgerade zur Hölle, die beiden vordersten Schornsteine brachen krachend gegeneinander zusammen, die eisernen Masten wälzten sich inmitten eines dichten Drahtgewirrs am Boden, das Oberdeck war derartig zerfetzt, daß es buchstäblich nur noch aus Löchern bestand und jeden Verkehr auf dem Schiff unmöglich machte. Es war furchtbar. Auf Deck lebte niemand mehr, alle Geschütze waren bis auf eines unbrauchbar oder ohne Munition, der Befehlsturm war von einer 30,5-Lyddit-Granate über Bord geschleudert worden, fast sämtliche Maschinen unbrauchbar, das Hinterschiff brannte lichterloh. Wahrscheinlich wäre *Gneisenau* schon früher völlig ausgebrannt, wenn nicht die daneben ununterbrochen ins Meer hagelnden englischen Granaten beständig haushohe Wassersäulen über Bord geschleudert und dadurch das ausgebrochene Feuer selbst immer wieder gelöscht hätten. Um halb 6 Uhr glaubte Admiral Sturdee mit dem hartnäckigen Gegner fertig zu sein und befahl die Einstellung des Feuers. Aber sofort begann *Gneisenau* aus dem allein noch kampffähigen Heckgeschütz seine letzten Granaten zu verschießen. Daraufhin gingen die drei englischen Schiffe ganz dicht heran, um dem deutschen den Rest zu geben. *Gneisenau* lag schon so stark über, daß die Leute sich kaum noch auf dem Schiff zu halten vermochten, aber die Toppflaggen wehten noch, während die achtern weggeschossen war. Die Deutschen selbst beschleunigten jetzt den Untergang ihres Schiffes, indem sie die Torpedoräume voll Wasser laufen ließen. Dann sprangen die noch lebenden Mannschaften mit Rettungsgürteln und Hängematten über Bord. Ein großer Teil wurde von den Engländern aufgefischt, doch starben 14 davon alsbald an Bord der *Invincible*, und wurden am folgenden Tag auf See mit allen militärischen Ehren bestattet. Die Überlebenden sahen noch tränenden Auges, wie ihre alte, schöne *Gneisenau* kieloben in das gurgelnde Wasser sank.

Zur Verfolgung und Unschädlichmachung der drei kleinen deutschen Kreuzer hatte der englische Admiral gleich nach Eröffnung des Feuers drei seiner Schiffe (*Cornwall*, *Glasgow* und *Kent*) abgezweigt. *Leipzig*, die die geringste Geschwindigkeit hatte, wurde zuerst eingeholt und zum Stehen gebracht. Vergeblich suchten *Nürnberg* und *Dresden* ihr Hilfe zu bringen. *Dresden*, die drei Knoten schneller lief als ihre Schwesterschiffe, entkam. Dagegen wurde *Nürnberg* durch *Kent* von 5 Uhr nachmittags ab auf nur 3 km Entfernung mit verheerender Wirkung beschossen, hatte selbst um halb 7 Uhr die letzte Munition verbraucht und versank eine Stunde später, nachdem die Aufforderung zur Übergabe trotzig abgelehnt worden war. Noch im Sinken schwenkten die Mannschaften die deutsche Flagge. *Kent* rettete zwölf von ihnen, von denen aber nur sieben am Leben blieben. Nunmehr gesellte sich *Kent* der *Glasgow* bei, die noch immer mit der *Leipzig* in erbittertem Kampf lag. Der doppelten Übermacht aber war der deutsche Kreuzer nicht länger gewachsen. Bis auf 1 km gingen die Engländer an ihn heran und überschütteten ihn mit Geschossen. Als die *Leipzig*, völlig in Feuer eingehüllt, im Begriff war, unterzugehen, stellte *Glasgow* das Feuer ein und ließ Boote herab, um die Schiffbrüchigen aufzunehmen. In diesem Augenblick feuerte jedoch *Leipzig*, die davon nichts wahrnahm, in der Hitze des Gefechtes noch einmal, das Geschoß platzte auf dem Deck des Engländers und verwundete mehrere Leute. Daraufhin brachte *Glasgow* durch eine volle Breitseite den Gegner vollends zum Sinken. Es war viertel 10 Uhr abends. Als der Kreuzer schon kieloben trieb, kletterte noch ein Matrose aus dem Wasser auf den Schiffsrumpf, schwang die deutsche Flagge und versank dann unter Hurrarufen mit dem Schiff in der unersättlichen Tiefe des Ozeans. Ein chilenischer Seeoffizier konnte nicht Worte der Bewunderung genug finden für solches Heldentum.

Erwiesen ist, daß mehrere der bei den Falklandinseln tätig gewesenen Schiffe bald darauf zur Ausbesserung der erlittenen Beschädigungen für längere Zeit in Gibraltar in Dock gehen mußten. Recht verdächtig ist es auch, daß englische Offiziere in Montevideo sich merkwürdig wortkarg und verdrossen zeigten und so gar nichts von echter Siegesfreude an sich hatten. In London aber brach auf die Siegesnachricht hin ein ähnliches Triumphgeschrei aus wie nach der Vernichtung unserer unvergeßlichen *Emden*, obwohl der mit brutaler Zahlenübermacht errungene Sieg keine Heldentat war und die englische Flotte keinerlei Ursache hat, auf den 8. Dezember 1914 besonders stolz zu sein. Der Lorbeer gebührt hier zweifellos den glorreich Unterlegenen: Die Seeschlacht bei den Falklandinseln ist unser Tsingtau zur See.

Originalbericht über die letzten Stunden S.M.S. »Wiesbaden«

Am 31. Mai 1916, nachmittags 4 Uhr, war ich auf Wache gezogen. Zwischen 4.30 und 5 Uhr war Alarm. Meine Station war im Zwischendeck. Zuerst kam das Signal: »Achtung, Feind an Steuerbord!«

Wiesbaden fuhr mit *Elbing, Pillau, Frankfurt* zusammen als letztes Schiff in der vordersten Aufklärung. Zunächst waren nur unsere Panzerkreuzer im Kampf. Ich sah »von der Tann«, als sie aus der Linie bog und signalisierte. Dann kam plötzlich Befehl: »Gefecht an Backbord!« Es erfolgte gleich eine schwere Erschütterung im Schiff und Befehl: »Rauch und Gasgefahr im Mittelschiff Abteilung VI!«

Wiesbaden hatte kurz vorher mit Schießen angefangen. Durch Postenkette kam nun der Befehl: »Beide Maschinen äußerste Kraft voraus!« Hieraus war mir ersichtlich, daß die Telegraphen und sonstigen Signalmittel nach der Maschine bereits zerstört waren. Da keine Antwort zurückkam: »Backbordmaschine äußerste Kraft voraus!« Dann wurde zurückgerufen: »Backbordmaschine gibt keine Antwort!« Jetzt: »Große Dampfgefahr, Kompaßtelephon wieder in Ordnung!« Der nächste schwere Treffer war in Abteilung IX auf Oberdeck. Die Granate schlug durch das Deck, aber nicht durch das Panzerdeck. Später folgten viele schwere Treffer und achtern in Abteilung II anscheinend ein Torpedotreffer. Denn das ganze Schiff wurde erschüttert und hochgehoben. Darauf erfolgte bald der Befehl: »Alle Mann aus dem Schiff.«

Ich lief nach oben durch Abteilung VI. Auf Oberdeck sah es wüst aus. Der Steuerbord-Hängemattkasten war vollkommen durchschossen und die Hängematten zerfetzt. Die Geschützmannschaften lagen tot an ihren Geschützen. Das Deck war aufgerissen und durchlöchert. Es war scheinbar Feuerpause eingetreten, denn der Feind schoß nicht – die Uhr mag 6.30 gewesen sein. Ich holte mir eine Schwimmweste und lief nach dem achteren Geschütz. Nur die Steuerbordseite war passierbar. Jetzt schlugen wieder Granaten schnell hintereinander ein. Wir wurden von aufspritzendem Wasser naß, das so mit Gas gemischt war, daß wir ganz gelb wurden. Unsere Schiffe kamen etwas näher,

Der größte amerikanische Flugzeugträger.

Der erste deutsche Atomfrachter »Otto Hahn« erhält auf der Kieler Howaldtswerft seine letzte Ausrüstung.

Dieses in der Sowjetunion gebaute Tragflügelboot ist 27 Meter lang und erreicht eine Geschwindigkeit von nahezu 70 Stundenkilometer.

entfernten sich dann aber wieder. Wir hatten schon gehofft, daß wir gerettet würden. Jetzt trat wieder eine kleine Feuerpause ein. Diese benutzten wir, da alle unsere Geschütze zerstört waren, um schnell die an Deck befindlichen Granaten und Kartuschen über Bord zu werfen und einige Kameraden aus dem Wasser zu retten. Unsere Schiffe der König-, Ostfriesland- und Nassauklasse kamen nochmals näher, schwenkten dann aber wieder ab. Ein Torpedoboot morste uns an, wir konnten aber keine Antwort geben. Der Feind schien im Halbkreis um uns herum, zog dann in der Richtung unserer Schiffe ab. Genau gesehen habe ich nur zwei englische Schiffe mit je vier Schornsteinen, aber viele Rauchfahnen.

Mittlerweile war es dämmerig geworden. Wir Unverwundeten (etwa 30 Mann) verbanden nun unsere Verwundeten, darunter den am Kopf schwer verwundeten Ersten Offizier, Kapitänleutnant Walter Berger (der Kommandant, Kapitän zur See Fritz Reiß, alle übrigen Offiziere und Ingenieure waren gefallen), und legten sie an Steuerbordseite auf Hängematten. Dann holten wir trockene Sachen und etwas zu essen und zwei Flaschen Wein für die Verwundeten.

Gegen 3 Uhr morgens legte sich S. M. S. *Wiesbaden* etwas mehr nach Steuerbord über. Schwimmflöße waren bereits achtern heruntergelassen. Es war schon ziemlich hell. Ein Kreuzer und ein Zerstörer mit je vier Schornsteinen kamen in Sicht, nahmen aber keine Notiz von uns. Das Schiff legte sich immer mehr über. Während wir alle achtern herunter auf Flöße gingen, war ganz ruhig plötzlich *Wiesbaden* mit wehender Flagge verschwunden.

Ich hing an dem einen Schwimmfloß mit etwa zehn Mann. Mir wurde übel, so daß ich mich übergeben mußte, dann war ich wieder ganz klar. Allmählich ließen die Kräfte nach, einer nach dem andern ließ los. Schließlich waren wir noch drei Mann. Dann setzten wir uns auf das Floß. Plötzlich kippte es um, einer kam dabei nicht wieder hoch. Im Laufe des Tages kippte das Floß mindestens noch 20- bis 30mal um. Ein anderes Floß, mit drei Mann darauf, haben wir noch lange gesehen. Gegen Abend war ein Dampfer in weiter Ferne in Sicht. In der nun folgenden Nacht setzte Sturm und Regen ein. Unser Floß kippte wieder mehrere Male um. Im Morgengrauen sahen wir einen Kreuzer und mehrere Torpedoboote zwischen 9 und 10 Uhr vormittags drei Dampfer in weiter Ferne. Mittags kam die Sonne durch. Gegen Abend kam ein Dampfer etwas näher, beim Winken kenterte das Floß. Der Heizer, der noch mit mir auf dem Floß war, konnte nicht mehr hochkommen. Ich griff nach ihm, bekam aber nur seine Mütze, in der »Martin« stand. Ich konnte ihm nicht mehr helfen. Als ich allein war, wurde es noch schlimmer, weil das Floß immerfort kenterte. Schließlich legte ich mich lang darauf hin. Abends spät, als ich so in dumpfem Hinbrüten gelegen hatte, kam ein Dampfer ganz nahe heran. Ich winkte, er sah mich und versuchte, mich zu retten. Beim dritten Versuch gelang es mir, durch ein zugeworfenes Tau an Bord zu kommen.

Der einst so friedliche Ozean

Am 3. September 1939, kurz vor neun Uhr abends, kreuzte etwa 300 Kilometer nordwestlich von Irland das deutsche Unterseeboot U-30, kommandiert von dem jungen Oberleutnant zur See Fritz Lemp.

Die Kriegserklärung Großbritanniens an das Deutsche Reich war erst einige Stunden zuvor durch den Äther gekommen, und Lemp wußte, daß er die Chance, aber auch die Verantwortung der ersten Kriegshandlungen mittrug. Sie würden von der Weltöffentlichkeit stärker beachtet werden als alles, was nachher kam, sie würden die Haltung der Neutralen beeinflussen, sie würden die Urteile über dieses neue Deutschland in seinem ersten Krieg vielleicht für alle Zeiten festlegen.

Wenn Lemp dies alles überhaupt bedachte, so richtete er sich jedenfalls nicht danach, als ihm ein großer Doppelschraubendampfer mit beträchtlicher Geschwindigkeit vor die Torpedoausstoßrohre lief. Die *Athenia* der Cunard-Line war mit einer Länge von 160 Meter und einer Wasserverdrängung von vierzehntausend Tonnen einer jener fetten Brocken, durch die ein U-Boot-Kommandant sein Saldo an versenkter Tonnage beträchtlich aufpolieren konnte, und vermutlich war es das, was Lemp in diesem Augenblick am meisten interessierte: der eben begonnene Krieg, die eben in die Welt getretene Chance der Auszeichnungen, der außertourlichen Beförderung, des Händedrucks vom Führer und was dergleichen mehr einem erfolgreichen Kommandanten bevorstand.

Auf tausend Meter Entfernung lief der Fächer mit drei Torpedos auf die *Athenia* zu. Es war dunkel geworden, aber es ließ sich erkennen, daß ein Torpedo hinter dem schnellen Schiff vorbeilaufen würde, daß der zweite Torpedo aber gute Treffchancen am Heck der *Athenia* hatte. Ein Torpedo ist kein Geschoß, sondern ein Miniaturschiff, das nur aus seinem Motor und sehr viel Sprengstoff besteht. Während U-30 tiefer tauchte, wurde am Hörgerät der Aufprall und gleich darauf die Explosion des Torpedos festgestellt. Es war der erste Torpedotreffer des Zweiten Weltkriegs, und er kostete ausschließlich Zivilisten das Leben: 112 Menschen starben in den von der Detonation des Sprengsatzes aufgerissenen Räumen. Achtzig davon waren Frauen und Kinder, neunzehn Mann gehörten der Schiffsbesatzung an.

Zum Glück für die *Athenia* und, wie man sagen muß, auch für Lemp, war die Schiffsführung in guten Händen. Der Kapitän mit dem berühmten Namen James Cook behielt einen klaren Kopf, auch als die tausend Passagiere an Bord drängten, auch als sich erwies, daß nicht alle Schottentüren dicht hielten, so daß die *Athenia* starke Schlagseite bekam und nur etwa die Hälfte der Rettungsboote eingesetzt werden konnte. Die See westlich von Irland war noch stark belebt, der Funkspruch mit dem SOS und der Standortangabe rief ein halbes Dutzend Schiffe heran, von denen das erste noch vor Mitternacht eintraf.

Nur dadurch blieb es bei den Toten der Explosion; bei unruhiger See oder im Winter, bei niedrigen Wassertemperaturen, hätte es Hunderte, ja vielleicht tausend Tote geben können, und ein neuer Fall *Lusitania*, eine Katastrophe vom Ausmaß des *Titanic*-Desasters wäre zu Lasten der deutschen U-Boot-Waffe und der Seekriegsführung Hitler-Deutschlands gegangen.

Die Aufregung in aller Welt war auch so groß genug. Unter den Toten waren Kanadier, Polen, Deutsche, und keiner von ihnen hatte auch nur das geringste mit dem eben ausgebrochenen Krieg zu schaffen gehabt. Sie hatten nur die Gefahrenzone verlassen wollen, und das eben war nicht mehr gelungen. Der Verstoß gegen Artikel 2 des Londoner Seerechtsvertrags war offenkundig, in dem es hieß:

»Bei ihrem Vorgehen gegen Handelsschiffe müssen sich Unterseeboote an die Vorschriften des Völkerrechts halten, die auch für die anderen Schiffe Geltung haben. Abgesehen von dem Fall, daß der Aufforderung, anzuhalten und sich durchsuchen zu lassen, nicht Folge geleistet oder sogar aktiver Widerstand entgegengesetzt wird, ist es einem Kriegsschiff sowohl einem Überwasserschiff als auch einem Unterseeboot verboten, ein Frachtschiff zu versenken oder navigationsunfähig zu machen, ohne daß zuerst Passagiere, Mannschaften und Schiffspapiere an einen sicheren Ort gebracht werden, es sei denn, die Sicherheit von Passagieren und Mannschaften ist durch die Nähe von festem Land oder durch die Gegenwart eines anderen Schiffes, das sie an Bord nehmen kann, gewährleistet. Auch müssen See- und Wetterverhältnisse günstig sein.«

Von allen diesen Forderungen trafen nur die beiden letzten einigermaßen zu,

Schematische Darstellung eines großen deutschen U-Boots.

obwohl auch hier das Nachtdunkel die Rettungsmaßnahmen und das Beisammenbleiben der Boote erschwerte. Hätte ein weiterer Torpedo getroffen, so daß die *Athenia* schneller gesunken wäre, hätte es zweifellos sehr viele Tote gegeben.

Nicht ganz einen Monat nach diesem Ereignis, am 1. Oktober 1939, befahl die britische Admiralität allen englischen Handelsschiffen, gesichtete Unterseeboote anzugreifen und nach Möglichkeit durch Rammstoß zu versenken. Hitler reagierte darauf ungewohnt langsam, indem er am 17. Oktober eine Art uneingeschränkten U-Boot-Krieg proklamierte, von dem lediglich Passagierschiffe ausgenommen blieben. Der *Athenia*-Zwischenfall vom ersten Kriegstag saß ihm also noch in den Knochen, obwohl nicht er, sondern nur Oberleutnant Lemp am Periskop seines Unterseeboots die Panikszenen verfolgt hatte, zu denen es auf der sinkenden *Athenia* und in den überfüllten Rettungsbooten gekommen war.

Damit war der Zweite Weltkrieg schon sechs Wochen nach seinem Beginn bei jenem uneingeschränkten Unterseebootkrieg angelangt, zu dem sich die kaiserliche Marine des Ersten Weltkriegs erst nach langem Zaudern entschlossen hatte. Auch in vielen anderen Belangen schien dieser Krieg, der nur zwanzig Jahre nach dem Ende des Ersten begonnen hatte, dort anzuknüpfen, wo die alte Reichsmarine aufgehört hatte, oder Vorgänge aus dem Ersten Weltkrieg zu wiederholen – nicht nur auf deutscher, sondern auch auf britischer Seite.

Das begann in Einzelheiten, bei den seltsamen Parallelschicksalen jener Schiffe, die gleiche Namen wie berühmte Schiffe aus dem Ersten Weltkrieg trugen. Der schwere Kreuzer *Blücher* sank wie sein Vorgänger, die schnelle *Glasgow* spielte in der Jagd auf die *Bismarck* die gleiche Rolle wie der gleichnamige britische Kreuzer aus dem Ersten Weltkrieg bei der Verfolgung des deutschen Kreuzergeschwaders. Und das Panzerschiff *Admiral Graf Spee* endete am 17. Dezember 1939 durch Selbstsprengung in den Gewässern, in denen beinahe auf den Tag genau fünfundzwanzig Jahre zuvor der Mann den Tod gefunden hatte, dessen Namen es trug.

Wichtiger und folgenreicher waren die Parallelen auf allerhöchster Ebene, im Gesamtverhältnis der Deutschen zu den Briten, der deutschen Führung zu England. 1914 hatte die kaiserliche Regierung alles versucht, England aus dem Krieg herauszuhalten und war sogar bereit gewesen, auf die Besetzung der französischen Atlantikküste zu verzichten, was einen sehr schwierigen Vormarsch mit offenen Flanken nach sich gezogen hätte. Und als trotz aller Zusicherungen aus Berlin Großbritannien in den Krieg eintrat, mußte der Reichskanzler von Bethmann-Hollweg gestehen, daß ihm seine Politik zusammenbreche wie ein Kartenhaus.

Am 3. September 1939 war es Dr. Paul Schmidt, Chefdolmetscher des Auswärtigen Amtes, der in Abwesenheit Ribbentrops den britischen Botschafter Henderson empfing, von diesem das Ultimatum der britischen Regierung entgegennahm und es Hitler überbrachte. Nach Schmidts Memoiren sagte Hitler, als er den Text vernommen hatte, zwar nicht gerade das, was Bethmann-Hollweg geäußert hatte, aber er blickte Ribbentrop (der bis zuletzt einen Kriegseintritt Englands für ausgeschlossen erklärt hatte) vorwurfsvoll an und sprach dann die ebenfalls historisch gewordenen Worte: »Was nun ... ? Was soll jetzt geschehen?« – Worauf Außenminister Ribbentrop die lichtvolle Antwort gab: »Jetzt kann jeden Augenblick auch das französische Ultimatum eintreffen.«

Der Kriegszustand mit England war also 1939 genauso wenig erwartet oder gar herbeigewünscht worden. Deutschland hatte in beiden Fällen als ausgesprochene Kontinentalmacht gehandelt und war bereit gewesen, das Risiko einer kriegerischen Auseinandersetzung mit Frankreich auf sich zu nehmen. Der Konflikt mit der Seemacht Großbritannien jedoch sollte vermieden werden. Daß er 1939 dann dennoch nicht vermieden wurde, war eine reine Pre-

Sir Charles A. Parsens ist der Erfinder der Überdruck-Dampfturbine. Auch sein Schiff »Turbinia« stattete er mit jenen Turbinen aus, die sich seit 1900 zu den bedeutendsten Großkraftmaschinen entwickelten.

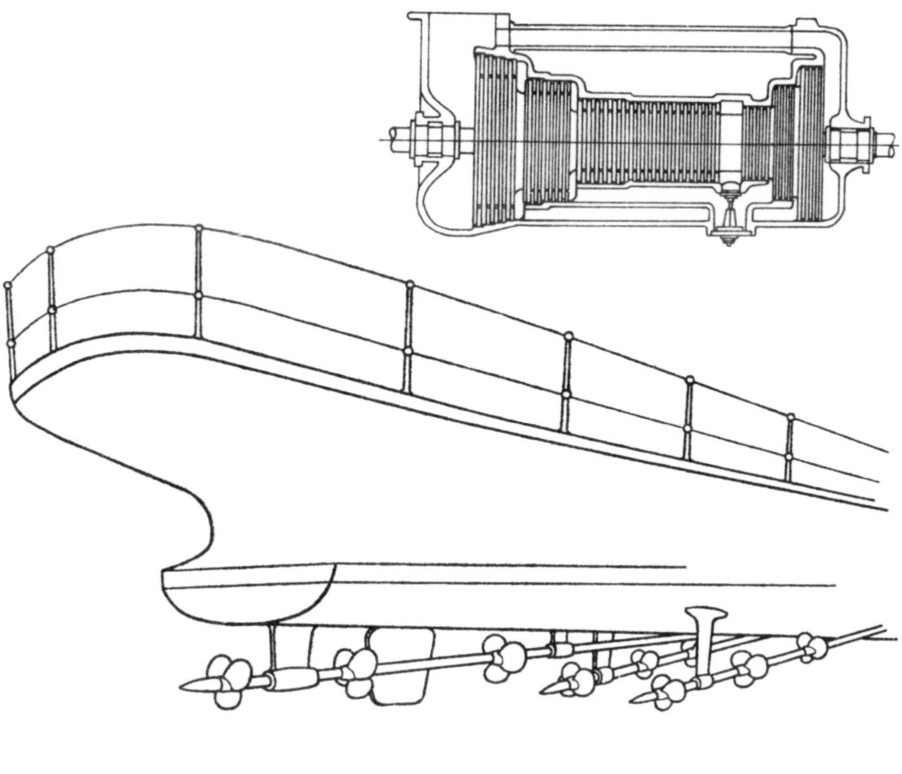

stigereaktion, in der die alten wilhelminischen Formeln von Würde und Ehre den Ausschlag gaben. Um sein Gesicht nicht zu verlieren, hatte Hitler genauso sinnwidrig gehandelt wie Wilhelm II.
Dennoch erschien die Ausgangslage des Deutschen Reiches durch den Vertrag mit der Sowjetunion ungleich günstiger als die des Wilhelminischen Deutschland, und die raschen Erfolge in Frankreich brachten mit den westfranzösischen Häfen Operationsbasen vor allem für deutsche Unterseeboote in die Hand des Reiches, wie sie im Ersten Weltkrieg nie zur Verfügung gestanden waren.
Ein weiteres günstiges Moment war die zumindest als ebenbürtig anzusehende deutsche Luftwaffe, die auf einem sehr wichtigen Waffengebiet das Gleichgewicht im Nordseekrieg herstellte – freilich nur für die ersten Kriegsjahre.
Dennoch war nach etwa der gleichen Kriegsdauer wie im Ersten Weltkrieg die deutsche Flotte 1945 so gut wie vernichtet, ohne daß es je zu einem Großkampftag wie dem der Skagerrak-Schlacht gekommen wäre. Die Flotte, deren Stärke im deutsch-britischen Flottenabkommen auf 35 Prozent der englischen festgesetzt worden war, bestand im Augenblick der allgemeinen Kapitulation nur noch aus den Kreuzern *Prinz Eugen* und *Nürnberg*, dazu vierzehn Zerstörern und zwölf Torpedobooten.
Auf der Habenseite dieser Schlußbilanz stehen die ungeheuren Verluste der gegnerischen Handels- und Transporterflotten mit 21 Millionen Bruttoregistertonnen, das heißt, die versenkte Tonnage entsprach etwa der heutigen Gesamttonnage der britischen oder auch der US-amerikanischen Handelsflotte.
Doch zwei Drittel dieses außerordentlichen Erfolges, der im März 1943 England an den Rand der Niederlage brachte, geht auf das Konto der deutschen Unterseeboote, nur ein Drittel versenkten die Luftwaffe und die Überseestreitkräfte gemeinsam.
Warum das so gekommen ist, das ist im Fall des Zweiten Weltkriegs viel genauer und offener und zweifellos auch objektiver untersucht worden als die Ursachen der Niederlage zwanzig Jahre zuvor. Denn während 1919 ganz Deutschland, durch Versailles tief getroffen, gemeinsam an der Niederlage trug, hat sich das geteilte Deutschland nach dem Zweiten Weltkrieg von Hitler und der Niederlage innerlich zu distanzieren vermocht. Dolchstoßlegenden, Bücher mit dem offenen oder geheimen Revanchegedanken oder mit der Tendenz »Im Felde beziehungsweise zur See unbesiegt« sind seit 1945, soweit sie in obskuren Verlagen erscheinen konnten, von der Öffentlichkeit nicht beachtet und von der Jugend gar nicht angenommen worden. Hingegen haben sehr bald wissenschaftliche Untersuchungen über die Ursachen der Niederlage zu Land und besonders auch zur See begonnen, Untersuchungen, die sich in einem höheren Maß, als dies in den zwanziger Jahren der Fall gewesen war,

auf authentisches Material aus den Archiven der deutschen und der Gegenseite stützen konnten.
Die Vielzahl dieser Untersuchungen hat zwar nicht alle Unklarheiten beseitigen können und sogar einzelne Widersprüche in die Welt gesetzt. So schwanken zum Beispiel die Angaben über die Zahl der Toten bei dem von uns kurz reportierten *Athenia*-Fall zwischen 80 und 112, und sogar für das Ende der *Bismarck* gibt es in ernstzunehmenden Handbüchern zwei Versionen: Gekentert nach Torpedotreffern – Gekentert nach Selbstsprengung.
Sieht man von diesen und anderen Einzelheiten ab, so lassen sich aber einige wesentliche Übereinstimmungen über die Hauptursachen der deutschen Niederlage zur See herausschälen, sehr verschiedenartige Ursachen, die an gewissen Krisenpunkten des Zweiten Weltkriegs dann kombiniert auftraten:

1. Wird man Hitler auch nicht als den größten Feldherrn aller Zeiten ansehen können, so ist doch einzuräumen, daß er sich im Lauf der Kriegsjahre dank seines fast ständigen Aufenthalts im Führerhauptquartier und der Teilnahme an zahllosen Lagebesprechungen gewisse Führungskenntnisse auf dem Gebiet der Landstreitkräfte angeeignet hat. Seine starke rezeptive Intelligenz war im Stapeln von Fakten und Daten der mancher Generalstäbler überlegen, und er dachte, wenn auch nicht richtiger, so doch oft schneller als mancher seiner ergrauten Marschälle.
Hingegen gelang es Hitler nie, ein ähnliches Verhältnis positiv-einfühlenden Interesses auch zur deutschen Flotte zu gewinnen, was vielleicht auch daran lag, daß er bei Besprechungen über diesen Wehrmachtsteil naturgemäß mit Männern zu tun hatte, die ihm stammesmäßig sehr fern standen. Während ihm der Militarismus in seiner reinsten, der preußischen Ausprägung beinahe als ein Ideal erschien, fand er zum Hanseatengeist niemals Zugang, da diese niederdeutsche Weltoffenheit den provinziellen Denkgewohnheiten des niederbayrisch-oberösterreichischen Grenzgebietes vollkommen fremd sein mußte.
Was man nicht schätzt, findet man teuer. Daß die Unterseeboote ein Mehrfaches ihrer Baukosten durch die versenkte Handelstonnage hereinbrachten, leuchtete Hitler ein, weswegen nach und nach die U-Boot-Bauprogramme sich dem näherten, was Dönitz verlangte. Die Milliarden jedoch, die Schlachtschiffe von der Größenordnung *Bismarck* oder *Tirpitz* in der Konstruktion und in der Erhaltung kosteten, kamen natürlich im Handelskrieg, um den es 1939 bis 1945 in erster Linie ging, nicht mehr herein.
Hitler geizte zunächst mit diesen teuren Schiffen, die auch mit ihren über 100000 PS liegenden Maschinen Unmengen des kostbaren Treibstoffs verbrauchten, und später, als die endlich erfolgten Einsätze nicht die erhofften Erfolge brachten, verlangte Hitler von Raeder sogar die Stillegung dieser Giganten, den Ausbau ihrer Geschütze für den Atlantikwall und ähnliches.

Der Führerbefehl, daß die großen Einheiten nach Möglichkeit jedes Risiko vermeiden sollten, lähmte die Überwasserflotte bei den wenigen sich bietenden guten Gelegenheiten, im Geleitzugkampf Erfolge zu erzielen, und schuf für jeden einzelnen Kapitän auf See jenes Unsicherheitsgefühl, das ungeliebte Kinder stets neue Fehler begehen läßt. Ein überdeutliches (aber nicht das einzige) Beispiel dafür war die Silvesterschlacht 1942 im Nordmeer, bei der überlegene deutsche Kräfte des Einsatzrisikos wegen einen großen Murmansk-Geleitzug laufen ließen, was wenig später zum Rücktritt von Großadmiral Dr. h. c. Raeder und der Übernahme seines Amtes durch den Führer der U-Boote Admiral Dönitz führte.

2. Obwohl die Witterungsverhältnisse in der Nordsee den Einsatz der Luftwaffen nicht so begünstigten wie im pazifischen Krieg zwischen den Vereinigten Staaten und Japan, wurde doch auch im britisch-deutschen Kräftemessen deutlich, daß in den Flugzeugen allen Schiffen, auch den Unterseebooten, ein übermächtiger Gegner herangereift war. Die im Landkrieg so revolutionär mit Panzerkeilen und offenen Flanken operierende deutsche Wehrmacht, die tatsächlich einen neuen Stil des Angriffskrieges entwickelte, lag hinsichtlich der Marinerüstung hoffnungslos hinter dem Stand der Dinge zurück. Sie verfügte nicht einmal über leichte Flugzeugträger, und die Zusammenarbeit zwischen Marine und Luftwaffe war, nicht zuletzt durch die Arroganz des Reichsmarschalls Göring, so schlecht, daß am 22. 2. 1940 sogar zwei deutsche Zerstörer durch eigene Flugzeuge in der Nordsee versenkt wurden.
Natürlich wußten die Deutschen, daß Japaner, Amerikaner und Briten Flugzeugträger besaßen und weitere bauten, so, wie die Sowjetunion dies heute von der NATO weiß und dennoch keine Flugzeugträger besitzt. Es ist eine Frage des Konzepts, und man hätte in einem so kleinen Operationsgebiet wie der Nordsee vor allem nach der Eroberung Frankreichs, durch entsprechende Koordinierung oder Unterstellungen unter Marinebefehl, der Flotte den nötigen Schutz aus der Luft geben können. Aber wie sollte die Marine, das Stiefkind des Führers, derlei gegen Göring, den zweiten Mann im Staat, durchsetzen?
So ging Ende Mai 1941 die *Bismarck* hart an der Grenze des Operationsbereichs deutscher Jäger westlich der französischen Küstenbasen im wesentlichen durch die unausgesetzten Angriffe von Torpedoflugzeugen verloren, ganz zu schweigen von den schweren Schäden an im Hafen liegenden großen Einheiten, die durch Bombardierungen hervorgerufen wurden (*Tirpitz* 12. 11. 1944 Totalverlust; *Gneisenau* Juli 1942 außer Dienst gestellt; *Admiral Scheer* 9. 4. 1945 Totalverlust; *Lützow* 3. 5. 1945 Totalverlust. Zu diesen Schlachtschiffen kamen noch die Kreuzer *Köln*, *Königsberg* und *Emden* und zahlreiche kleinere Einheiten).

3. Neben der britischen Luftwaffe und den Flugzeugträgern machte sich die schnell eingeführte Radar-Ausrüstung der gegnerischen Schiffe in der Abwehr von Unterseebooten und im Aufspüren von Überwasserstreitkräften von Monat zu Monat deutlicher bemerkbar. Verrieten sich die deutschen Unterseeboote zunächst durch das – wenn auch auf ein Minimum beschränkte – Funken, durch das sie andere Boote gegen die Geleitzüge heranriefen, so half ihnen bald auch die strikteste Funkstille nichts mehr: Sie erschienen, auch wenn sie tief getaucht fuhren, deutlich auf den Radarschirmen der britischen Zerstörer, U-Bootjäger und sogar der Handelsschiffe. Die immer raffinierter ausgestatteten Wasserbomben besorgten dann den Rest.
In dem U-Boot-Hauptstützpunkt Lorient an der bretonischen Südküste herrschte darum in den letzten Kriegsjahren eine höchst merkwürdige, gelegentlich sogar unwirkliche Stimmung, wußten doch die Besatzungen heimgekehrter U-Boote, daß sie höchstens eine Chance von 1:10 hatten, noch eine zweite Feindfahrt lebend zu überstehen. Diese Erkenntnis schlug sich bezeichnenderweise nicht in Befehlsverweigerungen nieder, wie sie im Oktober 1918 in der kaiserlichen Kriegsmarine, und zwar in allen Liegeplätzen, die Einsätze beendeten, sondern in jenem leichten Rausch, der die Todesnähe durch hektischen Lebensgenuß überspielen will. Disziplinare Maßnahmen dagegen wurden so gut wie gar nicht versucht; welchen Erfolg konnte es auch haben, ohnedies todgeweihte Mannschaften für ein paar Wochen in eine Arrestzelle zu stecken. Denn von 1168 deutschen Unterseebooten gingen nicht weniger als 817 verloren...
Vizeadmiral Friedrich Ruge hat in seinem wiederholt aufgelegten Buch über den Seekrieg zwischen 1939 und 1945 festgestellt, daß sowohl England als auch Deutschland im Zweiten Weltkrieg in allen Schiffsgattungen höhere Verluste erlitten als 1914 bis 1918, und das, obwohl es doch zu keinen großen Seeschlachten im herkömmlichen Sinn gekommen ist – die Ursache für diese hohen Verluste ist demnach bei der Einwirkung aus der Luft zu suchen, die ein völlig neues Moment in der Seekriegführung darstellt, eine Revolution, die vermutlich an Bedeutung sogar über das Auftreten der Unterseeboote hinausgeht.

Scharnhorst (1942)

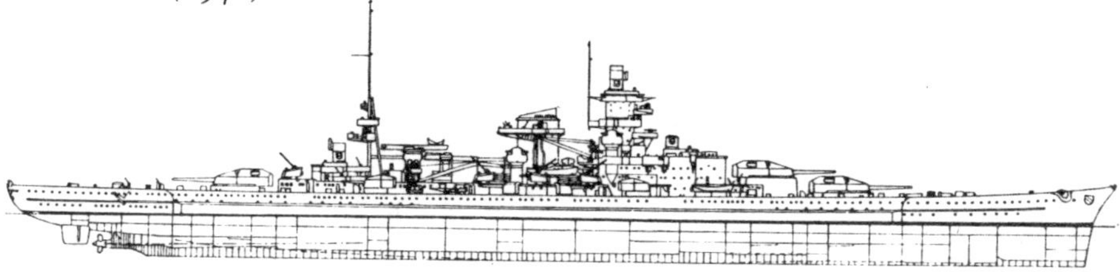

Die großen Seeschlachten, zu denen es in der Nordsee nicht gekommen ist, lieferte in einem bis dahin nicht gekannten Ausmaß der Pazifik-Krieg zwischen den Vereinigten Staaten und Japan, ein Seekrieg, wie er so weiträumig und so neu in seinen Methoden beinahe utopisch wirkt. Hier gab es keine Parallelen zum Ersten Weltkrieg, hier gab es sogar zum Verlauf der Schlacht um England nur sehr wenige Berührungspunkte, hier war, vom Gegner angefangen, über den Kampfplatz bis hin zu den Operationen selbst alles anders; hier wurde der 1939 ausgebrochene Krieg erst wahrhaft zum Weltkrieg, und zwar in einem viel höheren Maße, als dies 1914 bis 1918 der Fall gewesen war. Der Große Ozean, auch Pazifik oder der friedliche genannt, hatte bis dahin nicht eben viel Geschützdonner gehört, und die berühmtesten Kanonen, die man zu sehen bekommen hatte, waren diejenigen, die von Schiffen stammten, die vor den Korallenriffen gesunken waren und von Perlentauchern heraufgeholt wurden. Seit Francis Drake und Genossen war hier relativ wenig herumgeballert worden.

Mit dem Überfall auf Pearl Harbour, die amerikanische Flottenbasis auf Hawaii am 8. Dezember 1941, brüllte der Krieg mitten im Pazifik auf. Das einmalige Geschehen ist oft geschildert worden. Wir haben es alle bei James Jones gelesen und auf der farbigen Breitwand zahlreicher Filme gesehen: die arglos und ohne Dampf nebeneinander liegenden amerikanischen Kriegsschiffe, die Flugzeugträger der Japaner, die unbegreiflicherweise den weiten Anmarschweg über das Meer ohne Deckungsmöglichkeit zurücklegen konnten, ohne auch nur von einem einzigen Aufklärer gesichtet zu werden.

Dieser Beginn eines echten Krieges zwischen Weltmächten und was unmittelbar auf ihn folgte – die Philippinen, Hongkong, Singapur – könnte in einem utopischen Roman, wie er in den zwanziger Jahren in Mode war, nicht anders geschildert werden, als er sich tatsächlich vollzog, und keine andere Macht als die auf ein ungeheures wirtschaftliches Potential gestützten Vereinigten Staaten hätte die innere Festigkeit und zähe Ausdauer aufbringen können, das, was binnen Wochen verlorenging, binnen Monaten Zug um Zug zurückzuerobern.

Die Karte dieses Krieges liegt deutlich vor uns, denn er wogte nicht von einer Seite zur anderen, er entbrannte nicht um das eine oder andere Fort, sondern er sprang wie ein Lauffeuer von Insel zu Insel und sah nach wenigen Wochen all das in japanischer Hand, was die europäischen Mächte und die Vereinigten Staaten seit Magellan und James Cook an Positionen und Niederlassungen im indopazifischen Raum nach und nach erworben hatten.

Der Wendepunkt kam erst, als die Japaner zum größten und einzig wirklich lohnenden Sprung ansetzten, zum Sprung in den großen, leeren Kontinent Australien, der endlich die hundert Millionen Japaner aus der drangvollen Enge ihres Inselreiches befreien sollte.

Die sogenannte Seeschlacht im Korallenmeer stoppte den japanischen Angriff auf Südneuguinea, auf den einzigen modern ausgebauten Hafen der großen Insel, die Stadt Port Moresby. Es ist eine seltsame Seeschlacht, denn sie wird in der Luft ausgefochten, zwischen den ausschwärmenden Flugzeugen, die von den Trägern aufgestiegen sind. In dieser See-Luft-Schlacht vom 8. Mai 1942 sind die Gegner etwa gleich stark, jeder führt zwei große Träger ins Gefecht und ein Halbdutzend Schwerer Kreuzer. Aber die Japaner müssen durchdringen, während die Amerikaner nur abzuwehren brauchen. Die Japaner müssen an ihre vielen Truppentransporter denken, während die Amerikaner bis auf ein paar Tankschiffe nur Kampfeinheiten zusammengezogen haben. Und darum sind schließlich, zum erstenmal auf diesem Kriegsschauplatz, die Japaner die Geschlagenen.
Nicht einmal einen Monat später, am 4. Juni 1942, kommt es dann zu jener Schlacht bei den Midway-Inseln im Herzen des Pazifik, die allgemein als die Entscheidungsschlacht des Amerikanisch-Japanischen Krieges angesehen wird. Es war eine große Auseinandersetzung ähnlich der Skagerrak-Schlacht. Jeder bot auf, was er in diesem Seegebiet einsetzen konnte, und es war eine Auseinandersetzung, die zumindest die Amerikaner absichtlich und bewußt herbeigeführt haben. Das ist ein auf See ziemlich seltener Vorgang schonungslosen Einsatzes, rücksichtsloses Risiko, das im Verlustfall irreparabel werden mußte, denn Träger und Schlachtkreuzer gleich im Dutzend nachzubauen, das dauert auch auf japanischen oder amerikanischen Werften Jahre ...
Nun, wir brauchen den Bericht über diese oft geschilderte Schlacht nicht mit Spannungsmomenten zu versehen, Kurt Zentner hat es etwas vereinfachend, aber dafür um so übersichtlicher so formuliert:
»Eben sind die Flugzeuge der vier japanischen Flugzeugträger aufgestiegen, um den Gegner zu suchen. Die Sturzkampfbomber und Torpedoflugzeuge werden zu ihrem Schutz von den Jägern begleitet. Solange sie unterwegs sind, müssen die Flugzeugträger sich allein auf ihre Schiffsflak und die der anderen Kriegsschiffe verlassen.
Und ausgerechnet in dieser Zeitspanne erscheinen die amerikanischen Bomber und Torpedoflieger über dem japanischen Verband, von dem der Jagdschutz sie fernhalten sollte. Als die japanischen Flugzeuge zurückkehren, finden sie ihre schwimmenden Landebahnen nicht mehr vor. Drei der japanischen Flugzeugträger hat der Pazifik verschlungen; der schwerbeschädigte vierte wird am nächsten Tag von den Japanern selbst versenkt.«
Der Alptraum der Piloten ist Wirklichkeit geworden. Die Träger, auf denen sie landen sollen, existieren nicht mehr. Und auch auf einer zerbombten Landebahn kann man schließlich nicht niedergehen. Nach den Flugzeugträgern gehen damit auch die Flugzeuge verloren, und fast alle Piloten werden beim Aufschlag auf dem Wasser getötet ... Die neue Wunderwaffe des See-

kriegs hat sich als unendlich verletzlich erwiesen, und dennoch ist sie unentbehrlich.

Es dauert noch weitere drei Jahre, bis die Amerikaner aufgeholt haben, was die Japaner in drei Monaten an sich reißen konnten. Aber nun spricht die Zeit für die Vereinigten Staaten, nun kommt das stärkere Wirtschafts- und Rüstungspotential zum Tragen, nun ist auch der Schock der ersten Kriegsphase überwunden.

Was nun noch kommt, die schweren Seeschlachten vor den umkämpften Inseln, die Begegnungen zwischen den Begleitschiffen der Truppentransporter, der verzweifelte Lufteinsatz Tausende von Kilometern von den Basen entfernt und das Festkrallen der Japaner noch auf dem kleinsten Eiland, all das kann den Ausgang der großen Auseinandersetzung nicht mehr verändern. Im Juni 1944 sind die Amerikaner schließlich so überlegen, daß sie die größte Flotte, die je eines der Weltmeere befahren hat, zusammenziehen und quer über den Pazifik vor die Marianen dampfen können. Es ist eine ganze Völkerwanderung zur See, die alles mit sich führt, was nötig werden kann, bis zum Schwimmdock und Werkstattschiff, mehr als ein halbes Tausend Fahrzeuge, mehr Schiffe, als die Armada von 1588 zählte, mehr Schiffe, als der Sultan bei Lepanto einsetzen konnte.

Mit dieser gewaltigen Streitmacht werden Saipan, Guam und Tinian erobert, Inseln, die zum Teil bis heute unersetzliche Basen der amerikanischen See- und Luftstreitkräfte im pazifischen Raum bilden. Und von Tinian, dem winzigen Inselchen, das noch heute nur siebenhundert Einwohner hat, starten am 6. und 9. August 1945 die Flying Fortresses, die mit den Abwürfen von Atombomben auf Hiroshima und Nagasaki das große Grauen in den Großen Ozean tragen.

Die Berichte aus dem Zweiten Weltkrieg verraten durch die Nüchternheit der Sprache und die größere Fairneß gegenüber dem Gegner, daß die große Auseinandersetzung weitgehend illusionslos und frei von jenen wütenden Engagements geführt wurde, die zumindest den literarischen Niederschlag des Weltkriegs I bis zu dem berühmten Umkippen durch Remarques »Im Westen nichts Neues« beherrschten. Waren auch die deutschen PK-Berichte auf Siegeswillen, Durchhalten und schließlich heroisches Opfer für das Abendland gestimmt, so besitzen wir doch von den journalistisch erfahrenen Briten und Amerikanern ausgezeichnete Schilderungen, die in ihrer Präzision und Kühle dem modernen Maschinenkrieg sehr viel besser entsprechen als die Exklamationen, wie man sie zwischen 1939 und 1945 von deutscher Seite las.

Cecil Browns Darstellung von der Versenkung der »Repulse« und der »Prince of Wales« ist in dieser Hinsicht beispielhaft, wohl auch, weil Brown, ehe er Journalist wurde, als Seemann alle Kontinente kennengelernt hatte und wußte, wovon er sprach. Ein kurzer Bericht aus japanischer Feder schildert den gleichen Vorgang gleichsam aus der Luft. Beide zusammen veranschaulichen uns die neue strategische Lage auf See, wie sie im Zweiten Weltkrieg Tatsache wurde und wie sie wohl noch für Jahrzehnte bei allen Rüstungsministerien das große Dilemma schaffen wird: Das in seiner Herstellung so teure, in seiner symbolischen Bedeutung so schwer zu ersetzende Großkampfschiff ist bis heute gegenüber Angriffen aus der Luft noch nicht hinreichend zu schützen, und ein einziger Torpedo, der sein Ziel erreicht, macht es zur weitgehend hilflosen Zielscheibe für beliebig viele Wellen angreifender Flugzeuge.

Bericht über den Untergang der »Repulse« und »Prince of Wales«

Yomiuri, Tokio, 10. Dezember 1941

Die Witterungsverhältnisse waren für Luftoperationen an jenem Morgen sehr ungünstig. Dunkle Wolken hingen tief über dem Südchinesischen Meer. Unnötig zu sagen, daß die Sicht schlecht war. Niedrig über den japanischen Transportschiffen fliegend, setzte unsere Maschine ihren Aufklärungsflug fort. Wir flogen an der Ostküste der Anambas-Inseln entlang. Am Horizont wurden schwarze Rauchfahnen gesichtet. Durch sorgfältige Aufklärung erkannten wir, daß die Rauchfahnen von der feindlichen Flotte stammten und daß sich unter den Schiffen die *Prince of Wales* und *Repulse* befanden. Der Funker meldete den Standort der feindlichen Flotte an unseren Bomberstützpunkt.

Bomber der Kaiserlichen Marineluftwaffe starteten nach Eingang der Meldung trotz des schlechten Wetters in großen Formationen. Ein großer Teil war mit Torpedos beladen. Unsere Bomber sichteten die britische Fernost-Flotte bald, die unsere Absicht erkannt zu haben schien und mit einer Geschwindigkeit von 30 Knoten im Zickzackkurs hinter dichten Nebelwolken zu entkommen suchte. Die schlechten Sichtverhältnisse hinderten uns daran, die feindliche Flotte weiter zu verfolgen und zwangen uns zu unserem außerordentlichen Bedauern, zu unseren Stützpunkten zurückzukehren.

Am nächsten Morgen wurden die Motoren der Aufklärungsmaschinen und Bomber angelassen und die Drosselklappen so eingestellt, daß sie mehr Touren machten. Unsere Flugzeuge starteten mit der festen Entschlossenheit von ihrem Stützpunkt, die feindliche Flotte heute zu vernichten. Die Sicht war besser als am Vortag, am Himmel waren kaum Wolken.

Wir setzten unseren Flug fort und konnten schließlich wenige Meilen von Kuantan entfernt die *Prince of Wales* und die *Repulse* ausmachen. Sie waren beide das Ziel unserer Torpedos. Unsere Bombergeschwader stürzten sich durch das Flakfeuer auf die beiden feindlichen Schlachtschiffe. Unsere Torpedos trafen ihre Bordwand mit weißglühenden Blitzen, denen schwarze Rauchsäulen folgten.

Rundfunksendung von Cecil Brown, Columbia Broadcasting System

11. Dezember 1941

Hier ist ein Augenzeugenbericht, wie die *Prince of Wales* und *Repulse* ihre Laufbahn im Südchinesischen Meer fünfzig Meilen von der malaiischen Küste und hundertfünfzig Meilen nördlich von Singapur beendeten.
Ich befand mich an Bord der *Repulse* und wurde mit einigen hundert anderen gerettet. Als ich in der dicken schwarzen Ölschicht schwamm, sah ich die *Prince of Wales* wie ein müdes Streitroß auf der Seite liegen und langsam unter Wasser schneiden. Ich habe von 11 Uhr 15, dem Augenblick des ersten japanischen Bombenangriffs, an bis 12 Uhr 31, als Kapitän William Tennant Befehl gab, das Schiff zu verlassen, Tagebuch geführt. Kapitän Tennant, Kommandant der *Repulse* und dienstältester Kommandant der Flotte, sagte durch den Bordlautsprecher: »Alle Mann an Deck. Klarmachen zum Aussteigen. Möge Gott euch schützen.«
Ich sprang vom hochragenden Bord der *Repulse* aus 25 Fuß Höhe ins Wasser. Meine Uhr blieb um 12 Uhr 35 Minuten 30 Sekunden stehen. Die *Repulse* und *Prince of Wales* wurden durch einen kombinierten Bomben- und Torpedoangriff von außerordentlicher Geschicklichkeit und Kühnheit versenkt. Ich stand auf dem Signaldeck ungefähr mittschiffs, als sich die ersten neun japanischen Bomber in 10000 Fuß Höhe schnurgerade ausgerichtet näherten, deutlich abgehoben gegen den wunderbar klaren sonnigen Himmel. Sie flogen direkt über unser Schiff, und unsere Flak bellte wütend und ununterbrochen.
Als die Maschinen gerade über uns waren, schlug die erste Bombe neben der Bordwand ungefähr in Höhe meines Standortes ins Wasser, so nah, daß die Fontäne uns bis auf die Haut durchnäßte. Gleichzeitig traf eine zweite Bombe das Katapultdeck, durchschlug die Stahlplatten und explodierte im Flugzeugschuppen. Sie setzte damit unsere Flugzeuge außer Gefecht. Um 11 Uhr 27 – ich folge meinen Aufzeichnungen – rast das Feuer durch mehrere Abteilungen. Es kann nur mit großer Mühe eingedämmt werden. Die Geschützbedienungen füllen die Munition auf. Sie sind im übrigen sehr kaltblütig und machen zwischendurch Scherze. In den Schornstein, nicht weit von uns entfernt, haben Splitter ein paar ansehnliche zackige Löcher gerissen.
Offenbar sind die Japaner in Längsrichtung über das Schiff geflogen. Jede Maschine hat drei Bomben geworfen, so daß 27 Bomben bei diesem Angriff

auf uns niedergehagelt sind. Aus unseren Geschützrohren züngeln herrliche rote Blitze. Die *Prince of Wales* läuft eine halbe Meile entfernt mit hoher Geschwindigkeit. Die Zerstörer umkreisen die beiden Schlachtschiffe und jagen aus ihren Rohren, was sie nur hergeben. Ungefähr zwei Meilen von uns entfernt breitet sich ein Schaumfleck auf dem Wasser aus. Möglicherweise stammt er von einer abgeschossenen Maschine, aber wir sind nicht sicher. Um 11 Uhr 40 scheint die *Prince of Wales* getroffen zu sein. Sie vermindert ihre Geschwindigkeit merklich. Da kommen sie wieder, um uns anzugreifen. Der Bordlautsprecher ruft: »Sperrfeuer!« Alle Geschütze feuern, was das Zeug hält. Wir schlagen Haken und laufen zickzack, um den Torpedos auszuweichen. Die Japaner kommen niedrig, eine Welle dicht hinter der anderen. Sie fliegen wie auf dem Präsentierteller und sind ein dankbares Ziel für unsere Flak. Mitten im Krachen der schweren und im Hämmern der leichten Geschütze geht das Signal hoch: »Mann über Bord«.
Zwei japanische Maschinen rasen heran. Mit dem bloßen Auge sehe ich noch mehr, im ganzen zähle ich neun wie vorhin. Es scheinen Torpedobomber zu sein. Sie umkreisen uns wie Adler in einem Abstand von anderthalb bis zwei Meilen. 11 Uhr 45 – jetzt sind es noch mehr Bomber, sie kreisen in einer Höhe von ungefähr tausend Fuß. Das Geschützfeuer ist betäubend. Die Pulvergase benehmen fast den Atem, die Ohren dröhnen von den Explosionen, und die Augen sind von den grellen Mündungsblitzen geblendet. Der Offizier neben mir ruft gellend: »Da – da kommt ein Silberfisch!«
Ein japanisches Torpedoflugzeug rast genau auf uns zu, keine 150 Meter über der Wasseroberfläche. 11 Uhr 48 – die Maschine ist kaum noch 450 Meter von uns entfernt. Ein Torpedo klatscht ins Wasser, die Maschine dreht scharf ab und bietet ihre Breitseite unseren Geschützen dar. Aber anstatt völlig abzudrehen, geht sie plötzlich in steilem Sturzflug auf das Meer nieder. Im Augenblick des Aufpralls explodiert sie, ein orangefarbener Blitz zuckt in den tiefblauen Himmel auf. Neue Maschinen rasen dicht über der Wasseroberfläche heran, ihr Angriff ist selbstmörderisch, aber sie scheinen nur ein Ziel zu kennen: die *Repulse* zu versenken.
Ihre Kühnheit ist bewundernswert. Sie kommen so nah, daß man die Köpfe der Piloten sehen kann. Um 11 Uhr 48 rast eine Maschine auf unsere Steuerbordseite zu. Sie kann gerade noch den Torpedo lösen. Einen Augenblick später höre ich einen Freudenschrei unserer Geschützbedienungen: das Zeichen, das sie abgeschossen ist. Wir erfahren auch, daß unsere Flak von den hochfliegenden Bombern der ersten Welle zwei heruntergeholt hat, selbst gesehen habe ich es nicht. Wenigstens kann ich mich im Augenblick nicht daran erinnern, etwas gesehen zu haben.
Um 12 Uhr 01 nähert sich eine neue Welle Torpedoflugzeuge. Wir jagen ihnen aus unseren Rohren einen Hagel von Granaten entgegen. Alle Geschütze

feuern, mit Ausnahme der schweren Türme. Neben mir gibt ein Signaloffizier mit dem Morsescheinwerfer einen Spruch von Kapitän Tennant zur *Prince of Wales*: »Sind allen Torpedos des zweiten Angriffs ausgewichen.« Es ist ein faszinierender Anblick, wenn sich die Leuchtspurfäden unserer Geschütze zu den japanischen Bombern ziehen. 12 Uhr 03: Wir haben eben wieder einen Torpedobomber abgeschossen, er ist in ungefähr 300 Meter Entfernung aufgeschlagen. Wir schießen weiter, was die Rohre hergeben. Seine beiden Motoren haben gebrannt, und Fetzen vom Rumpf flogen herum. Jetzt erscheint er noch einmal halb über der Wasseroberfläche. Die prächtige Orangefarbe des Feuers ist unheimlich nah, man meint fast, die Überreste der Maschine mit der Hand greifen zu können. Um 12 Uhr 15 scheint die *Wales* endgültig gestoppt zu liegen. Ich war zu beschäftigt, um die Angriffe gegen sie zu verfolgen, aber ihre Lage scheint sehr ernst zu sein. Ihre Geschütze feuern ununterbrochen. Wir drehen, und die *Wales* erscheint an Steuerbord, dann wieder an Backbord. Auf die Zerstörer habe ich nicht geachtet, aber wie es scheint, haben die Japaner sie unbehelligt gelassen. Sie konzentrieren sich vollkommen auf die beiden großen Schiffe und setzen rücksichtslos alles ein, was sie haben.
Das Feuer an Bord der *Repulse* ist nicht gelöscht worden. Ich sehe gerade einige Feuermelder und Löschtrupps vorbeilaufen. Die Ruhe der Besatzung ist erstaunlich. Ich bin während des schweren Feuers und der Angriffe auf dem Signaldeck von einer Seite auf die andere gegangen und habe von hier eine gute Übersicht. Die kühle Präzision, mit der alle Handgriffe ausgeführt werden, wirkt unheimlich und unnatürlich. Selbst wenn sie Munition trimmen, wird jede Granate mit einem Scherz weitergereicht. Ich habe selten so viel Glück auf den Gesichtern von Männern gesehen. Sie empfinden es als einen großen Augenblick. Es ist das erstemal in diesem Krieg, daß sie schießen, und sie sind glücklich, zeigen zu können, was sie gelernt haben. 12 Uhr 20 – Ich sehe zehn Bomber, die Kurs auf uns nehmen. Bis jetzt kann ich noch nicht ausmachen, ob es Bomber oder Torpedoflugzeuge sind. »Achtung – Sperrfeuer!« ruft der Bordlautsprecher.
Eine Maschine umkreist uns immer enger. Jetzt ist sie ungefähr 350 Meter von unserer Backbordseite entfernt und schwenkt auf uns zu. Ich sehe, wie der Torpedo ins Wasser klatscht. Der Ausguck ruft: »Achtung, Torpedo!« Der Silberfisch läuft genau auf uns zu. Jemand sagt: »Der erwischt uns.« Der Torpedo trifft uns an Backbord, ungefähr 15 Meter von meinem Standort entfernt. Es ist ein Gefühl, als ob das Schiff auf einen guten Felsen läuft. Ich werde ein paar Schritt über Deck geschleudert, falle jedoch nicht hin und höre auch keine Explosion. Nur ein lautes Knacken. Sofort lauschen wir, es geschieht nichts, nur eine Minute später hören wir das gleiche Knacken, diesmal an Steuerbord. Nach dem ersten Torpedotreffer gab der Bordlautsprecher ruhig bekannt: »Schwimmwesten aufblasen.« Ich war gerade damit beschäftigt, als der zweite

Torpedo das Schiff traf. Es legte sich so schnell über, daß ich es aufgab, meine Schwimmweste weiter aufzublasen. Es galt keine Zeit zu verlieren.
Die *Repulse* war dem Untergang geweiht, das war offensichtlich. Im Bordlautsprecher klang die Stimme des Kommandanten: »Klarmachen zum Aussteigen. Möge Gott euch schützen.« Rasch, aber ohne ungebührliche Hast und Gedränge begannen die Männer die Leitern hinabzuklettern. Es fiel mir nicht leicht, zu begreifen, daß ich das Schiff verlassen mußte. Es schien mir unvorstellbar, daß die *Repulse* untergehen konnte oder sollte. Aber sie legte sich zunehmend nach Backbord über und ließ keinen Zweifel darüber, daß sie die Absicht hatte. Das Deck war bereits so schräg, daß ich auf allen vieren klettern mußte, um die Reling zu erreichen. Um die Geschütze lagen tote Seeleute, einige waren von Bergen von leeren Kartuschen halb bedeckt. Überall waren Zerstörungen zu sehen. Eine Reihe von Männern war von Maschinengewehrsalven niedergemäht worden. Auch die Japaner hatten aus allen Rohren gefeuert.
Die Männer um mich herum zogen ihre Röcke und Schuhe aus und warfen die Stahlhelme fort. Einige liefen auf dem Schiffsrumpf entlang, der halb aus dem Wasser getaucht war, und suchten eine Stelle, wo sie ins Wasser rutschen konnten, ohne sich an dem großen zackigen Loch in der Bordwand zu verletzen. Andere liefen auf die entgegengesetzte Seite, um an der niedrigsten Stelle ins Wasser zu springen. Als ich auf die andere Seite kroch, sah ich die *Prince of Wales* ungefähr eine halbe Meile entfernt brennen, aber immer noch lebhaft feuern. Sie lag gestoppt, offensichtlich war sie ebenfalls tödlich getroffen. Einer der ersten Treffer hatte sie manövrierunfähig gemacht.
Die Angriffe gegen die *Prince of Wales* wurden nach der gleichen Methode durchgeführt wie die Angriffe gegen unser Schiff. Zwei Faktoren führten zur Versenkung der beiden britischen Großkampfschiffe: 1. die überraschenden Lufttorpedoangriffe und 2. die Geschicklichkeit und Entschlossenheit bei diesen Angriffen. Es besteht kein Zweifel, daß die besten Geschütze und die besten Bedienungen der Welt nichts gegen einen Lufttorpedoangriff ausrichten können, wenn er mit genügender Rücksichtslosigkeit vorgetragen wird.
Nach den genauesten Schätzungen, die mir verfügbar sind, haben die Japaner in ihrer Operation gegen unsere beiden Schiffe 86 Maschinen eingesetzt, davon 18 Bomber und 25 Torpedoflugzeuge gegen die *Repulse* und wahrscheinlich ebensoviel gegen die *Prince of Wales*. Bei der *Prince of Wales* benutzten die Japaner die umgekehrte Methode: sie begannen mit einem Torpedoangriff und ließen den Bombenangriff folgen. Beim ersten Angriff traf ein Torpedo das Achterschiff der *Wales*. Einige Überlebende glauben, daß die *Wales* beim ersten Angriff zwei Treffer erhielt. Dann folgten zwei weitere Torpedoangriffe, die beide mehrere Treffer auf der *Wales* landeten. Schließlich führten hochfliegende Bomber einen Bombenangriff durch, nach dem die *Wales*

schnell sank. Als die Bomben niederrauschten, warfen sich die Männer auf das Deck.

Die meisten Geschütze waren durch die Schlagseite des Schiffes und durch Beschädigungen außer Gefecht gesetzt. Ich sprang um 12 Uhr 35 von Bord der *Repulse*. Vom Wasser aus konnte ich die Ereignisse auf der *Wales* gut verfolgen. Sie feuerte noch eine Weile. Dann schlugen zwei Bomben auf das Deck. Die Japaner flogen wie beim Angriff auf die *Repulse* schnurgerade in einer Reihe in Längsrichtung über das Schiff und warfen Serien von drei Bomben. »Das sieht doch ein Kind, daß sie treffen«, sagte ein Offizier, als sie anflogen. Admiral Tom Phillips, Befehlshaber der britischen Fernost-Flotte, und Kapitän Leech, Kommandant der *Prince of Wales*, befanden sich während des ganzen Gefechtes auf der Brücke.

Während die Torpedoflugzeuge auf die *Wales* zurasten, ihre Silberfische ins Wasser klatschen ließen und das Deck mit Maschinengewehrsalven bestrichen, turnte Phillips auf der Brücke und auf den Geschütztürmen herum, um besser sehen und die Abwehr besser leiten zu können.

Als es offenkundig war, daß die *Wales* schwer getroffen war, ließ der Admiral durch den Signaloffizier folgenden Spruch an die Zerstörer geben: »Fordern Sie Schlepper aus Singapur an, die uns abschleppen.« Phillips glaubte zu dieser Zeit offenbar noch nicht, daß die *Wales* sinken würde. Den letzten Befehl gab Phillips ungefähr um 1 Uhr 15 aus. Er lautete: »Schwimmwesten aufblasen.« Dann schnitt das Schiff allmählich unter Wasser. Phillips und Leech waren die letzten, die von Bord sprangen. Sie rutschten gemeinsam ins Wasser. Wahrscheinlich haben sie durch ihr Zögern, das Schiff zu verlassen, bevor nicht der letzte Mann von Bord war, den Tod gefunden. Der Sog des Schiffes, das sich kurz darauf auf die Seite legte und mit steil aufgerichtetem Bug in den Wellen verschwand, hat sie vermutlich mit hinabgerissen.

Ich schwamm auf einem Schemel ungefähr eine Meile entfernt und sah, wie die *Wales* sich aufbäumte und versank. Als Phillips nach Schlepperhilfe signalisierte, hatte die *Wales* bereits vier Torpedos im Bauch. Auch auf der *Wales* zeigten die Geschützbedienungen große Kaltblütigkeit. Als zahlreiche Geschütze ausfielen, blieben die Bedienungen neben ihnen stehen. Bei dem letzten Bombenangriff feuerten nur noch drei Geschütze, die anderen waren außer Gefecht gesetzt, mit Ausnahme der schweren Türme natürlich, die nicht in Aktion traten. Ich habe Phillips selbst in Singapur nicht mehr sprechen können, aber als ich vergangene Woche der *Wales* einen Besuch abstattete, hatte ich ein längeres Gespräch mit Kapitän Leech. Er war ein weltmännischer, sympathischer Offizier, der auf mich einen Eindruck von großer Güte und besonderem Können machte. Die Besatzung der *Wales* betrug insgesamt 1700 Mann, die Besatzung der *Repulse* 1250 Mann. Der Sog der *Wales* war so groß, daß der Luftdruck einem Offizier, der ungefähr 50 Fuß entfernt

schwamm, die Schwimmweste zerriß. Ein glücklicher Umstand war, daß keines der beiden Schiffe in die Luft flog.
Da die See ziemlich unruhig und der Sog der untergehenden Schiffe ungewöhnlich stark war, hatten wir Mühe, uns durch das dicke Öl freizuschwimmen. Die ruhige und stille Weise, in der sich die beiden sprengstoffbeladenen Giganten zur letzten Ruhe legten, mag jedoch eine Geste der Dankbarkeit der zwei prächtigen Schiffe für ihre prächtigen Besatzungen gewesen sein.

Zukunft über und unter Wasser

Auf der kleinen Marianeninsel Tinian bewunderten die Touristen bisher die rätselhaften alten Säulen, von denen auch die Eingeborenen nicht zu sagen wissen, wer sie errichtet hat und aus welcher Zeit sie stammen. Heute führt man die meist amerikanischen Reisegesellschaften auch vor die Gedenktafel an den Aufstieg amerikanischer Flugzeuge mit den ersten Atombomben der Weltgeschichte.

Als die beiden Abwürfe und das Entsetzen, das sie verbreiteten, immerhin ihren Zweck erreicht hatten, den Krieg zu beenden, ohne daß eine Landung auf dem japanischen Inselbogen selbst notwendig gewesen wäre, begann man sich den Kopf darüber zu zerbrechen, ob die furchtbare Zerstörungskraft plötzlich frei werdender Energie nicht gezügelt, dosiert und fraktioniert werden könne, so daß in ihr eine Quelle friedlicher Energieabgabe zur Verfügung stünde.

Der Hauptnutznießer solch einer mit kleinsten Materialmengen lange Zeit auskommenden Kraftmaschine mußte die Schiffahrt sein, denn sie hatte seit dem Ende der Seglerherrlichkeit als ungelöstes Hauptproblem noch immer die Frage der Treibstoffversorgung auf Langstreckenfahrten mit sich herumgeschleppt. Für Schiffe, die sich überall zeigen konnten, für die friedliche Handelsschiffahrt, war dieses Problem inzwischen weitgehend entschärft, denn wo immer eine Mole sich in die See hinausschob, gab es auch Öl. Für die Unterseeboote aber, die auf ohnehin kleinem Raum Ballasttanks, Schlafräume, Kommandozellen, Torpedorohre, Munitionskammern und Treibaggregate unterbringen mußten, konnte die Atomkraft den Deus ex machina darstellen.

Heute, dreißig Jahre nach der Konstruktion der ersten Atombombe, ist auf der ganzen Welt ein nicht mehr hektisches, aber immer noch von großen Hoffnungen getragenes Bemühen um den Atommotor im Gange, und diese Bemühungen richten sich aus verschiedenen Gründen vor allem auf seinen Einsatz im Schiffbau. Denn erstens sind in diesen größten aller Verkehrsmittel jene Schutzeinrichtungen am leichtesten unterzubringen, die bei einem Auto oder einem Flugzeug zu ruinösen Erhöhungen des Eigengewichts oder bedenklicher Verknappung des Nutzraumes führen würden, und zweitens sind Schiffe noch immer die größten Lastträger mit dem größten Energieverbrauch, so daß die

Ersparnis, die der Atommotor erreichen kann, am stärksten zu Buche schlägt. Das Prinzip des Atommotors ist verhältnismäßig einfach: Bei der Kernspaltung in einem kleinen Reaktor wird in großen Mengen Hitze abgegeben, und zwar an ein geschlossenes Rohrsystem mit Wasser oder einer anderen geeigneten Flüssigkeit. Unter hohem Druck erreicht diese Flüssigkeit sehr hohe Temperaturen und erwärmt damit ein zweites Rohrsystem, in dem Wasser unter normalem Druck sich auf die übliche Weise durch Erhitzung in Dampf verwandelt, der dann in der herkömmlichen Weise Turbinen oder Dampfmaschinen treibt.

Die ungeheuren Mengen Kohle oder Öl, die Dampfschiffe übernehmen und neben der Fracht um die Erde bugsieren müssen, weichen beim Atomschiff ein paar Pfund Urantreibsatz. Laderaum wird verfügbar, das Anlaufen von Kohlestationen wird entbehrlich, die Revolution der Schiffahrt schien in der Luft zu liegen. Sie kam zunächst für jene Art von Schiffen, bei denen sich Verbrennungsmotoren aller Art als besonders ungünstig erwiesen hatten: bei Unterwasserfahrzeugen.

Diese Fahrzeuge mußten bisher bei der Überwasserfahrt mit Dieselmotoren die Batterien für die Elektrofahrt unter Wasser aufladen und hatten damit besonders bei Unterwasserfahrt nur einen geringen Aktionsradius und zudem eine unzureichende Geschwindigkeit – ganz zu schweigen von der tödlichen

Die »Salta« ist eines der modernsten U-Boote, das vom Ingenieurkontor Lübeck und den Howaldtswerken-Deutsche Werft AG (HDW) gemeinsam entwickelt und konstruiert wurde. Es ist als Hochseefahrzeug konzipiert und hat einen Aktionsradius von mehreren tausend Seemeilen. Das Boot ist mit konventionellem Antrieb ausgerüstet, d. h. batteriegespeiste Elektromotoren für Unterwasserfahrt, Diesel für Überwasserfahrt oder Schnorchelfahrt. Die Skizze läßt erkennen, daß ein ganz erheblicher Prozentsatz des Gesamtraumes für die Unterbringung der Batterien bestimmt ist: etwa ein Viertel des gesamten Bootes. Die Batterien werden bei Überwasser- oder Schnorchelfahrt wieder aufgeladen.

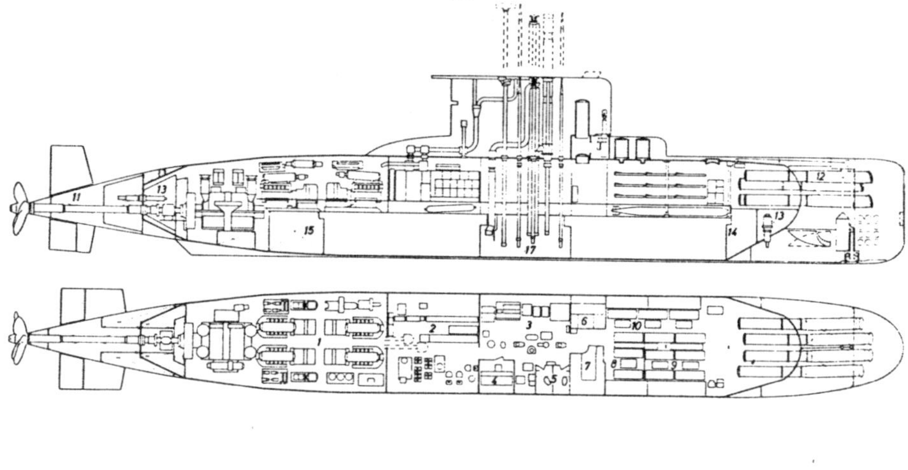

Gefahr, die Säurebatterien in jedem Unterseeboot darstellen, da sie bei Berührung mit Seewasser giftige Dämpfe entwickeln. Und in einem so engen Schiffsrumpf wie dem eines U-Bootes bedeutete der mögliche Verzicht auf Öltanks naturgemäß eine besonders willkommene Erhöhung des Raumangebots: plötzlich war das Fracht-Unterseeschiff keine Utopie mehr, plötzlich konnten hinreichend Lebensmittel auch für lange Tauchfahrten an Bord genommen werden.
Da zivile Unterseeschiffe sehr selten sind, kam der Fortschritt, den man im Atomschiffsmotor erblicken darf, zunächst so gut wie ausschließlich den Kriegsflotten der Großmächte zugute. Die Auswirkungen auf den normalen Handelsschiffsbetrieb ließen schon darum auf sich warten, weil nun einmal im Rüstungsbudget kostspielige Erprobungen leichter unterzubringen sind als in den Bilanzen privater Reedereien.
Im Zusammenwirken staatlicher Stellen und großer Werften konnten schließlich aber doch auch Überwasserschiffe mit Atomantrieb gebaut werden. Das erste hieß wie jenes Pionierschiff des vorigen Jahrhunderts *Savannah* und verdrängte 21 000 BRT. Dieser große Frachter brauchte 30 kg spaltbares Material für eine Erdumkreisung ...
Das erste russische Atomschiff war ein Eisbrecher namens *Lenin*, nicht 180 m lang, wie die *Savannah*, sondern mit 134 m Länge gedrungener gebaut und mit 44 000 PS mehr als doppelt so stark in der Maschinenleistung.
Die Deutschen schufen mit der *Otto Hahn* ein technisch perfektes Atomschiff, das noch vor kurzem Schwierigkeiten bereitete: Die Hafenbehörden wollten es wegen des Atommülls nicht laden und löschen lassen. Ende März 1973 konnte jedoch im Hamburger Hafen ein bisher einmaliger Vorgang in der europäischen Schiffahrt vorschrifts- und programmäßig beendet werden: Der Austausch der 16 Brennelemente in dem 16870 BRT großen Atomschiff. So konnte das mit neuer Kernenergie aufgeladene Handelsschiff mit Kurs auf Monrovia Anfang April 1973 den Hamburger Hafen wieder verlassen.
Durch Fernsteuerung war der neue Kernreaktor der *Otto Hahn* zunächst »kritisch« gemacht worden. Dann wurde der aus 25 kg Uran bestehende Kernreaktor im Wert von 4 Millionen Mark langsam angefahren und aufgeheizt. Nach exakten wissenschaftlichen Berechnungen soll das Atomkraftwerk in dem 172 Meter langen Schiff die volle Endleistung von 38 Megawatt erreichen. Die Arbeiten hatten unter strengsten Sicherheitsvorkehrungen im September 1972 im Werk Ross der Howaldtswerke Deutsche Werft AG begonnen und setzten mit der Entfernung der alten Brennstäbe ein. Dabei mußten mit einer hohen bleigepanzerten Wechselmaschine, die auf den Reaktor aufgesetzt wurde, zunächst die Stäbe nacheinander »gezogen« werden. Längere Zeit wurden sie in einem strahlungssicheren Becken mit meterdicken Betonwänden gelagert und nach der Phase des radioaktiven Abklingens als Atommüll von

einer Spezialtransportfirma nach Belgien geschafft, wo später wieder eine Aufbereitung vorgenommen werden soll. In den 14 Meter hohen Sicherheitsbehälter des Schiffes wurden die neuen Brennstäbe anschließend eingebracht. Trotz dieses einmaligen Vorgangs in der europäischen Schiffahrt wird das Problem des Atommülls dennoch weiterhin einiges Kopfzerbrechen bereiten. Kriegsschiffe, die ihre eigenen Stützpunkte haben und besondere Rechte genießen, stoßen dabei sicher auf weniger Schwierigkeiten. Die wenigen Handelsschiffe mit Atommotoren aber werden sicher in den nächsten Jahren noch zu den Fliegenden Holländern der modernen Schiffahrt zählen, weil nur die wenigsten Anlaufhäfen glücklich sind, solch gefährliche Schiffe zwischen den anderen auftauchen zu sehen. Die ungelöste Frage des Atommülls hat die Lösung des Treibstoffproblems daher zunächst hinausgeschoben, und die Revolution der Schiffahrt ist deshalb immer noch aus einem anderen als dem erwarteten Winkel zu sehen – nämlich nicht vom Antrieb her, sondern von der Fracht.

Auf alten Hafenbildern erkennen wir am deutlichsten, worum es ging, denn da schweben sie noch bunt und eckig, absonderlich und scheckig an Flaschenzügen und Kranhaken in die Schiffsbäuche herab, die Frachten aus aller Welt und in alle Welt. Da steht der Staumeister breitbeinig neben der Ladeluke oder auch unter ihr, und das flinke Auge des Fachmanns findet für den Vogelkäfig aus Messing ebenso schnell einen Platz wie für die Nähmaschine oder das Butterfaß. Das ganze hieß dann Stückgut und ging in zweiundzwanzig verschiedene Hafenorte, wo sich die Prozedur zweiundzwanzigmal wiederholte. Es muß ein sehr nüchterner Mensch gewesen sein, dem diese bunte Fülle, dieses Miniaturabbild weltoffenen Handelsbetriebes gegen den Strich ging, so daß er all diese Dinge in besonders häßliche Riesenkisten verpacken ließ, die in ihren Abmessungen selbst Klaviere aufnehmen könnten, außen aber so sachlich ernüchtern wie ein Überseekoffer, an dem man bekanntlich nicht einmal die Schlüssel stecken lassen darf, der vorgeschriebenen Glätte wegen. Obwohl die neue Riesenkiste außerordentlich neutral, ja gesichtslos wirkt, erhielt sie einen englischen Namen und begann als *Container*, was so viel heißt wie Behälter, einen Siegeszug, der den erwarteten Triumph der Atomkraft bislang noch in den Schatten stellt. Selbst die Opposition gegen den Container, die Streiks der Hafenarbeiter, ist sehr viel heftiger als die Opposition gegen die Atombombe, ganz einfach, weil gegen die mißbräuchliche Verwendung des Atomzerfalls nur ein paar Dutzend Gelehrte protestierten, gegen den Container, der die Arbeitsplätze bedroht, jedoch Zehntausende von Dockern. Warum die Einheitskiste eine ganze Menge Arbeiter entbehrlich macht, ist leicht einzusehen. Zunächst fällt jene Supercharge (der alte Supercargo) weg, der das Verstauen leitet. Die Container nämlich lassen sich problemlos neben-

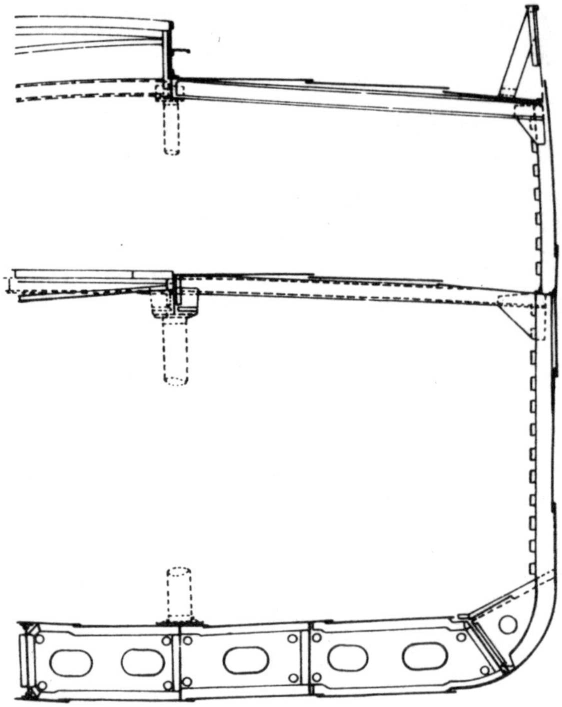

Unter einem Spant versteht der Schiffbauer einen gebogenen Träger aus Metallprofilen zur Querversteifung und Unterstützung der Form. Die linke Skizze zeigt den Hauptspant eines großen Frachters mit zwei Decksanlagen.

einander und hintereinander stellen, und den Plan, nach dem dies geschieht, hat aufgrund des Schiffsfahrplans ein Computer der Reederei aufgestellt. Auf diese Weise braucht man in den angelaufenen Häfen nicht lange nach dem Stückgut nach Bahia, Rosario oder Valparaiso zu suchen. Es liegt säuberlich hintereinander in numerierten Containern, die sich für den standardisierten Zugriff des Ladegeschirrs besonders gut eignen. Ist in einem Hafen solch eine Entlademaschinerie nicht vorhanden, so springt das Schiff mit Eigenkränen ein, denn nun braucht es ja nur noch eine bestimmte Kranausstattung, und diese ist der ganzen Ladung gewachsen.

Muß – um bei dem Beispiel Rosario zu bleiben – auf ein Flußschiff umgeladen werden, so ist auch das außerordentlich einfach, denn der Frachtkahn wird mit Containern viel schneller und wirtschaftlicher gefüllt als mit unhandlichen und unterschiedlichen Einzelstücken. Und kommen dann die Katarakte, wo die Schiffahrt aufhört, so bereitet es sehr wenig Mühe, die Container auf die darauf vorbereiteten Spezialwaggons der Eisenbahnen zu hieven oder aber auf Sattelschlepper zu stellen. Der Container bleibt immer derselbe, jeder Handgriff, der an ihm zu leisten ist, bleibt uniform, ob es sich um Neuseeland, Argentinien oder Ceylon handelt. Lade- und Verpackungszeiten und -kosten sinken ebenso ab wie die kostspieligen Liegezeiten der Schiffe im Hafen. Ein

Schiff aber, das weniger im Hafen liegt, kann öfter fahren und amortisiert sich schneller ...

Natürlich wurde die Container-Idee erst in dem Augenblick zu einer wirklich guten Neuerung, als genug Länder mitmachten. Aber da sie glücklicherweise weder eine arabische noch eine israelische, weder eine linke noch eine rechte Idee war, sondern ganz einfach das, was der Franzose eine *trouvaille* nennt, hat sich der Container nach einer Reihe von Weltkonferenzen, die zum Teil auch in Moskau stattfanden, weltweit durchgesetzt, und nun kann man nicht mehr um ihn herum.

Erinnern wir uns an den großen Autokonstrukteur Borgward, der nur den einen Tick hatte, alle seine Wagen für kurzbeinige Fahrer zu bauen, da er selbst ein sogenannter Sitzriese war: Käme heute ein Genie der Schiffskonstruktion auf eine prächtige Idee für einen Neubau, so würde dieses Wunderschiff doch leer von Hafen zu Hafen fahren, sofern es in seinen Laderäumen nicht auf das neue Containersystem eingerichtet und vorbereitet ist.

Auf Stapel gelegte Schiffe wurden schnellstens umgerüstet, andere umgebaut, Neukonstruktionen sklavisch der Containerbeförderung angepaßt. Häfen, die ins Geschäft kommen wollten, beschafften sich raffiniertes Container-Spezial-Ladegeschirr aus Finnland und warben dann damit, und das Meer der zahllosen Routen teilte sich unversehens in Containerstraßen auf. Start und Ziel dieser Routen werden *Container-Terminals* genannt, eines jener neuen Rätselworte, die man heute überall lesen kann, wo man auf der Suche nach einer Autofähre ans Meer stößt. Nicht jeder bisher beliebte Hafen kann solch ein Terminal werden, denn in *Terminal* steckt nicht nur *terminer* (beenden), sondern auch *Termin*, und die Entladevorrichtungen solcher Spezialhäfen müssen sich die Stoppuhr gefallen lassen, die man keinem Arbeiter und schon gar nicht den Dockern unter die Nase halten könnte.

Die Superkräne lassen sich nämlich angesichts der gleichförmigen Ladung nun ganz genau in ihrer Leistung vergleichen, und diese Minuten-, Stunden- oder Tagesleistung wird vom Computer hurtig in Rentabilitätsziffern umgesetzt. Für eine Reederei mit einem Dutzend von Containerschiffen kann ein sogenannter langsamer Hafen ohne weiteres im Lauf des Jahres einige Gewinnprozente wegfressen, und wer läßt sich das schon bieten? Der Generaldirektor vielleicht, wenn er gut aufgelegt ist, die Aktionäre bestimmt nicht.

Diese Erfahrungen und Kalkulationen haben dazu geführt, daß die teuren Containerschiffe, die durch Schlingertanks, besondere Abmessungen und eigenes Ladegeschirr viel höhere Gestehungskosten verursachen als das normale Frachtschiff, in jedem Zielgebiet nur noch die leistungsfähigsten Häfen anlaufen. Da die Riesenkiste leicht umzuladen ist, hat es sich als wirtschaftlicher herausgestellt, Zubringerdienste zu den Groß-Terminals zu organisieren und die Überseeschiffe schnell wieder zurückkehren zu lassen.

Zubringerschiffe sind oft keine reinen Containerschiffe, denn das Frachtaufkommen in den Kurzzonen des Küstenverkehrs reicht dazu nicht aus. Es gibt alle möglichen Kombinationen, sogar Autofähren mit Container-Decks wurden in den letzten Jahren in Dienst gestellt und vor allem das Lieblingskind aller Reeder: Das variable Schiff, das im Sommer Touristenautos über einen Sund oder eine Meerenge befördern, in der übrigen Zeit des Jahres aber Container transportieren kann. Moderne Großwerften, die im Geschäft bleiben wollen, sehen sich damit vor schwierige, aber auch reizvolle Aufgaben gestellt, denn was immer der Bauch dieser Schiffe an Neuem enthält: schwimmen müssen sie alle, sturmfest müssen sie dennoch bleiben, und die kostbare Kiste verlangt sogar eine Stabilität des Schiffsganzen, wie sie bisher nur bei Passagierschiffen gefordert wurde.

Das Ei des Columbus im Containerverkehr wurde aus all diesen Gründen das Känguruh-Schiff, eine merkwürdige Konstruktion, die den modernen Walfangschiffen ein wenig ähnelt oder auch den Eisenbahnfähren. In dem breiten Bauch solcher Schiffe ruhen keine Kisten, sondern genormte Schwimmcontainer. Sie kommen in den Vereinigten Staaten zum Beispiel den Mississippi herab, aus dem großen Binnenraum des Mittelwestens. In New Orleans werden sie in ein Spezialschiff der Känguruh-Bauweise eingeschwommen und fest vertäut und machen so den Weg über den Atlantik nach Rotterdam, wo die Kahnkisten oder Kistenkähne wieder ausschwimmen, zu Frachtgeleiten zusammengestellt und rheinaufwärts gezogen werden. Die den Rhein herab gekommenen Schwimmcontainer warten schon in Rotterdam: Sie werden in das Känguruh-Schiff eingeschwommen und ab geht's über den Atlantik nach New Orleans.

Der Hauptvorteil dieser Känguruh-Schiffe besteht in dem schnellen und mühelosen Frachtübergang auf die großen Binnenwasserstraßen, und nur zu diesem Zweck werden sie heute hauptsächlich eingesetzt. Ist die Zahl dieser Känguruh- oder auch Leichter-Schiffe einmal sehr groß, dann wird es vielleicht zu einem Frachtaustausch oder zu einer Weitergabe der Schwimmcontainer auf hoher See kommen, womit sich dann neue Möglichkeiten für eine wirtschaftliche Verteilung der Frachten schon auf halbem Weg oder auf Stützpunkten wie etwa den Azoren ergeben könnten.

Vor allem die Schwimmcontainer machen deutlich, daß hier die klassische Hafenfunktion so gut wie vollständig übergangen wird, und man kann sich den Grimm der Docker in aller Welt ob solcher Neuerungen unschwer ausmalen. Andererseits konnte niemand erwarten, daß auch 1950, 1960 und 1970 noch so be- und entladen würde wie hundert Jahre zuvor, mit Greifer, mit Netz, mit Seilen und Haken, bei hoher Unfallquote und häufigen Warenbeschädigungen, vom Zeitverlust und der daraus sich ergebenden Unwirtschaftlichkeit einmal ganz abgesehen. Die Mechanisierung dieses Vorgangs

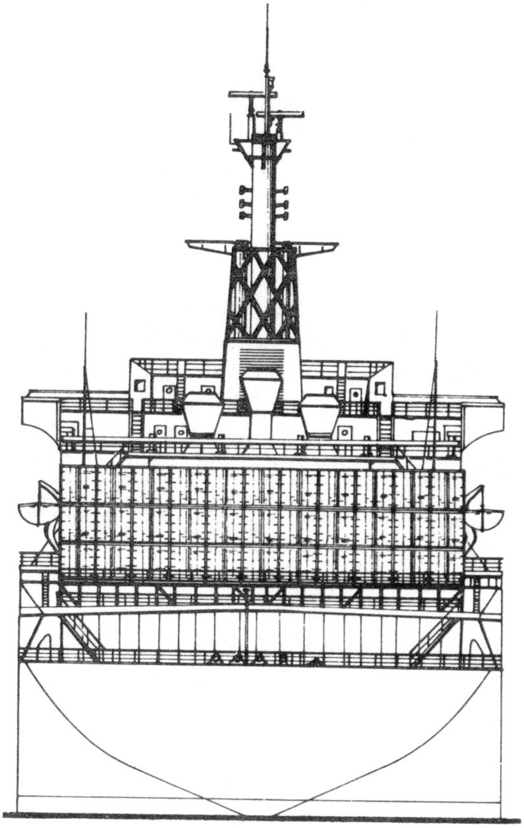

Die schematische Darstellung zeigt das Containerschiff »Benalder«, ein Zweischrauben-Turbinenschiff, das in neun Laderäume unterteilt ist. Die Laderäume nehmen 1284 20-Fuß-Container und 322 40-Fuß-Container auf, die in maximal 9 Lagen übereinander und in maximal 10 Reihen nebeneinander gestaut werden können.

und seine schließliche Automatisierung waren unvermeidlich und mußten kommen wie das Fischereiradar oder die schwimmende Walverwertungsstation.

Man muß sich, um diese Diskussion richtig zu beurteilen, auch klarmachen, daß die Geschwindigkeiten, mit denen die Frachtschiffe die Meere durchqueren, seit mehr als hundert Jahren beinahe konstant sind. Daß die besten Segelschiffe so schnell waren wie die Frachtdampfer wurde schon gesagt. Aber auch noch heute fällt es schwer, einen Frachter mit einer höheren Dauergeschwindigkeit als 16 bis 18 Knoten auszustatten, weil der große Maschinenraum und die bei höheren Geschwindigkeiten steigenden Brennstoffkosten solch eine Raumeinteilung unwirtschaftlich erscheinen lassen. Nur Kühlschiffe und jene Tanker, die durch ihre Großbauweise sehr viel Kapital binden, laufen schneller.

Wo also sollte Zeit eingespart werden, wenn nicht an den bisher relativ vernachlässigten Liegezeiten in den Hafenorten? Bei Bankzinssätzen von summa summarum um 10 Prozent verursacht ein Schiff, das mit Millioneninvestitionen erbaut wurde, in jeder Stunde seines Daseins schon beträchtliche Grundkosten. Die Schiffahrt, die ihr einträglichstes Geschäft – nämlich die Beförderung von Passagieren – weitgehend an die Luftfahrt verloren hat, hatte gar keine andere Möglichkeit, als dort an Zeit und Kosten zu sparen, wo dies eben noch möglich war.

Aus diesen Gründen hat der Container auch nur noch wenige Konkurrenten auf den Meeren. Es schadet nichts, sie mit den branchenüblichen Fachausdrükken zu benennen, da diese ja auch hin und wieder in den Tageszeitungen auftauchen. Es handelt sich um den *Bulk-Carrier* und um das *Roll-on-roll-off-*Schiff. Bulk-Ladung nennt der Reeder eine lose, einfach in das Schiff zu schüttende Ladung, also Kohle, Erze, oft auch Getreide, im Binnenverkehr auch Erden usw. Ladung dieser Art in Container zu füllen, wäre offensichtlich ein Schildbürgerstreich. Man läßt sie direkt in den Laderaum der Bulk-Carrier rinnen, was nicht ausschließt, daß dieser Laderaum unterteilt ist, um keine gefährlichen Verschiebungen der Ladung etwa bei hohem Seegang eintreten zu lassen. Wichtig ist nur, daß alle diese Abteilungen von oben her für den Schüttstrahl zugänglich sind.

Die Bulk-Carrier, auch Massengutfrachter genannt, entwickeln sich neben den Containern zu immer größeren Schiffen. Denn während für das Containerschiff aus technischen Gründen derzeit noch gewisse Obergrenzen hinsichtlich der Größe bestehen, und Schiffe, die mehr als zwei- bis dreitausend Container bergen, verhältnismäßig selten eingesetzt werden, geht es beim Massengutfrachter ganz ähnlich zu wie beim Tanker, und die neuesten Ungetüme an Bulk-Carriern haben eine Gesamttragfähigkeit von 200 000 Tonnen.

Das Roll-on-roll-off-Schiff ist, wie der Name sagt, so konstruiert, daß die Autolastzüge von den Kais bis ins Schiff fahren können. Für das Be- und Entladen werden demnach nur noch Gabelstapler benötigt. Der Ladevorgang wird damit nicht nur beschleunigt und verbilligt, sondern es fällt auch das Risiko fort, das doch stets mit der Kranmanipulation verbunden ist. Außerdem geht eine Roll-on-Beladung sehr schnell vonstatten, wenn sie gut vorbereitet wurde.

Ein Mischtyp besteht auf allen internationalen Linien durch das Lift-on-lift-off-Schiff. Es ähnelt äußerlich einem Tanker, denn alle Aufbauten sind ähnlich wie bei Tankern an die Schiffsenden gerückt, und die ganze Länge des Schiffes öffnet sich bereitwillig den Kränen. Jeder Winkel des Laderaums kann vom Kran unmittelbar erreicht werden, womit sich die Bereitstellung des Ladeguts auf dem Deck erübrigt. Das technische Problem dieser Konstruktion liegt darin, den langen und oben offenen Rumpf hinreichend zu stabilisieren, treten doch bei großen Schiffen durch den Seegang sehr schwer zu berechnende und in verschiedenen Richtungen wirkende Verwindungsdrücke auf,

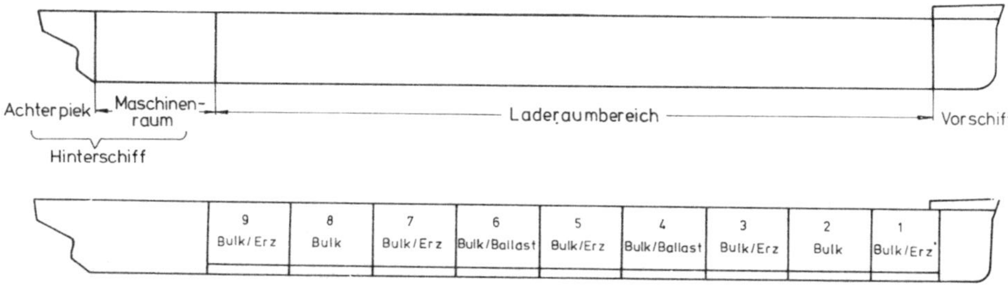

Schiffseinteilung und Laderaumunterteilung.
Der Laderaumbereich wird bei fast allen Schiffen durch Schotte (Quer- und Längswände) in Einzelräume oder Tanks unterteilt. Für diese Unterteilung sind verschiedene Gesichtspunkte zu beachten: zum Beispiel Abgrenzung verschiedener Ladungsarten, günstige Be- und Entladung, Querfestigkeit und Sicherheit bei Kollisionen. Fertigungsgründe sprechen für eine sinnvolle Teilung in möglichst gleichlange Sektionen. Die maßgebenden Gesichtspunkte der Laderaumunterteilung sind bei den einzelnen Schiffstypen verschieden.
Hier zwei Beispiele:

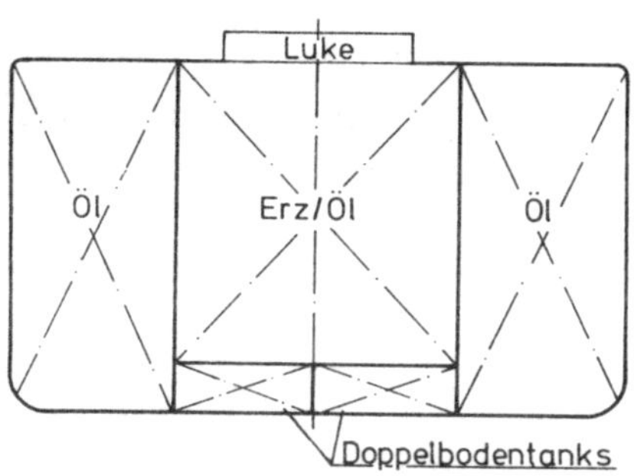

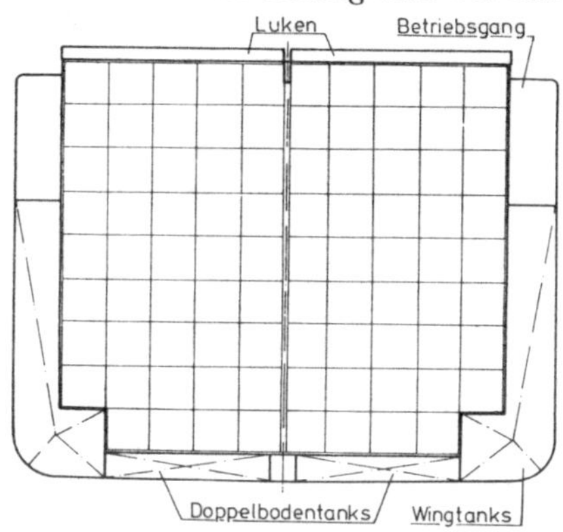

Links: Der Querschnitt des Erz-Öl-Schiffes ist vom Tanker abgeleitet. Die Mitteltanks sind als Erzräume umgestaltet und mit Doppelboden und Luken versehen. Auch in der Längsaufteilung sind Tanker und Erz-Öl-Schiff einander ähnlich, zumal beide den Querschnitt durch zwei Längsschotte aus Festigkeits- und Stabilitätsgründen dreigeteilt haben.
Rechts: Beim Containerschiff wird der Laderaum-Querschnitt durch das Containerraster bestimmt. Die Gesamtlukenöffnung entspricht der Laderaumbreite. Die doppelte Außenhaut und Querriegel zwischen den Laderäumen sind für die Festigkeitsauslegung erforderlich. Die Längsunterteilung des Laderaumbereiches wird ebenfalls durch Containereinheitsmaße bestimmt. So werden die Laderaumlängen für zwei 20-Fuß- oder einen 40-Fuß-Container einschließlich Führungsgerüst ausgelegt. Für den Entwurf gilt es, eine Laderaumunterteilung zu finden, die für alle Bedingungen, die sich nach dem Verwendungszweck des Schiffes und der rationellen Fertigung ergeben, die günstigste Lösung darstellt. Hier muß der Entwurfsingenieur besonderes Geschick entwickeln, da eine kostengünstige Konstruktion nur auf einer günstigen Schiffseinteilung aufgebaut werden kann. Gleiche Sektionen und Bauteile bei günstiger Materialausnützung werden wesentlich durch die im Entwurf festgelegte Einteilung bestimmt.

die so eine aufgeschlitzte Blechbüchse nicht so ohne weiteres zu verkraften imstande ist.

Unabhängig von diesen Sonderaufgaben und Spezialbauweisen ist ein Trend im internationalen Schiffbau heute mit größter Deutlichkeit festzustellen – der Zug ins Große. Die internationalen Statistiken, die uns den klarsten Überblick darüber geben, sind in *tdw* erstellt, das sind *tons deadwight*, das Gewicht, das ein Frachtschiff insgesamt zu tragen vermag, Treibstoff, Ausrüstung, Wasser, Besätzung und Ladung zusammengenommen.
Danach haben die Schiffe unter 25000 tdw 1965 noch zwei Drittel der Welthandelsflotte ausgemacht, 1970 nicht einmal mehr die Hälfte. Der Anteil der Schiffe von 25000–40000 tdw ging wesentlich weniger, nämlich von 13,1 auf 11,1 Prozent zurück. Der Anteil der Großbauten aber von 60000–100000 tdw verdoppelte sich im angegebenen Zeitraum, und der von Frachtschiffen über 100000 tdw stieg von 0,8 Prozent auf 13,1, hat sich also mehr als verzehnfacht!
Bei der Sondergruppe der Tanker stieg der Anteil der Großbauten über 100000 tdw von nicht ganz 2 Prozent 1965 auf 27 Prozent 1970, und die Trend-Weiterrechnung für 1985 sagt uns sogar, daß dann jeder zweite Tanker mehr als 100000 tdw tragen wird! In diesem Jahr wird jedes vierte Frachtschiff diese enorme Größe haben oder noch mehr, und der Anteil der »kleinen« Frachtschiffe unter 25000 tdw wird auf etwa ein Drittel der Welthandelstonnage abgesunken sein.
Sich mit diesen Trend-Berechnungen zu beschäftigen, ist keine philosophische Spekulation für Zukunftsforscher, sondern eine harte Notwendigkeit für sehr viele Menschen und für gigantische Wirtschaftsgruppen. Denn die Schiffe von 1985 müssen schließlich auch irgendwo landen können, und der Hafen, der nicht tief genug ausgebaggert ist für solche Riesen, dessen Geschäft wird in dem Maß zurückgehen, wie die Schiffsgrößen anwachsen.
Die Stadt- und Hafenverwaltungen, auf die mit solchem Ausbau eine Kostenlawine ohnegleichen zukommt, stöhnen schon heute. Was wurde ihnen in diesen letzten Jahren nicht alles zugemutet! Unter der ständigen, beinahe erpresserischen Drohung, wenn Hamburg keine Containerbrücke baue, werde man eben in Rotterdam entladen, wenn Le Havre keine Löschinsel für Riesentanker konstruiere, dann müßten diese Superschiffe eben Wilhelmshaven anlaufen und so weiter. Während das bisherige Ladegeschirr nach der guten alten Vorgangsweise irgendwann und irgendwie mit allen einkommenden Frachten fertig wurde, braucht jedes Spezialschiff seinen Spezialquai, und der wiederum braucht Platz, mußte durch Gleise und Straßen erschlossen werden. Ein Glück nur, daß der Ärmelkanal nicht tiefer ausgebaggert werden kann. Das setzt den Mammut-Tankern wenigstens eine und nicht einmal allzu ferne Grenze …

Der Kampf um die Tanker und die Containerschiffe, um die Bulk-Carrier und die Fähren ist weltweit entbrannt. Am heftigsten tobte er naturgemäß dort, wo es um die starken Atlantikfrachten ging, also an der britischen und kontinentaleuropäischen Westküste. Seit dort die Entscheidungen im wesentlichen gefallen sind, hat sich der heißeste Wettbewerb in andere Gewässer verlagert, nach Neuseeland, nach Südamerika, wo noch einige Chancen offen sind.
Eine Vorstellung von den Gütermengen und den Investitionssummen, um die es dabei geht, gibt uns das Beispiel des französischen Seehafens Le Havre, einer der berühmtesten alten Hafenstädte der Welt, an der Seinemündung und zugleich am Eingang des Ärmelkanals gelegen, eine Stadt in einzigartig günstiger Position, da die Seine zwischen Paris und Le Havre ja schiffbar ist. 1937 wurden in Le Havre etwa fünf Millionen Tonnen Güter umgeschlagen, 1969 hingegen 42 Millionen und 1971 schon 58 Millionen. Ende dieses Jahr-

Die größten Bulk-Carrier-Flotten der Welt

Länder	Erzcarrier		OBOs		übrige Carrier		insgesamt	
	Schiffe	1000 tdw	Schiffe	1000 tdw	Schiffe	1000 tdw	Schiffe	1000 tdw
Liberia	54	1864	76	5032	438	12483	568	19379
	—	—	44	5964	151	5639	195	11603
Japan	91	4168	36	3094	266	6724	393	13986
	15	1107	31	5560	38	1447	84	8114
Norwegen	19	454	38	3273	273	8002	330	11713
	2	166	29	1278	55	2907	86	7351
Großbritannien	40	735	10	766	170	5296	220	6797
	—	—	23	3922	83	3048	106	6970
Griechenland	3	47	5	193	123	3449	131	3689
	—	—	3	227	36	1235	39	1462
Italien	2	156	12	870	92	2539	106	3565
	2	184	9	1064	—	—	11	1248
BRD	3	64	4	96	65	2493	72	2653
	—	—	1	150	28	1748	29	1898
Schweden	13	389	18	1007	40	1042	71	2438
	—	—	13	2201	8	448	21	2649
Indien	—	—	6	311	34	1140	40	1451
	—	—	—	—	—	—	—	—
Frankreich	9	188	1	89	32	791	42	1068
	—	—	6	1047	3	173	9	1220
übrige Länder	38	882	15	623	326	7842	379	9347
	4	92	14	1946	103	3821	121	5859
insgesamt	272	8947	221	15338	1859	51801	2352	76086
	23	1549	173	26359	505	20466	701	48347

hunderts sollen etwa 150 Millionen Tonnen erreicht werden, eine Grenze, die Rotterdam, Europas mit Abstand größter Hafen, bereits überschritten hat. Die Niederlande stehen – nimmt man Antwerpen mit seinen 80 Millionen Tonnen hinzu – so sicher an der Spitze der europäischen Hafenverkehrsstatistik wie im siebzehnten Jahrhundert, trotz der furchtbaren Zerstörungen, die der Zweite Weltkrieg in Rotterdam angerichtet hat.
1965 gingen in Le Havre insgesamt 6000 Container ein. Vier Jahre später waren es bereits zehnmal soviel. Monsieur Bastard, Hafendirektor von Le Havre, sagte dazu: »Wir haben 1965 ein großes Risiko übernommen, als wir uns entschlossen auf den Containerverkehr umstellten und dazu 65 Millionen Francs investierten (damals 62 Mill. DM), denn zu jenem Zeitpunkt war es noch keineswegs sicher, daß der Container sich international durchsetzen würde. Aber nun sehen wir, daß wir richtig liegen. Heute ist der Container aus der internationalen Handelsschiffahrt einfach nicht mehr wegzudenken. Bedenken Sie: Früher brauchte man bis zu zehn Verladevorgänge zwischen Herstellungsort und Seehafen; heute kommt man mit zweien aus!«
Die größten Planungen aber verlangt das Erdöl. Die Hafendirektionen denken dabei weit in die Zukunft, an die Supertanker von einer Million Tonnen, Ungetüme, von denen man heute noch gar nicht sagen kann, welche Gesellschaft es wagen könnte, sie zu versichern, auf welchen Docks sie gewartet, in welchen Häfen sie entladen werden können.
Diese Riesen, soviel weiß man in Le Havre, werden die schmale Fahrrinne des Ärmelkanals, die ja längst nicht so breit ist wie der Kanal selbst, nicht befahren dürfen. Dann wird die große Stunde Le Havres schlagen, denn dann ist Rotterdam ausgepunktet und das Erdöl muß, wenn es von Süden kommt (und woher sonst soll es kommen), vor der Einfahrt in den Kanal, in die enge Straße von Dover gelöscht werden. Zehn verschiedene Reeder haben der Direktion des *Port Autonome du Havre* bestätigt, daß sie bis spätestens 1980 Mammuttanker in Auftrag geben werden. Darum wagt sich Le Havre an den Bau einer künstlichen Insel draußen, vor den flachen Ufergewässern. Die Insel selbst mit ihren Kais für die Millionenpötte ist nicht das kostspieligste an dem ganzen Projekt. Viel komplizierter ist es, die Fahrrinne von mindestens 36 Metern Tiefe zu schaffen und freizuhalten, denn die Tanker mit 30 Metern Tiefgang müssen auch bei Ebbe noch mindestens sechs Meter Wasser unter dem Kiel haben. In der Straße von Dover, wo die größte Gesamt-Tiefe nur 44 Meter beträgt, wäre solch ein Vorhaben aussichtslos. In Le Havre hofft man jedoch, mit 300 Millionen Francs (heute 200 Millionen DM) sein Auslangen zu finden, eine Investition, die sich sehr schnell lohnen würde, denn die Hafengebühren richten sich bekanntlich nach Umfang und Wert der Ladung, nach Länge der Schiffe und anderen Kriterien, die einen Mammuttanker in einen Goldesel für die Hafenverwaltung verwandeln.

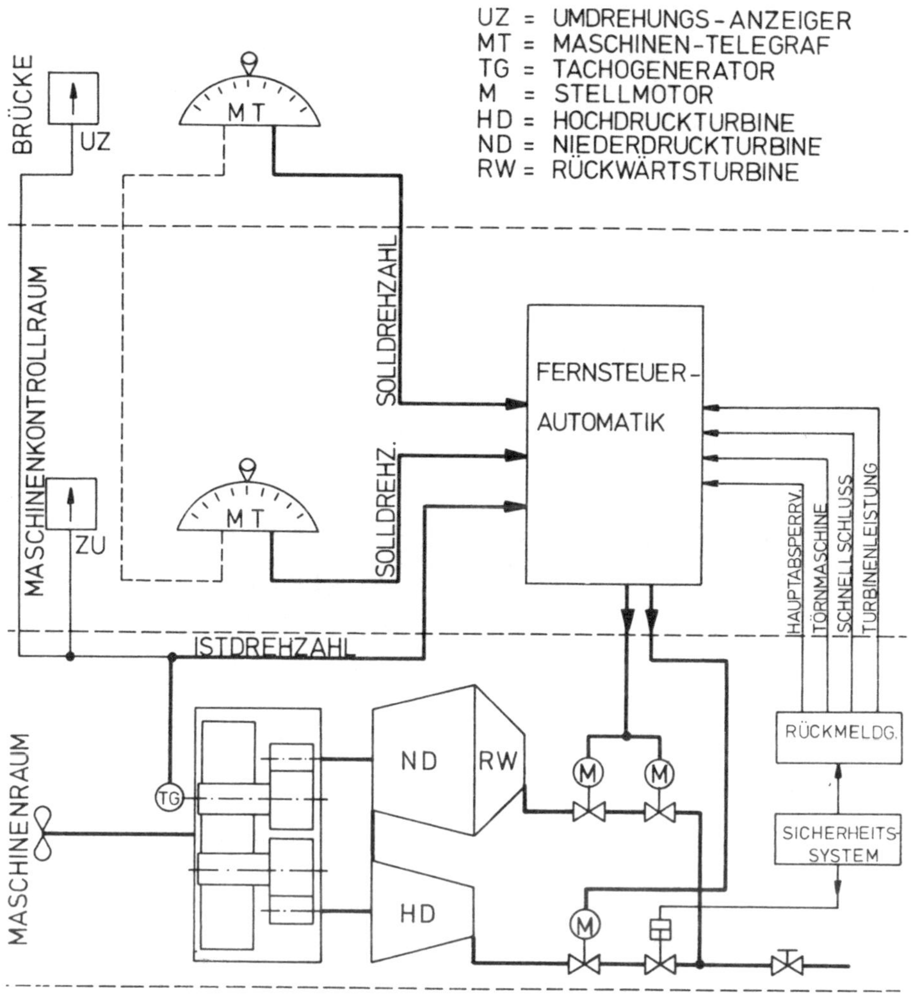

Schiffselektronik bei den Howaldtswerken – Darstellung des Regelkreises.
Das Fernsteuerungssystem besteht im wesentlichen aus den Maschinentelegraphen mit Fernsteuerungsgeber, dem Steuerschrank, den Stellantrieben für Manövrierventile und dem Tachogenerator zur Erfassung der Istdrehzahl.
Die Fahrbefehle werden als Soll-Propellerdrehzahl über den Maschinentelegrafen in die Fernsteuerungsautomatik eingegeben. In der Automatik wird die zum Zeitpunkt der Kommandogabe vorhandene Istdrehzahl mit der neu geforderten Solldrehzahl verglichen und ein Ansteuerungssignal zum Öffnen bzw. Schließen des entsprechenden Manövrierventils gegeben.
Neben dem Drehzahlregelkreis beinhaltet das Fernsteuerungssystem noch weitere Steuerungsfunktionen, wie: a) ein automatisches Tornen der Turbine mit Dampf; b) ein automatisches Reduzieren der Drehzahl; c) die Aussparung von kritischen Drehzahlbereichen und schließlich d) ein automatisches Abbremsen der Turbine.

Von dem Küstenterminal etwa 15 Kilometer nördlich von Le Havre wird das Erdöl nicht erst in Frachtkähne umgepumpt, sondern in einer Pipeline an die Ruhr laufen, wo derzeit mehr Erdöl verarbeitet wird als irgendwo sonst in Europa. Abzweigungen dieser Leitung werden Belgien und Nordfrankreich versorgen. Auch ein Konkurrenz-Ast mit einer Pipeline nach Mannheim ist im Gespräch.
Und dieser Umstand, daß soviel Rohöl bis in die BRD fließen muß, ist den Franzosen an dem ganzen Vorhaben noch ein Dorn im Auge. Darum entsteht neben der künstlichen Erdöl-Insel auch noch eine neue Industriezone an der Küste zwischen Le Havre und dem berühmten Pont de Tancarville. Industrien an der Küste sparen beträchtlich an Transportkosten. Das Erdöl, das dort weiterverarbeitet werden kann, braucht nicht erst an die Ruhr zu fließen, und eine Menge Lohngelder bleiben in Frankreich.
Man hat berechnet, daß der Einsatz eines Mammuttankers von einer Million tdw auf der zur Zeit einzig möglichen Route um das Kap der Guten Hoffnung die Frachtkosten für die Tonne persischen Öls um rund einen Dollar senkt. Ersparnis pro Fahrt demnach eine glatte Dollarmillion. Angesichts solcher Werte und Summen und so ungeheurer Baukosten für diese Schiffe, die zum größten Teil von japanischen Werften kommen, hat in der ganzen Welt eine Suche nach schnellerem Antrieb von neuem eingesetzt.
Derzeit laufen noch etwa achtzig von hundert der neueren Schiffe mit Dieselmotoren, aber sie bringen nur zwei Drittel der insgesamt eingesetzten Maschinenleistung, denn die ganz großen Schiffe sind zur Dampfturbine zurückgekehrt, wie sie schon die *Bremen* und die *Europa* über den Atlantik trieb. Die Techniker haben gute Gründe, sich beim Angriff auf die alten Geschwindigkeitsrekorde einen Erfolg zu erhoffen. Denn die schnellste Atlantiküberquerung eines Passagierschiffes erfolgte vor nunmehr zwanzig(!) Jahren durch die *United States* mit einem Schnitt von 65,8 km/h, und das schnellste Schiff überhaupt, das je den Atlantik überquerte, war der Zerstörer *Cobra*, Baujahr 1899!
Aber es ist natürlich leichter, ein schmales Kraftpaket wie einen Torpedobootszerstörer auf Tempo zu trimmen als einen Riesen von vierhundert Meter Länge, der ein ungeheures Gewicht durch die See schiebt. Für diese Riesentanker setzt man im Augenblick auf die Gasturbine, aber sie hat noch ihre Mucken, und Mucken sind unbeliebt, denn sie verursachen Personalkosten. Die erprobten Dampfturbinen und auch die großen Schiffsdiesel sind nämlich besonders dafür geeignet, die aktuelle Forderung nach automatisierter Maschinenkraft zu erfüllen. Auf vielen Hochseeschiffen bleibt heute der Maschinenraum schon stundenlang unbesetzt und wird nur durch Instrumente und raffiniert konstruierte und eingebaute Regeleinrichtungen überwacht (vgl. Abb. Seite 325).

Von den sensationell wirkenden neuen Möglichkeiten, Schiffen höhere Geschwindigkeiten zu geben, hat sich auf den eigentlichen Frachtverkehr und damit auf die Weltwirtschaft noch keine ausgewirkt. Weder die Tragflügelboote noch das Luftkissenschiff, weder der Atommotor noch die verschiedenen Rückstoßsysteme haben bisher in Schiffen von Frachterausmaßen ihre Tauglichkeit beweisen können, von einzelnen erwähnten Atommotoren in Überwasserschiffen abgesehen, die aber wiederum keine Steigerung der Geschwindigkeit gebracht haben. Es ist nämlich beim Schiff, das seinen Weg durch das Wasser pflügt, so, daß bei höheren Geschwindigkeiten der Wasserwiderstand in einem Ausmaß spürbar wird, daß die Treibstoffkosten über jede wirtschaftliche Grenze hinaus ansteigen.

Auf dieser Überlegung fußen wohl auch die Konstruktionen der ersten Tragflügelboote, die schon in die Jahrhundertwende zurückreichen. Kaum hatten nämlich die Brüder Wright für das Flugzeug das Prinzip des Auftriebs durch die schnellere Luftströmung an der Oberseite der Tragflügel entdeckt, als auch schon Ingenieure darangingen, mit Hilfe solcher Flügel Schiffsrümpfe aus dem Wasser zu heben. Enrico Forlanini hatte mit einem 1650 kg schweren Boot auf dem Lago Maggiore schon 1906 einen eindrucksvollen Erfolg errungen – aber eben auf einem See.

Die Problematik des neuen Auftriebs zeigte sich nämlich deutlich erst auf bewegtem Wasser. Hier mußten die Stelzen, auf denen sich der Rumpf bei stärkerem Auftrieb immer höher aus dem Wasser hebt, sehr viel stabiler konstruiert werden als für einen See, und diese kräftigen Stelzen verursachten wieder einen entsprechend größeren Wasserwiderstand. Außerdem war es schwierig, solch ein weit aus dem Wasser liegendes Boot bei Wellengang noch verläßlich durch eine stets im Wasser bleibende Schraube anzutreiben.

Für den zivilen Sektor haben sich die Versuche mit großen Tragflügelschiffen als zu kostspielig erwiesen. Sie werden daher heute dort fortgesetzt, wo alles Geld ohnedies dem Staat gehört, wie in der Sowjetunion, oder dort, wo Geld keine Rolle spielen darf: in den Marineversuchsanstalten der Vereinigten Staaten. Die Russen haben einige große Tragflügelboote seit Jahren vor allem im Schwarzen Meer im Einsatz. Die US-Navy besitzt von der Flugzeugfirma Boeing hergestellte Tragflügelboote verschiedener Versionen, die ihre aerodynamisch raffiniert konstruierten Bootskörper auf drei Stelzen aus dem Wasser heben und mit einer Gasturbine von 3200 PS nach dem Rückstoßprinzip antreiben. Dabei saugt eine Hochleistungs-Zentrifugalpumpe in der Minute nicht weniger als 100000 Liter Wasser an und preßt sie verdichtet durch eine Düsenöffnung wieder hinaus. Für die langsameren Fahrstufen wird dieser Vorgang nicht von der Gasturbine, sondern von einem Dieselmotor mit Kraft versorgt.

Die utopisch anmutende Maschinerie gibt dem Boot die durchaus noch

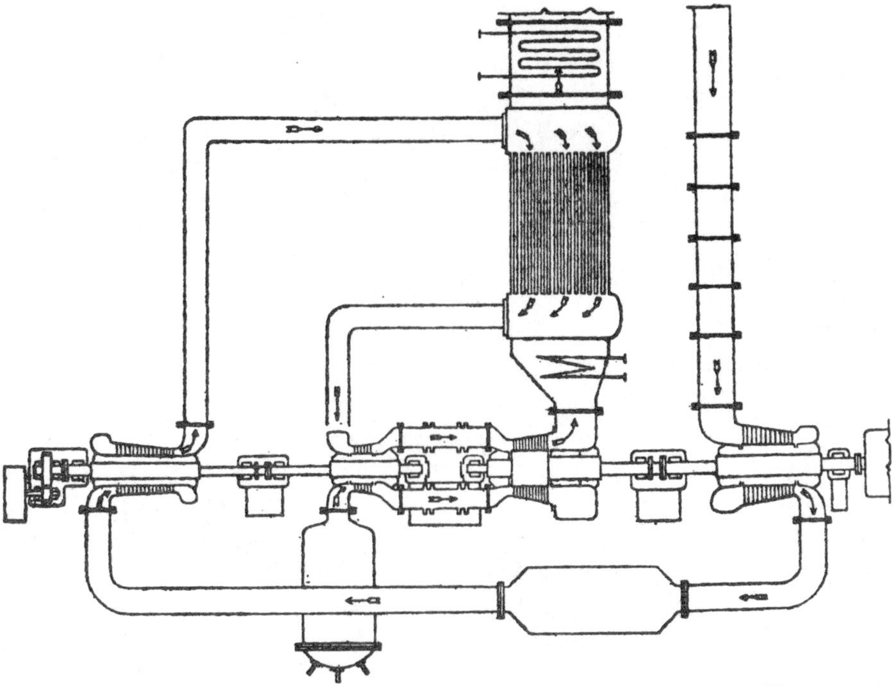

Schematische Darstellung einer Gasturbinenanlage mit sogenanntem offenen Kreislauf, wie sie u. a. auch bei den Tragflügelbooten Anwendung findet.
Die angesaugte Luft wird in zwei Axialverdichtern komprimiert und tritt dann in die Brennkammer ein, wo flüssiger Brennstoff eingespritzt und bis ca. 800 °C erhitzt wird. In der mehrstufigen Gasturbine leisten diese heißen Verbrennungsgase Arbeit, wobei allerdings ein großer Teil der Turbinenleistung für den Antrieb der Verdichter verbraucht wird. – Gasturbinen kommen nicht aus eigener Kraft zum Anlaufen, sondern müssen durch einen Hilfsmotor auf eine ausreichende Drehzahl gebracht werden. Die Gasturbine liefert für die Schnellfahrt nicht weniger als 3200 PS.

irdische Geschwindigkeit von 70 km/h. Wollte man aber ein Schiff, selbst ein relativ kleines Schiff von beispielsweise 1200 Tonnen auf diese Weise siebzig Stundenkilometer schnell fahren lassen, so müßten die Ingenieure das Kunststück zuwege bringen, in einen 1200-Tonnen-Rumpf die Maschinenanlage des Ozeanriesen *France* einzubauen. Der Treibstoffverbrauch für die Beförderung einer so geringen Last würde jeden Reeder in den sicheren Ruin führen. Die Marineministerien freilich experimentieren weiter und setzen kleine Schiffe mit diesem Antrieb zur Küstenüberwachung ein, weil bekanntlich auch die Schmugglerschiffe schnell sind. Auch im Fahrgastbetrieb ohne nennenswerte Nutzlast, wobei Schiffsgrößen unter zwanzig Tonnen ausreichen, sind Tragflügelschiffe zu einer gewissen Touristenattraktion gewor-

den: auf den italienischen Seen, an der französischen Riviera und zwischen den Seebädern des Schwarzen Meeres.
Die Touristen sind es auch, die dafür sorgen, daß die bisher eingesetzten Luftkissenboote wirtschaftlich arbeiten, denn für Frachten ist auch diese Neukonstruktion noch viel zu klein. Das Luftkissenprinzip hat eine Reihe bestechender Vorteile. Ein Strahlvorgang baut unter dem Fahrzeug ein Kissen hohen Luftdrucks auf, das durch starre oder bewegliche Schürzen zusammengehalten wird. Starre Schürzen können nur im Wasser verwendet werden; Fahrzeuge mit beweglichen, flatternden Schürzen können auch den Strand herauf und über einigermaßen ebenes Land fahren.
Dieser Umstand hat sie zu besonders bequemen Fähren werden lassen, die ohne Stege und Brücken auskommen und vom Wasserstand unabhängig sind. Die Überquerung schmaler Gewässer ist daher auch das Haupteinsatzgebiet der verschiedenen Luftkissenboote und -autofähren, vor allem, seit Wege gefunden wurden, das für Kraftfahrzeuge gefährliche starke Rütteln abzustellen oder doch zu mildern. Zwischen der Insel Wight und der englischen Küste, also bei der Überquerung des sogenannten Solent, sind die Frequenzziffern inzwischen über die Millionengrenze gestiegen, und die schnellen Kanalfähren zwischen Boulogne und England und auf anderen Routen versorgen seit Jahren das große Heer der Urlauber, die von den normannischen oder belgischen Stränden aus einen Kurzausflug auf die britische Insel machen wollen. Obwohl kleinere Zwischenfälle sich relativ häufig zutrugen, war erst ein einziger größerer Unfall zu verzeichnen, der eine gewisse Anfälligkeit der Luftkissenboote für höheren Seegang erkennen ließ.
Zum Unterschied vom Tragflügelboot wird das Luftkissenboot bei wachsender Größe zunächst wirtschaftlicher – *zunächst* muß gesagt werden, weil für wirklich große Luftkissenschiffe praktische Erfahrungen noch nicht vorliegen. Fähren, die 500 und mehr Personen und eine entsprechende Anzahl von Autos

Systeme zur Erzeugung des tragenden Luftkissens bei Tragflügelbooten. Zur Erzeugung dieses tragenden Luftkissens gibt es verschiedene Systeme, von denen das Füllkammersystem (links) den Vorteil der einfachsten Konstruktion für sich hat, aber mit wesentlich höherem Treibstoffverbrauch verbunden ist als das neuere Ringkammer- oder Ringstrahlsystem (rechts).

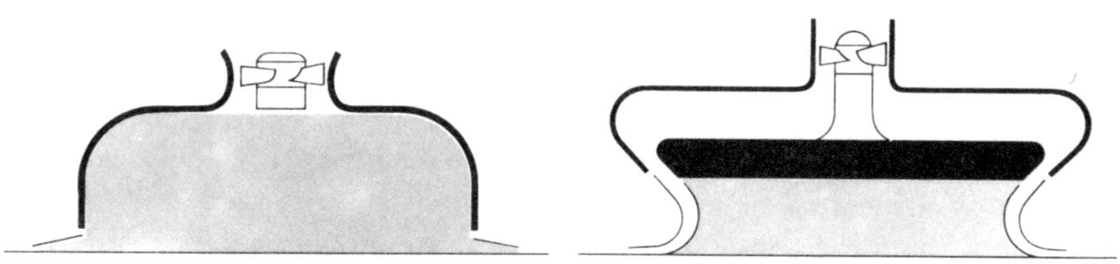

befördern, sind jedoch schon praktisch bewährt, und die Atlantiküberquerung eines Luftkissen-Schnellfrachters für heikle Verbrauchsgüter ist eigentlich keine Utopie mehr, sondern nur ein mit Sicherheit zu erwartendes Stadium der vor uns liegenden Entwicklung. Jedenfalls existieren solche Schiffe bereits auf den Reißbrettern verschiedener Firmen ...

Neben sehr viel Neuem sorgt aber auch das Bekannte, sorgen die vielen herkömmlichen, aber zu erneuernden und zu verbessernden Schiffstypen dafür, daß das Bild der Schiffahrt in den kommenden Jahren und Jahrzehnten nicht weniger bunt sein wird, als es in den vergangenen Jahren und Jahrhunderten war.

An den Küsten, die wegen ihrer landschaftlichen Gestalt Straßen und Eisenbahnlinien manche Schwierigkeiten bereiten, bleibt der Kutter und bleiben die kleinen Barkassen verschiedener Typen in aller Welt ebenso unersetzlich wie die verschiedenen Spezialfahrzeuge der Fischerei. Und da das Meer im Lauf der Jahrtausende gewiß nicht zahmer geworden ist, da wir beinahe täglich noch von gescheiterten, gestrandeten oder zusammenstoßenden Schiffen lesen, sind die Küsten aller seefahrenden Nationen mit Rettungsstationen gespickt, die wiederum eigene Hochleistungsfahrzeuge brauchen, mit denen die Retter bei jedem Seegang und auch in gefährlichem Fahrwasser nahe an die havarierten Schiffe herankommen können. Die Deutsche Gesellschaft zur Rettung Schiffbrüchiger aus Seenot hat vor wenigen Jahren das Jubiläum ihres hundertjährigen Bestandes gefeiert und sich in diesem Zeitraum als ein mächtiger und einsatzfreudiger Apparat erwiesen, der mit kräftigen Dieselkreuzern alljährlich Tausende von Leben rettet.

Weniger bekannt ist der Konkurrenzkampf der Hochseeschlepper, obwohl er sich im Prinzip nicht von den Manövern der Abschleppdienste auf der Autobahn unterscheidet. Auf See haben technische Kniffe wie das Abhören fremden Funkverkehrs bei eigener Funkstille, falsche Positionsmeldungen und andere Tricks mehr den Kampf um den hohen Bergelohn gefährdeter Schiffe in einen abenteuerlichen Wettkampf an der Grenze der Legalität verwandelt, der dennoch nicht darüber hinwegtäuschen darf, wie schwer das Leben dieser Schlepperbesatzungen unter solchen Bedingungen ist, und wieviel an harter Leistung bei jedem Wetter zu den paar Kunstgriffen hinzukommen muß, ehe eine Trosse richtig auf dem Havaristen sitzt und ehe ein Riesenkahn trotz Schlagseite in einen Hafen bugsiert werden kann.

Manche vorgeschobenen Rettungsstationen an Europas Westküste, wo die Seen mit ungeheurer Gewalt auf niedrige Klippenzäune auflaufen, leben darum auch von der Einsatzfreude und speziellen Meer-Begabung des dort seit Jahrhunderten ansässigen Menschenschlags. Auf mancher Insel, die wir vielleicht besser nicht nennen, haben Familien, die seit Jahrhunderten vom Strandraub und von der Piraterie lebten, in den letzten Jahrzehnten die kühnsten Retter gestellt, Männer, die sich im Sturm, im Nebel und zwischen den Riffen mit einer Sicherheit bewegen, wie sie selbst alten Lotsen kalte Schauer den Rücken hinunterjagten.

Die zweite Hälfte dieses in seiner ersten Hälfte so kriegerischen Jahrhunderts hat aber zu seinen zukunftsträchtigen Entwicklungen auch einige nicht so erfreuliche Wiederbelebungen gebracht; das Schlachtschiff zum Beispiel, die großen und teuren Einheiten jeder Kriegsmarine, die das Volksvermögen nicht um Millionen, sondern um Milliarden anzapfen, hat in gewissem Sinn ein Comeback gefeiert. Es demonstriert Macht genauso wie vor Jahrhunderten, und als die Vereinigten Staaten vor den Wahlen im Herbst 1972 darauf achten mußten, daß die Verlustziffern in Indochina zurückgingen, fuhren ganze Schlachtflotten vor der Küste Nordvietnams auf und beschossen Städte und Dörfer aus ihren schweren Kalibern und aus sicherer Entfernung.

Je größer das Schiff, desto stärker ist es auf Versorgungsbasen für Maschinen und Mannschaften angewiesen, und darum haben auch die Stützpunkte, wie sie seit hundert Jahren Schlagzeilen machen, in der Gegenwart und wohl auch in der nahen Zukunft nicht zu befürchten, daß ihr Wert zurückgeht. Von Guam aus starteten die Bomberflotten der USA gegen Hanoi, und auf dem winzigen Malta, das während des ganzen Zweiten Weltkriegs nicht erobert wurde, konnte Ministerpräsident Mintoff die NATO um etliche Millionen erleichtern mit der leisen Andeutung, daß eine selbständige Republik ihre Kais und Flugplätze genauso gut dem Warschauer Pakt zur Verfügung stellen könne.

Noch ist das Bild der Meere nicht friedlich, noch rollen Salven über die Wogen hin, und selbst das kleine Island setzt im verzweifelten Kampf um den Lebensraum seiner Fischer Machtmittel zur See ein, weil selbst dieses ungeheure Reservoir an Nahrung sich in der Nähe des übervölkerten Europa zu erschöpfen droht.

Die Zukunft der Schiffahrt ist aus all diesen Gründen nicht zu trennen von der Zukunft unserer Zivilisation überhaupt. Die Meere sind nie friedlich geblieben, wenn zu Land Kriegszustand herrschte, und das mächtigste Element hat den kleinlichen Hader der Fürsten genauso mitansehen müssen wie ihn Felder, Wiesen, Dörfer und Städte erdulden mußten. Land und See aber sind stets neutral geblieben. Hat man das Meer auch grausam, gierig, mörderisch genannt in allen Sprachen, so haben Feindschaft und Unfrieden doch erst die Menschen auf die Wogen hinausgetragen, die in ihrer Majestät weder Freund noch Feind kennen, die nicht lieben, aber auch nicht hassen.

Technische Daten zu einem der größten Erz-Erdöl-Transporter mit einer Tragfähigkeit von 227 300 tdw

Am 2. Februar 1973 ist im Werk Kiel-Dietrichsdorf ein für die von P. Meyer verwaltete Reederei A/S Havtor, Oslo, bestimmter Ore-Oil-Carrier mit einer Tragfähigkeit von etwa 227 300 tdw aufgeschwommen.
Schiffe dieses Typs können zwei Verwendungszwecken dienen: dem Transport von Erzen und von Erdölen. Wegen der unterschiedlichen Sicherheitsvorkehrungen bei den verschiedenen Ladungsarten kann jeweils nur eine Ladungsart gefahren werden. Beim Wechsel der Ladungsart sind außer der gründlichen Säuberung der Laderäume auch umfangreiche technische Umstellungen (Tankheizungs- und Entlüftungssysteme u. a.) erforderlich.
Das am 9. August 1972 im Dock 8 (Werk Gaarden) auf Kiel gelegte Schiff ist der erste Ore-Oil-Carrier dieser Größenordnung der Werft.

Technische Daten:

Länge über alles	327,50 m
Länge zwischen den Loten	310,00 m
Breite auf Spanten	49,00 m
Seitenhöhe	27,50 m
Tiefgang	20,42 m
Tragfähigkeit auf diesem Tiefgang	227 300 tdw
Geschwindigkeit, beladen	15,40 Kn

Klasse:

NV + 1A1 »ORE CARRIER OR TANKER FOR OIL«, EO
Der Klassenzusatz EO gibt an, daß das Schiff mit unbesetztem Maschinenraum gefahren werden kann, weil es mit allen erforderlichen Fernsteuerungen und automatischen Kontroll- und Alarmeinrichtungen ausgestattet ist.

Laderäume:

Die fünf Laderäume werden durch fünf seitwärts rollende Lukendeckel hydraulisch geöffnet und verschlossen. Sie treten nur für Erzladungen in Funktion. Außerdem besitzt das Schiff besondere Öl-Luken, wie auf Tankern üblich.

Antriebsanlage:

Das Schiff wird durch eine Getriebe-Turbinen-Anlage der Bauart General Electric angetrieben. Ihre Leistung beträgt 30000 SHP bei 85 UpM. Dampfzustand vor der Hochdruckturbine 60 atü und 510° C.
Von einem klimatisierten zentralen Maschinenkontrollraum wird die Maschi-

nenanlage vollautomatisch als Tag-Wachenschiff gefahren. Für die Fernbedienung der Turbinenanlage vom Maschinenkontrollraum bzw. von der Brücke ist eine vom Werk Kiel der HDW entwickelte und gebaute vollelektronische Fernsteuerung vorgesehen.
Der Dampf der Turbine wird in zwei Kesseln der Bauart Howaldtswerke-Deutsche Werft erzeugt. Diese Strahlungs-Schiffskessel haben je eine Dampfleistung von 65 t/h (max.). Der Arbeitsdruck am Überhitzeraustritt beträgt 62 atü, die Überhitzer-Temperatur 515° C.
Die Turbine treibt die fünfflügelige, zirka 51 t schwere Schraube von zirka 8,70 m Durchmesser über ein doppeltes Zahnrad-Untersetzungsgetriebe.

Ladeölpumpenausrüstung:

Als Ladeölpumpen dienen 4 Kreisel-Turbo-Pumpen mit einer Leistung von je 4000 cbm/h (Seewasser) und 1 Nachlenzpumpe mit einer Leistung von 250 cbm/h (Seewasser).
Für Wasserballast ist eine Pumpe mit einer Leistung von 4250 cbm/h eingebaut.

Stromversorgung:

Die elektrische Stromversorgung erfolgt durch 2 Turbo-Drehstrom-Generatoren mit einer Leistung von 1100 kW (450 V, 60 Hz). Außerdem wurde ein Hilfsdieselgenerator mit einer Leistung von 480 kW installiert.

Nautische Ausrüstung:

Die nautische Ausrüstung entspricht dem neuesten Stand der Technik. Das Schiff verfügt über computergesteuerte Navigation, Kreiselkompaßanlage, Echolot, F.T.-Station, Radar, Decca-Navigation, Funkpeiler und alle sonstigen Einrichtungen, wie sie auf Schiffen dieser Größenordnung üblich sind.

Die deutsche Seeschiffahrt im Überblick

Beschäftigungsbereiche der deutschen Seeschiffe

Beschäftigungsbereich	Schiffszahl	BRT	Prozent der Gesamttonnage 1. 1. 1973	Prozent der Gesamttonnage 1. 1. 1972
Linienfahrt	241	1851489	25,7	24,2
Trampfahrt	306	1280643	17,8	20,2
Massengutfahrt	72	1850322	25,6	23,6
Tankfahrt	107	1824115	25,3	26,0
Kühlschiffahrt	53	293160	4,1	4,3
Passagierschiffahrt	10	109833	1,5	1,7
Insgesamt	789	7209562	100,0	100,0

Nach Alter und technischem Standard zählt die deutsche Handelsflotte zur Spitzengruppe der Welthandelsflotten. 83,2% der deutschen Tonnage sind jünger als 10 Jahre, 59% sogar jünger als 5 Jahre.

Die deutsche Seeschiffstonnage nach Altersgruppen

Alter in Jahren	Schiffszahl	BRT	BRT in Prozent 1. 1. 1973	BRT in Prozent 1. 1. 1972	Welt-BRT 1. 7. 1972
unter 5	421	4252577	59,0	55,9	38,4
5 – 10	176	1743402	24,2	19,8	23,1
10 – 15	102	685387	9,5	14,2	16,3
15 – 20	69	376421	5,2	7,6	10,6
20 – 25	18	133354	1,8	1,8	4,6
über 25	3	18421	0,3	0,7	7,0
Insgesamt	789	7209562	100,0	100,0	100,0

Generell ist der Trend zu größeren Schiffseinheiten festzustellen. Die Durchschnittsgröße der deutschen Seeschiffe (ohne Küstenschiffahrt und Fischereifahrzeuge) stieg von 2000 BRT Anfang 1952 über 4000 BRT Anfang 1962 und 8000 BRT Anfang 1972 auf über 9000 BRT.

Die deutsche Seeschiffstonnage nach Größenklassen

Größenklassen in BRT	Schiffszahl	BRT	Prozent der Gesamttonnage 1. 1. 1973	1. 1. 1972
unter 500	65	29165	0,4	0,5
500 – 1000	52	48995	0,8	0,8
1000 – 2000	99	155786	2,2	2,6
2000 – 4000	103	312865	4,3	5,6
4000 – 6000	130	650274	9,0	11,6
6000 – 8000	52	362511	5,0	5,6
8000 – 10000	106	976894	13,5	14,9
10000 – 15000	64	736522	10,2	10,0
15000 – 20000	35	603539	8,4	6,5
20000 – 30000	34	828007	11,5	9,4
30000 – 40000	19	642844	8,9	9,0
40000 – 50000	8	354977	4,9	5,1
50000 – 100000	20	1271229	17,6	11,0
100000 und mehr	2	235954	3,3	4,4
Insgesamt	789	7209562	100,0	100,0

Zeittafel

etwa 3500 bis 2500 v. Chr.	Beginn des Seeverkehrs über größere Strecken des offenen Meeres an verschiedenen Punkten der Erdoberfläche, zum Beispiel zwischen Mesopotamien und der Indusmündung, zwischen Ägypten und dem Libanon, zwischen Kleinasien und Zypern
etwa 3000 bis 300 v. Chr.	Handelsverkehr zur See, um Rohstoffe, Metalle und andere Wirtschaftsgüter zu beschaffen, vor allem zwischen Südengland – Spanien – Vorderasien, aber auch im ganzen Mittelmeerraum, im Persischen Golf, im Indischen Ozean und im Chinesischen Meer
2500–1500 v. Chr.	Seefahrten eines unbekannten Volkes vermutlich zu missionarischen Zwecken und Errichtung von Großstein-(= Megalith-)Bauten an den Küsten beinahe aller Kontinente und vieler Inseln
etwa 2200 bis 1500 v. Chr.	Ägyptische Schiffahrt vom Roten Meer aus nach Südarabien und Ostafrika
1300 v. Chr.	Argonautenfahrt ins Schwarze Meer Trojanischer Krieg
um 1250 v. Chr.	Große, teils überseeische Wanderungsbewegungen im Mittelmeerraum: Israelische Stämme verlassen Ägypten, Phöniker siedeln in Nordafrika, Spanien, Malta und anderen Küstengebieten, eine vermutlich aus Vorderasien kommende Wanderungswelle (Etrusker) erreicht Italien und Korsika
972–930 v. Chr.	Regierungszeit König Salomos. Blüte des vorderasiatischen Handels mit Tartessos und Ophir (Sofalaküste)
800–730 v. Chr.	Griechische Kolonialstädte werden im Mittelmeer- und Schwarzmeerraum gegründet. Phönikische Gründung von Karthago. Blüte der Etruskerstädte in Mittelitalien
800–500 v. Chr.	Griechische Kolonisation auf Sizilien, in Unteritalien, Vorderasien, am Schwarzen Meer und anderen Küsten
800–400 v. Chr.	Erstarken der Etrusker in Italien. Stadtkultur mit zeitweise beachtlicher Seemacht
609–593 v. Chr.	Regierungszeit des Pharao Necho, unter dem erstmals Afrika umsegelt wird
525 v. Chr.	Bezeugte Fahrt des Karthagers Himilko nach Südengland
400–200 v. Chr.	Rom ringt Etrusker und Karthager nieder
um 340 v. Chr.	Bezeugte Fahrt des massiliotischen Griechen Pytheas nach Großbritannien und Norwegen
146 v. Chr.	Die Römer zerstören Karthago
110–71 v. Chr.	Kämpfe Roms gegen Mithridates VI. von Pontus und römische Bürgerkriegswirren lassen das Piratenunwesen im Mittelmeer erstarken
100–44 v. Chr.	Gaius Julius Caesar, bei dessen Feldzügen in Westeuropa es zu den ersten Invasionen in England kommt. Voraussetzung dafür war das Bestehen einer regen Handelsschiffahrt im Ärmelkanal
55 v. Chr. bis 407 n. Chr.	Römische Besatzungstruppen in England

69–70	Besegelte Einbäume mit Besatzungen bis 40 Mann greifen in der Rhein- und Emsmündung römische Kriegsschiffe an
100–160	Handelsverkehr zwischen China und dem Römischen Reich. Von Kaufleuten erhalten Maes Titianus und Ptolemaios ihre Informationen über die Länder im Osten. Weltkarte des Ptolemaios (um 170)
380–450	Germanische Stämme von der Ostseeküste wandern ab; nachrückende Slawen werden im Lauf der Jahrhunderte zu Seefahrer- und Seeräubervölkern (Auseinandersetzungen mit Dänemark)
449	Invasion germanischer Seefahrerstämme und Besetzung Englands
450	Gründung der Stadt Venedig durch Flüchtlinge aus dem Raum Aquileja und aus Dalmatien
um 500	Verdrängte keltische Bretonen kommen aus England in die Bretagne
629–645	Reise des buddhistischen Mönchs Hüan-Tsang von China nach Indien und Rückreise auf dem Seeweg. Aus seinen Tagebüchern geht hervor, daß der Schiffsverkehr in diesem Raum seit Jahrhunderten gut eingespielt ist
635–732	Ausbreitung des Islam und der arabischen Macht im Mittelmeerraum. Eroberung Spaniens. Niederlage der Araber bei Tours und Poitiers (732) rettet das Frankenreich
650–1050	Aktivität nordischer Seefahrer (Wikinger) an allen europäischen Küsten und auf den großen Strömen. Überlegenheit der Angreifer zur See. Seeraub wird zur Geißel der Küstenländer
seit 670	Irische Seefahrer entdecken die Far-Öer und bald darauf auch Island, vielleicht auch Nordostamerika
768–814	Karl der Große. Unter ihm erste Flottenbauten und Unterhalt ständiger Verbände zur Abwehr nordischer und nordafrikanischer Piratenflotten
etwa 800–1000	Blütezeit des normannisch-arabischen Handels auf den russischen Strömen. Zwischen den nordischen und slawischen Ostseestädten und Byzanz bzw. Bagdad reger Verkehr, Blüte der Städte Birka, Truso
844	Normannische Flotten vor der nordwestafrikanischen Küste (auch später wiederholt)
854–901	Alfred der Große englischer König mit wechselndem Herrschaftsbereich
seit 860	Besiedlung Islands von Norwegen aus. Island wird zum Hauptstützpunkt eines Seeverkehrs, der nach und nach auch Grönland und Labrador mit einbezieht
862	Wikinger erringen die Macht in Nowgorod und anderen Slawenstädten
870–1090	Malta arabisch (878–1061 auch Sizilien)
875	Der Wikinger Ottar entdeckt das Weiße Meer. Der Kauffahrer Wulfstan berichtet über die Ostseeschiffahrt bis in den Bottnischen Meerbusen und die slawischen Hafenstädte
um 950	Arabische Niederlassungen in Ostafrika (Sansibar u. a.)
985–1400	Wikingersiedlungen mit Kirchen und großen Gemeinden im südwestlichen und westlichen Grönland. Von dort aus Entdeckung der nordamerikanischen Ostküste, Niederlassung auf Neufundland

um 1000	Venedig erringt Übergewicht an der Adria
etwa 1020–1194	Normannischer Einfluß in Süditalien und Sizilien
um 1050	Blüte der Handelsstadt Haithabu (Schleswig)
1066	Normannen unter Wilhelm erobern England
1188/89	Privilegien für den Seehandel zuerst für Lübeck, danach für Hamburg (durch Kaiser Friedrich I.)
1200	Beginn der Bildung der deutschen Hanse
1206–1227	Herrschaft Dschingis Khans; die Mongolen vernichten nach und nach die arabischen Kultur- und Handelsmetropolen zwischen Indien und Euphrat
1212–1492	Der Islam wird aus Spanien wieder verdrängt
1226	Kaiser Friedrich II. ermächtigt den Deutschen Orden zu Eroberungszügen im Ostseeraum. Unterwerfung der slawischen Ostseestämme durch deutsche Ritterheere
1260	Erste Vollversammlung der Hanse in Lübeck
1271	Beginn der Weltreise Marco Polos, der schließlich von Peking auf dem Seeweg über Sumatra und Sokotra nach Venedig heimkehrt; erste sichere Kunde von Japan
1299	Rotterdam wird Stadt. Aufkommen des holländischen Handels und der Fischerei-Seefahrt (bis in den Nordatlantik)
1339–1453	Sogenannter Hundertjähriger Krieg zwischen England und Frankreich
1381	Der Krieg zwischen Genua und Venedig (seit 1256) endet mit dem Sieg Venedigs
1405–1459	Ceylon chinesisch
1433	Erste Erfolge der portugiesischen Erkundungsfahrten längs der westafrikanischen Küsten (auf Initiative des Prinzen Heinrich, genannt »der Seefahrer«)
1456–1822	Türkische Herrschaft in Griechenland
1487	Bartolomeu Diaz erreicht als erster Europäer das Kap der Guten Hoffnung
1492	Columbus und die Pinzons landen auf einer Antilleninsel
1497	Beginn der Indienfahrt des Vasco da Gama
1498	Vasco da Gama entdeckt den Seeweg nach Indien
1512	Die Portugiesen erreichen die Gewürzinseln (Molukken)
1513	Nuñez de Balboa überquert die Landenge von Panama und steht als erster Europäer an der pazifischen Küste
1519	Magellan beginnt seine Weltumsegelung, auf der die erste Umfahrung Südamerikas gelingt
1542	Pinto, portugiesischer Seefahrer, Kaufmann und Pirat entdeckt Japan
1550–1650	Englische und französische Korsaren auf weltweiten Kaperfahrten (1577–1580 Weltumsegelung des Francis Drake)
1558	Die Engländer räumen ihren letzten Festlandbrückenkopf (Calais)

1558–1603	Elisabeth I. Königin von England
1568–1581	Befreiungskampf der Niederlande gegen Spanien
1588	Vernichtung der spanischen Armada durch Stürme und die britische Schiffsartillerie
seit dem 16. Jahrhundert	Walfang zunächst in der Biskaya, seit etwa 1620 mit der von den Basken entwickelten Technik im Eismeer, vor allem bei Spitzbergen und Jan Mayen
seit etwa 1600	Erstarken der niederländischen Seemacht und Wirtschaftskraft (Banken, Handelskompanien, Kolonien. 1619 Gründung von Batavia). Niedergang der deutschen Hanse (Auflösung 1669)
1600–1604	Gründung von Gesellschaften für den Ostindienhandel in England, Holland und Frankreich
1645–1669	Krieg zwischen der Türkei und Venedig. Verlust fast aller venezianischen Kolonien und Niederlassungen
1651–1654	Erste Kolonialgründungen des Großen Kurfürsten und des Herzogs Jacob von Kurland
im 17. Jahrhundert	Wegen der intensiven Tätigkeit nordafrikanischer und französischer Kaperschiffe müssen Handelsschiffe in geschlossenen, geschützten Konvoys fahren – nicht nur ins Mittelmeer, sondern auch zum Walfang. Die tüchtigsten Konvoyer besitzt Hamburg mit den Orlogschiffen »Leopoldus Primus« und »Wappen von Hamburg«
1661	Die englische Ostindienkompanie erwirbt Bombay
1662	Der Pirat Koxinga erobert holländische Forts auf Formosa
1664–1667 und 1672–1678	Englisch-holländische Kriege, an denen zeitweise auch andere Mächte teilnehmen
1675	Der niederländische Reeder Benjamin Raule verhilft Brandenburg in einer Art Leasingverfahren zu zehn Kaperschiffen
1688–1697	Frankreich im Krieg gegen England, Spanien, die Niederlande und Österreich
1701–1713	Spanischer Erbfolgekrieg (England, Niederlande, Österreich gegen Frankreich, Bayern und Köln)
1728–1779	Lebenszeit des James Cook, der in drei ausgedehnten und brillant geführten Entdeckungsreisen den pazifischen Raum erkundete
1755–1763	Englisch-französischer Kolonialkrieg, in dem Frankreich seine Besitzungen in Kanada verliert
1792–1815	Kriege zwischen Frankreich und anderen europäischen Mächten in wechselnden Koalitionen (mit kurzen Unterbrechungen)
1797	Im Frieden von Campoformio fallen Venedig, Istrien und Dalmatien an Österreich, das als eine neue Großmacht an der Adria in Erscheinung tritt
1802	Napoleon Bonaparte Konsul auf Lebenszeit (1804–1814 und 1815 für 100 Tage Kaiser der Franzosen)
1805	Tod des britischen Admirals Nelson in der Seeschlacht vor Kap Trafalgar
1824–1832	Kämpfe österreichischer Kriegsschiffe gegen griechische Piraten

1833	Abschaffung der Sklaverei im Britischen Reich (1865 nach dem Bürgerkrieg auch in Nordamerika)
1857–1859	Letzte Erdumsegelung durch die österreichische Fregatte Novara. Reiche wissenschaftliche Ausbeute
1866	Sieg der schwächeren österreichischen Flotte unter Tegetthoff über die Italiener bei Lissa
1869	Eröffnung des Suezkanals
1872/73	Erster Flottengründungsplan des deutschen Kaiserreichs
1897	Konteradmiral von Tirpitz wird Staatssekretär der Marine
1905	Japanischer Seesieg über die Russen bei Tsushima
1912	Untergang der Titanic nach Kollision mit Eisberg
1914–1918	Erster Weltkrieg mit weltweiten Kreuzerkriegen und Durchbruch der Unterseeboote zu ersten Großerfolgen
1939–1945	Zweiter Weltkrieg, gekennzeichnet durch U-Bootkrieg, Torpedoflugzeuge und Flugzeugträgereinsatz
1960	Atom-U-Boot Triton (USA) legt auf Weltreise 57000 km zurück
1967	Sechstagekrieg zwischen Israel und den arabischen Staaten führt zur Sperre des Suezkanals und schnellem Anwachsen der Welt-Tankerflotte.

Literatur- und Quellenverzeichnis

Gesamtdarstellungen der Seefahrtsgeschichte sind im deutschsprachigen Bereich, aber auch im Ausland ziemlich selten; das Gebiet ist so umfangreich, daß die Fachleute sich scheuen, sich den unvermeidlichen Versäumnissen auszusetzen, die unvermeidlichen Lücken solcher Überblicks-Abhandlungen auf sich zu nehmen und sich von der Kritik vorwerfen zu lassen. Um so häufiger sind dafür Einzeluntersuchungen über die Schiffahrt bestimmter Epochen oder auch einzelner Hafenorte, über die Schicksale einzelner Schiffe oder Kapitäne und naturgemäß auch über die berühmteren Seeschlachten.
Der Verfasser dieses Buches schwärmte schon als Schüler für Schiffe und Fernfahrten, las aus der väterlichen Bibliothek die damals in Großauflagen verbreiteten Berichte über die Abenteuer deutscher Kaperkreuzer im Ersten Weltkrieg und errang seinen ersten Bucherfolg mit einer Untersuchung über versunkene Städte, in der uralte Zentren des Seehandels wie Tartessos oder Vineta eine besondere Rolle spielten. Schon daraus wurde Seefahrtsgeschichte als ein wichtiger Teilbereich der allgemeinen, aber auch der Handels- und Wirtschaftsgeschichte klar, weswegen in der folgenden Übersicht über benützte und weiterführende Literatur auch Werke allgemeineren Charakters aufgeführt sind.
Stets kann es sich jedoch nur um eine kleine Auswahl des Vorhandenen handeln, denn während die Forschung auf dem Gebiet des Landverkehrs und des vorgeschichtlichen Handels (um nur zwei Beispiele zu nennen) nur sehr langsam und zaudernd vorschreitet, vermehren sich die Publikationen über historische, wirtschaftliche und technische Probleme der Seefahrt in allen Weltsprachen unausgesetzt, wie die regelmäßig erscheinenden Kataloge der großen Fachbuchhandlungen ausweisen.

Andrews, Kenneth R.: Englisch Privateering Voyages to the West-Indies, Cambridge 1956.
Archenholz, Johann Wilhelm von: Die Geschichte der Flibustier, Tübingen 1803.
Baasch, Ernst: Die Islandfahrt der Deutschen, Hamburg 1889.
Barrow, John: Life of Drake, London o. J.
Bekker, Cajus: Verdammte See, Oldenburg 1971.
Berneck, Ludwig: Kaufleute erobern die Welt, Wien 1964.
Beutin, Ludwig: Der deutsche Seehandel im Mittelmeergebiet bis zu den Napoleonischen Kriegen, Neumünster 1933.
Boudier, Anne: Dieppe et la région à travers les âges, Dieppe 1952.
Brinner, Ludwig: Die deutsche Grönlandfahrt, Berlin 1913 (sehr umfangreiche Gesamtdarstellung mit wertvollen Quellenzitaten).
Bühnau, Ludwig: Piraten und Korsaren der Weltgeschichte, Würzburg 1963.
Derselbe: Schiffe und ihre Schicksale, Würzburg 1968.
Cook, James: Entdeckungsfahrten im Pazifik (Zusammenfassung seiner Logbücher und wertvolle Ergänzung der bekannten Darstellung von Forster), Tübingen 1971.
Dampier, William: Freibeuter (gekürzte Ausgabe seines Weltreiseberichts), Tübingen 1970.
Delbrück, Hans: Buch der Schiffbrüche, München 1921.
Dollinger, Philippe: Die Hanse, Stuttgart 1966. (Dort auch ausführliche Literaturangaben zu diesem Thema).
Eickhoff, Ekkehard: Seekrieg u. Seepolitik zwischen Islam u. Abendland, Berlin 1966.
Exquemelin, Alexandre Olivier: Das Piratenbuch von 1678, Tübingen 1968.
Hagedorn, Bernhard: Die Entwicklung der wichtigsten Schiffstypen bis ins 19. Jahrhundert, Berlin 1914.
Hubac, Pierre: Les Barbaresques, Paris 1949.
Kellenbenz, Hermann: Sephardim an der unteren Elbe, Wiesbaden 1958.
Derselbe (Hrsg.): Fremde Kaufleute auf der iberischen Halbinsel, Köln 1970.
Köster, August: Studien zur Geschichte des antiken Seewesens, KLIO, Beiheft 32.

Kolumbus, Christoph: Bordtagebuch, Bremen 1968.
Leip, Hans: Bordbuch des Satans, München 1959.
Mahan, Alfred Thayer: The Influence of Seapower upon History 1660–1783, London 1889. Reprint im Handel.
Manthey: Auf See unbesiegt, München 1922.
Mattingly, Garrett: Die Armada, München 1960.
Merrien, Jean: Histoire mondiale des Pirates, Flibustiers et Négriers, Paris 1959.
Derselbe: La Vie quotidienne des Marins au Temps du Roi Soleil, Paris 1964.
Derselbe: La Vie quotidienne des Marins au Moyen-Age, Paris 1969.
Mordal, Jacques: 25 siècles de guerre sur mer, 2 Bde., Paris 1959. (Gekürzte deutsche Ausgabe im Handel).
Nettelbeck, Joachim: Eine Lebensbeschreibung, von ihm selbst aufgezeichnet, München 1930.
Paiva-Manso, Visconde de: Historia do Congo, Lisbon 1877.
Pepys, Samuel: Geheimtagebuch, London 1893–1896.
Pigafetta, Antonio: Die erste Reise um die Erde, Tübingen 1968.
Reiseberichte in Serien erschienen in deutscher Sprache bei Brockhaus in Leipzig (größtenteils nur antiquarisch erhältlich), erschienen auch in schönen, kommentierten Ausgaben bei den Verlagen Steingrüben (Stuttgart) und Erdmann (Tübingen). Im englischen Original zahlreiche Reiseberichte in den bekannten Penguin- und anderen Taschenbüchern. Die berühmte Hakluytsche Sammlung, auf acht Bände gekürzt, in der Everymans-Library. Die Berichte französischer Seefahrer finden sich größtenteils ebenfalls schon im Taschenbuch.
Röhr, Albert: Handbuch der deutschen Marinegeschichte (genaue Zeittafel), Oldenburg o. J.
Röhrig, Fritz: Wirtschaftskräfte im Mittelalter. Abhandlungen zur Stadt- und Hansegeschichte, Weimar 1959.
Ruge, Friedrich O.: Der Seekrieg 1939–1945, Stuttgart ^{4}1963.
Schmidt, Fred: Von den Bräuchen der Seeleute, Hamburg 1962.
Schramm, Percy Ernst: Deutschland und Übersee, Braunschweig 1950.
Schreiber, Hermann: Fahrt auf freien Meeren. Die deutsche Hanse und ihre Zeit, Würzburg 1967.
Schreiber, Hermann: Von Thule bis Madagaskar. Die Inseln der Welt in Geschichte und Sage, Wien 1968.
Schreiber, Hermann: Das Abenteuer der Ferne, Wien 1966.
Derselbe: Verkehr. Seine Wege, Mittel und Möglichkeiten. Darmstadt 1969.
Derselbe: Verkehr. Schienenbahnen, Schiffahrt, Luftverkehr. Darmstadt 1972.
Sharp, Andrew: Ancient Voyagers in the Pacific, Australien 1956, Penguin-Ausgabe 1957.
Snyder/Morris: Hier hielt die Welt den Atem an, Stuttgart o. J.
Surcouf, Robert: Un corsaire malouin (über seinen Vorfahren R. S.), Paris 1889.
Tiedemann, Claus: Die Schiffahrt des Herzogtums Bremen zur Schwedenzeit, Stade 1970.
Tirpitz, Alfred von: Erinnerungen, Leipzig o. J.
Urkundenbuch der Stadt Lübeck, Lübeck 1843.
Vogel, Walther: Die Deutschen als Seefahrer, Hamburg 1949.
Wagner, Henry R.: Spanish Voyages to the northwest Coast of America in the sixteenth Century, San Francisco 1929 (Reprint im Handel).
Wohltmann, Hans: Die Geschichte der Stadt Stade an der Niederelbe, Stade 1956.
Xavier, Francisco de: Briefe 1542–1552, Regensburg 1877.
Zechlin, Egmont: Maritime Weltgeschichte. Altertum u. Mittelalter, Hamburg 1947 (mehr nicht erschienen).
Derselbe (Hrsg.): Völker und Meere, Leipzig 1944.
Ziebarth, Erich: Beiträge zur Geschichte des Seeraubs und Seehandels im alten Griechenland, Hamburg 1929.
Zinkeisen: Geschichte des Osmanischen Reiches in Europa, Hamburg 1840 ff.

Kleines Lexikon der Seefahrt

Achtern: Hinten (auch als Vorsilbe: Achterdeck).
Admiral: Marinedienstgrad im Generalsrang, in früheren Jahrhunderten auch ohne besondere militärische Bedeutung an Kommandanten kleiner Geschwader verliehen.
Anmustern: Beginn des Dienstverhältnisses zwischen einer Reederei und einem Seemann (Gegensatz: Abmustern).
Äquator: Der größte Kreis der Erdkugel, senkrecht zur Achse, seemännisch auch Linie genannt (Linientaufe).
Archipel: Von Inseln durchsetzte See, aber auch die Inselgruppe selbst.
Ausscheren: Die (Kiel-)Linie verlassen, einen selbständigen Kurs steuern.
Back: Die Deckaufbauten auf dem Vorschiff.
Backbord: Die in Fahrtrichtung linke Seite des Schiffes (Gegensatz: Steuerbord).
Beidrehen: Durch eine Viertel- oder halbe Drehung aus dem Wind laufen, so daß das Schiff Fahrt verliert. Im übertragenen Sinn auch für Dampfer und andere Schiffe verwendet.
Blaues Band: Die imaginäre Auszeichnung für das Schiff, das den Nordatlantik in der kürzesten Zeit überquert. In der sogenannten Schnelldampferzeit begehrte Trophäe.
Bö (Böen): Plötzlicher Windstoß, oft aus unerwarteter Richtung.
Boje: Schwimmendes Seezeichen, verankert, zur Markierung einer Fahrrinne oder zur Warnung der Schiffahrt (Heulboje), auch zum Verankern leichter Schiffe.
Brassen: Veränderung der Segelstellung durch Drehung der Rahen. Auch die Taue, die dazu dienen, heißen Brassen.
Brecher: Sturzsee aus hohen Wellen.
Breitseite: Die Summe der an Back- oder Steuerbord einsetzbaren Geschütze einschließlich der Turmartillerie.
Brüllende Vierziger (Roaring Forties): Zone zwischen 40 und 50 Grad nördlicher Breite über den Meeren, in der während eines großen Teils des Winters Windstärken über acht herrschen.
Bug: Der Vorderteil eines Schiffes oder Bootes.
Bugsieren: Ein Schiff abschleppen, auch im übertragenen Sinn für schwierige Transporte gebraucht.
Bulk-Ladung: Lose Schütt-Ladung. Frachtschiffe (Massengutfrachter), die auf diese Weise beladen werden können, nennt man Bulk-Carrier.
Bunker: Stauraum für Kohle oder Heizöl, heute mit weitgehend mechanisierter Verbindung zu Kesseln oder Dieselaggregaten.
Chartern: Mieten eines Schiffes oder auch Flugzeugs für eine Reise oder für einen bestimmten Zeitraum.
Container: Behälter aus Metall oder Holz, der in seinen Abmessungen internationalen Normen entspricht und dadurch alle Verlade- und Umladevorgänge erleichtert. Auf Container spezialisierte Schiffe heißen Container-Schiffe.
Crew: Die Besatzung eines Bootes oder eines anderen Wasser-(auch Luft-)fahrzeugs.
Deck: Die horizontale Unterteilung (Etagen) eines Schiffes, die mitunter, wie zum Beispiel das Zwischendeck, schon recht tief liegen.
Decksladung: Jener Teil der Fracht, der nicht im Laderaum, sondern an Deck untergebracht ist. Die Decksladung bedeutet bei hohem Seegang oft Gefahr für die Stabilität des Schiffes.
Deplacement: Französisch/englisch für Wasserverdrängung eines Schiffes. Sie entspricht seinem realen Gewicht, sagt aber nichts über die Zuladung aus. Darum wird nur noch die Größe der Kriegsschiffe nach dem Deplacement angegeben.
Duckdalben: Gruppe im Wasser stehender Pfähle, die so weit zueinander geneigt sind, daß sie oben zusammengebunden und zum Vertäuen von Schiffen auch besser benützt werden können.
Dwarslinie: Im Unterschied zur Kiellinie jene Formation, in der (Kriegs-)Schiffe nebenein-

ander auffahren. Da die Feuerkraft der Buggeschütze geringer ist als die der Breitseiten, spielt die Dwarslinie in der modernen Seeschlacht nur noch eine geringe Rolle.

Etmal: Tagesleistung eines Schiffes zwischen 12 Uhr Mittag und dem Mittag des nächsten Tages.

Ewer: Alter, bewährter Schiffstyp der Nordsee, kleiner Küstensegler mit Außenruder.

Faden: Die Spanne zwischen den Armen, 182 Zentimeter und damit ein Tausendstel der Seemeile.

Fallreep: Einziehbare Außenbordtreppe, die das Anbordkommen, wie zum Beispiel aus einem Boot, ermöglicht.

Fangleine: Leine zum Festmachen und Festhalten (zum Beispiel eines Bootes an einem Schiff).

Fender: Stoßdämpfendes Kissen aus Tauwerk, Holz, Kork, Pneus usw. Außenbords, um die Berührung zweier Schiffe oder der Bordwand mit dem Kai zu mildern.

Fieren: Herablassen.

Flagge: Zunächst das Hoheitszeichen eines Schiffes, *Flaggschiff* einer Flotte ist jenes, auf dem der Admiral fährt. Flaggen dienen aber auch vielen anderen Zwecken, zum Beispiel der Sichtverständigung von Schiff zu Schiff. »Billige Flaggen« nennt man jene Läufer, die wie Panama oder Liberia besondere Steuererleichterungen gewähren, weswegen sich dort Schiffe (Tanker) registrieren lassen, die Reedern anderer Nationen gehören.

Flaschenpost: Nachricht in wasserdicht verschlossener Flasche, als Notruf oder zur Erforschung von Meeresströmungen ins Wasser geworfen. Eine Flaschenpost muß nach internationalem Seerecht weiterbefördert werden.

Gangspill: Senkrechte Winde in zweckdienlicher Form, früher mit Radkranz für die Handbedienung (etwa zum Aufwinden eines Ankers), heute meist mit Dampf- oder Motorantrieb.

Gangway (engl.): Der mit einem Geländer versehene Steg zwischen dem Kai und dem Schiff, für den Personen- und Handgepäckverkehr.

Gezeiten (Tiden): Wechsel des Wasserstands und damit auch der Stromrichtung unter dem Einfluß des Mondes nach jeweils sechs Stunden und 13 Minuten. Der Unterschied zwischen Ebbe- und Flutwasserstand heißt Tidenhub; er ist in engen Gewässern (Trichtermündungen) mitunter extrem groß (13–20 Meter). Die genauen Tidenzeiten lassen sich vorausberechnen, was für die Sicherheit von Badenden, aber auch zum Beispiel für das Befahren mancher Verkehrswege wichtig ist.

Gig: Kleines, meist schlank gebautes und schnell zu ruderndes Kapitänsboot.

Glasen: Zeitangabe durch Anschlagen der Schiffsglocke. Acht Glasen (= vier Stunden) sind im allgemeinen die Dauer einer Wache.

Grad: Der 360. Teil der vollen Kompaßrose, auf der jede Himmelsrichtung somit 90 Grad umfaßt. Ein Grad hat 60 Minuten. Die Kompaßrose ist aber auch in 32 Striche eingeteilt, so daß ein Strich 11 Grad und 15 Minuten entspricht. Diese auf den ersten Blick komplizierte zweite Einteilung erleichtert das Steuern und Kurshalten.

Großmast: In der Regel der vom Bug aus gezählte zweite Mast des Schiffes.

Halsen: Wenden des Schiffes vor dem Wind, ein Manöver, das beim Aufkreuzen gegen den Wind nötig werden kann.

Heuer: Das dem Besatzungsmitglied zustehende feste Entgelt, früher meist am Ende der Reise ausbezahlt.

Hieven: Hochziehen, insbesondere von Lasten.

Hilfskreuzer: Umgebaute, schnelle Handelsschiffe, die durch leichte Bestückung und teilweise Panzerung im Kaperkrieg, zur Verstärkung und zum Geleitschutz eingesetzt werden können. Im Ersten Weltkrieg errangen einige deutsche Hilfskreuzer große Erfolge.

Hoheitsgewässer: Ursprünglich die Dreimeilenzone vor der Küste eines souveränen Staatswesens. Heute in umstrittener wechselnder Ausdehnung. Viele Staaten beanspruchen 12 Seemeilen, was im allgemeinen anerkannt wurde, Island jedoch 50 Seemeilen, was Kontroversen auslöste. Schmuggler, illegale Vergnügungsstätten und Radiosender halten sich oft knapp außerhalb der Hoheitsgewässer auf (Kalifornien, Niederlande).

Jakobsleiter: Durch Holzsprossen verbesserte Strickleiter für den Lotsen.

Journal: Das Bordtagebuch, zu dessen Führung der wachhabende Offizier verpflichtet ist. Alte Bordjournale zählen zu den gesuchten Objekten des Antiquariats, doch sind wegen der für den Laien unverständlichen Begriffe und Abkürzungen Publikationen sehr selten.

Kalfatern: Ab- und Nachdichten der Fugen in der Bordwand und zwischen den Decksplanken mittels Werg, Teer und (früher) Pech.

Kappen: Mit dem Beil durchhauen, zum Beispiel ein Tau oder eine Schlepptrosse.

Kentern: Das vollständige Umkippen eines Schiffes, zum Beispiel durch Verrutschen der Bordfracht oder einseitigen Wassereinbruch. Beim Umschlagen der Gezeiten spricht man ebenfalls von Kentern.

Kiel: Der unterste, meist aus einem langen Balken bestehende Teil des Schiffes. »Auf Kiel legen« heißt: den Bau eines Schiffes beginnen. Kiel-Linie: genau hintereinander. Kielholen: Barbarische alte Seemannsstrafe, bei der ein Mann an Tauen unter dem Kiel des Schiffes hindurchgezogen wurde, wobei er nicht selten ertrank.

Klüver: Dreieckiges Segel über dem Klüverbaum, also ganz vorne im Schiff, vor dem Bug und dem Fockmast.

Knoten: Die Zahl der Seemeilen, die ein Wasserfahrzeug in einer Stunde zurücklegt.

Koje: Fest eingebautes Bett, oft in einer Nische der Kajüte.

Kollision: Zusammenstoß. Kollisionskurs: jener Kurs, auf dem zwei Schiffe (oder auch Fahrzeuge) mit großer Wahrscheinlichkeit zusammenstoßen werden.

Kombüse: Alte Bezeichnung für die früher recht primitiven Schiffsküchen.

Kompaß: Wichtige Orientierungshilfe auf See (Nordweisung), ergänzt und kontrolliert die Besteckname (Messung der Sonnenhöhe) und die Orientierung nach den Sternbildern. Der Kompaß ist heute zu wahren Wunderwerken verfeinert (Schwimmkompaß, Kreiselkompaß).

Krähennest: Populäre Bezeichnung für den Mastkorb auf dem Fockmast.

Kutter: Früher großes Ruderboot im Küsteneinsatz, heute meist für gewisse Sportsegler gebraucht.

Ladegeschirr: Der Ladebaum (schweres Rundholz am Mast eines Frachtschiffs) und das zum Be- und Entladen darüber hinaus nötige Zubehör.

Längsseits: Außenbords, aber in der Längsrichtung des Schiffes. Längsseits gehen: sich Bord an Bord legen (zur Übernahme von Ladung bei ruhiger See zum Beispiel).

Lee: Die dem Wind abgekehrte Seite des Schiffes (Gegensatz: Luv).

Leichter: Frachtkahn ohne eigenen Antrieb.

Lichten: Hochwinden (zum Beispiel den Anker).

Löschen: Ein Schiff entladen.

Lot: Vorrichtung zum Tiefenmessen (Loten), früher mittels Senkblei, heute mit akustischem Echolot oder elektrischen Wellen.

Lotse: Ortskundiger Kapitän, der in schwierigen Gewässern und Einfahrten die Schiffsführung übernimmt. Für bestimmte Strecken besteht Lotsen-Zwang.

Lloyds News: Die 1696 in London gegründete Zeitung mit Schiffsnachrichten, aus der später die weltbekannte Gemeinschaft britischer Schiffsversicherer *Lloyds* hervorging.

Logbuch: Soviel wie Bordtagebuch, Journal.

Logis: Schlaf- und Wohnraum der Mannschaften. Lange Zeit eng und primitiv, falls überhaupt vorhanden.

Messe: Speiseraum der Offiziere, aber auch der Mannschaften.

Navigation: Das Wissen von der Schiffahrt.

Nautik: Die Wissenschaft, die sich mit der Navigation und allen dazu nötigen Instrumenten, Unterlagen und Behelfen beschäftigt.

Pantry: Die Anrichte, oft auch Durchreiche von der Kombüse zur Messe (bei kleineren Schiffen oder Privatyachten).

Patent: Etwa dem Führerschein vergleichbar, nur ungleich schwerer zu erwerben, da es sich um die Berufsbefähigung zum Beispiel des Kapitäns handelt (Kapitänspatent).

Peilen: Anpeilen. Ermitteln der Richtung zum Beispiel durch Richtstrahlfunken oder auch einfach durch Lichtsignale.

Pier: Landungsbrücke.
Quardeele: Altes Maß, auch Faß für Walfischspeck.
Rah: Waagrechtes Rundholz an der Vorderkante des Mastes zur Befestigung der Segel bzw. der Positionslaternen.
Reede: Ankerplatz vor dem eigentlichen Hafenbecken.
Reling oder*Reeling:* Oberste Bordkante, meist mit Geländer versehen.
Rollen: Bewegung eines Schiffes bei schwerem Seegang, bestehend aus dem Schlingern (dem seitlichen Schwanken) und dem Stampfen (über Bug und Heck auf und nieder gehen).
Rudergänger: Der Mann am Steuer (nicht immer ein Steuermann, da ja auch Matrosen weitergebildet werden müssen).
Schauerleute: Docker, die das Be- und Entladen besorgen.
Schlagseite: Die Schräglage eines Schiffes, kann zum Kentern führen, wenn sie – je nach Bauart – über 40 Grad hinausgeht.
Schott: Druckfeste Zwischenwand aus Stahl oder Leichtmetall zur völligen Isolierung eines Wassereinbruchs oder auch eines Brandherds an Bord.
Seefahrtsbuch: (Musterbuch) der amtliche Ausweis für den Berufsseemann.
Seegang: Die (Wellen-)bewegung des Meeres, oft auch ohne Sturm, durch Ferneinwirkung, (Dünung). Die Stärke des Seegangs wird nach der neunteiligen Douglas-Skala gemessen.
Seekarte: Spezialkarten von Gewässern und Küstengebieten für den Gebrauch an Bord, mit Tiefeneinzeichnung unter anderem für die Schiffahrt wesentlicher Angaben.
Seemeile: 1852 Meter.
Spant: Senkrecht stehender Stützbalken zwischen Deck und Kiel.
Steuerbord: Die in Fahrtrichtung rechte Seite des Schiffes.
Steven: Verlängerung des Kiels, vorne und hinten (achtern) nach oben führend, früher aus Holz, heute aus Schienen, Trägern oder aus Platten geschweißt.
Stromversetzung (Abdrift): Kursveränderung durch Meeresströmungen.
Takelage: Sammelbezeichnung für Masten, Rahen, Taue, Segel usw. eines Schiffes.
Talje: Flaschenzug, Hebezeug aus Rollen und Tauen.
Tank: Eiserner oder Kunststoffbehälter zum Aufbewahren von Flüssigkeiten, Heizöl usw. In U-Booten zum Fluten (Aufnehmen von Wasserballast).
Tonnage: Bezeichnet Leistungsfähigkeit in tdw (tons deadwight) oder Rauminhalt (Bruttoregistertonnen) eines Schiffes. Siehe auch Deplacement.
Treideln: Ein Wasserfahrzeug vom Ufer aus zum Beispiel mit Pferden oder Traktoren ziehen.
Trimmen: Auf ebenen Kiel bringen, vor allem durch richtige Verteilung der Ladung.
Untiefe: Stelle, in der die Wassertiefe zum Befahren nicht mehr ausreicht.
Vertäuen: Festmachen eines Schiffes am Kai.
Vorschiff: Der zum Bug hin schräg zusammenlaufende vorderste Teil des Schiffes.
Wache: Zeitraum von traditionsgemäß 4 Stunden (8 Glasen), nachdem eine andere Gruppe der Mannschaft den Dienst antritt.
Want: Stütztau der Masten, seitlich abgespannt.
Windjammer: Seemännische Bezeichnung für größere, vollgetakelte Segelschiffe.
Winsch: Soviel wie Winde (Bordkran).
Zurren: Festbinden, mit Leinen usw. fixieren.

Namen- und Sachregister